全国职业技能 Pro/ENGINEER 认证指导用书

Pro/ENGINEER 野火版 5.0
应用速成标准教程

柯易达　编著

電子工業出版社
Publishing House of Electronics Industry
北京·BEIJING

内 容 简 介

本书是全面、系统学习和运用 Pro/ENGINEER 野火版 5.0 软件应用速成标准教程的书籍，全书共 10 章，从最基础的 Pro/ENGINEER 野火版 5.0 安装和使用方法开始讲起，以循序渐进的方式详细讲解了 Pro/ENGINEER 野火版 5.0 的软件设置、二维草图设计、零件设计、装配设计、工程图设计、曲面设计、钣金设计、运动仿真与分析等模块。本书附带 2 张多媒体 DVD 教学光盘，制作了与本书全程同步的语音视频文件，含 252 个 Pro/ENGINEER 应用技巧和具有针对性实例的教学视频（全部提供语音教学视频），时间长达 10.1 小时（607 分钟）。光盘还包含了本书所有的素材文件、练习文件和范例的原文件。

本书讲解所使用的模型和应用案例覆盖了不同行业，具有很强的实用性和广泛的适用性。在内容安排上，书中结合大量的实例对 Pro/ENGINEER 野火版 5.0 软件各个模块中一些抽象的概念、命令、功能和应用技巧进行讲解，通俗易懂，化深奥为简易；另外，本书所举范例均为一线实际产品，这样的安排能使读者较快地进入实战状态；在写作方式上，本书紧贴 Pro/ENGINEER 野火版 5.0 软件的真实界面进行讲解，使读者能够直观、准确地操作软件，提高学习效率。读者在系统学习本书后，能够迅速地运用 Pro/ENGINEER 软件来完成一般产品的零件建模（含曲面、钣金）、装配、工程图制作和运动与结构分析等工作。本书可作为技术人员的 Pro/ENGINEER 完全自学教程和参考书，也可供大专院校师生教学参考。

图书在版编目（CIP）数据

Pro/ENGINEER 野火版 5.0 应用速成标准教程/柯易达编著. —北京：电子工业出版社，2014.5

全国职业技能 Pro/ENGINEER 认证指导用书

ISBN 978-7-121-23102-5

Ⅰ. ①P… Ⅱ. ①柯… Ⅲ. ①机械设计－计算机辅助设计－应用软件－职业技能－资格认证－教材

Ⅳ. ①TH122

中国版本图书馆 CIP 数据核字（2014）第 085590 号

策划编辑：管晓伟

责任编辑：管晓伟　　　　　　文字编辑：张　慧

印　　刷：北京京科印刷有限公司

装　　订：北京京科印刷有限公司

出版发行：电子工业出版社

北京市海淀区万寿路 173 信箱　邮编 100036

开　　本：860×1092　1/16　印张：19.75　字数：409 千字

版　　次：2014 年 5 月第 1 版

印　　次：2014 年 5 月第 1 次印刷

印　　数：4000 册

定　　价：49.90 元（含多媒体 DVD 光盘 2 张）

凡所购买电子工业出版社图书有缺损问题，请向购买书店调换。若书店售缺，请与本社发行部联系，联系及邮购电话：（010）88254888。

质量投诉请发邮件至 zlts@phei.com.cn，盗版侵权举报请发邮件至 dbqq@phei.com.cn。

服务热线：（010）88258888。

前　言

Pro/ENGINEER（简称 Pro/E）是由美国 PTC 公司推出的一款功能强大的三维 CAD/CAM/CAE 软件系统，其内容涵盖了产品从概念设计、工业造型设计、三维模型设计、分析计算、动态模拟与仿真、工程图输出，到生产加工成产品的全过程，应用范围涉及汽车、机械、航空航天、造船、通用机械、数控加工、医疗、玩具和电子等诸多领域。Pro/ENGINEER 野火版 5.0 构建于 Pro/ENGINEER 野火版的成熟技术之上，新增了许多功能，使其技术水平又上了一个新的台阶。

本书是学习 Pro/ENGINEER 野火版 5.0 的应用速成标准教程，其特色如下。

- 内容全面，涵盖了产品的零件设计（含曲面、钣金设计）、装配、工程图制作、运动仿真与分析等核心功能模块。
- 本书实例、范例、案例丰富，对软件中的主要命令和功能，首先结合简单的实例进行讲解，然后安排一些较复杂的综合范例或案例，帮助读者深入理解和灵活应用。另外，由于书的纸质容量有限（增加纸张页数势必增加书的定价），随书光盘中存放了大量的范例或实例教学视频（全程语音讲解），这样安排可以进一步迅速提高读者的软件使用能力和技巧，同时也提高了本书的性价比。
- 循序渐进，讲解详细，条理清晰，图文并茂，使自学的读者能独立学习和运用 Pro/ENGINEER 软件。
- 写法独特，采用 Pro/ENGINEER 中真实的对话框、操控板和按钮等进行讲解，使初学者能够直观、准确地操作软件，从而大大提高学习效率。
- 附加值极高，本书附带 2 张多媒体 DVD 教学光盘，制作了 201 个 Pro/ENGINEER 应用技巧和具有针对性实例的教学视频，并进行了详细的语音讲解，时间长达 8 小时（480 分钟），2 张多媒体 DVD 光盘教学文件容量共计 6.3GB，可以帮助读者轻松、高效地学习。

本书由柯易达编著，参加编写的人员还有刘青、赵楠、王留刚、仝蕊蕊、崔广雷、付元灯、曹旭、吴立荣、姚阿普、李海峰、邵玉霞、石磊、吕广凤、石真真、刘华腾、张连伟、邵欠欠、邵丹丹、王展、赖明江、刘义武、刘晨。本书已经经过多次审校，但仍不免有疏漏之处，恳请广大读者予以指正。

电子邮箱：bookwellok @163.com

编　者

本 书 导 读

为了能更好地学习本书的知识，请您仔细阅读下面的内容。

【写作软件蓝本】

本书采用的写作蓝本是 Pro/ENGINEER 野火版 5.0 版。

【写作计算机操作系统】

本书使用的操作系统为 Windows XP，对于 Windows 2000 /Server 或 Windows 7 操作系统，本书的内容和范例也同样适用。

【光盘使用说明】

为了使读者方便、高效地学习本书，特将本书中所有的练习文件、素材文件、已完成的实例、范例或案例文件、软件的相关配置文件和视频语音讲解等文件按章节顺序放入随书附带的光盘中，读者在学习过程中可以打开相应的文件进行操作、练习和查看视频。

本书附带多媒体 DVD 教学光盘两张，建议读者在学习本书前，首先将两张 DVD 光盘中的所有内容复制到计算机硬盘的 D 盘中，然后再将第二张光盘 proesc5-video2 文件夹中的所有文件复制到第一张光盘的 video 文件夹中。

在光盘的 proesc5 目录下共有 4 个子目录。

（1）proewf5_system_file 子目录：包含一些系统文件。

（2）work 子目录：包含本书讲解中所用到的文件。

（3）video 子目录：包含本书讲解中的视频录像文件（含语音讲解）。读者学习时，可在该子目录中按顺序查找所需的视频文件。

（4）before 子目录：为方便低版本用户和读者的学习，光盘中特提供了 Pro/ENGINEER4.0 版本主要章节的素材原文件。

光盘中带有“ok”扩展名的文件或文件夹表示已完成的实例、范例或案例。

【本书约定】

◆ 本书中有关鼠标操作的简略表述说明如下。
  - 单击：将鼠标指针移至某位置处，然后按一下鼠标的左键。
  - 双击：将鼠标指针移至某位置处，然后连续快速地按两次鼠标的左键。
  - 右击：将鼠标指针移至某位置处，然后按一下鼠标的右键。
  - 单击中键：将鼠标指针移至某位置处，然后按一下鼠标的中键。

- 滚动中键：只是滚动鼠标的中键，而不是按中键。
- 选择（选取）某对象：将鼠标指针光标移至某对象上，单击以选取该对象。
- 拖动某对象：将鼠标指针移至某对象上，然后按下鼠标的左键不放，同时移动鼠标，将该对象移动到指定的位置后再松开鼠标的左键。

◆ 本书中的操作步骤分为“任务”和“步骤”两个级别，说明如下。

- 对于一般的软件操作，每个操作步骤以步骤01开始。例如，下面是草绘环境中绘制矩形操作步骤的表述。
  - ☑ 步骤01 单击“矩形”命令按钮□。
  - ☑ 步骤02 首先在绘图区的某位置单击，放置矩形的一个角点，然后将该矩形拖至所需大小。
  - ☑ 步骤03 再次单击，放置矩形的另一个角点。此时，系统即在两个角点间绘制一个矩形。
- 每个“步骤”操作视其复杂程度，其下面可含有多级子操作。例如，步骤01下可能包含（1）、（2）、（3）等子操作，（1）子操作下可能包含①、②、③等子操作，①子操作下可能包含a）、b）、c）等子操作。
- 对于多个任务的操作，则每个“任务”冠以任务01、任务02、任务03等，每个“任务”操作下则包含“步骤”级别的操作。
- 由于已建议读者将随书光盘中的所有文件复制到计算机硬盘的D盘中，所以书中在要求设置工作目录或打开光盘文件时，所述的路径均以“D:”开始。

Note

目　　录

Note

Note

Note

Note

Note

第 1 章　Pro/ENGINEER 野火版 5.0 简介

1.1　Pro/ENGINEER 野火版 5.0 应用程序功能介绍

Pro/ENGINEER 软件是基于特征的全参数化软件，该软件中创建的三维模型是一种全参数化的三维模型。“全参数化”有三个层面的含义，即特征截面几何的全参数化、零件模型的全参数化及装配体模型的全参数化。

零件模型、装配模型、制造模型和工程图之间是全相关的，也就是说，工程图的尺寸被更改以后，其父零件模型的尺寸也会相应更改；反之，零件、装配或制造模型中的任何改变，也可以在其相应的工程图中反映出来。

1.2　Pro/ENGINEER 野火版 5.0 应用程序的安装与启动

1.2.1　Pro/ENGINEER 野火版 5.0 的安装

1. 安装的硬件要求

Pro/ENGINEER 野火版 5.0 软件系统可在工作站（Work station）或个人计算机（PC）上运行。如果在个人计算机上安装，为了保证软件安全和正常使用，计算机硬件要求如下。

- CPU 芯片：一般要求主频 650MHz 以上，推荐使用 Intel 公司生产的 Pentium4/1.3GHz 以上的芯片。
- 内存：一般要求 512MB 以上。如果要装配大型部件或产品，进行结构、运动仿真分析或产生数控加工程序，则建议使用 1024MB 以上的内存。
- 显卡：一般要求显存 32MB 以上，推荐使用 Geforce 4 以上的显卡。如果显卡性能太低，打开软件后，程序会自动退出。
- 网卡：使用 Pro/ENGINEER 软件，必须安装网卡。
- 硬盘：安装 Pro/ENGINEER 野火版 5.0 软件系统的基本模块，需要 4.6GB 左右的硬盘空间，考虑到软件启动后虚拟内存及获取联机帮助的需要，建议在硬盘上准备 5.0GB 以上的空间。
- 鼠标：强烈建议使用三键（带滚轮）鼠标，如果使用二键鼠标或不带滚轮的三键鼠标，会极大地影响工作效率。
- 显示器：一般要求使用 15 寸以上显示器。

◆ 键盘：标准键盘。

2. 安装的软件要求

如果在工作站上运行 Pro/ENGINEER 野火版 5.0 软件，操作系统可以为 UNIX 或 Windows NT；如果在个人计算机上运行，操作系统可以为 Windows NT、Windows 98/ME /2000 /XP，推荐使用 Windows 2000 Professional。

Note

3. 安装前的环境变量设置

为了更好地使用 Pro/ENGINEER，在软件安装前应对计算机系统进行设置。设置环境变量的目的是使软件的安装和使用能够在中文状态下进行，这将有利于中文用户的使用。

下面的操作是创建 Windows 环境变量 lang，并将该变量的值设为 chs。

步骤 01 选择 Windows 的 开始 → 设置(S) → 控制面板(C) 命令，如图 1.2.1 所示。

步骤 02 在图 1.2.2 所示的控制面板中，双击 系统 图标。

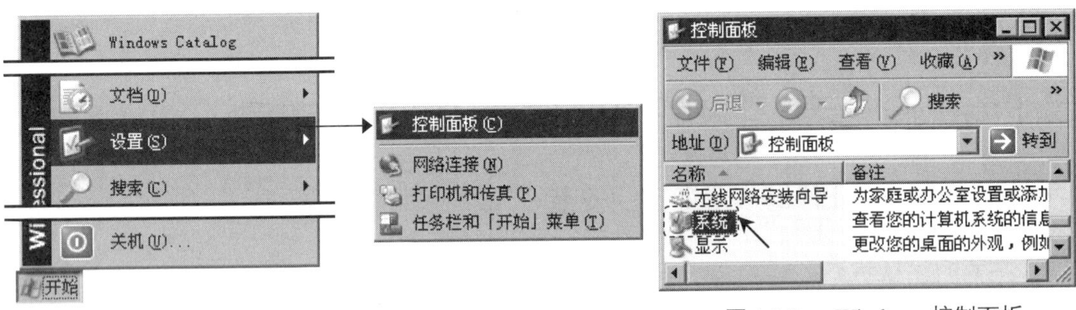

图 1.2.1 Windows“开始”菜单　　图 1.2.2 Windows 控制面板

步骤 03 在图 1.2.3 所示的“系统属性”对话框中单击 高级 选项卡，在 启动和故障恢复 区域中单击 环境变量(N) 按钮。

步骤 04 在图 1.2.4 所示的“环境变量”对话框中，单击 新建(W) 按钮。

步骤 05 在图 1.2.5 所示的“新建系统变量”对话框中，创建 变量名(N): 为 lang、变量值(V): 为 chs 的系统变量。

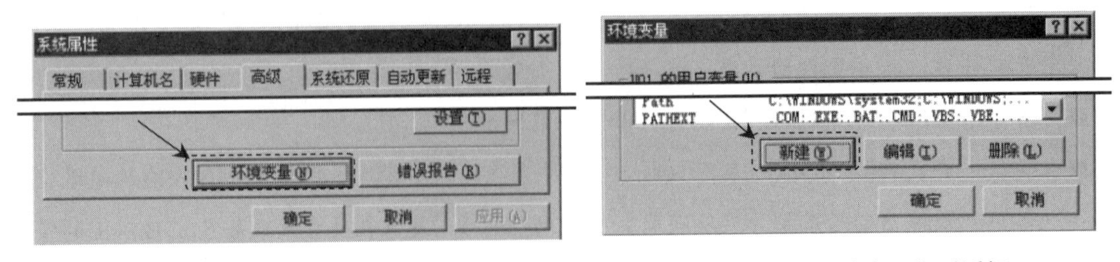

图 1.2.3 “系统属性”对话框　　图 1.2.4 “环境变量”对话框

步骤 06 依次单击 确定 → 确定 → 确定 按钮。

（1）使用 Pro/ENGINEER 中文野火版 5.0 时，系统可自动显示中文界面，因此可以不用设置环境变量 lang。

（2）如果在“系统特性”对话框的高级选项卡中创建环境变量 lang，并将其值设为 eng，则 Pro/ENGINEER 中文野火版 5.0 将变成英文的软件界面。

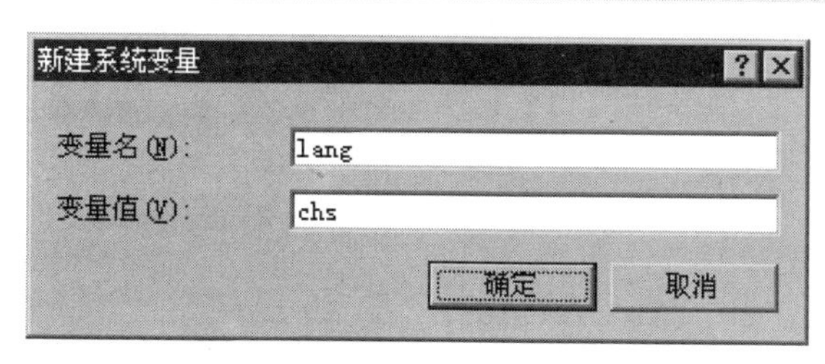

图 1.2.5 “新建系统变量”对话框

4. 安装前的计算机虚拟内存设置

为了更好地使用 Pro/ENGINEER，在软件安装前应对计算机系统进行虚拟内存设置。设置虚拟内存的目的是为软件系统进行几何运算预留临时存储数据的空间。各类操作系统的设置方法基本相同，下面以 Windows XP Professional 操作系统为例说明设置过程。

步骤 01 同环境变量设置的步骤 01。

步骤 02 同环境变量设置的步骤 02。

步骤 03 在“系统属性”对话框中单击高级选项卡，在性能区域中单击设置(S)按钮。

步骤 04 在图 1.2.6 所示的“性能选项”对话框中，单击高级选项卡，在虚拟内存区域中单击更改(C)按钮。

步骤 05 系统弹出图 1.2.7 所示的“虚拟内存”对话框，可在初始大小(MB)(I):文本框中输入虚拟内存的最小值，在最大值(MB)(X):文本框中输入虚拟内存的最大值。

虚拟内存的大小可根据计算机硬盘空间的大小进行设置，但初始大小至少要达到物理内存的 2 倍，最大值可达到物理内存的 4 倍以上。例如，用户计算机的物理内存为 256MB，初始值一般设置为 512MB，最大值可设置为 1024MB；如果装配大型部件或产品，则建议将初始值设置为 1024MB，最大值设置为 2048MB。

步骤 06 单击设置(S)和确定按钮后，计算机会提示用户设置在重新启动计算机后才生效，依次单击确定按钮。重新启动计算机后，完成设置。

5. 查找计算机（服务器）的网卡号

在安装 Pro/ENGINEER 之前，必须合法地获得 PTC 公司的软件使用许可证，这是一个文本文件，

Note

该文件是根据用户计算机(或服务器，也称为主机)上的网卡号赋予的，具有唯一性。下面以 Windows XP Professional 操作系统为例，说明如何查找计算机的网卡号。

步骤 01 选择 Windows 的 开始 → 程序(P) → 附件 → 命令提示符 命令，如图 1.2.8 所示。

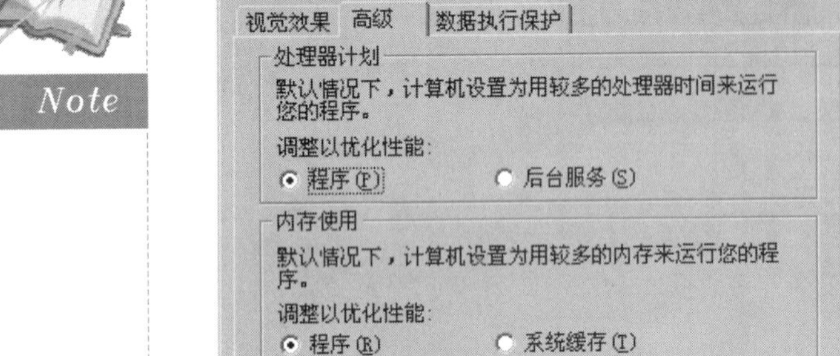

图 1.2.6 “性能选项”对话框

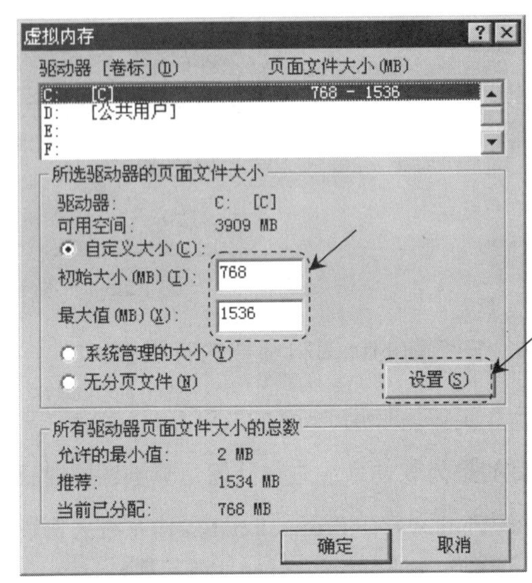

图 1.2.7 “虚拟内存”对话框

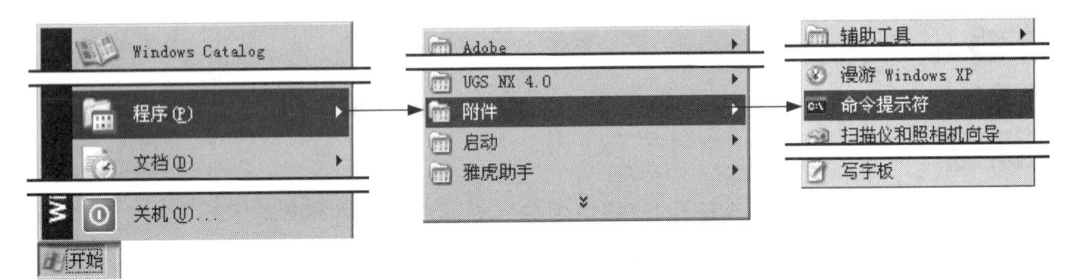

图 1.2.8 Windows 菜单

步骤 02 在 C:\>提示符下，输入 ipconfig /all 命令并按回车键，即可获得计算机网卡号。例如，图 1.2.9 中的 02-24-1D-52-27-78 即为网卡号。

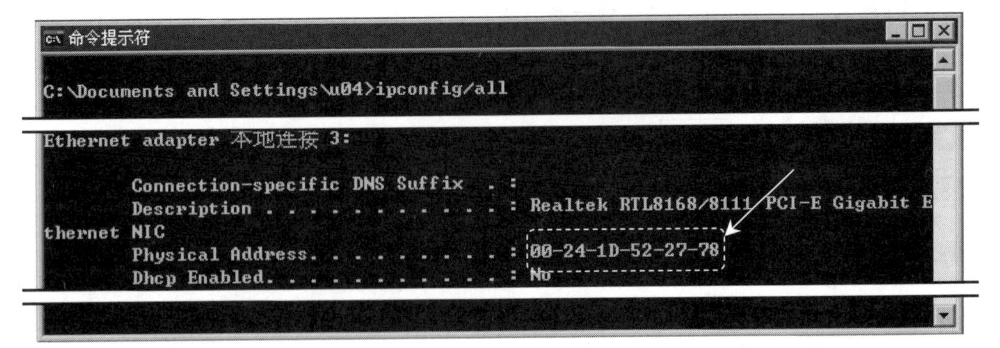

图 1.2.9 获得网卡号

6. Pro/ENGINEER 野火版 5.0 软件的安装

单机版的 Pro/ENGINEER 野火版 5.0（中文版）在各种操作系统下的安装过程基本相同，下面仅以 Windows XP Professional 为例，说明安装过程。

步骤 01 首先将合法获得的 Pro/ENGINEER 的许可证文件 license.dat 复制到计算机中的某个位置，如 C:\Program Files\proewildfire5_license\license.dat。

Note

步骤 02 Pro/ENGINEER 野火版 5.0 软件有一张安装光盘，首先将安装光盘放入光驱内（如果已将系统安装文件复制到硬盘上，则可双击系统安装目录下的 setup.exe 文件），等待片刻后，会出现图 1.2.10 所示的系统安装提示。

图 1.2.10　系统安装提示

步骤 03 数秒钟后，系统弹出图 1.2.11 所示的“安装”窗口，在该窗口中单击 下一步 > 按钮。

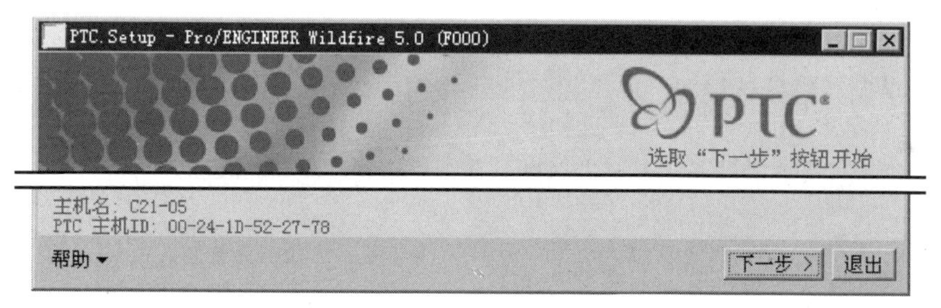

图 1.2.11　“安装”窗口

步骤 04 系统弹出图 1.2.12 所示的窗口，选中 我接受(A) 复选框，单击 下一步 > 按钮。

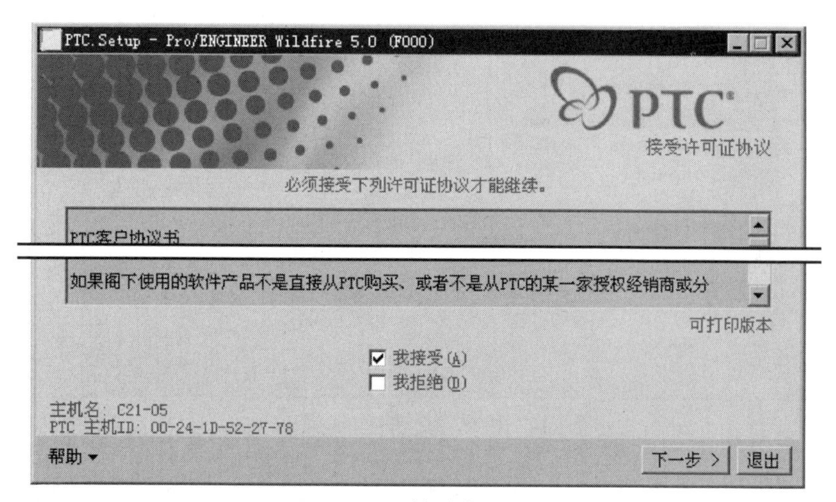

图 1.2.12　接受许可证协议

步骤 05 在图 1.2.13 所示的窗口中，单击图中的“Pro/ENGINEER”项。

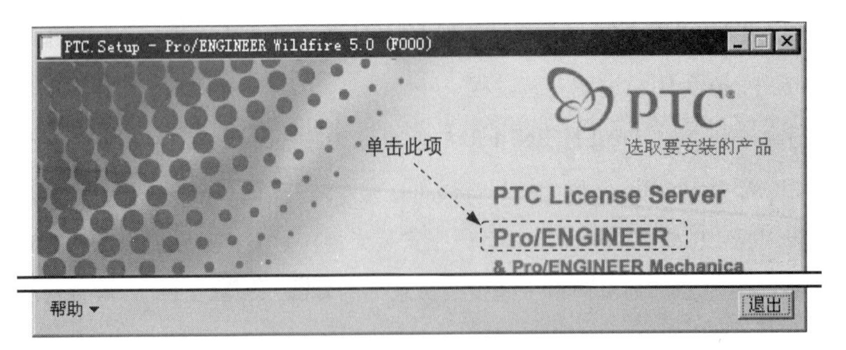

图 1.2.13　选择安装模块

步骤 06 系统弹出图 1.2.14 所示的窗口，在该对话框中进行下列操作。

（1）确定安装目录 C:\Program Files\proeWildfire 5.0（此安装目录为默认目录）。

（2）选择要安装的功能。

① 在要安装的功能区域中单击 X Pro/ENGINEER Mechanica 中的按钮，然后在弹出的下拉菜单中选择 安装所有子功能(A) 命令。

② 在要安装的功能区域中单击 X 界面 中的按钮，然后在弹出的下拉菜单中选择 安装所有子功能(A) 命令。

（3）其余选项采用系统默认设置，单击下一步 > 按钮。

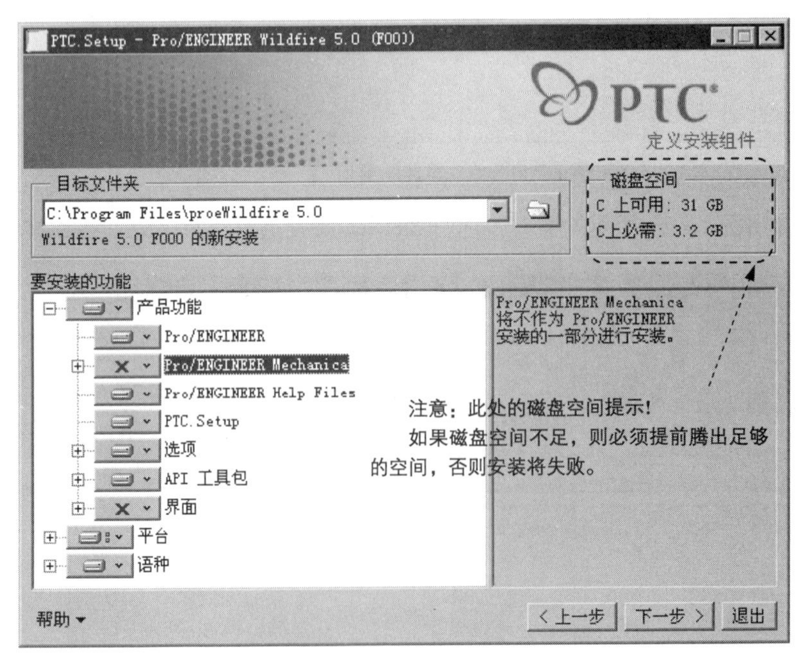

图 1.2.14　定义安装组件

步骤 07 此时系统弹出图 1.2.15 所示的窗口，在该窗口中的标准区域中选择正确的单选项，单击

下一步 > 按钮。

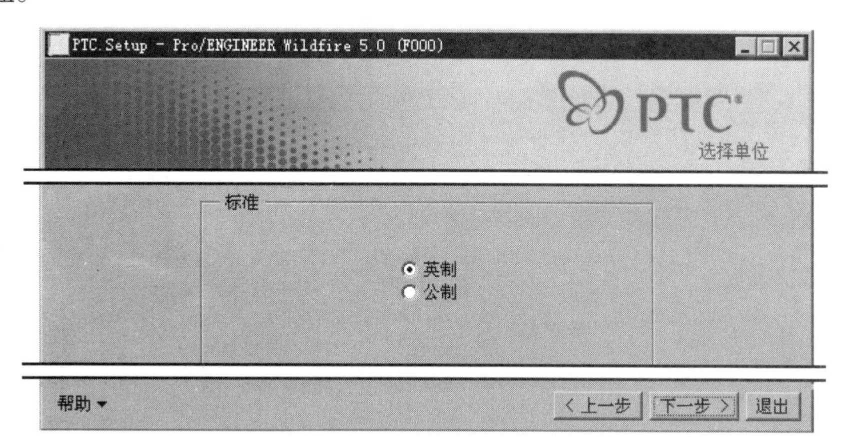

图 1.2.15 选择单位

步骤 08 此时系统弹出图 1.2.16 所示的窗口，单击 添加 按钮，系统弹出图 1.2.17 所示的“指定许可证服务器”对话框，选择 锁定的许可证文件(服务器未运行) 选项，单击 按钮，系统弹出“选取文件”对话框，按照路径 C:\Program Files\proewildfire5_license 检索许可证文件 license.dat，然后单击 打开 → 确定(O) 按钮。返回到“指定许可证服务器”对话框，单击 下一步 > 按钮。

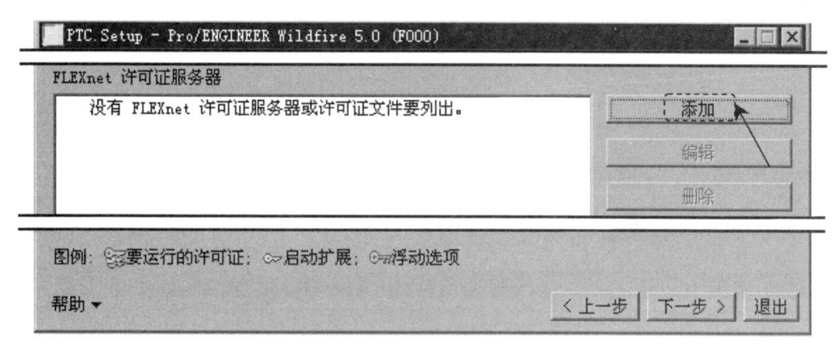

图 1.2.16 指定许可证服务器

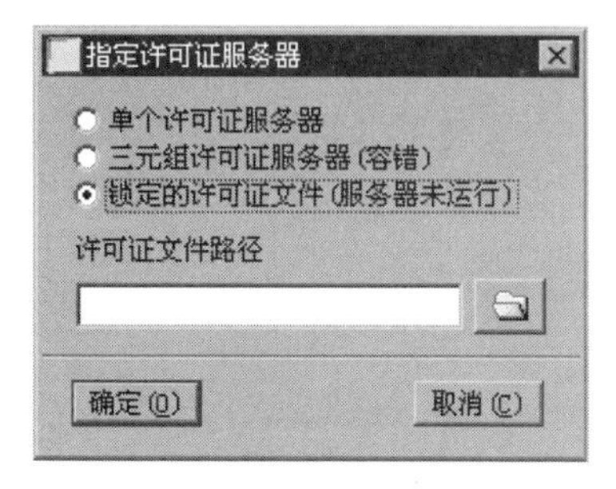

图 1.2.17 “指定许可证服务器”对话框

步骤 09 系统弹出图 1.2.18 所示的窗口，在该窗口中可以配置 Windows 各选项。在 Windows快捷方式首选项 区域中选中 ☑ 桌面、☑ 开始菜单 和 ☑ 程序文件夹 复选框，下面的 程序文件夹、启动目录

选项采用默认设置；在 Windows环境首选项 区域中，确保选中 ⊙ 修改所有用户的系统环境 单选项；单击 下一步 > 按钮。

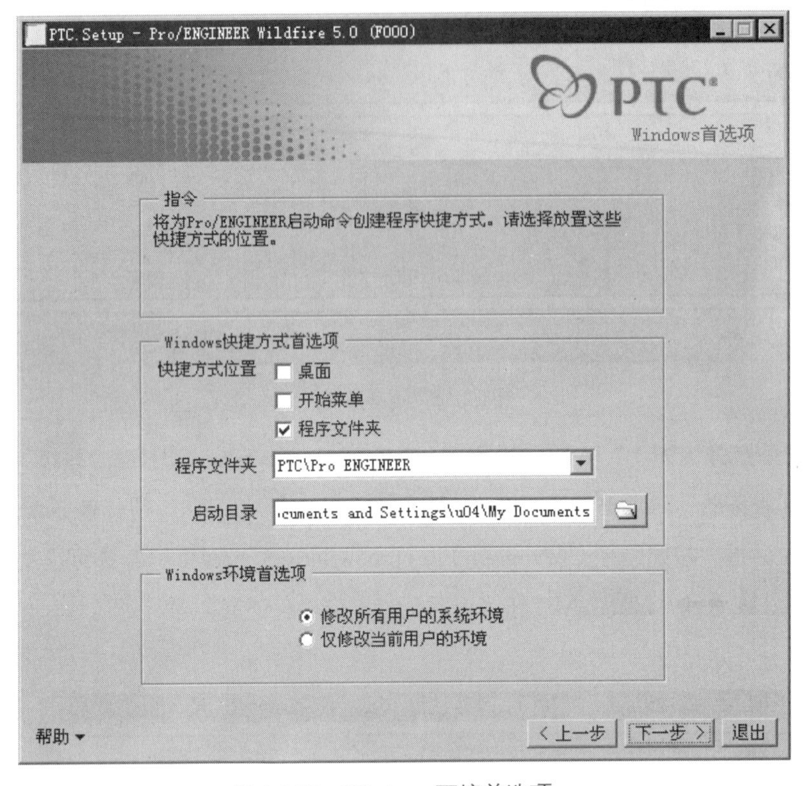

图 1.2.18 Windows 环境首选项

步骤 10 系统弹出图 1.2.19 所示的窗口，提示用户选择 Pro/ENGINEER 软件的可选配置项目，建议选中 ☑ OLE设置 复选框，然后单击 下一步 > 按钮。

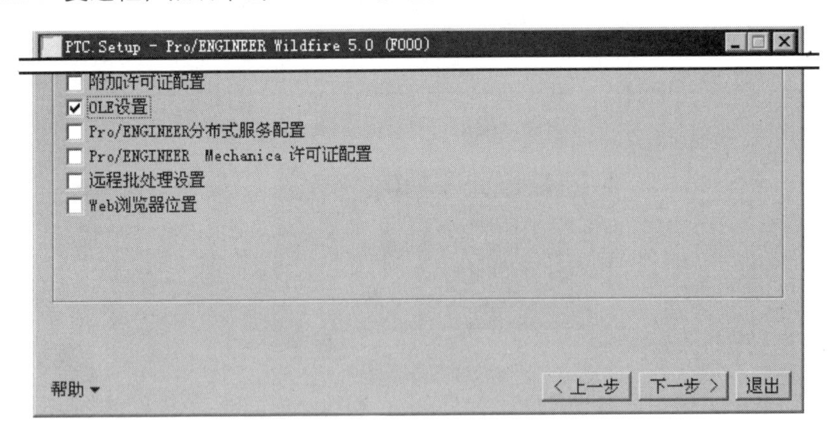

图 1.2.19 可选配置项目

步骤 11 系统弹出图 1.2.20 所示的窗口，在该对话框中可以配置 OLE 服务器的相关信息，建议在 语言 下拉列表框中选择 简体中文 选项，然后单击 下一步 > 按钮。

Note

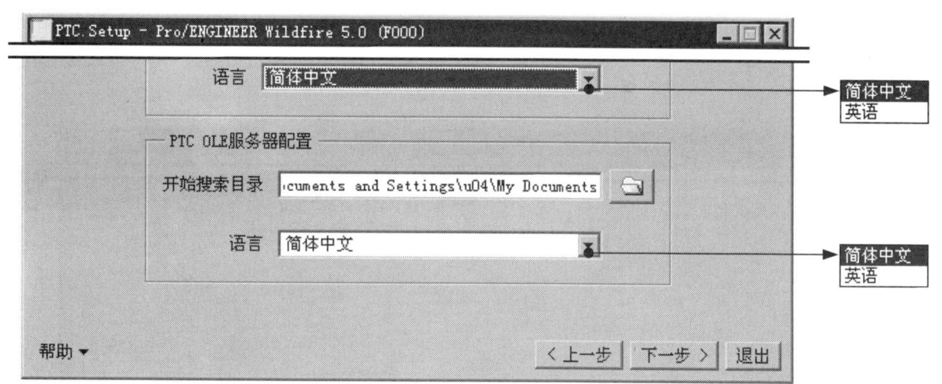

图 1.2.20　PTC OLE 配置

步骤 12 系统弹出图 1.2.21 所示的窗口，单击 下一步 > 按钮。

PTC.Setup - Pro/ENGINEER Wildfire 5.0 (F000)
ProductPoint 的安装位置
C:\Program Files\PTC\WindchillProductPointComponents
帮助
< 上一步　下一步 >　退出

图 1.2.21　安装位置（一）

步骤 13 系统弹出图 1.2.22 所示的窗口，单击 安装 按钮。

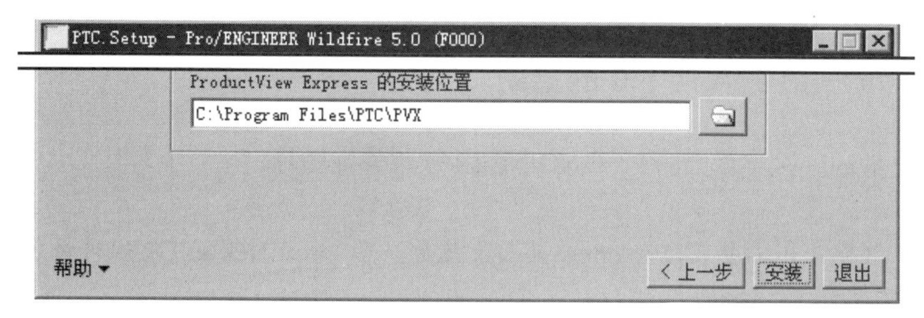

图 1.2.22　安装位置（二）

步骤 14 系统弹出图 1.2.23 所示的界面，此时系统开始安装 Pro/ENGINEER 软件主体，并显示安装进度。

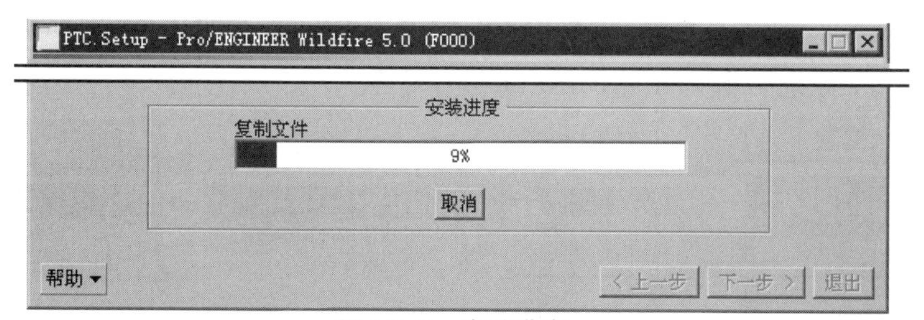

图 1.2.23　安装进度

步骤 15 经过 15 秒钟左右，Pro/ENGINEER 软件主体安装完成，系统提示“安装完成”信息（如图 1.2.24 所示），单击 下一步 > 按钮。

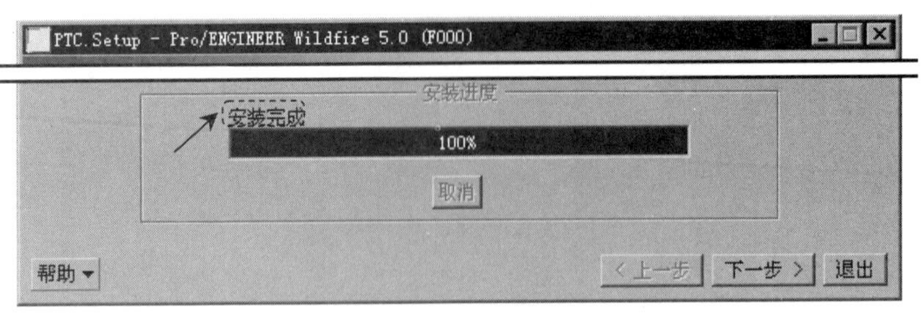

图 1.2.24　安装完成

步骤 16 系统返回到图 1.2.25 所示的窗口，单击 退出 按钮，再在“退出 PTC.setup”对话框中单击 是(Y) 按钮，退出安装程序，完成安装。

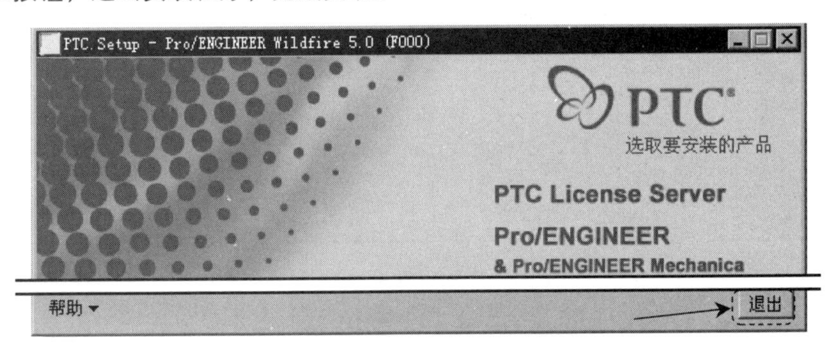

图 1.2.25　选择安装模块

1.2.2　Pro/ENGINEER 野火版 5.0 的启动

方法一：双击 Windows 桌面上的 Pro/ENGINEER 软件快捷图标。

只要是正常安装，Windows 桌面上就会显示 Pro/ENGINEER 软件快捷图标。可根据需要修改快捷图标的名称。

方法二：从 Windows 系统的“开始”菜单进入 Pro/ENGINEER，操作方法如下。

步骤 01 单击 Windows 桌面左下角的 开始 按钮。

步骤 02 如图 1.2.26 所示，选择 程序(P) → PTC → Pro ENGINEER → Pro ENGINEER 命令，系统便进入 Pro/ENGINEER 软件环境。

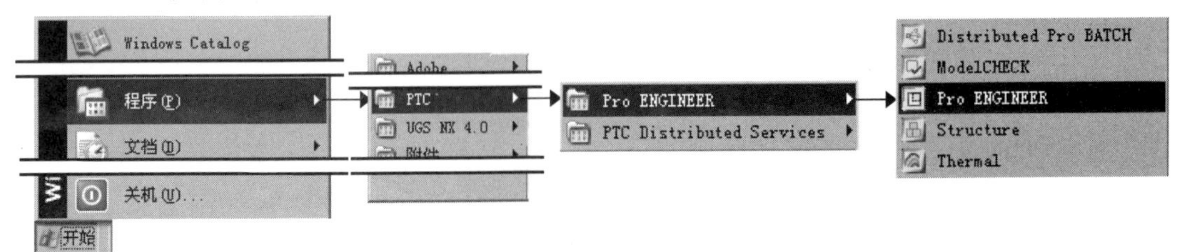

图 1.2.26　Windows“开始”菜单

1.3 Pro/ENGINEER 野火版 5.0 的软件环境

1.3.1 软件环境介绍

在学习本节时，请首先打开目录 D:\proesc5\work\ch01 下的 DIG_HAND.prt 文件。

Pro/ENGINEER 中文野火版 5.0 用户界面包括下拉菜单区、菜单管理器区、顶部工具栏按钮区、右工具栏按钮区、消息区、智能选取栏、图形区及导航选项卡区，如图 1.3.1 所示。

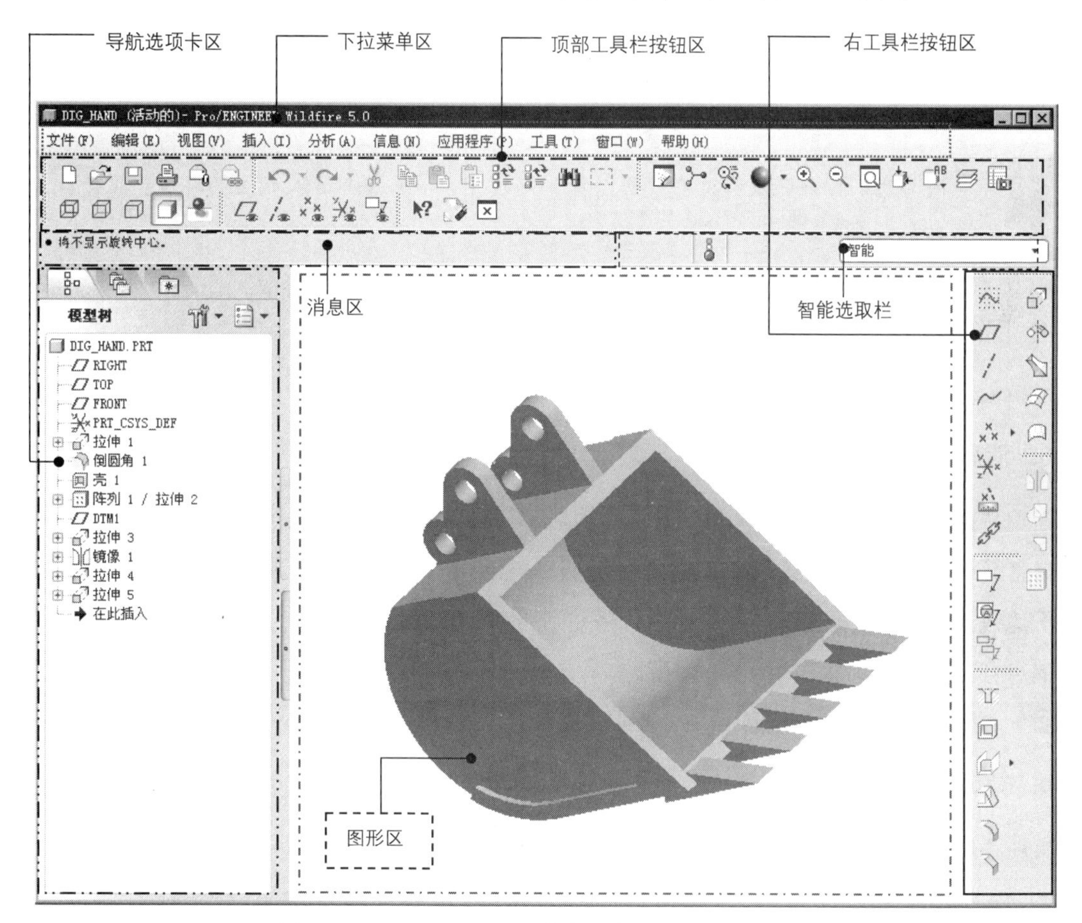

图 1.3.1 Pro/ENGINEER 中文野火版 5.0 用户界面

1. 下拉菜单区

下拉菜单中包含创建、保存、修改模型和设置 Pro/ENGINEER 环境的一些命令。

2. 导航选项卡区

导航选项卡包括三个页面选项："模型树或层树"、"文件夹浏览器" 和 "收藏夹"。

◆ "模型树" 中列出了活动文件中的所有零件及特征，并以树的形式显示模型结构，根对象（活动零件或组件）显示在模型树的顶部，其从属对象（零件或特征）位于根对象之下。例如在活动装配文件中，“模型树”列表的顶部是组件，组件下方是每个元件零件的名称；在活动零件文件中，“模型树”列表的顶部是零件，零件下方是每个特征的名称。若打开多个 Pro/ENGINEER 模型，则“模型树”只反映活动模型的内容。

◆ “层树”可以有效组织和管理模型中的层。

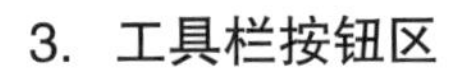

3. 工具栏按钮区

工具栏中的命令按钮为快速进入命令及设置工作环境提供了极大的方便，用户可以根据具体情况定制工具栏。

> 用户会看到有些菜单命令和按钮处于非激活状态（呈灰色，即暗色），这是因为它们目前还没有处在发挥功能的环境中，一旦它们进入相关的环境，便会自动激活。

4. 图形区

Pro/ENGINEER 各种模型图像的显示区。

5. 消息区

在用户操作软件的过程中，消息区会实时地显示与当前操作相关的提示信息等，以引导用户的操作。消息区有一个可见的边线，将其与图形区分开，若要增加或减少可见消息行的数量，可将鼠标指针置于边线上，按住鼠标左键，将鼠标指针移动到所期望的位置。

消息分五类，分别以不同的图标提醒。

 提示　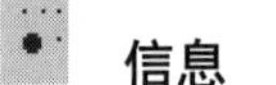 信息　 警告　出错　 危险

6. 智能选取栏

智能选取栏也称过滤器，主要用于快速选取某种所需要的要素（如几何、基准等）。

7. 菜单管理器区

菜单管理器区位于屏幕的右侧，在进行某些操作时，系统会弹出此菜单。例如，创建混合特征时，系统会弹出“混合选项”菜单管理器（如图 1.3.2 所示）。可通过 menu_def.pro 文件定制菜单管理器。

1.3.2 软件环境的定制

1. 工作界面的定制

工作界面的定制步骤如下。

步骤 01 进入定制工作对话框。选择下拉菜单区的 工具(T) → 定制屏幕(C)... 命令，即可进入屏

幕“定制”对话框，如图 1.3.3 所示。

步骤 02 定制工具栏布局。在图 1.3.3 所示的“定制”对话框中单击工具栏(B)选项卡，即可打开工具栏定制选项卡。

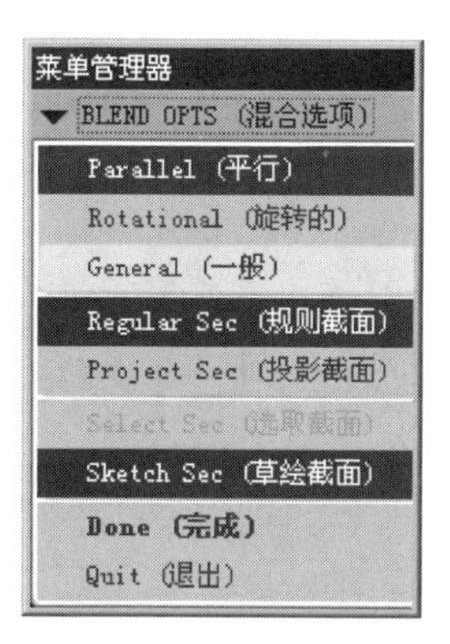

图 1.3.2　菜单管理器

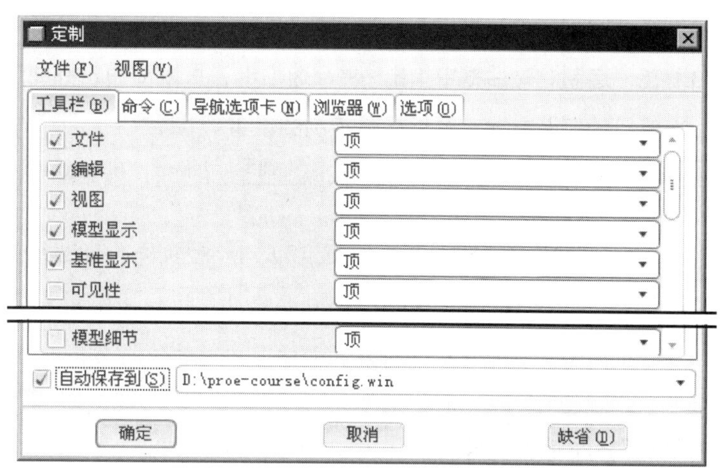

图 1.3.3　“定制”对话框

（1）单击文件中的□，出现√号，此时可看到文件类的命令按钮出现在屏幕左侧。单击左中的▼按钮，然后在弹出的下拉列表中选择“顶”。

（2）单击自动保存到(S) D:\proe-course\config.win中的□，出现√号，表示此项定制将存入配置文件，以便下次进入 Pro/ENGINEER 系统不用重新配置此项。单击确定按钮，结束配置。

步骤 03 在工具栏中添加一个新按钮。在图 1.3.4 中的目录(G)列表框中选取按钮的类别“文件”，此时在命令(D)列表框中显示出所有该类的命令按钮。单击拭除(E) ▸ 不显示(D)...选项，并按住鼠标左键不放，将鼠标指针拖放到屏幕的工具栏中。

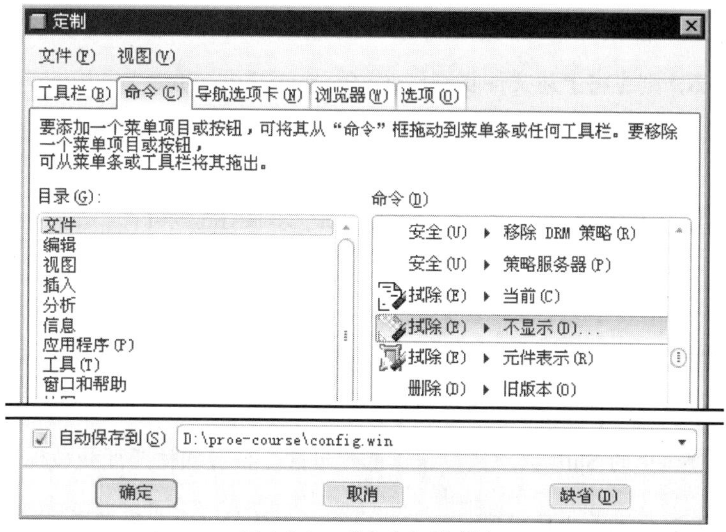

图 1.3.4　“命令”选项卡

步骤 04 其他配置。

（1）在“定制”对话框中单击导航选项卡(N)选项卡，可以对导航选项卡放置的位置、导航窗口的宽度及“模型树”的放置进行设置。

（2）在“定制”对话框中单击浏览器(W)选项卡，可以对浏览器窗口宽度和启动状态等进行设置。

（3）在“定制”对话框中单击选项(O)选项卡，可以对用户界面进行其他配置，如消息区域的位置控制、次窗口的打开方式、图标显示控制的设置。

步骤 05 在完成前面的定制后，单击 确定 按钮，结束配置。

说明　本书附赠光盘中的 config.win 对软件界面进行了一定的设置，将其复制到 Pro/ENGINEER Wildfire 5.0 安装目录的\text 目录下，使 config.win 文件中的设置有效，这样可以保证在后面学习中的软件界面与本书相同，从而提高学习效率。

2. 设置系统配置文件

用户可以利用一个名为 config.pro 的系统配置文件预设 Pro/ENGINEER 软件的工作环境和进行全局设置。例如，Pro/ENGINEER 软件的界面是中文还是英文（或者中英文双语）由 menu_translation 选项来控制，这个选项有三个可选的值 yes、no 和 both，它们分别可以使软件界面显示为中文、英文和中英文双语。

本书附赠光盘中的 config.pro 文件中对一些基本的选项进行了设置，强烈建议读者进行如下操作，使该 config.pro 文件中的设置有效，这样可以保证在后面学习中的软件配置与本书相同，从而提高学习效率。

操作方法为：将 D:\proewf5.1\proewf5_system_file\下的 config.pro 复制至 Pro/ENGINEER Wildfire 5.0 安装目录的\text 目录下。如果 Pro/ENGINEER Wildfire 5.0 的安装目录为 C:\Program Files\proeWildfire 5.0，则应将上述文件复制到 C:\Program Files\Proe Wildfire 5.0\text 目录下。退出 Pro/ENGINEER，然后再重新启动 Pro/ENGINEER，config.pro 文件中的设置有效。

1.4　PRO/ENGINEER 野火版 5.0 的鼠标键盘操作

用鼠标可以控制图形区中的模型显示状态。

- 滚动鼠标中键滚轮，可以缩放模型：向前滚，模型缩小；向后滚，模型变大。
- 按住鼠标中键，移动鼠标，可旋转模型。
- 首先按住键盘上的 Shift 键，然后按住鼠标中键，移动鼠标即可移动模型。

说明　采用以上方法对模型进行缩放和移动操作时，只是改变模型的显示状态，而不能改变模型的真实大小和位置。

1.5 PRO/ENGINEER 野火版 5.0 文件的管理与操作

1.5.1 创建工作文件目录

为了更好地管理 Pro/ENGINEER 软件中大量有关联的文件，应特别注意，在进入 Pro/ENGINEER 后，正式开始工作前最要紧的事情是“设置工作目录”。其操作过程如下。

步骤 01 选择下拉菜单 文件(F) ➡ 设置工作目录(W)... 命令。

步骤 02 在弹出的图 1.5.1 所示的“选取工作目录”对话框中选择“D:”。

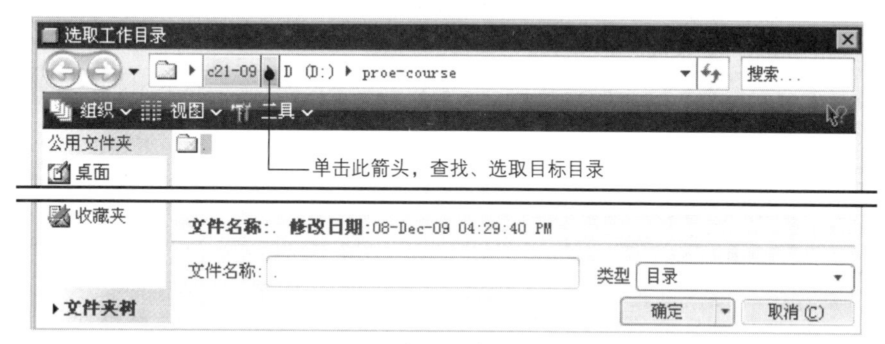

图 1.5.1　“选取工作目录”对话框

步骤 03 查找并选取目录 proe-course。

步骤 04 单击对话框中的 确定 按钮。

完成这样的操作后，目录 D:\proe-course 即变成工作目录，而且目录 D:\proe-course 也变成当前目录，将来文件的创建、保存、自动打开、删除等操作都将在该目录中进行。

说明：进行下列操作后，双击桌面上的 Pro ENGINEER 图标进入 Pro/ENGINEER 软件系统，即可自动切换到指定的工作目录。

（1）右击桌面上的 Pro ENGINEER 图标，在弹出的快捷菜单中选择 属性(R) 命令。

（2）图 1.5.2 所示的“Pro ENGINEER 5.0 属性”对话框被打开，单击该对话框的 快捷方式 选项卡，然后在 起始位置(S): 文本栏中输入 D:\proe-course，并单击 确定 按钮。

图 1.5.2　“Pro ENGINEER5.0 属性”对话框

1.5.2　打开文件

进入 Pro/ENGINEER 软件后，假设要打开名称为 base 的模型文件，其操作过程如下。

步骤 01 设置工作目录。选择下拉菜单 文件(F) → 设置工作目录(W)... 命令，在弹出的“选取工作目录”对话框中将工作目录设置到 D:\proesc5\work\ch01。

步骤 02 单击工具栏中的按钮（或选择下拉菜单 文件(F) → 打开(O)... 命令），系统弹出图 1.5.3 所示的“文件打开”对话框。

图 1.5.3　“文件打开”对话框

步骤 03 在文件列表中选择要打开的文件名 base.prt，然后单击 打开 按钮，即可打开文件，或者双击文件名也可打开文件。

1.5.3　新建文件

准备工作。将目录 D:\proesc5\work\ch01 设置为工作目录。在本书后面的章节中，每次新建或打开一个模型文件（包括零件、装配件等）之前，都应首先将工作目录设置正确。

新建一个零件模型文件的操作步骤如下。

步骤 01 在工具栏中单击“新建文件”按钮（或选择下拉菜单 文件(F) → 新建(N)... 命令，如图 1.5.4 所示），此时系统弹出图 1.5.5 所示的文件“新建”对话框。

步骤 02 选择文件类型和子类型。在对话框中选中 类型 选项组中的 ◉ 零件，选中 子类型 选项组中的 ◉ 实体 单选项。

步骤 03 输入文件名。在 名称 文本框中输入文件名 slide。

- 每次新建一个文件时，Pro/ENGINEER 都会显示一个默认名。如果要创建的是零件，则默认名的格式是 prt 后跟一个序号（如 prt0001），以后再新建一个零件时，序号自动加 1。
- 在 公用名称 文本框中可输入模型的公共描述，在一般设计中不对此进行操作。

步骤 04 选取模板。通过单击 ☑ 使用缺省模板 复选框来取消使用默认模板，然后单击对话框中的 确定 按钮，系统弹出图 1.5.6 所示的“新文件选项”对话框，在“模板”选项组中选取 PTC 公司提供的公制实体零件模型模板 mmns_part_solid（如果用户所在公司创建了专用模板，则可用 浏览... 按钮找到该模板），然后单击 确定 按钮，系统立即进入零件的创建环境。

为了使通用性更强，在本书后面各个 Pro/ENGINEER 模块（包括零件、装配件、工程制图、钣金件和模具设计）的介绍中，无论是范例介绍还是章节练习，当新建一个模型时（包括零件模型、装配体模型和模具制造模型），如未加注明，都是取消选中 ☐ 使用缺省模板 复选框，而且都是使用 PTC 公司提供的以 mmns 开始的公制模板。

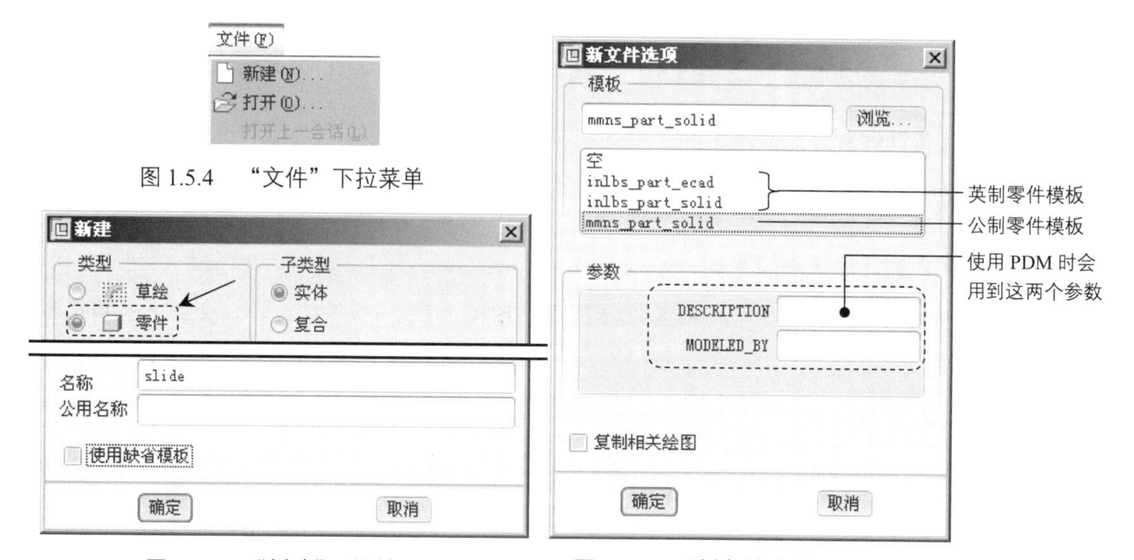

图 1.5.4　“文件”下拉菜单

图 1.5.5　“新建”对话框

图 1.5.6　“新文件选项”对话框

关于模板及默认模板的说明如下。

- Pro/ENGINEER 的模板分为两种类型：模型模板和工程图模板。模型模板又可以分为零件模型模板、装配模型模板和模具模型模板等。
- Pro/ENGINEER 为其中各类模型分别提供了两种模板：一种是公制模板，以 mmns 开始，使用公制度量单位；一种是英制模板，以 inlbs 开始，使用英制单位（参见图 1.5.6，图中有系统提供的零件模型的两种模板）。
- 用户可以根据个人或公司的具体需要，对模板进行更详细的定制，并可以在配置文件 config.pro 中将这些模板设置成默认模板。

1.5.4 保存文件

步骤01 单击工具栏中的按钮（或选择下拉菜单 文件(F) → 保存(S)命令），系统弹出图1.5.7所示的“保存对象”对话框，文件名出现在模型名称文本框中。

步骤02 单击 确定 按钮。如果不进行保存操作，则单击 取消 按钮。

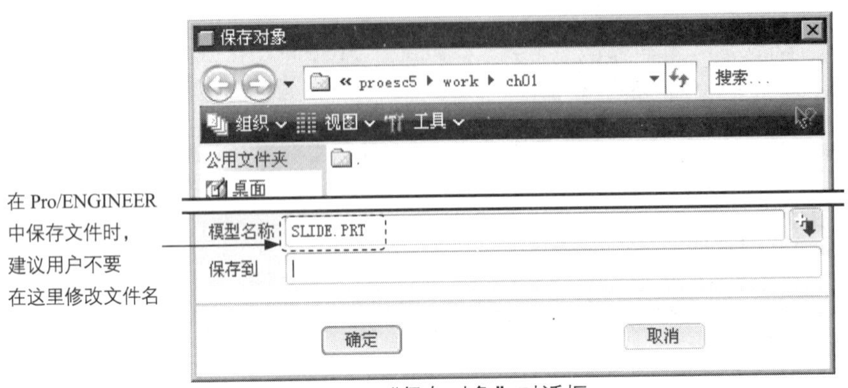

图1.5.7 “保存对象”对话框

几条文件保存操作命令的说明如下。

1. “保存”

关于保存文件的几点说明如下。

- 如果从进程中（内存）删除对象或退出Pro/ENGINEER而不保存，则会丢失当前进程中的所有更改。
- Pro/ENGINEER在磁盘上保存模型对象时，其文件名格式为“对象名.对象类型.版本号”。例如，创建模型slide，第一次保存时的文件名为slide.prt.1，再次保存时版本号自动加1。这样，在磁盘中保存对象时，不会覆盖原有的对象文件。
- 新建对象将保存在当前工作目录中；如果是打开的文件，则保存时，将保存在原目录中；如果override_store_back设置为no（默认设置），而且没有原目录的写入许可，同时又将配置选项save_object_in_current设置为yes，则此文件将保存在当前目录中。

2. “保存副本”

选择下拉菜单 文件(F) → 保存副本(A)...命令，系统弹出图1.5.8所示的“保存副本”对话框，可保存一个文件的副本。

关于保存文件副本的几点说明如下。

- “保存副本”的作用是保存指定对象文件的副本，可将副本保存到同一目录或不同的目录中，无论哪种情况都要给副本命名一个新的（唯一）名称。即使在不同的目录中保存副本文件，也不能使用与原始文件名相同的文件名。

- “保存副本”对话框允许 Pro/ENGINEER 将文件输出为不同格式，以及将文件另存为图像(参见图 1.5.8)，这也许是 Pro/ENGINEER 设立 保存副本(A)... 命令的一个很重要的原因，也是与文件“备份”命令的主要区别所在。
- 在图 1.5.8 所示的对话框中单击 按钮后，显示可用对象菜单，也可选择 选取... 命令以显示“选取”对话框，并在对象上选取装配件作为“源模型”。

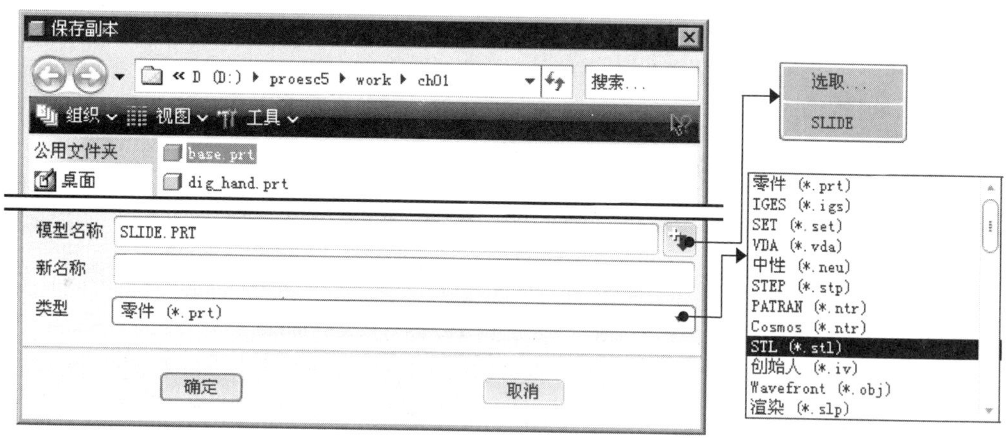

图 1.5.8 “保存副本”对话框

3. “备份”

选择下拉菜单 文件(F) ➡ 备份(B)... 命令，可对一个文件进行备份。

关于文件备份的几点说明如下。

- 可将文件备份到不同的目录。
- 在备份目录中备份对象的修正版，重新设置为 1。
- 必须有备份目录的写入许可，才能进行文件的备份。
- 如果要备份装配件、工程图或制造模型，则 Pro/ENGINEER 在指定目录中保存其所有从属文件。
- 如果装配件有相关的交换组，则备份该装配件时，交换组不保存在备份目录中。
- 如果备份模型后对其模型进行更改，然后再保存此模型，则变更将被保存在备份目录中。

4. 文件“重命名”

选择下拉菜单 文件(F) ➡ 重命名(R) 命令，可对一个文件进行重命名，如图 1.5.9 所示。

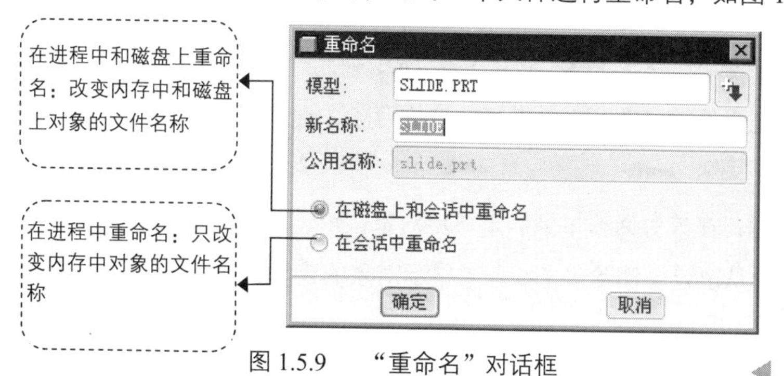

图 1.5.9 “重命名”对话框

关于文件重命名的几点说明如下。

- "重命名"的作用是修改模型对象的文件名称。
- 如果重命名磁盘上的文件，然后根据先前的文件名打开模型（不在内存中），则会出现错误。例如，在装配件中不能找到零件。
- 如果从非工作目录检索某对象，并重命名此对象，然后保存，则它将保存到对其进行检索的原目录中，而不是当前的工作目录中。

1.5.5 拭除文件

1. 从内存中拭除未显示的对象

每次选择下拉菜单 文件(F) → 保存(S) 命令保存对象时，系统都创建对象的一个新版本，并将它写入磁盘。系统对存储的每一个版本连续编号（简称版本号）。例如，对于零件模型文件，其格式为 slide.prt.1、slide.prt.2 和 slide.prt.3 等。□ 隐藏已知文件类型的扩展名

- 这些文件名中的版本号（1、2、3 等），只有通过 Windows 操作系统的窗口才能看到，在 Pro/ENGINEER 中打开文件时，在文件列表中则看不到这些版本号。
- 如果在 Windows 操作系统的窗口中还是看不到版本号，可进行如下操作：在 Windows 窗口中选择下拉菜单 工具(T) → 文件夹选项(O)... 命令（如图 1.5.10 所示），在"文件夹选项"对话框的 查看 选项卡中，取消 □ 隐藏已知文件类型的扩展名（如图 1.5.11 所示）。

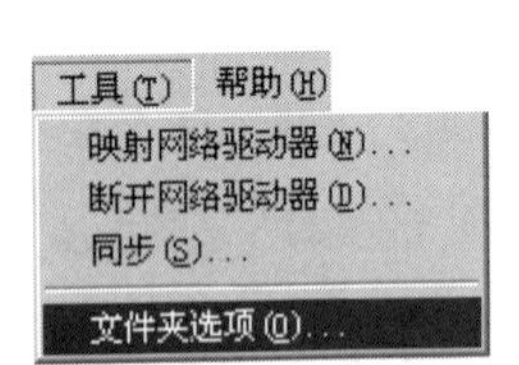

图 1.5.10 "工具"下拉菜单

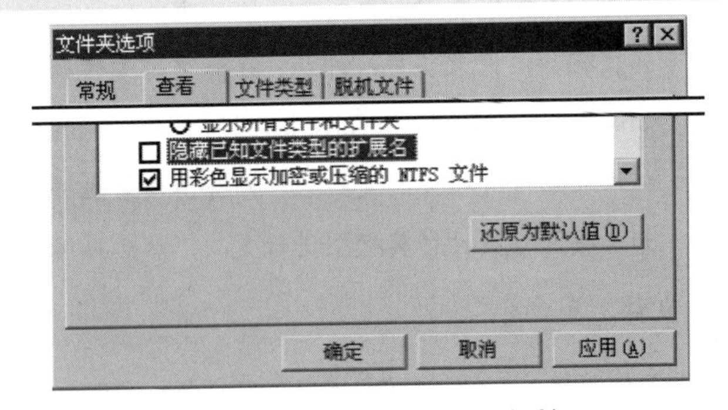

图 1.5.11 "文件夹选项"对话框

如果选择下拉菜单 窗口(W) → 关闭(C) 命令关闭一个窗口，窗口中的对象便不在图形区显示，但只要工作区处于活动状态，对象仍保留在内存中，这些对象称为"未显示的对象"。

选择下拉菜单 文件(F) → 拭除(E) ▸ → 不显示(D)... 命令后，系统弹出图 1.5.12 所示的"拭除未显示的"对话框，在该对话框中列出未显示对象，单击 确定 按钮，所有的未显示对象将从内存中拭除，但它们不会从磁盘中删除。当参考未显示对象的装配件或工程图仍处于活动状态时，系统不

能拭除该未显示对象。

2. 从内存中拭除当前对象

第一种情况：如果当前对象为零件、格式和布局等类型时，选择下拉菜单 文件(F) → 拭除(E) ▸ → 当前(C) 命令后，系统弹出图 1.5.13 所示的“拭除确认”对话框，单击 是 按钮，当前对象将从内存中拭除，但它们不会从磁盘中删除。

第二种情况：如果当前对象为装配、工程图和模具等类型，选择下拉菜单 文件(F) → 拭除(E) ▸ → 当前(C) 命令后，系统弹出“拭除”对话框，选取要拭除的关联对象后，再单击 是 按钮，则当前对象及选取的关联对象将从内存中被拭除。

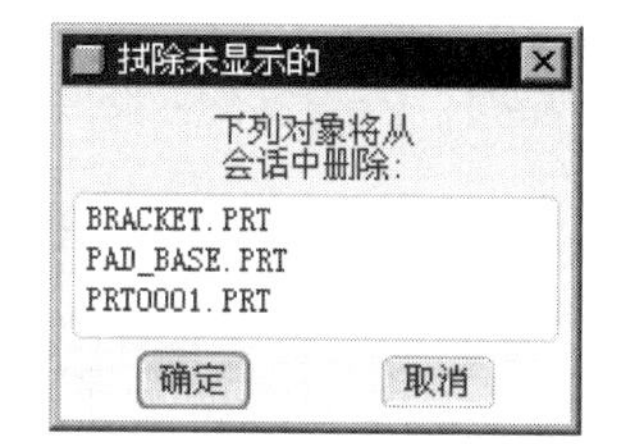

图 1.5.12　“拭除未显示的”对话框

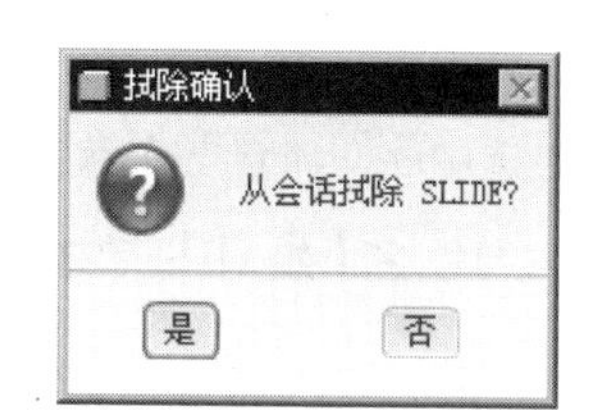

图 1.5.13　“拭除确认”对话框

1.5.6　删除文件

1. 删除文件的旧版本

使用 Pro/ENGINEER 软件创建模型文件时（包括零件模型、装配模型和制造模型等），在最终完成模型的创建后，可将模型文件的所有旧版本删除。

选择下拉菜单 文件(F) → 删除(D) → 旧版本(O) 命令后，系统弹出图 1.5.14 所示的对话框，单击 ✔ 按钮（或按回车键），系统就会将该对象除最新版本外的所有版本删除。

2. 删除文件的所有版本

在设计完成后，可将模型文件所有没有用的版本删除。

选择下拉菜单 文件(F) → 删除(D) → 所有版本(A) 命令后，系统弹出图 1.5.15 所示的警告对话框，单击 是(Y) 按钮，系统就会删除当前对象的所有版本。如果选择删除的对象是族表的一个实例，则实例和普通模型都不能被删除；如果选择删除的对象是普通模型，则将删除此普通模型。

图 1.5.14　删除文件的旧版本对话框

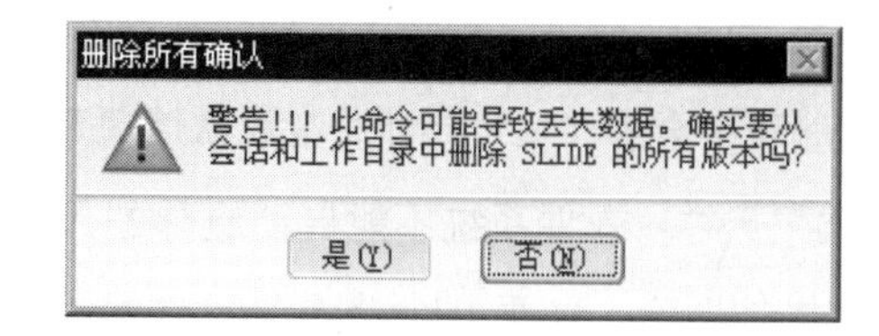

图 1.5.15　“删除所有确认”对话框

第 2 章 二维草绘的绘制

Note

2.1 Pro/ENGINEER 草绘基础

1. 进入草绘环境

进入模型截面草绘环境的操作方法如下。

步骤 01 单击“新建文件”按钮。

步骤 02 系统弹出图 2.1.1 所示的“新建”对话框，在该对话框中选中 草绘 单选按钮；在 名称 后的文本框中输入草图名（如 s1）；单击 确定 按钮，即进入草绘环境。

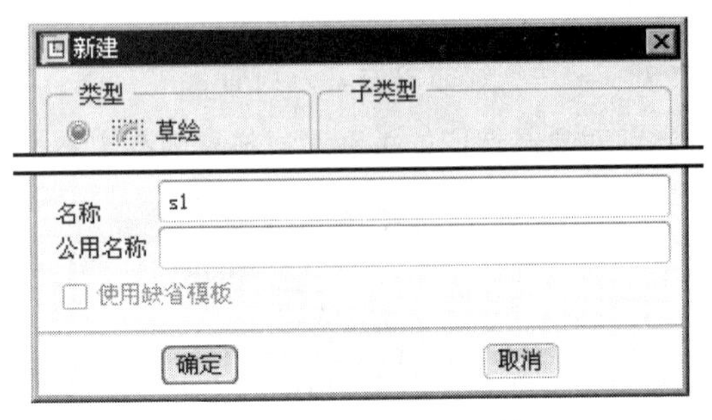

图 2.1.1 “新建”对话框

注意

还有一种进入草绘环境的途径，就是在创建某些特征（如拉伸、旋转、扫描等）时，以这些特征命令为入口进入草绘环境，详见本书第 3 章的相关内容。

2. 草绘术语介绍

在介绍二维草绘绘制之前，首先介绍一下 Pro/ENGINEER 软件草图中经常使用的术语。

图元：截面几何的任意元素（如直线、中心线、圆弧、圆、椭圆、样条曲线、点或坐标系等）。

参照图元：创建特征截面或轨迹时，所参照的图元。

尺寸：图元大小、图元间位置的量度。

约束：定义图元间的位置关系。约束定义后，其约束符号会出现在被约束的图元旁边。例如，可以约束两条直线垂直，完成约束后，垂直的直线旁边会出现一个垂直约束符号。约束符号显示为橙色。

参数：草绘中的辅助元素。

关系：关联尺寸和/或参数的等式。例如，可使用一个关系将一条直线的长度设置为另一条直线的两倍。

“弱”尺寸：由系统自动建立的尺寸。在用户增加新的尺寸时，系统可以在没有用户确认的情况下自动删除多余的“弱”尺寸。在默认情况下，“弱”尺寸在屏幕中显示为灰色。

“强”尺寸：软件系统不能自动删除的尺寸。由用户创建的尺寸都是“强”尺寸，软件系统不能自动将其删除。如果几个“强”尺寸发生冲突，则系统会要求删除其中一个。“强”尺寸显示为橙色。

冲突：两个或多个“强”尺寸和约束可能会产生矛盾或多余条件。若出现这种情况，则必须删除一个不需要的约束或尺寸。

3. 草绘环境中鼠标的使用

草绘时，可单击鼠标左键在绘图区选择位置，可单击鼠标中键以中止当前操作或退出当前命令。可以通过单击鼠标右键来禁用当前约束（显示为红色），也可以按 Shift 键和鼠标右键来锁定约束。当不处于绘制图元状态时，按 Ctrl 键并单击，可选取多个项目。右击将显示带有最常用草绘命令的快捷菜单（当不处于绘制模式时）。

Note

2.2　草图绘制工具

若要进行草绘，应首先从草绘环境的工具栏按钮区或 草绘(S) 下拉菜单中选取一个绘图命令，由于工具栏的命令按钮简明而快捷，所以推荐优先使用。

2.2.1　直线

方法一：按两点——通过两点来创建直线，其一般操作步骤如下。

步骤 01　单击工具栏中“直线”命令按钮中的，再单击按钮。

还有下列两种方法进入直线绘制命令。

- 选择下拉菜单 草绘(S) → 线(L) → 线(L) 命令。
- 在绘图区右击，从弹出的快捷菜单中选择 线(L) 命令。

步骤 02　单击直线的起始位置点，此时可看到一条“橡皮筋”线附着在鼠标指针上。

步骤 03　单击直线的终止位置点，系统便在两点间创建一条直线，并且在直线的终点处出现另一条“橡皮筋”线。

步骤 04　重复步骤 步骤 03，可创建一系列连续的线段。

步骤 05　单击鼠标中键，结束直线的创建。

- 在草绘环境中，单击“撤销”按钮可撤销上一个操作，单击“重做”按钮可重新执行被撤销的操作。这两个按钮在草绘环境中十分有用。
- Pro/ENGINEER 具有尺寸驱动功能，即图形的大小随着图形尺寸的改变而改变。

方法二：直线相切——通过与两个图元相切来创建直线，其一般操作步骤如下。

步骤 01　单击“直线”按钮中的，再单击按钮。

也可以选择下拉菜单 草绘(S) → 线(L) → 直线相切(T) 命令。

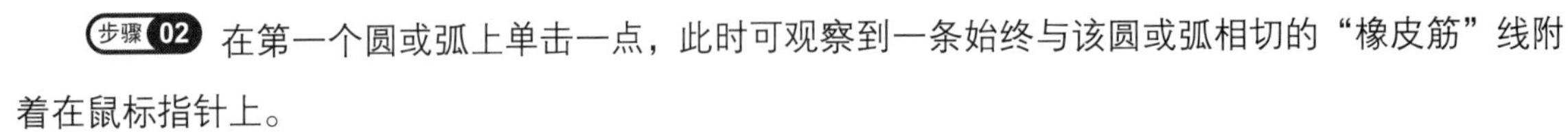

步骤 02 在第一个圆或弧上单击一点，此时可观察到一条始终与该圆或弧相切的“橡皮筋”线附着在鼠标指针上。

步骤 03 在第二个圆或弧上单击与直线相切的位置点，此时便产生一条与两个圆（弧）相切的直线段。

步骤 04 单击鼠标中键，结束相切直线的创建。

2.2.2 中心线

Pro/ENGINEER 5.0 提供两种中心线创建方法，分别是创建两点中心线和创建两点几何中心线。一般两点中心线是用来作为作图辅助线中心线使用的；两点几何中心线是作为一个旋转特征的中心轴，或作为截面内的对称中心线来使用的。下面介绍创建方法。

方法一：创建两点中心线。

步骤 01 单击“直线”按钮中的。

或者选择下拉菜单 草绘(S) → 线(L) → 中心线(C) 命令；或者在绘图区右击，从弹出的快捷菜单中选择 中心线(C) 命令。

步骤 02 在绘图区的某个位置单击，一条中心线附着在鼠标指针上。

步骤 03 在另一位置点单击，系统即绘制一条通过此两点的“中心线”。

方法二：创建两点几何中心线。

创建两点几何中心线的方法和创建两点中心线的方法完全一样，此处不再介绍。

2.2.3 矩形

方法一：创建两点矩形。

步骤 01 单击“矩形”命令按钮。

还有两种方法可进入矩形绘制命令。

- 选择下拉菜单 草绘(S) → 矩形(E) → 矩形(E) 命令。
- 在绘图区右击，从弹出的快捷菜单中选择 矩形(E) 命令。

步骤 02 在绘图区的某个位置单击，放置矩形的一个角点，然后将该矩形拖至所需大小。

步骤 03 再次单击，放置矩形的另一个角点。此时，系统即在两个角点间绘制一个矩形。

方法二：创建斜矩形。

步骤 01 单击“斜矩形”命令按钮。

Note

还有一种方法可进入斜矩形绘制命令。

◆ 选择下拉菜单 草绘(S) → 矩形(E) ▸ → 斜矩形(S) 命令。

步骤 02 在绘图区的某个位置单击，放置斜矩形的一个角点，然后拖动鼠标确定斜矩形的倾斜角度，并单击左键定义斜矩形的长度，最后拖动鼠标并单击左键定义斜矩形的高度。

步骤 03 此时，完成斜矩形的创建。

方法三：创建平行四边形。

步骤 01 单击“平行四边形”命令按钮。

还有一种方法可进入平行四边形绘制命令。

◆ 选择下拉菜单 草绘(S) → 矩形(E) ▸ → 平行四边形(P) 命令。

步骤 02 在绘图区的某个位置单击，放置平行四边形的一个角点，然后拖动鼠标确定平行四边形其中一个边的长度，并单击左键，最后拖动鼠标并单击左键定义平行四边形的另外一个边的长度及斜度。

步骤 03 此时，完成平行四边形的创建。

2.2.4 圆

方法一：中心/点——通过选取中心点和圆上一点来创建圆。

步骤 01 单击“圆”命令按钮中的。

步骤 02 在某个位置单击，放置圆的中心点，然后将该圆拖至所需大小并单击左键，完成该圆的创建。

方法二：同心圆。

步骤 01 单击“圆”命令按钮中的。

步骤 02 选取一个参照圆或一条圆弧边来定义圆心。

步骤 03 移动鼠标指针，将圆拖至所需大小并单击左键，然后单击中键。

方法三：三点圆。

步骤 01 单击“圆”命令按钮中的。

步骤 02 在绘图区任意位置点击三个点，然后单击鼠标中键，完成该圆的创建。

2.2.5 圆弧

Note

共有四种绘制圆弧的方法。

方法一：点/终点圆弧——确定圆弧的两个端点和弧上的一个附加点来创建一个三点圆弧。

步骤 01 单击“圆弧”命令按钮中的。

步骤 02 在绘图区某个位置单击，放置圆弧一个端点；在另一个位置单击，放置另一个端点。

步骤 03 此时移动鼠标指针，圆弧呈“橡皮筋”样变化，单击以确定圆弧上的一点。

方法二：同心圆弧。

步骤 01 单击“圆弧”命令按钮中的。

步骤 02 选取一个参照圆或一条圆弧边来定义圆心。

步骤 03 将圆拉至所需大小，然后在圆上单击两点以确定圆弧的两个端点。

方法三：圆心/端点圆弧。

步骤 01 单击“圆弧”命令按钮中的。

步骤 02 在某个位置单击，确定圆弧中心点，然后将圆拉至所需大小，并在圆上单击两点以确定圆弧的两个端点。

方法四：创建与三个图元相切的圆弧。

步骤 01 单击“圆弧”命令按钮中的。

步骤 02 分别选取三个图元，系统便自动创建与这三个图元相切的圆弧。

若在第三个图元上选取不同的位置点，则可创建不同的相切圆弧。

2.2.6 圆角

步骤 01 单击“圆角”命令按钮。

步骤 02 分别选取两个图元（两条边），系统便在这两个图元间创建圆角，并将两个图元裁剪至交点。

倒圆角对象中有圆弧时，系统不会自动裁剪图元。

2.2.7 样条曲线

样条曲线是指通过任意多个中间点的平滑曲线。

步骤 01 单击“样条曲线”按钮。

步骤 02 单击一系列点，可观察到一条“橡皮筋”样条附着在鼠标指针上。

步骤 03 单击鼠标中键，结束样条曲线的绘制。

2.2.8　构建图元

Pro/ENGINEER 中构建图元（构建线）的作用是作为辅助线（参考线），构建图元以虚线显示。草绘中的直线、圆弧和样条曲线等图元都可以转化为构建图元。下面以图 2.2.1 为例，说明其创建方法。

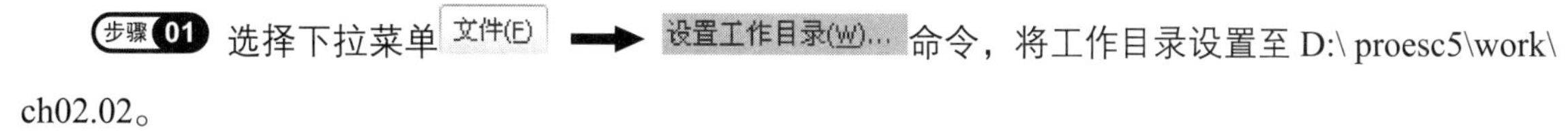

步骤 01 选择下拉菜单 文件(F) → 设置工作目录(W)... 命令，将工作目录设置至 D:\ proesc5\work\ch02.02。

步骤 02 选择下拉菜单 文件(F) → 打开(O)... 命令，打开文件 construct.sec。

步骤 03 按住 Ctrl 键不放，依次选取图 2.2.1a 中的直线、圆弧和圆。

步骤 04 右击，在弹出的图 2.2.2 所示的快捷菜单中选择 构建 命令，被选取的图元就转换成构建图元。结果如图 2.2.1b 所示。

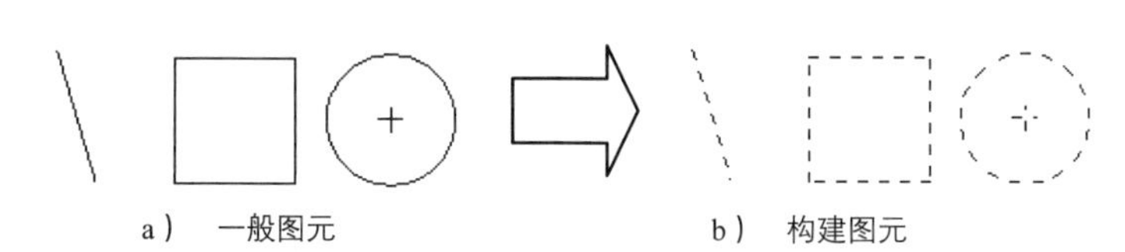

图 2.2.1　将图元转换为构建图元

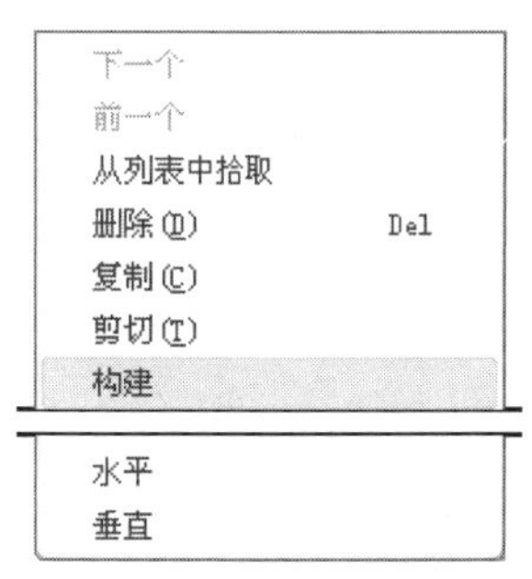

图 2.2.2　快捷菜单

第3章　二维草绘的编辑及约束

3.1　草绘编辑

3.1.1　操纵图元

Pro/ENGINEER提供了图元操纵功能，可使用户方便地旋转、拉伸和移动图元。

1. 直线的操纵

操纵1的操作流程：在绘图区，把鼠标指针移到直线上，按下左键不放，同时移动鼠标（此时鼠标指针变为），此时直线以远离鼠标指针的那个端点为圆心转动（如图3.1.1所示），达到绘制意图后，松开鼠标左键。

操纵2的操作流程：在绘图区，把鼠标指针移到直线的某个端点上，按下左键不放，同时移动鼠标，此时会看到直线以另一端点为固定点伸缩或转动（如图3.1.2所示），达到绘制意图后，松开鼠标左键。

2. 圆的操纵

操纵1的操作流程：把鼠标指针移到圆的边线上，按下左键不放，同时移动鼠标，此时会看到圆在变大或缩小（如图3.1.3所示）。达到绘制意图后，松开鼠标左键。

操纵2的操作流程：把鼠标指针移到圆心上，按下左键不放，同时移动鼠标，此时会看到圆随着指针一起移动（如图3.1.4所示）。达到绘制意图后，松开鼠标左键。

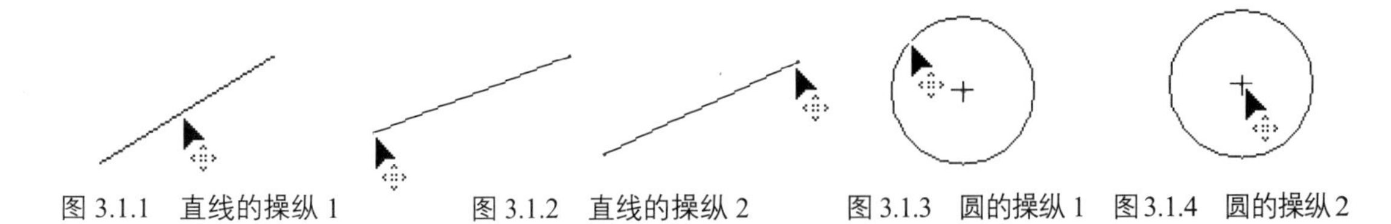

图3.1.1　直线的操纵1　　图3.1.2　直线的操纵2　　图3.1.3　圆的操纵1　图3.1.4　圆的操纵2

3. 圆弧的操纵

操纵1的操作流程：把鼠标指针移到圆弧上，按下左键不放，同时移动鼠标，此时会看到圆弧半径变大或变小（如图3.1.5所示）。达到绘制意图后，松开鼠标左键。

操纵2的操作流程：把鼠标指针移到圆弧的某个端点上，按下左键不放，同时移动鼠标，此时会看到圆弧以另一端点为固定点旋转，并且圆弧的包角也在变化（如图3.1.6所示）。达到绘制意图后，松开鼠标左键。

Note

操纵 3 的操作流程：把鼠标指针 移到圆弧的圆心点上，按下左键不放，同时移动鼠标，此时圆弧以某一个端点为固定点旋转，并且圆弧的包角及半径也在变化（如图 3.1.7 所示）。达到绘制意图后，松开鼠标左键。

操纵 4 的操作流程：单击圆心，然后把鼠标指针 移到圆心上，按下左键不放，同时移动鼠标，此时圆弧随着指针一起移动（如图 3.1.7 所示）。达到绘制意图后，松开鼠标左键。

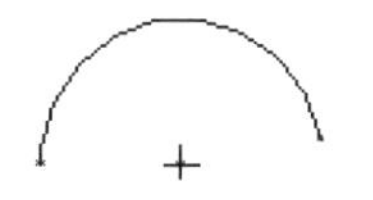

图 3.1.5　圆弧的操纵 1

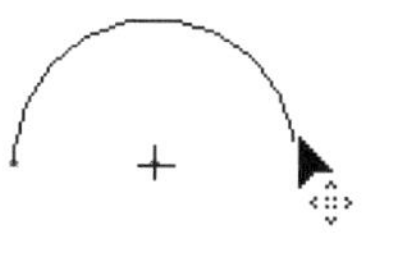

图 3.1.6　圆弧的操纵 2

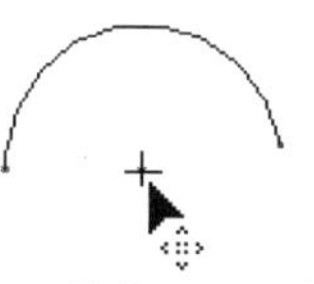

图 3.1.7　圆弧的操纵 3 和操控 4

- 点和坐标系的操纵很简单，读者不妨自己试一试。
- 同心圆弧的操纵与圆弧基本相似。

4. 样条曲线的操纵

操纵 1 的操作流程（如图 3.1.8 所示）：把鼠标指针 移到样条曲线的某个端点上，按下左键不放，同时移动鼠标，此时样条线以另一端点为固定点旋转，同时大小也在变化。达到绘制意图后，松开鼠标左键。

操纵 2 的操作流程（如图 3.1.9 所示）：把鼠标指针 移到样条曲线的中间点上，按下左键不放，同时移动鼠标，此时样条曲线的拓扑形状（曲率）不断变化。达到绘制意图后，松开鼠标左键。

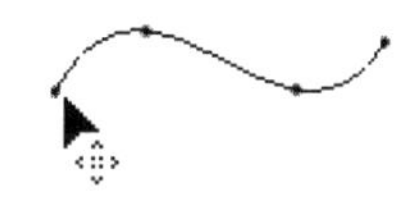

图 3.1.8　样条曲线的操纵 1

图 3.1.9　样条曲线的操纵 2

样条曲线的高级编辑包括增加插入点、创建控制多边形、显示曲线曲率、创建关联坐标系和修改各点坐标值等。下面说明其操作步骤。

步骤 01　选择下拉菜单 编辑(E) → 修改(O)... 命令。

步骤 02　系统弹出“选取”对话框（如图 3.1.10 所示），选取图 3.1.11 所示的样条曲线，此时在屏幕下方出现如图 3.1.12 所示的“样条修改”操控板。修改方法有以下几种。

图 3.1.10　“选取”对话框

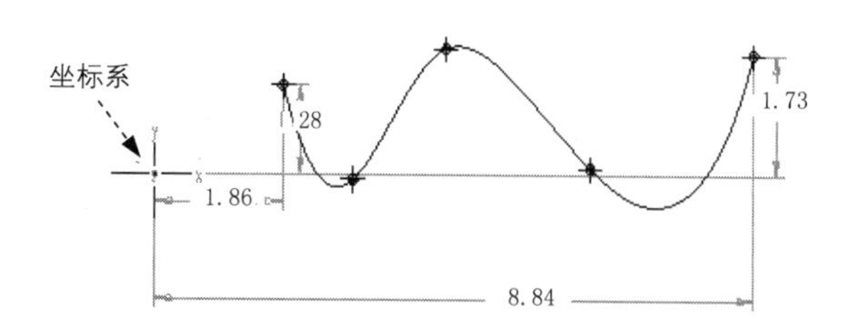

图 3.1.11　样条曲线

◆ 在“样条修改”操控板中单击 点 按钮，然后单击样条曲线上的相应点，可以显示并修改该点的坐标值（相对坐标或绝对坐标），如图 3.1.12 所示。

◆ 在操控板中单击 拟合 按钮，可以对样条曲线的拟合情况进行设置，如图 3.1.12 所示。

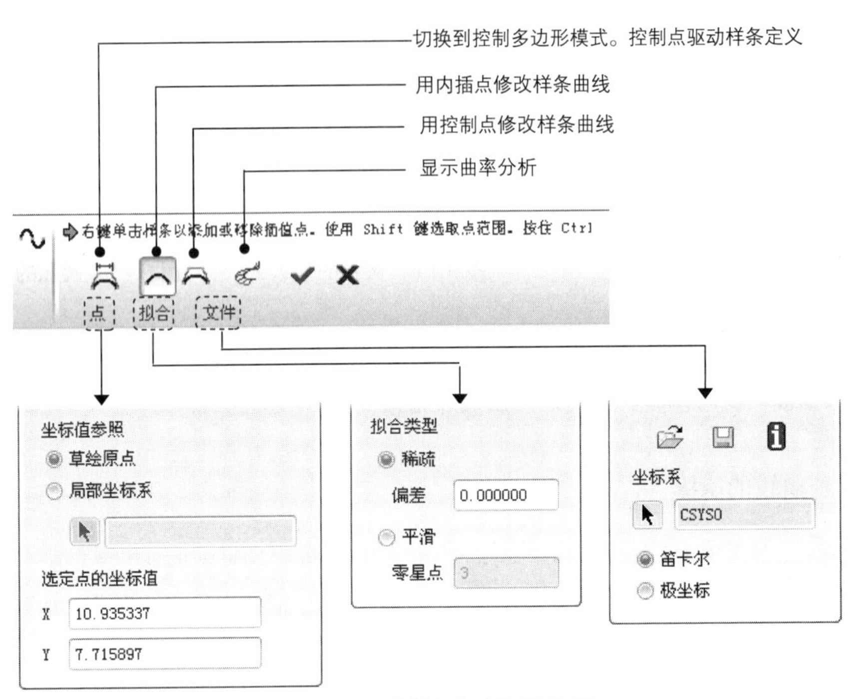

图 3.1.12 “样条修改”操控板

◆ 在操控板中单击 文件 按钮，并选取相关联的坐标系（图 3.1.11 所示的坐标系），就可形成相对于此坐标系的该样条曲线上所有点的坐标数据文件。

◆ 在操控板中单击按钮，可创建控制多边形，如图 3.1.13 所示。如果已经创建了控制多边形，单击此按钮则可删除创建的控制多边形。

◆ 在操控板中单击或按钮，用于显示内插点（如图 3.1.11 所示）或控制点（如图 3.1.13 所示）。

◆ 在操控板中单击按钮，可显示样条曲线的曲率分析图（如图 3.1.14 所示），同时，操控板上会出现图 3.1.15 所示的调整曲率对话框，通过滚动 比例 滚轮可调整曲率线的长度，通过滚动 密度 滚轮可调整曲率线的数量。

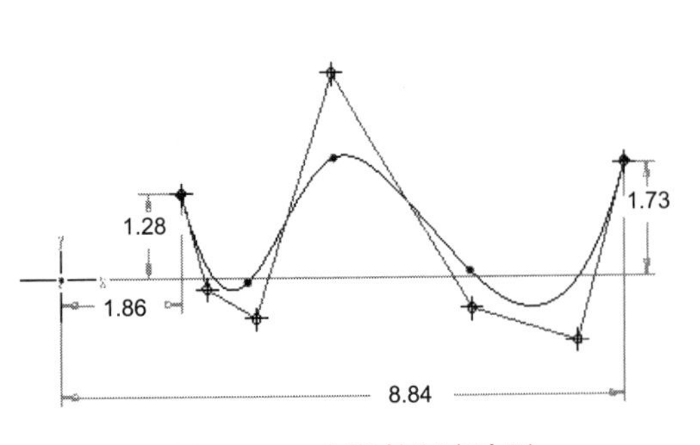

图 3.1.13 创建控制多边形

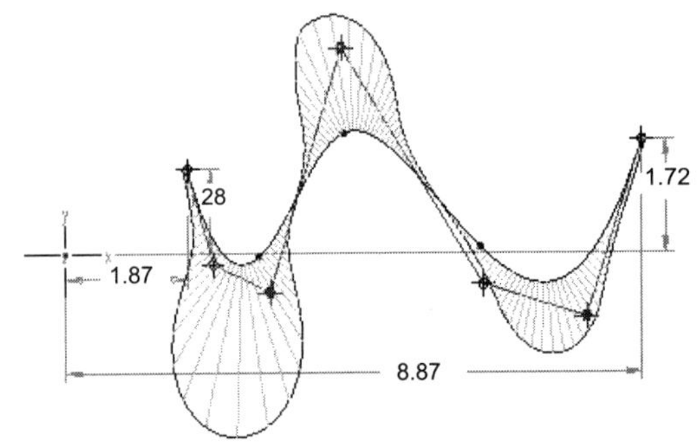

图 3.1.14 显示曲率分析图

◆ 在样条曲线上需要增加点的位置右击，选择 添加点 命令，便可在该位置增加一个点。

当样条曲线以内插点的形式显示时，需在样条曲线上要增加点的位置右击才能弹出 添加点 命令；当样条曲线以控制点的形式显示时，需在控制点连成的直线上右击才能弹出 添加点 命令。

◆ 在样条曲线上右击需要删除的点，选择 删除点 命令，便可将该点在样条曲线中删除。

步骤 03 单击 ✔ 按钮，完成编辑。

比例 3.000000 密度 5

图 3.1.15　调整曲率对话框

3.1.2　修剪图元

方法一：去掉方式。

步骤 01 在工具栏中单击 按钮。

步骤 02 分别单击各相交图元上要去掉的部分，如图 3.1.16 所示。

方法二：保留（延伸）方式。

步骤 01 在工具栏中单击 按钮中的 按钮。

步骤 02 依次单击两个相交图元上要保留的一侧，如图 3.1.17 所示。

如果所选两图元不相交，则系统将对其延伸，并将线段修剪至交点。

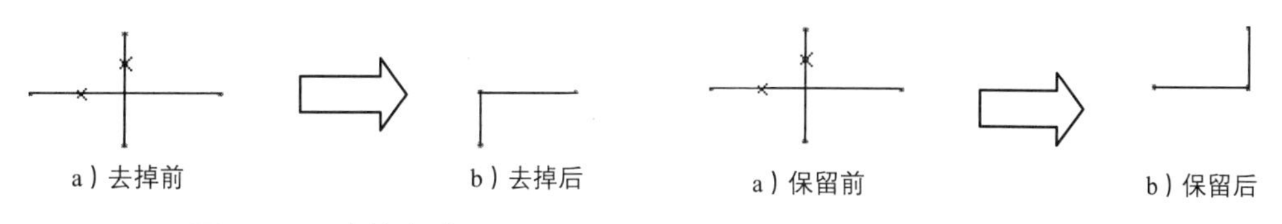

图 3.1.16　去掉方式　　图 3.1.17　保留方式

方法三：图元分割。

步骤 01 单击 按钮中的 按钮。

步骤 02 单击一个要分割的图元，如图 3.1.18 所示。系统在单击处断开了图元。

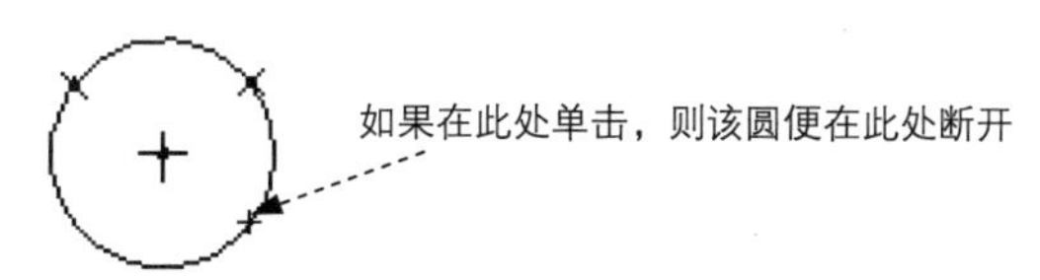

图 3.1.18　图元分割

Note

3.1.3 删除图元

步骤 01 在绘图区单击或框选（框选时要框住整个图元）要删除的图元（可看到被选中的图元变红）。

步骤 02 按一下键盘上的 Delete 键，所选图元即被删除。也可采用下面两种方法删除图元。

- 右击，在弹出的快捷菜单中选择 删除(D) 命令。
- 在 编辑(E) 下拉菜单中选择 删除(D) 命令。

3.1.4 镜像图元

步骤 01 在绘图区单击或框选要镜像的图元。

步骤 02 单击工具栏按钮中的，或选择下拉菜单 编辑(E) ➡ 镜像(M) 命令。

步骤 03 系统提示选取一个镜像中心线，选择图 3.1.19 所示的中心线（如果没有可用的中心线，则可用绘制中心线的命令绘制一条中心线。这里要特别注意的是，基准面的投影线看上去像中心线，但它并不是中心线）。

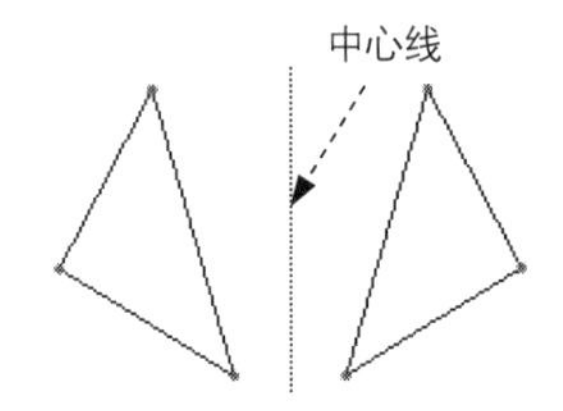

图 3.1.19　图元的镜像

3.1.5 图元的平移、旋转和缩放

步骤 01 在绘图区单击或框选（框选时要框住整个图元）要比例缩放的图元（可看到选中的图元变红）。

步骤 02 单击工具栏按钮中的，或选择下拉菜单 编辑(E) ➡ 移动和调整大小(O) 命令，图形区出现图 3.1.20 所示的图元操作图和图 3.1.21 所示的“移动和调整大小”对话框。

（1）单击选取不同的操纵手柄，可以进行移动、缩放和旋转操纵（为了精确，也可以在图 3.1.21 所示的文本框内输入相应的缩放比例和旋转角度值）。

（2）单击“移动和调整大小”对话框中的 ✔ 按钮，确认变化并退出。

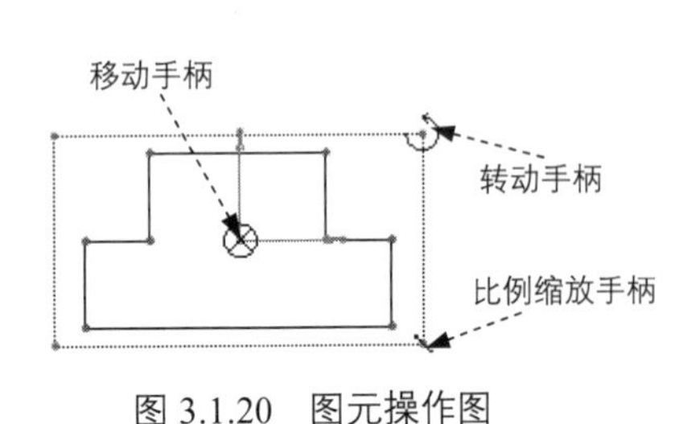

图 3.1.20　图元操作图

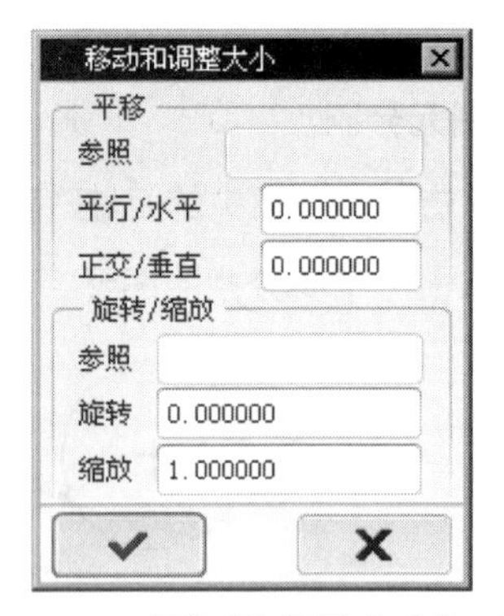

图 3.1.21　“移动和调整大小”对话框

3.1.6 复制图元

步骤01 在绘图区单击或框选（框选时要框住整个图元）要复制的图元，如图3.1.22所示（可看到选中的图元变红）。

步骤02 首先选择下拉菜单 编辑(E) ➡ 复制(C) 命令，然后选择下拉菜单 编辑(E) ➡ 粘贴(P) 命令；再在绘图区单击一点以确定草图放置的位置，图形区出现图3.1.23所示的图元操作图和图3.1.24所示的“移动和调整大小”对话框。Pro/ENGINEER在复制截面的同时，还可对其进行比例缩放和旋转。

步骤03 单击 ✔ 按钮，确认变化并退出。

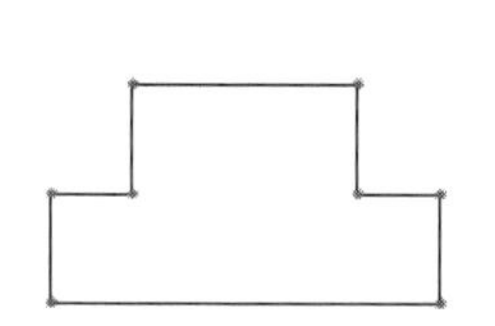

图3.1.22 要复制的图元

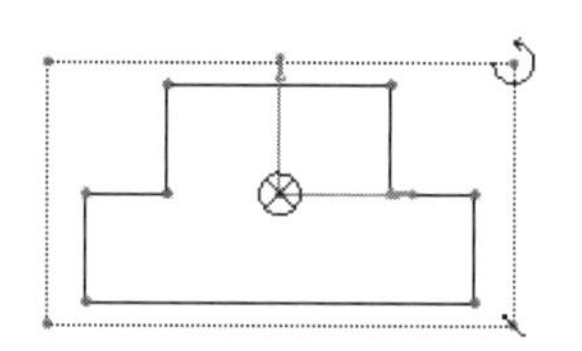

图3.1.23 操作图

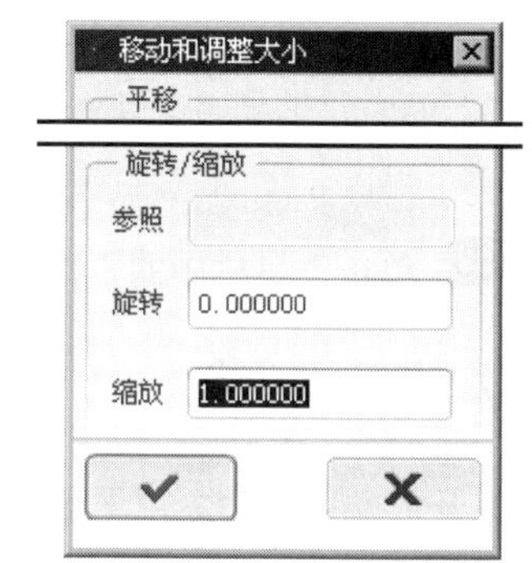

图3.1.24 “移动和调整大小”对话框

3.2 草图诊断工具

Pro/ENGINEER野火版5.0提供了诊断草图的功能，包括诊断图元的封闭区域、开放区域、重叠区域，以及诊断图元是否满足相应的特征要求。

3.2.1 着色封闭环

“着色封闭环”命令用预定义的颜色将图元中封闭的区域进行填充，非封闭的区域图元无变化。

下面举例说明“着色的封闭环”命令的使用方法。

步骤01 将工作目录设置至D:\proesc5\work\ch03.02，打开文件sketch_diagnose.sec。

步骤02 选择命令。选择下拉菜单 草绘(S) ➡ 诊断 ▸ ➡ 着色封闭环 命令（或在工具栏中单击“着色封闭环” 按钮），系统自动在图3.2.1所示的圆内侧填充颜色。

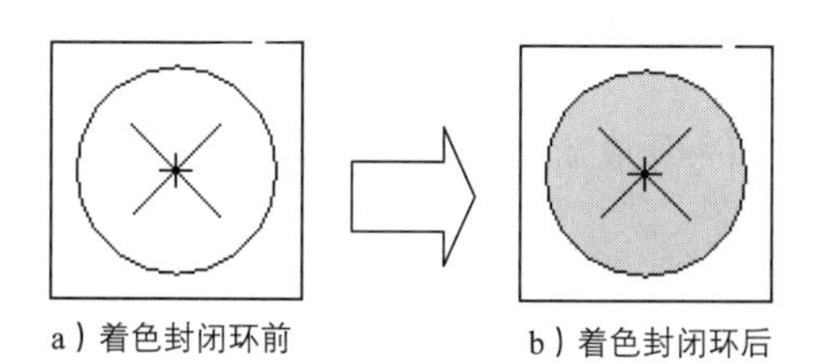

a）着色封闭环前　　b）着色封闭环后

图3.2.1 着色的封闭环

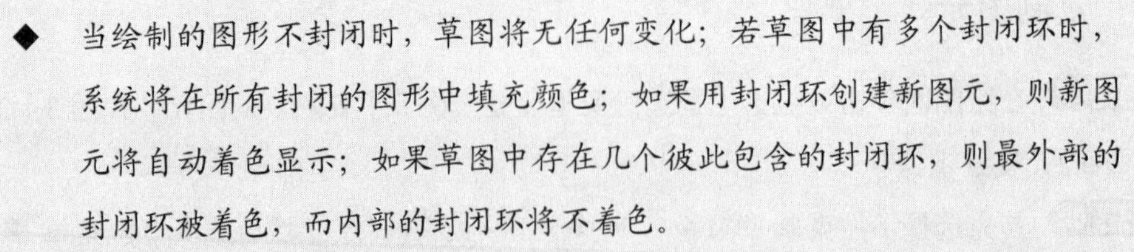

- 当绘制的图形不封闭时，草图将无任何变化；若草图中有多个封闭环时，系统将在所有封闭的图形中填充颜色；如果用封闭环创建新图元，则新图元将自动着色显示；如果草图中存在几个彼此包含的封闭环，则最外部的封闭环被着色，而内部的封闭环将不着色。
- 对于具有多个草绘器组的草绘，识别封闭环的标准可独立适用于各个组。所有草绘器组的封闭环的着色颜色都相同。
- 如果想设置系统默认的填充颜色，可以选取下拉菜单 视图(V) → 显示设置(Y) ▸ → 系统颜色(S)... 后，在弹出的“系统颜色”对话框中单击 草绘器 选项卡，在 着色封闭环 选项的按钮上单击，就可以在弹出的列表中选取各种系统设置的颜色。

Note

步骤 03 单击工具栏中的“着色的封闭环” 按钮，使其处于弹起状态，退出对封闭环的着色。

3.2.2　加亮开放端点

“加亮开放端点”命令用于检查图元中所有开放的端点，并将其加亮。下面举例说明“加亮开放端点”命令的使用方法。

步骤 01 将工作目录设置至 D:\proesc5\work\ch03.02，打开文件 sketch_diagnose.sec。

步骤 02 选择命令。选择下拉菜单 草绘(S) → 诊断 ▸ → 加亮开放端点 命令（或在工具栏中单击“加亮开放端点” 按钮），系统自动加亮图 3.2.2 所示的各个开放端点。

- 构造几何的开放端点不会被加亮。
- 在“加亮开放端点”诊断模式中，所有现有的开放端点均加亮显示。
- 如果用开放端点创建新图元，则新图元的开放端点自动着色显示。

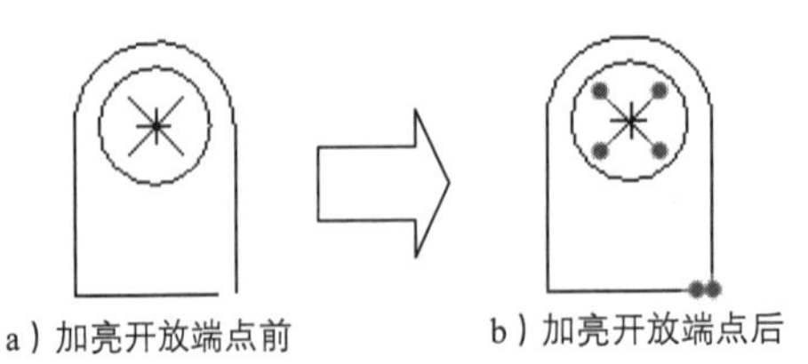

a）加亮开放端点前　　b）加亮开放端点后

图 3.2.2　加亮开放端点

步骤 03 单击工具栏中的“加亮开放端点” 按钮，使其处于弹起状态，退出对开放端点的加亮。

3.2.3 重叠几何

“重叠几何”命令用于检查图元中所有相互重叠的几何（端点重合除外），并将其加亮。

下面举例说明“重叠几何”命令的使用方法。

步骤 01 将工作目录设置至 D:\proesc5\work\ch03.02，打开文件 sketch_diagnose.sec。

步骤 02 选择命令。选择下拉菜单 草绘(S) ➡ 诊断 ▸ ➡ 重叠几何 命令（或在工具栏中单击“重叠几何” 按钮），系统自动加亮图 3.2.3 所示的重叠的图元。

步骤 03 单击工具栏中的“重叠几何” 按钮，使其处于弹起状态，退出对重叠几何的加亮。

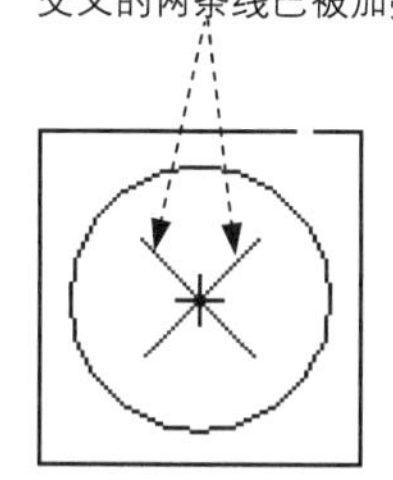

图 3.2.3　加亮重叠部分

- 加亮“重叠几何”按钮不保持活动状态。
- 若系统默认的填充颜色不符合要求，则可以选取下拉菜单 视图(V) ➡ 显示设置(Y) ▸ ➡ 系统颜色(S)... 后，在弹出的“系统颜色”对话框中单击 图形 选项卡，在 加亮 - 边 选项的 按钮上单击，就可以在弹出的列表中选取各种系统设置的颜色。

3.2.4 特征要求

“特征要求”命令用于检查图元是否满足当前特征的设计要求。需要注意的是，该命令只能在零件模块的草绘环境中才可用，具体零件模块的特征命令可参考零件设计的相关章节，读者可在学习了第 4 章后再来学习本节的内容。

下面举例说明“特征要求”命令的使用方法。

步骤 01 在零件模块的拉伸草绘环境中绘制图 3.2.4 所示的图形组。

步骤 02 选择命令。选择下拉菜单 草绘(S) ➡ 诊断 ▸ ➡ 特征要求... 命令（或在工具栏中单击图 3.2.5 所示的“特征要求” 按钮），系统弹出图 3.2.6 所示的“特征要求”对话框。

图 3.2.6 所示的“特征要求”对话框的“状态”列中各符号的说明如下。

✔ ——表示满足零件设计要求。

❶ ——表示不满足零件设计要求。

△ ——表示满足零件设计要求，但是对草绘进行简单改动就有可能不满足零件设计要求。

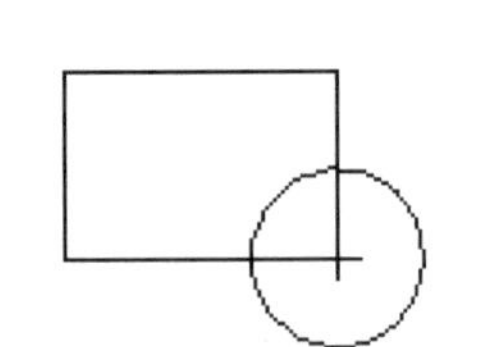

图 3.2.4　绘制的图形组

图 3.2.5　草绘工具按钮

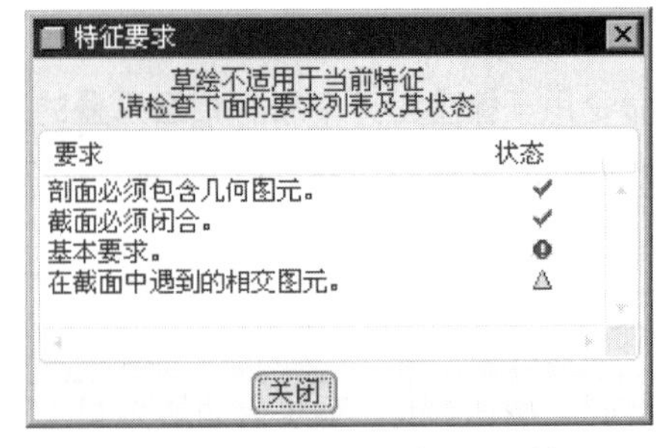

图 3.2.6　“特征要求”对话框

Note

步骤 03 单击关闭按钮，修改“特征要求”对话框中状态列表中带 ❶ 和 △ 的选项。由于在零件模块中才涉及修改，此处不详细叙述，具体修改步骤请参照本书第 5 章中关于零件模块的内容。

3.3　草图中的几何约束

“草绘的约束”主要包括“几何约束”和“尺寸约束”两种类型。几何约束是指在草绘时或草绘后，对绘制的草图增加一些平行、相切、相等和共线等约束来帮助定位几何。

3.3.1　显示/关闭约束

1. 约束的屏幕显示控制

在工具栏中单击按钮，即可控制约束符号在屏幕中的显示/关闭。

2. 约束符号颜色含义

- 约束：显示为橙色。
- 鼠标指针所在的约束：显示为天蓝色。
- 选定的约束（或活动约束）：显示为红色。
- 锁定约束：放在一个圆中。
- 禁用约束：用一条直线穿过约束符号。

3. 各种约束符号列表

各种约束的显示符号见表 3.3.1。

表 3.3.1　约束符号列表

约 束 名 称	约束显示符号
中点	Ж
相同点	O
水平图元	H
竖直图元	V
图元上的点	-O- - -
相切图元	T
垂直图元	⊥
平行线	$//_1$
相等半径	在半径相等的图元旁，显示一个带下标的 R（如 R1、R2 等）
具有相等长度的线段	在等长的线段旁，显示一个带下标的 L（如 L1、L2 等）
对称	→←
图元水平或竖直排列	- - |
共线	═
“使用边”/“偏移使用边”	∽

3.3.2　添加几何约束

下面以图 3.3.1 所示的相切约束为例，说明创建约束的步骤。

步骤 01　单击工具栏按钮 中的 （或选择下拉菜单 草绘(S) ➡ 约束(C) ▸ ➡ 相切 命令），系统弹出图 3.3.2 所示的“约束”工具栏。

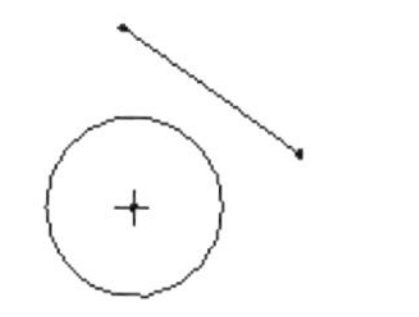

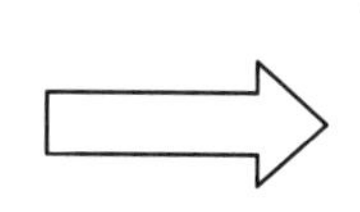

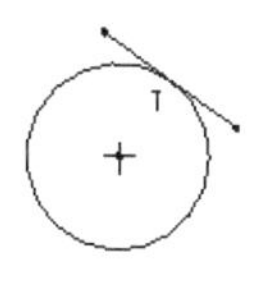

图 3.3.1　图元的相切约束

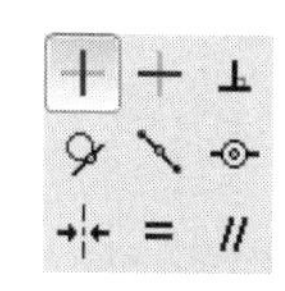

图 3.3.2　“约束”工具栏

步骤 02　在“约束”工具栏中选择一个约束，如单击对话框中的按钮 。

步骤 03　系统在信息区提示 ➡ 选取两图元使它们相切 ，分别选取直线和圆。此时，系统按创建的约束更新截面，并显示约束符号“T”。如果不显示约束符号，则可单击“约束显示”命令按钮 。

步骤 04　重复步骤 步骤 02 和 步骤 03 ，可创建其他的约束。

3.3.3 删除几何约束

步骤 01 单击要删除的约束的显示符号（如本书 3.3.2 节中的“T”），选中后，约束符号的颜色变红。

步骤 02 右击，在快捷菜单中选择 删除(D) 命令（或按下 Delete 键），系统删除所选的约束。

注意：删除约束后，系统会自动增加一个约束或尺寸，使截面图形保持全约束状态。

Note

3.3.4 解决约束冲突

当增加的约束或尺寸与现有的约束或“强”尺寸相互冲突或多余时，如在图 3.3.3 所示的草绘截面中添加尺寸 3.8 时（如图 3.3.4 所示），系统就会加亮冲突尺寸或约束，并告诉用户删除加亮的尺寸或约束之一；同时，系统弹出图 3.3.5 所示的“解决草绘”对话框，利用此对话框可以解决冲突。

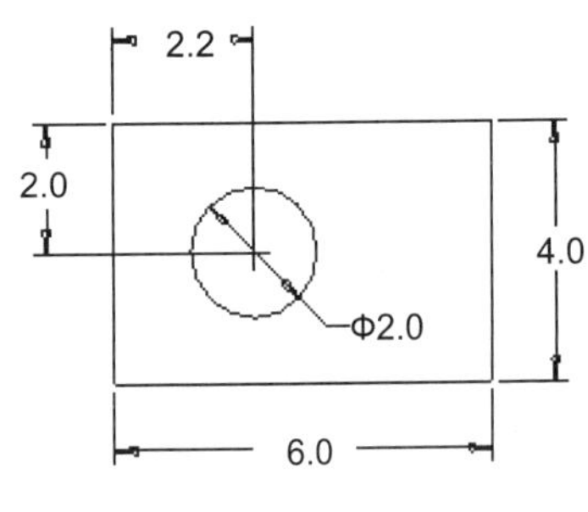

图 3.3.3 草绘图形

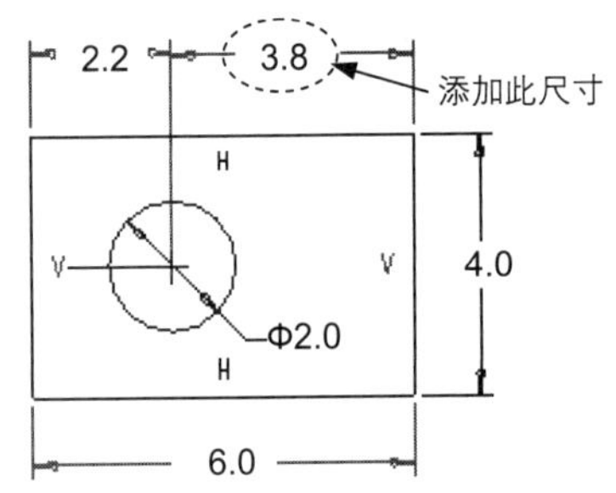

图 3.3.4 添加尺寸

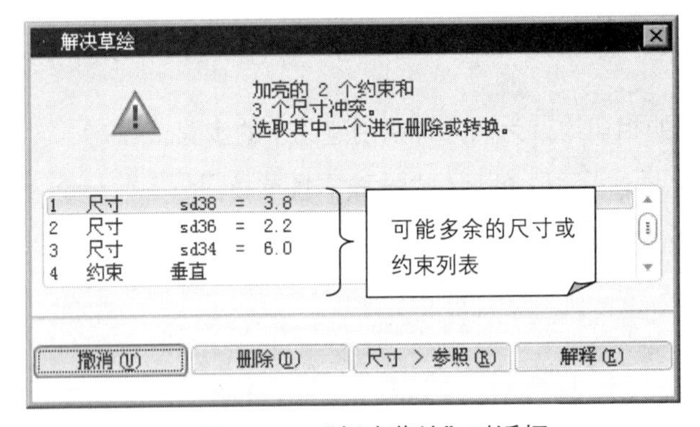

图 3.3.5 “解决草绘”对话框

“解决草绘“对话框中各按钮的说明如下。

- 撤消(U) 按钮：撤销最新导致截面的尺寸或约束冲突的操作。
- 删除(D) 按钮：从列表框中选择某个多余的尺寸或约束，并将其删除。
- 尺寸 > 参照(R) 按钮：选取一个多余的尺寸，将其转换为一个参照尺寸。
- 解释(E) 按钮：选择一个约束，获取约束说明。

3.4　草图中的尺寸约束

在绘制截面的几何图元时，系统会及时自动产生尺寸，这些尺寸被称为“弱”尺寸，系统在创建和删除它们时并不给予警告，但用户不能手动删除。“弱”尺寸显示为灰色。

用户还可以按设计意图增加尺寸以创建所需的标注布置，这些尺寸称为“强”尺寸。增加“强”尺寸时，系统自动删除多余的“弱”尺寸和约束，以保证截面的完全约束。

在退出草绘环境之前，把截面中的“弱”尺寸变成“强”尺寸是一个很好的习惯，这样可确保系统在没有得到用户的确认前不会删除这些尺寸。

3.4.1　标注线段长度

步骤 01　单击“标注”命令按钮 中的 。

说明：也可选择下拉菜单 草绘(S) ➡ 尺寸(D) ▸ ➡ 法向(N) 中的子命令；或者在绘图区右击，从弹出的快捷菜单中选择 尺寸 命令。

步骤 02　选取要标注的图元。单击位置 1 以选择直线（如图 3.4.1 所示）

步骤 03　确定尺寸的放置位置。在位置 2 单击鼠标中键。

3.4.2　标注两条平行线间的距离

步骤 01　单击“标注”命令按钮 中的 。

步骤 02　分别单击位置 1 和位置 2 以选择两条平行线，中键单击位置 3 以放置尺寸（如图 3.4.2 所示）。

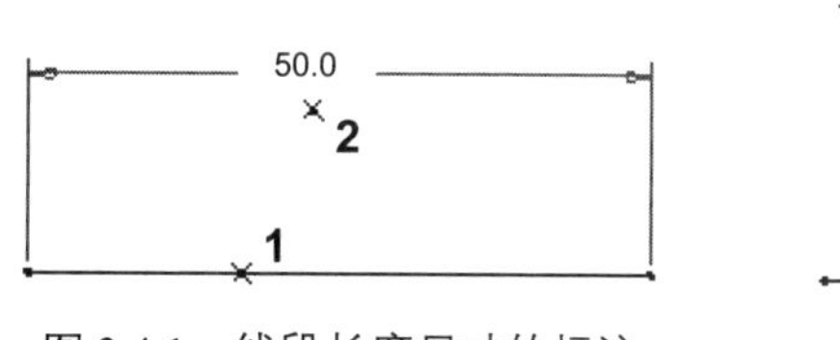

图 3.4.1　线段长度尺寸的标注

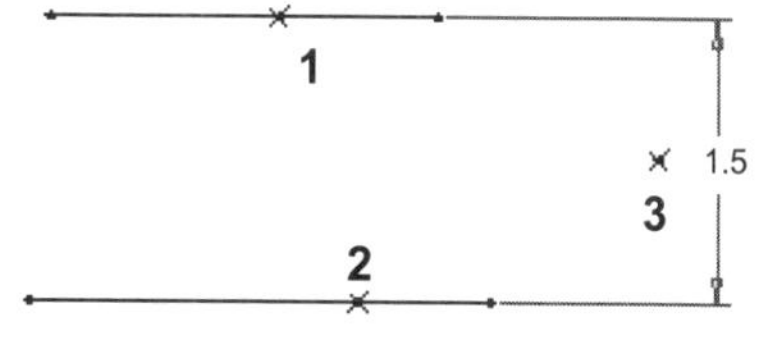

图 3.4.2　平行线距离的标注

3.4.3　标注一点和一条直线之间的距离

步骤 01　单击“标注”命令按钮 中的 。

步骤 02　单击位置 1 以选择一点，单击位置 2 以选择直线；中键单击位置 3 以放置尺寸（如图 3.4.3 所示）。

3.4.4 标注两点间的距离

步骤 01 单击“标注”命令按钮中的。

步骤 02 分别单击位置 1 和位置 2 以选择两点，中键单击位置 3 以放置尺寸（如图 3.4.4 所示）。

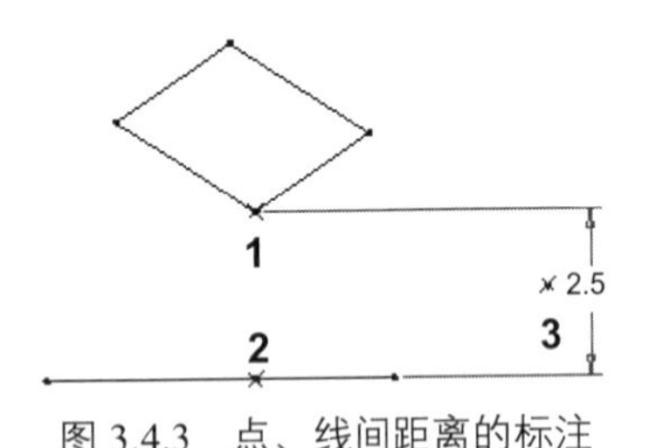

图 3.4.3 点、线间距离的标注

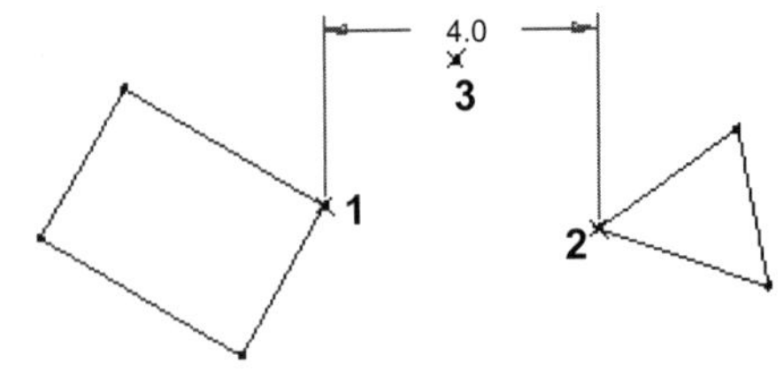

图 3.4.4 两点间距离的标注

3.4.5 标注直径

步骤 01 单击“标注”命令按钮中的。

步骤 02 分别单击位置 1 和位置 2 以选择圆上两点，中键单击位置 3 放置尺寸（如图 3.4.5 所示），或者双击圆上的某一点如位置 1 或位置 2，然后中键单击位置 3 以放置尺寸。

在草绘环境下不显示直径 Φ 符号。

3.4.6 标注对称尺寸

步骤 01 单击“标注”命令按钮中的。

步骤 02 选择点 1，再选择对称中心线上的任意一点 2，再次选择点 1；中键单击位置 3 以放置尺寸（如图 3.4.6 所示）。

3.4.7 标注半径

步骤 01 单击“标注”命令按钮中的。

步骤 02 单击位置 1 选择圆上一点，中键单击位置 2 以放置尺寸（如图 3.4.7 所示）。

在草绘环境下不显示半径 R 符号。

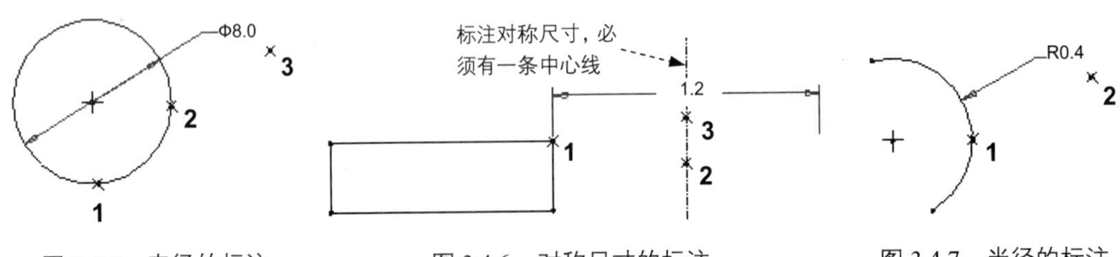

图 3.4.5 直径的标注　图 3.4.6 对称尺寸的标注　图 3.4.7 半径的标注

3.4.8 标注两条直线间的角度

步骤01 单击“标注”命令按钮 中的 。

步骤02 分别在两条直线上选择点 1 和点 2；中键单击位置 3 以放置尺寸（锐角，如图 3.4.8 所示），或中键单击位置 4 以放置尺寸（钝角，如图 3.4.9 所示）。

3.4.9 标注圆弧角度

步骤01 单击“标注”命令按钮 中的 。

步骤02 分别选择弧的端点 1、端点 2 及弧上一点 3；中键单击位置 4 以放置尺寸，如图 3.4.10 所示。

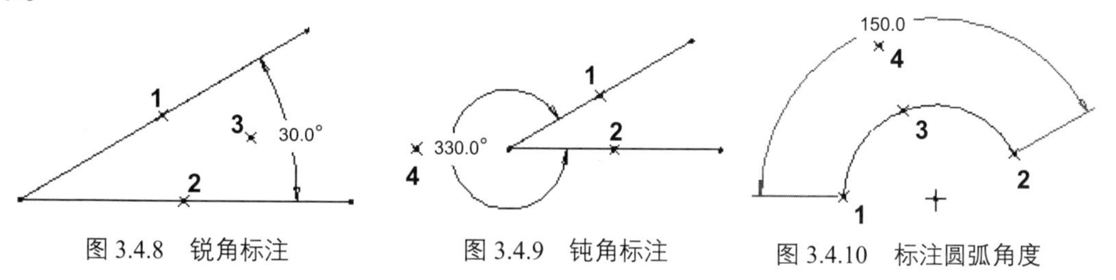

图 3.4.8 锐角标注　　图 3.4.9 钝角标注　　图 3.4.10 标注圆弧角度

3.4.10 标注周长

下面以圆和矩形为例，介绍标注周长的一般方法。

（1）标注圆的周长。

步骤01 单击“标注”命令按钮 中的 。

步骤02 此时系统弹出“选取”对话框，选择图 3.4.11 a 所示的轮廓，单击“选取”对话框中的 确定 按钮；选择图 3.4.11 a 所示的尺寸，此时系统在图形中显示出周长尺寸。结果如图 3.4.11 b 所示。

> 说明：当添加上周长尺寸后，系统将直径尺寸转变为一个变量尺寸，此时的变量尺寸是不能进行修改的。

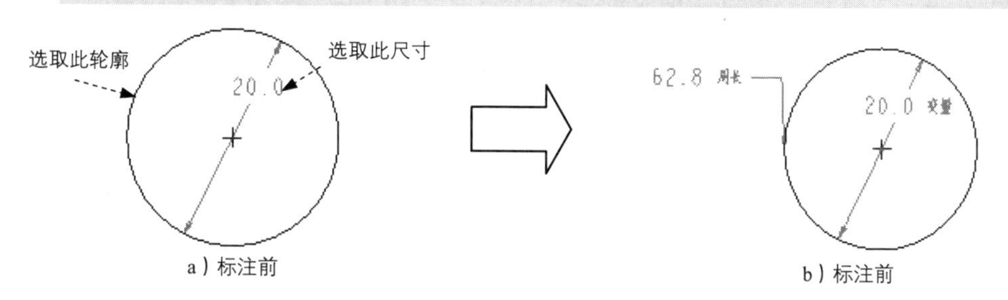

a）标注前　　b）标注前

图 3.4.11 圆周长标注

（2）标注矩形的周长。

步骤01 单击“标注”命令按钮 中的 。

步骤02 此时系统弹出“选取”对话框，选择图3.4.12a所示的轮廓，单击“选取”对话框中的确定按钮；选择图3.4.12a所示的尺寸，此时系统在图形中显示出周长尺寸。结果如图3.4.12b所示。

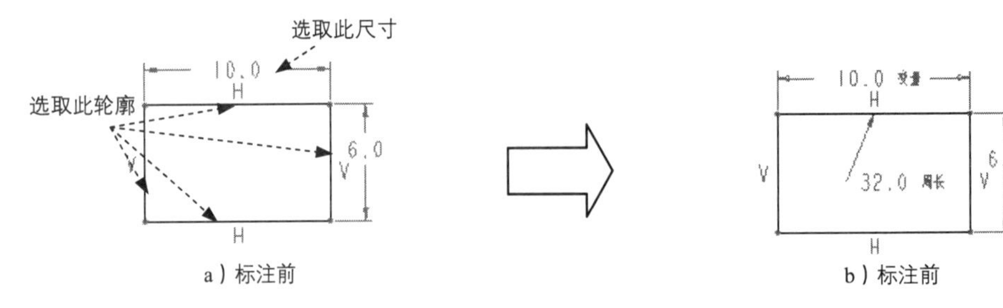

a）标注前　　b）标注前

图3.4.12　矩形周长标注

3.4.11　编辑尺寸约束

1. 将“弱”尺寸转换为“强”尺寸

退出草绘环境之前，将截面中的“弱”尺寸加强是一个很好的习惯。操作方法如下。

步骤01 在绘图区选取要加强的“弱”尺寸（呈灰色）。

步骤02 右击，在系统弹出的快捷菜单中选择 强(S) 命令（或者选择下拉菜单 编辑(E) → 转换到(N) ▸ → 强(S) 命令），此时可看到所选的尺寸由灰色变为橙色，说明已经完成转换。

注意

- 在整个Pro/ENGINEER软件中，每当修改一个“弱”尺寸值，或在一个关系中使用它时，该尺寸就自动变为“强”尺寸。
- 加强一个尺寸时，系统按四舍五入原则对其取整到系统设置的小数位数。

2. 修改尺寸值

方法一。

步骤01 单击中键，退出当前正在使用的草绘或标注命令。修改前的尺寸如图3.4.13a所示。

步骤02 在要修改的尺寸文本上双击，此时出现图3.4.13b所示的尺寸修正框 2.22 。

步骤03 在尺寸修正框 2.22 中输入新的尺寸值（如1.80）后，按回车键完成修改，如图3.4.13c所示。

步骤04 重复步骤02和步骤03，修改其他尺寸值。

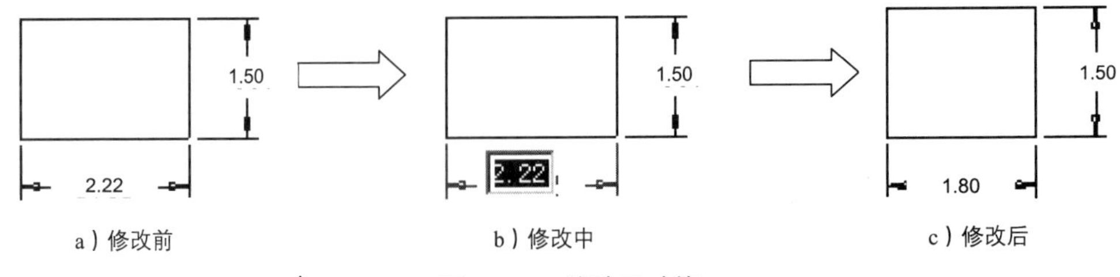

a）修改前　　b）修改中　　c）修改后

图3.4.13　修改尺寸值

方法二。

步骤 01 在工具栏中单击“选择”按钮。

步骤 02 单击要修改的尺寸文本，此时尺寸颜色变红（按下 Ctrl 键可选取多个尺寸目标）。

步骤 03 单击“尺寸修改”按钮（或选择下拉菜单 编辑(E) → 修改(O)... 命令；或右击，选择 修改(O)... 命令）。此时出现图 3.4.14 所示的“修改尺寸”对话框，所选取的每一个目标的尺寸值和尺寸参数（如 sd1、sd2 等 sd # 系列的尺寸参数）出现在“尺寸”列表中。

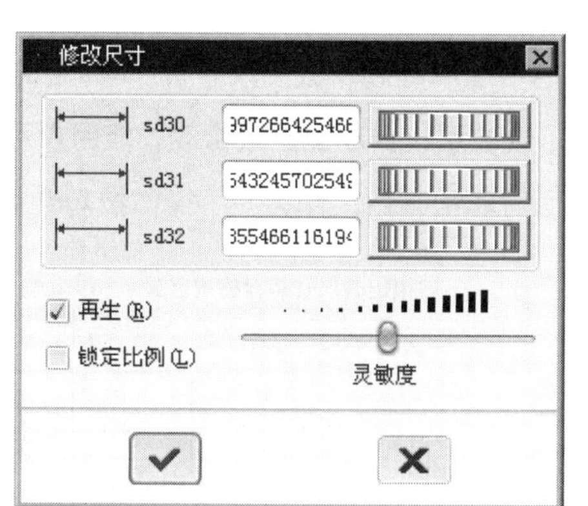

图 3.4.14　“修改尺寸”对话框

步骤 04 在尺寸列表中输入新的尺寸值。

也可以单击并拖动尺寸值旁边的旋转轮盘。若要增加尺寸值，则向右拖动；若要减少尺寸值，则向左拖动。在拖动该轮盘时，系统会自动更新图形。

步骤 05 修改完毕后，单击按钮。系统再生截面并关闭对话框。

3. 输入负尺寸

在修改线性尺寸时，可以输入一个负尺寸值，它会使几何改变方向。在草绘环境中，负号总是出现在尺寸旁边的。

4. 移动尺寸

移动尺寸时，首先在工具栏中单击“选择”按钮，然后单击要移动的尺寸文本；选中后，可看到尺寸变红；单击左键并移动鼠标，将尺寸文本拖至所需位置。

5. 控制尺寸的显示

可以用下列方法之一打开或关闭尺寸显示。

◆ 选择下拉菜单 草绘(S) → 选项... 命令，然后选中或取消 尺寸(M) 和 弱尺寸(W) 复选框，从而打开或关闭尺寸和弱尺寸的显示。

◆ 单击工具栏中的“尺寸显示”按钮。

◆ 若要禁用默认尺寸显示，则需将配置文件 config.pro 中的变量 sketcher_disp_dimensions 设置为 no。

6. 锁定与解锁尺寸

在草绘截面中，选择一个尺寸（如在图 3.4.15 所示的草绘截面中，单击尺寸 3.4），再选择下拉菜单 编辑(E) ➡ 切换锁定(L) 命令，可以将尺寸锁定。注意：被锁定的尺寸将以橘黄色显示。

当编辑、修改草绘截面时（包括增加、修改截面尺寸），非锁定的尺寸有可能被系统自动删除或修改其大小，而锁定后的尺寸则不会被系统自动删除或修改，但用户可以手动修改锁定的尺寸。这种功能在创建和修改复杂的草绘截面时非常有用，作为一个操作技巧会被经常用到。

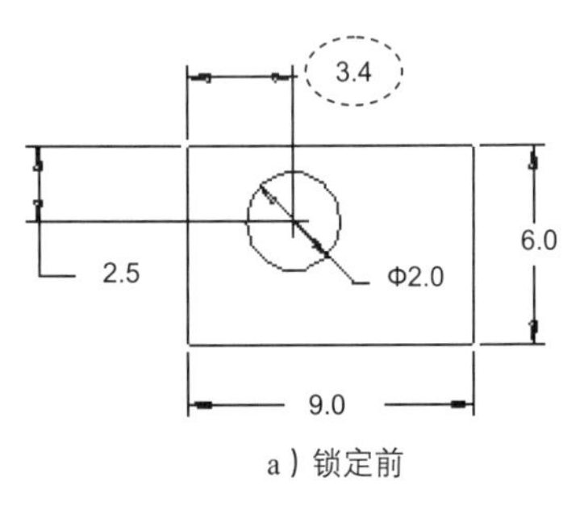

a）锁定前

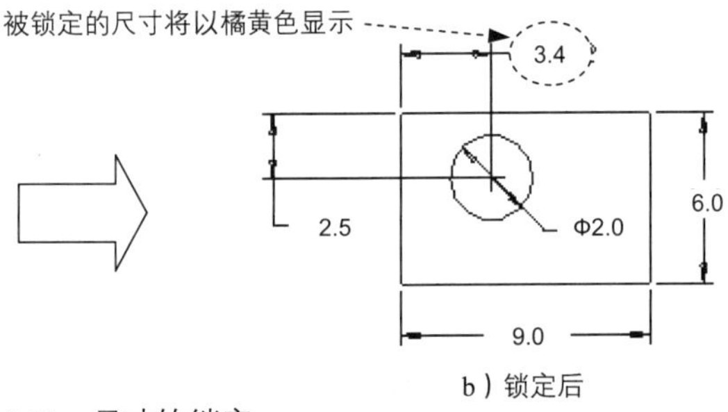

b）锁定后

图 3.4.15 尺寸的锁定

◆ 当选取被锁定的尺寸并再次选择 编辑(E) ➡ 切换锁定(L) 命令后，该尺寸即被解锁，此时该尺寸的颜色恢复到以前未锁定的状态。

◆ 通过设置草绘器优先选项，可以控制尺寸的锁定。操作方法是：选择下拉菜单 草绘(S) ➡ 选项... 命令，系统弹出“草绘器优先选项”对话框，在 其它(M) 选项卡中，选中 锁定已修改的尺寸(L) 或 锁定用户定义的尺寸(U) 复选框。

锁定已修改的尺寸(L) 和 锁定用户定义的尺寸(U) 两者之间的区别说明如下。

- 锁定已修改的尺寸(L)：锁定已修改的尺寸。
- 锁定用户定义的尺寸(U)：锁定用户定义的尺寸（即用户自己标注的尺寸）。

3.5 草图设计综合应用

3.5.1 草图设计综合应用一

应用概述。

本应用从新建一个草图开始，详细介绍了草图的绘制、编辑和标注的过程，要重点掌握的是

绘图前的设置、约束的处理及尺寸的处理技巧。本应用图形如图 3.5.1 所示，其绘制过程如下。

任务 01 新建一个草绘文件。

步骤 01 单击“新建文件”按钮。

步骤 02 系统弹出“新建”对话框，在该对话框中选中 草绘 单选按钮；在 名称 后的文本框中输入草图名称 spsk1；单击 确定 按钮，即进入草绘环境。

任务 02 绘图前的必要设置。

步骤 01 设置栅格。

（1）选择下拉菜单 草绘(S) ➡ 选项... 命令。

（2）单击 参数(P) 选项卡，在“参数”选项卡的 栅格间距 选项组中选取 手动，然后在 X 和 Y 文本框中输入间距值 10.0；单击 ✓ 按钮，完成设置。

步骤 02 此时，绘图区中的每一个栅格表示 10 个单位。为了便于查看和操作图形，可以滚动鼠标中键滚轮，调整栅格到合适的大小（如图 3.5.2 所示）。单击“网格显示”按钮，将栅格的显示关闭。

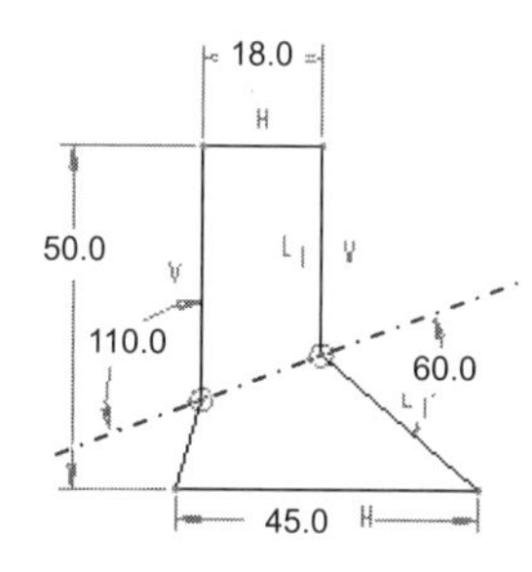

图 3.5.1　草图设计 1

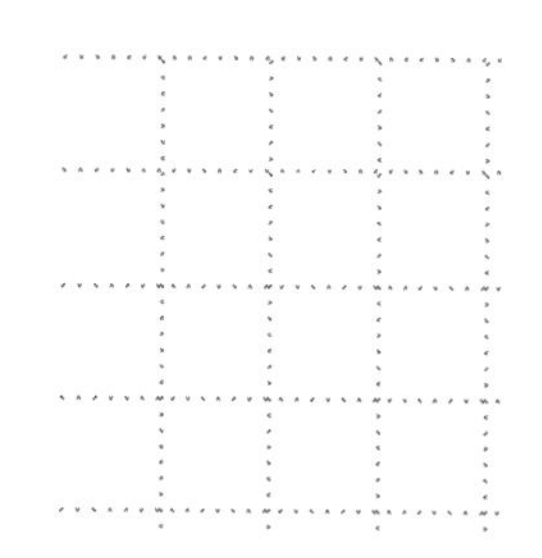

图 3.5.2　调整栅格到合适的大小

任务 03 创建草图以勾勒出图形的大概形状。

由于 Pro/ENGINEER 具有尺寸驱动功能，所以开始绘图时只需绘制大致的形状即可。

步骤 01 确认“切换尺寸显示的开/关”按钮在弹起状态（即不显示尺寸）。

步骤 02 选择 草绘(S) ➡ 线(L) ▸ ➡ 中心线(C) 命令，绘制图 3.5.3 所示的中心线。

步骤 03 选择 草绘(S) ➡ 线(L) ▸ ➡ 线(L) 命令，绘制图 3.5.4 所示的图形。

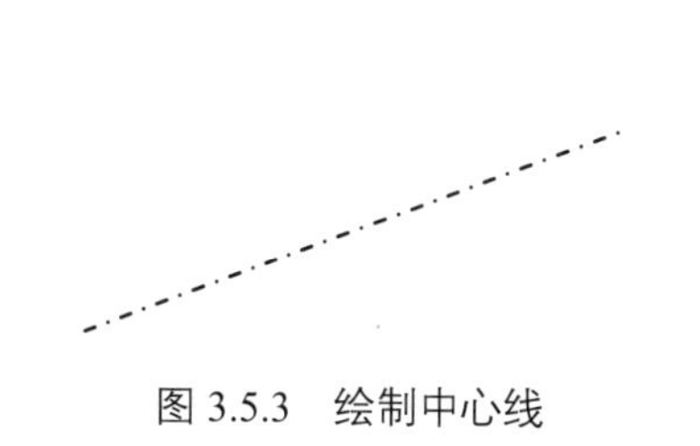

图 3.5.3　绘制中心线

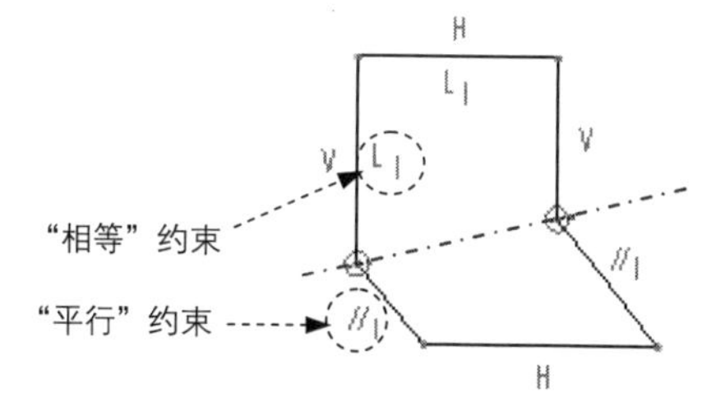

图 3.5.4　绘制图形

任务 04 为草图创建约束。

步骤 01 删除无用的约束。在绘制草图时，系统会自动加上一些无用的约束，如在本应用中系统自动加上了图 3.5.4 所示的“相等”和“平行”约束。

注意 读者在绘制时，可能没有这两个约束，自动添加的约束取决于绘制时鼠标的走向与停留的位置。

Note

（1）在工具栏中单击“选取项目”按钮。

（2）删除“相等”约束。在图 3.5.4 所示的图形中，选取“相等”约束，然后右击，在系统弹出的图 3.5.5 所示的快捷菜单中选择 删除(D) 命令。

（3）删除“平行”约束。在图 3.5.4 所示的图形中，选取“平行”约束，然后右击，在系统弹出的快捷菜单中选择 删除(D) 命令。完成操作后，图形如图 3.5.6 所示。

步骤 02 添加有用的约束。

（1）单击工具栏按钮中的（或选择下拉菜单 草绘(S) ➡ 约束(C) ➡ = 相等 命令），系统弹出“约束”工具栏。

（2）在“约束”工具栏中单击按钮，然后在图 3.5.6 所示的图形中依次单击线段 1 和线段 2。完成操作后，图形如图 3.5.7 所示。

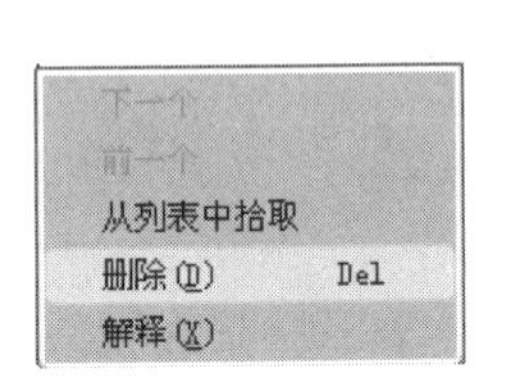

图 3.5.5 快捷菜单

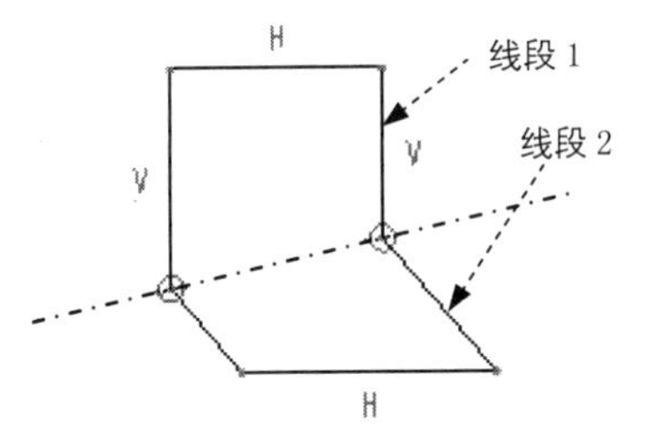

图 3.5.6 删除无用的约束

任务 05 调整草图尺寸。

步骤 01 按下“切换尺寸显示的开/关”按钮，打开尺寸显示，此时图形如图 3.5.8 所示。

步骤 02 移动尺寸至合适的位置，如图 3.5.9 所示。

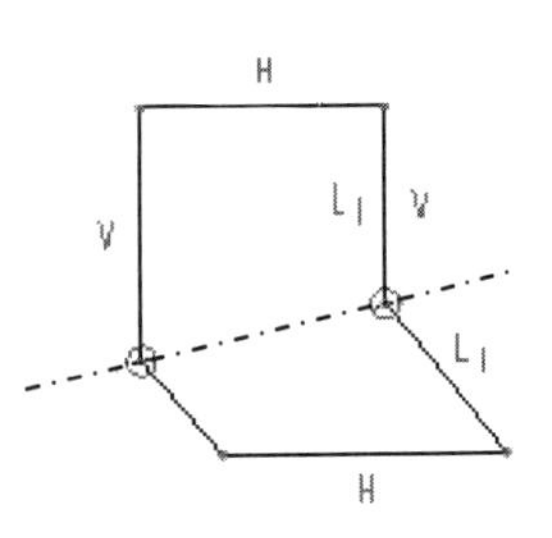

图 3.5.7 添加有用的约束

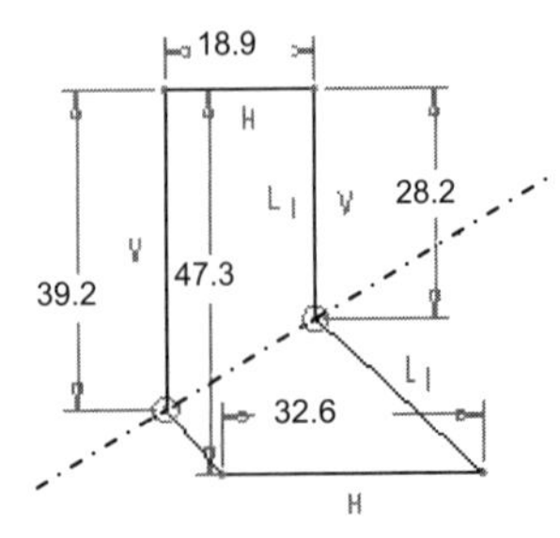

图 3.5.8 打开尺寸显示

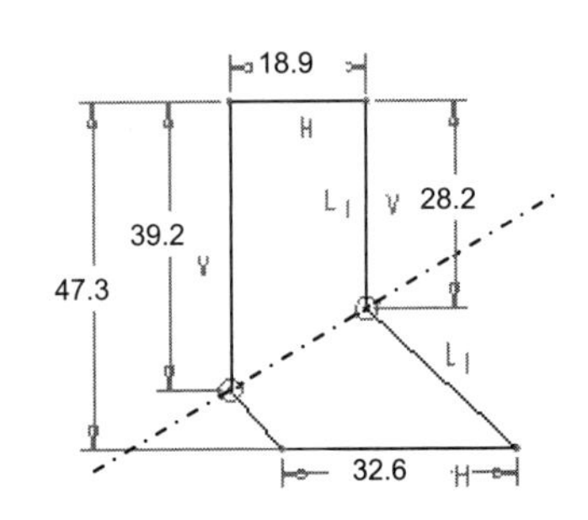

图 3.5.9 移动尺寸至合适的位置

步骤 03 锁定有用的尺寸标注。

当用户编辑、修改草绘截面时（包括增加、修改截面尺寸），非锁定的尺寸有可能被自动删除或大小自动发生变化，这样很容易使所绘图形的外在形状面目全非或丢失有用的尺寸。因此，在修改前，我们可以首先锁定有用的关键尺寸。

在图 3.5.9 所示的图形中，单击有用的尺寸，然后右击，在系统弹出的图 3.5.10 所示的快捷菜单中选择 锁定 命令。此时被锁定的尺寸将以橘黄色显示，结果如图 3.5.11 所示。

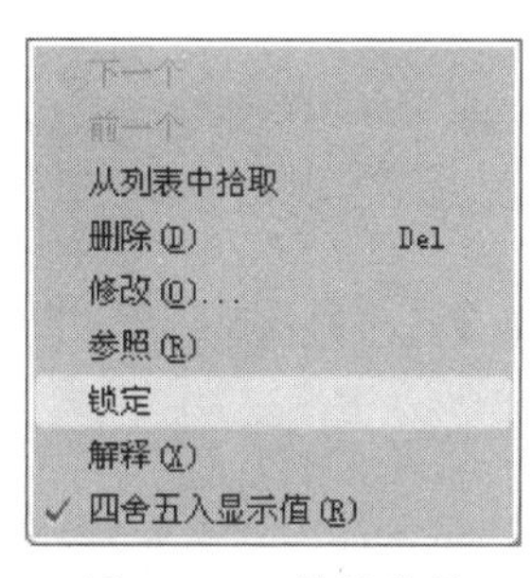

图 3.5.10　快捷菜单

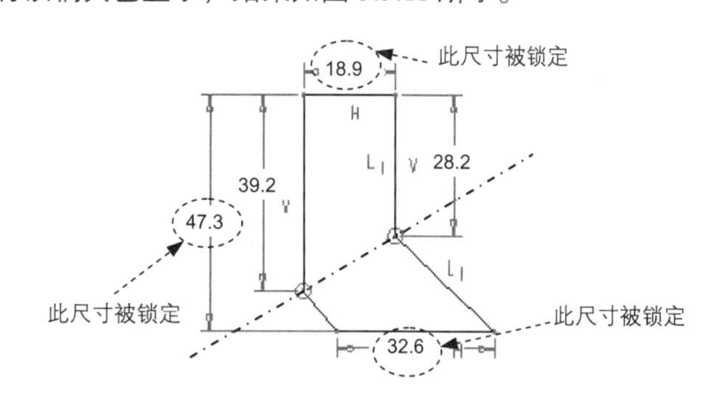

图 3.5.11　锁定有用的尺寸标注

步骤 04 添加新的尺寸，以创建所需的标注布局。

（1）添加第一个角度标注。单击“标注”按钮，在图 3.5.12 所示的图形中，依次单击中心线和直线 A，中键单击位置 A 放置尺寸，创建第一个角度尺寸。

（2）添加第二个角度标注。在图 3.5.13 所示的图形中，依次单击中心线和直线 B，中键单击位置 B 放置尺寸，创建第二个角度尺寸。

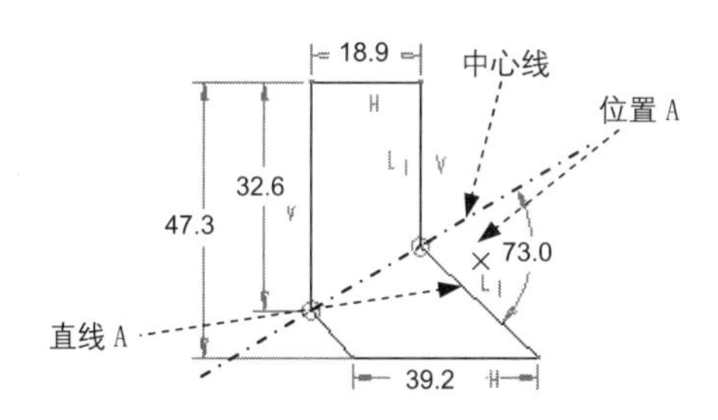

图 3.5.12　添加第一个角度标注

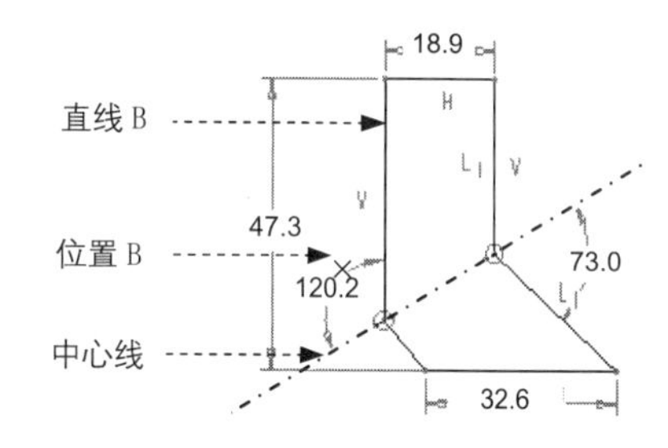

图 3.5.13　添加第二个角度标注

步骤 05 修改尺寸至最终尺寸。

以草图的方式绘制出大致的形状后，就可以对草图尺寸进行修改，从而使草绘图变成最终的精确图形。

（1）先解锁步骤 03中被锁定的三个尺寸。

（2）在图 3.5.14a 所示的图形中，双击要修改的尺寸，然后在系统弹出的文本框中输入正确的尺寸值，并按回车键。

（3）用同样的方法修改其余的尺寸值，使图形最终变成图 3.5.14b 所示的图形。

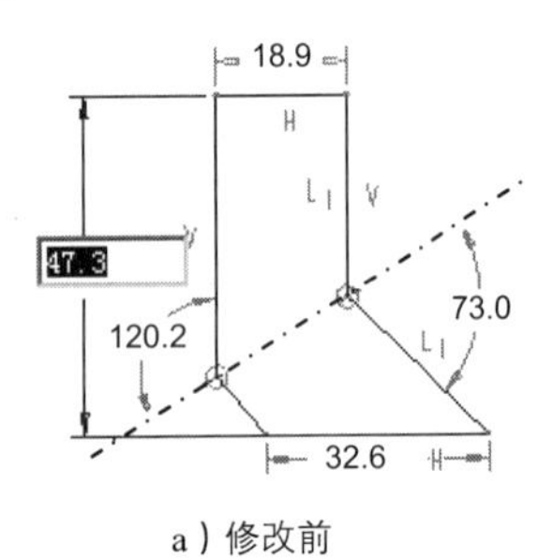

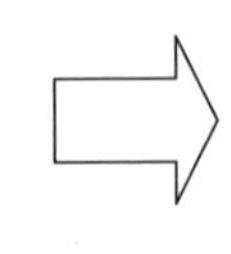

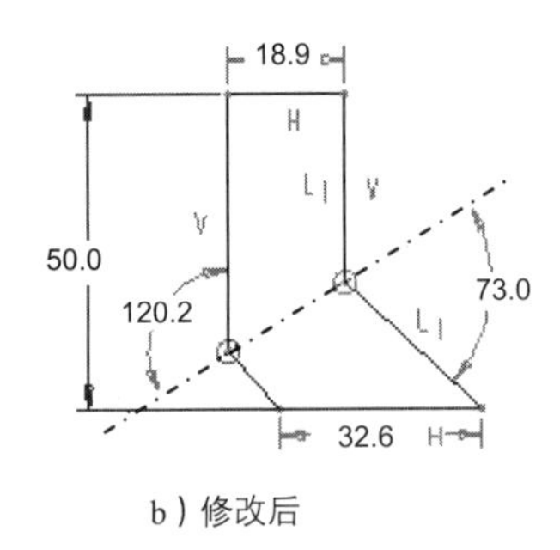

a）修改前

b）修改后

图 3.5.14 修改尺寸

3.5.2 草图设计综合应用二

应用概述

本应用主要介绍草图的绘制、编辑和标注的过程，读者要重点掌握约束与尺寸的处理技巧，图形如图 3.5.15 所示。

本应用的详细操作过程请参见随书光盘中 video\ch03.04\文件下的语音视频讲解文件。模型文件为 D:\proesc5work\ch03.05\spsk02.prt。

3.5.3 草图设计综合应用三

应用概述

本应用主要介绍利用“添加约束”的方法进行草图编辑的过程。图形如图 3.5.16 所示。

本应用的详细操作过程请参见随书光盘中 video\ch03.04\文件下的语音视频讲解文件。模型文件为 D:\proesc5\ch03.05\spsk03.prt。

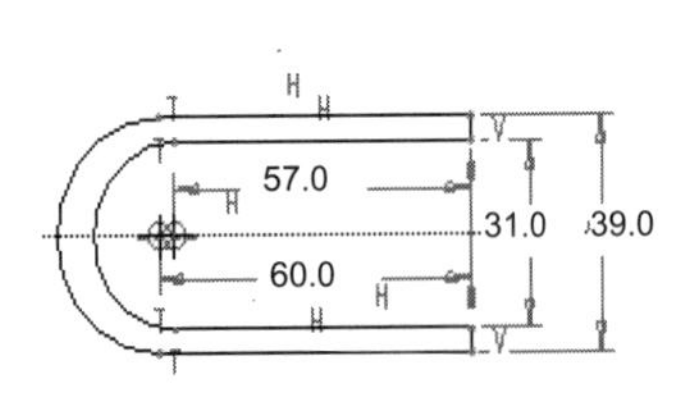

图 3.5.15 草图设计 2

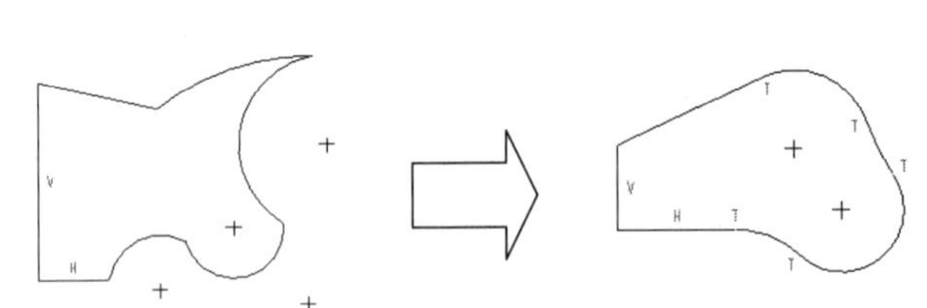

图 3.5.16 草图设计 3

第 4 章 零件设计（基础）

4.1 拉伸特征

4.1.1 概述

拉伸特征是将截面草图沿着草绘平面的垂直方向拉伸而形成的，它是最基本且最常使用的零件建模特征命令。

4.1.2 拉伸特征

1. 选取特征命令

选取特征命令的一般方法有如下两种。

方法一：从下拉菜单中获取命令。选择下拉菜单 插入(I) → 拉伸(E)... 命令。

方法二：从工具栏中获取命令。单击“拉伸”工具按钮。

2. 定义拉伸类型

在选择 拉伸(E)... 命令后，屏幕上方出现图 4.1.1 所示的“拉伸”特征操控板。在操控板中单击“实体特征类型”按钮（默认情况下，此按钮为按下状态）。

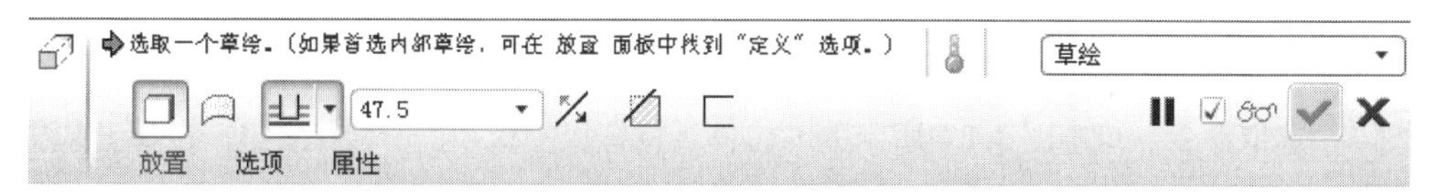

图 4.1.1 “拉伸”特征操控板

利用拉伸工具，可以创建如下几种类型的特征。

- 实体类型：单击操控板中的“实体特征类型”按钮，可以创建实体类型的特征。在由截面草图生成实体时，实体特征的截面草图完全由材料填充，如图 4.1.2 所示。
- 曲面类型：单击操控板中的“曲面特征类型”按钮，可以创建一个拉伸曲面。在 Pro/ENGINEER 中，曲面是一种没有厚度和重量的面，但通过相关命令操作可变成带厚度的实体。
- 薄壁类型：单击“薄壁特征类型”按钮，可以创建薄壁类型特征。在由截面草图生成实体时，薄壁特征的截面草图则由材料填充成均厚的环，环的内侧或外侧或中心轮廓线是截面草图，如图 4.1.3 所示。

- ◆ 切削类型：单击操控板中的“切削特征类型”按钮时，可以创建切削特征。

一般来说，创建的特征可分为“正空间”特征和“负空间”特征。“正空间”特征是指在现有零件模型上添加材料，“负空间”特征是指在现有零件模型上移除材料，即切削。

如果“切削特征”按钮被按下，同时“实体特征”按钮也被按下，则用于创建“负空间”实体，即从零件模型中移除材料。当创建零件模型的第一个（基础）特征时，零件模型中没有任何材料，所以零件模型的第一个（基础）特征不可能是切削类型的特征，因此切削按钮是灰色的，不能选取。

如果“切削特征”按钮被按下，同时“曲面特征”按钮也被按下，则用于曲面的裁剪，即在现有曲面上裁剪掉正在创建的曲面特征。

如果“切削特征”按钮被按下，同时“薄壁特征”按钮及“实体特征”按钮也被按下，则用于创建薄壁切削实体特征。

图 4.1.2 “实体”特征

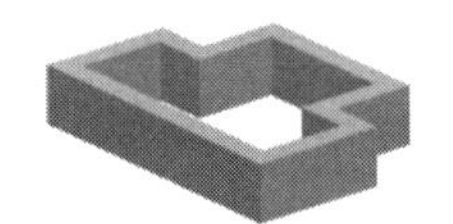

图 4.1.3 “薄壁”特征

3. 定义截面草图

定义截面草图的方法有两种：第一种是选择已有草图作为特征的截面草图；第二种是创建新的草图作为特征的截面草图。本例介绍定义截面草图的第二种方法，操作过程如下。

步骤 01 选取命令。单击图 4.1.4 所示的“拉伸”特征操控板中的 放置 按钮，在弹出的界面中单击 定义... 按钮（也可在绘图区中按下鼠标右键，直至系统弹出图 4.1.5 所示的快捷菜单时，松开鼠标右键，选择 定义内部草绘... 命令），系统弹出“草绘”对话框。

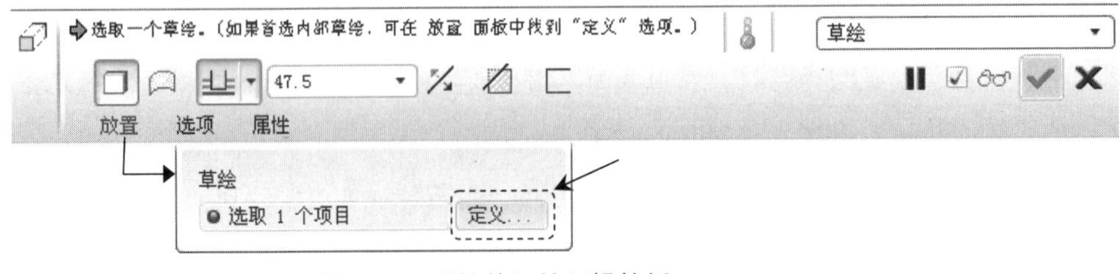

图 4.1.4 “拉伸”特征操控板

说明：进入 Pro/ENGINEER 的零件设计环境后，屏幕的绘图区中应该显示图 4.1.6 所示的三个相互垂直的默认基准平面，如果没有显示，则可单击工具栏中的按钮，将其显现出来。

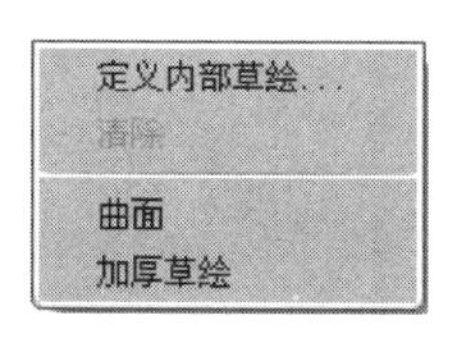

图 4.1.5　快捷菜单

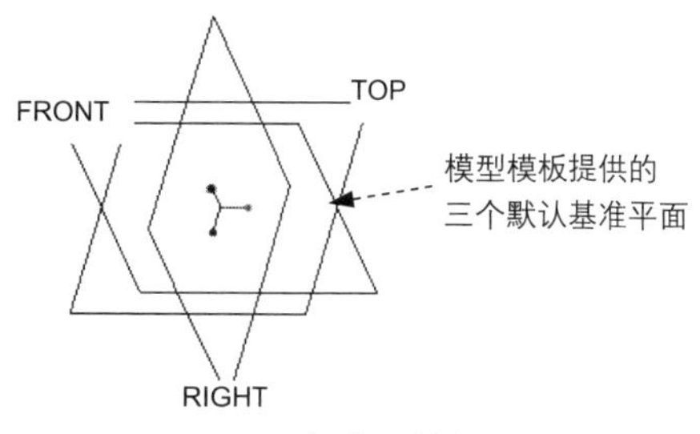

图 4.1.6　三个默认基准平面

步骤 02 定义截面草图的放置属性。

（1）定义草绘平面。

◆ 草绘平面是特征截面或轨迹的绘制平面，既可以是基准平面，也可以是实体的某个表面。

◆ 单击使用先前的按钮，意味着把先前一个特征的草绘平面及其方向作为本特征的草绘平面和方向。

选取 TOP 基准平面作为草绘平面，操作方法如下。

将鼠标指针移至图形区 TOP 基准平面的边线或 TOP 字符附近，在基准平面的边线外出现天蓝色加亮边线时单击，即可将 TOP 基准平面定义为草绘平面（此时“草绘”对话框中“草绘平面”区域的文本框中显示“TOP：F2（基准平面）”）。

（2）定义草绘视图方向。采用模型中默认的草绘视图方向。

完成步骤 02后，图形区中 TOP 基准平面的边线旁边会出现一个黄色的箭头（如图 4.1.7 所示），该箭头方向表示查看草绘平面的方向。如果要改变该箭头的方向，有三种方法。

方法一：在“草绘”对话框中单击反向按钮，如图 4.1.8 所示。

方法二：将鼠标指针移至该箭头上，单击。

方法三：将鼠标指针移至该箭头上，右击，在弹出的快捷菜单中选择反向命令。

（3）对草绘平面进行定向。选取草绘平面后，还必须对草绘平面进行定向。定向完成后，系统即按所指定的定向方位摆放草绘平面，并进入草绘环境。

① 指定草绘平面的参照平面。完成草绘平面选取后，“草绘”对话框的参照文本框自动加亮，此时选取图形区中的 RIGHT 基准平面作为参照平面。

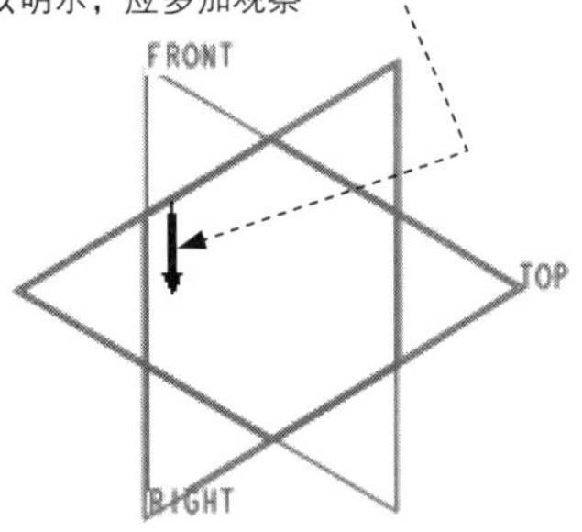

图 4.1.7　查看方向箭头

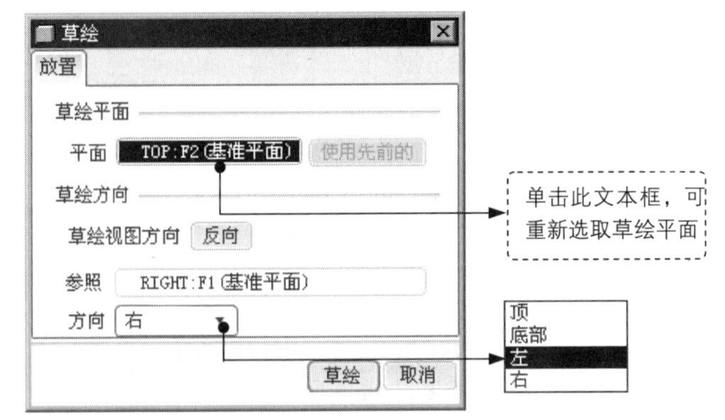

图 4.1.8　“草绘”对话框

② 指定参照平面的方向。单击对话框中方向文本框后的▼按钮，在弹出的图 4.1.9 所示的列表中选择右选项。完成这两步操作后，“草绘”对话框的显示如图 4.1.9 所示。

注意

- 参照平面必须是平面，并且要求与草绘平面垂直。
- 如果参照平面是基准平面，则参照平面的方向取决于基准平面橘黄色侧面的朝向。
- 这里要注意图形区中的 TOP（顶）、RIGHT（右）和图 4.1.8 中的顶、右的区别。模型中的 TOP（顶）、RIGHT（右）是指基准平面的名称，该名称可以随意修改；图 4.1.8 中的顶、右是草绘平面的参照平面的放置方位。
- 为参照平面选取不同的方向，则草绘平面在草绘环境中的摆放就不一样。
- 完成步骤 02操作后，当系统获得足够的信息时，系统将会自动指定草绘平面的参照平面及其方向（如图 4.1.9 所示），系统自动指定 TOP 基准平面作为参照，自动指定参照平面的放置方位为“左”。

（4）单击对话框中的草绘按钮，系统进入草绘环境。

单击草绘按钮后，系统进行草绘平面的定向，使其与屏幕平行，如图 4.1.10 所示。从图中可看到，FRONT 基准平面现在水平放置，并且 FRONT 基准平面的橘黄色的一侧在底部。

步骤 03 创建特征的截面草图。基础拉伸特征的截面草图如图 4.1.11 所示。绘制完成后单击“草绘”工具栏中的“完成”按钮✔，完成拉伸特征截面草绘，退出草绘环境。

图 4.1.9　“草绘”对话框

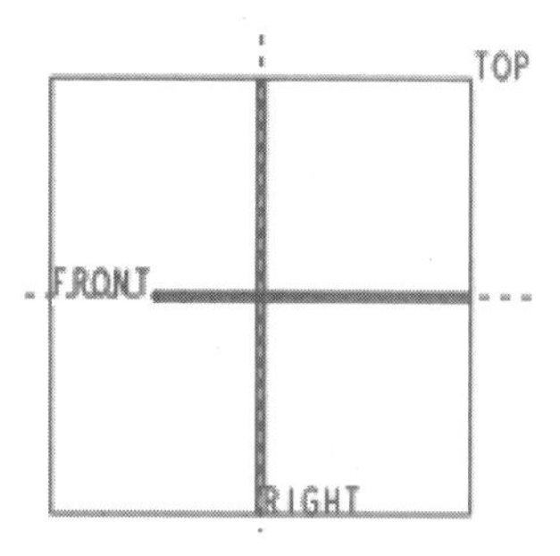

图 4.1.10　草绘平面与屏幕平行

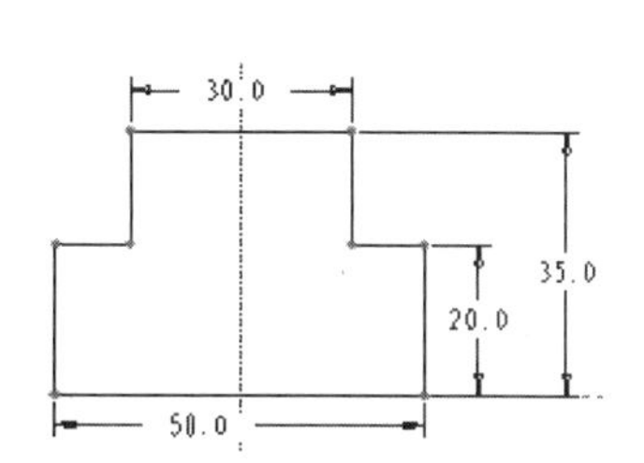

图 4.1.11　基础特征的截面草图

在用户的草绘过程中，Pro/ENGINEER 会自动对图形进行尺寸标注和几何约束，但系统在自动标注和约束时，必须参考一些点、线、面，这些点、线、面就是草绘参照。进入 Pro/ENGINEER 草绘环境后，系统将自动为草图的绘制及标注选取足够的草绘参照，如本例中，系统默认选取了 TOP 和 FRONT 基准平面作为草绘参照。

关于 Pro/ENGINEER 的草绘参照，应注意如下几点。

- 查看当前草绘参照的方法是：选择下拉菜单 草绘(S) ➡ 参照(R)... 命令，弹出“参照”对话框，系统在参照列表区列出了当前的草绘参照，如图 4.1.12 所示（该图中的两个草绘参照 FRONT 和 RIGHT 基准平面是系统默认选取的）。如果用户想添加其他的点、线、面作为草绘参照，则可以通过在图形上直接单击来选取。
- 要使草绘截面的参照完整，必须至少选取一个水平参照和一个垂直参照，否则会出现错误警告提示。
- 在没有足够的参照来摆放一个截面时，系统会自动弹出图 4.1.12 所示的“参照”对话框，要求用户选取足够的草绘参照。
- 在重新定义一个缺少参照的特征时，必须选取足够的草绘参照。

“参照”对话框中的几个选项说明如下。

◆ 按钮：单击此按钮，系统弹出“选取”对话框，用于为尺寸和约束选取参照，如图4.1.13所示。单击此按钮后，即可在图形区的二维草绘图形中选取直线（包括平面的投影直线）、点（包括直线的投影点）等作为参考基准。

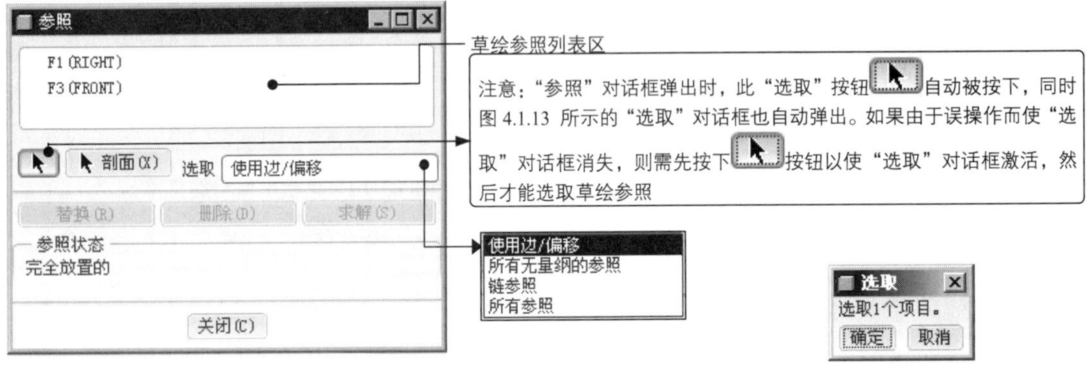

图4.1.12 “参照”对话框　　　　图4.1.13 “选取”对话框

◆ 剖面(X) 按钮：单击此按钮，再选取目标曲面，可将草绘平面与某个曲面的交线作为参照。

◆ 删除(D) 按钮：如果要删除参照，可在参照列表区选取要删除的参照名称，然后单击此按钮。

操作提示与注意事项如下。

◆ 除可以移动和缩放草绘区外，如果用户想在三维空间绘制草图或希望看到模型截面草图在三维空间的方位，则可以旋转草绘区，方法是按住鼠标的中键，同时移动鼠标，可看到图形跟着鼠标旋转。旋转后，单击按钮可恢复绘图平面与屏幕平行（有些鼠标的中键在鼠标的左侧，不在中间）。

◆ 如果用户不希望屏幕图形区中显示的东西太多，则可单击、、等按钮，将网格、基准平面、坐标系等的显示关闭，这样图面显得更简洁。

◆ 在操作过程中，如果鼠标指针变成圆圈或在当前窗口不能选取有关的按钮或菜单命令，则可单击按钮（或者选择下拉菜单 窗口(W) ➡ 激活(A) 命令），将当前窗口激活。

◆ 草绘“完成”按钮的位置一般如图4.1.14所示。

◆ 如果系统弹出图4.1.15所示的“未完成截面”错误提示，则表明截面不闭合或截面中有多余、重合的线段，此时可单击 否(N) 按钮，然后修改截面中的错误，完成修改后再单击按钮。

◆ 绘制实体拉伸特征的截面时，应该注意如下要求。

- 截面必须闭合，截面的任何部位不能有缺口，如图4.1.16a所示。如果有缺口，

可用修剪命令 → 将缺口封闭。

● 截面的任何部位不能探出多余的线头，如图 4.1.16b 所示。对较长的多余的线头，用命令 → 修剪掉。如果线头特别短，即使足够放大也不可见，则必须用命令 → 修剪掉。

● 截面可以包含一个或多个封闭环，生成特征后，外环以实体填充，内环则为孔。环与环之间不能相交或相切，如图 4.1.16 c 和图 4.1.16 d 所示；环与环之间也不能有直线（或圆弧等）相连，如图 4.1.16 e 所示。

图 4.1.14　“完成”按钮

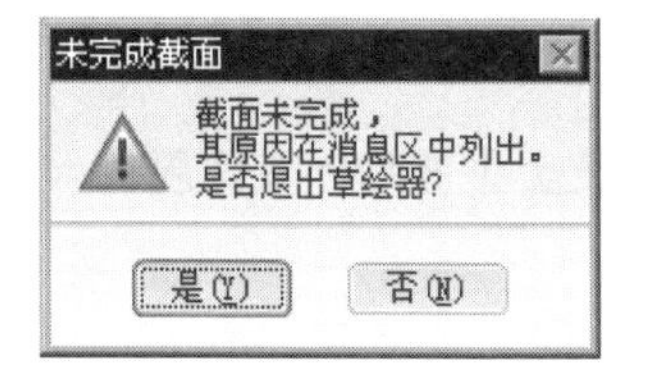

图 4.1.15　“未完成截面”错误提示

◆ 曲面拉伸特征的截面可以是开放的，但截面不能有多于一个的开放环。

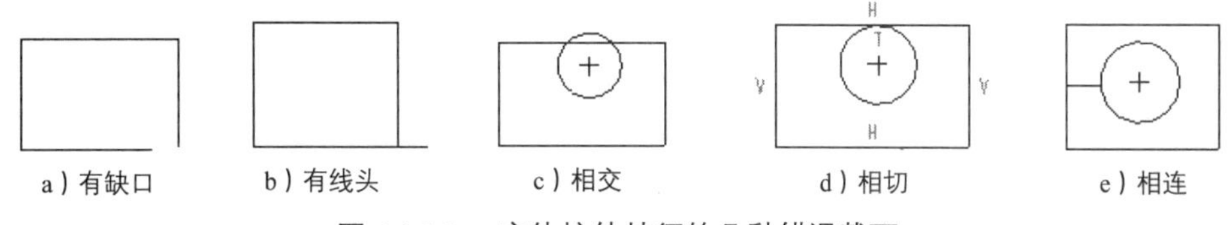

图 4.1.16　实体拉伸特征的几种错误截面

4. 定义拉伸深度属性

步骤 01 定义深度方向。采用模型中默认的深度方向。

按住鼠标的中键且移动鼠标，可将草图从图 4.1.17 所示的状态旋转到图 4.1.18 所示的状态，此时在模型中可看到一个黄色的箭头，该箭头表示特征拉伸的方向；如果选取的深度类型为（对称深度），该箭头的方向没有太大的意义；当为单侧拉伸时，应注意箭头的方向是否为将要拉伸的深度方向。

要改变箭头的方向，有如下几种方法。

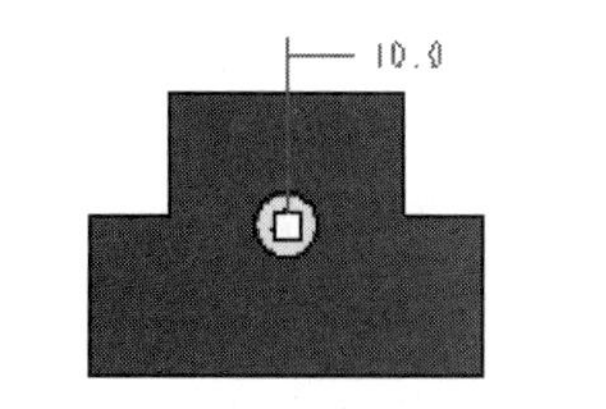

图 4.1.17　草绘平面与屏幕平行

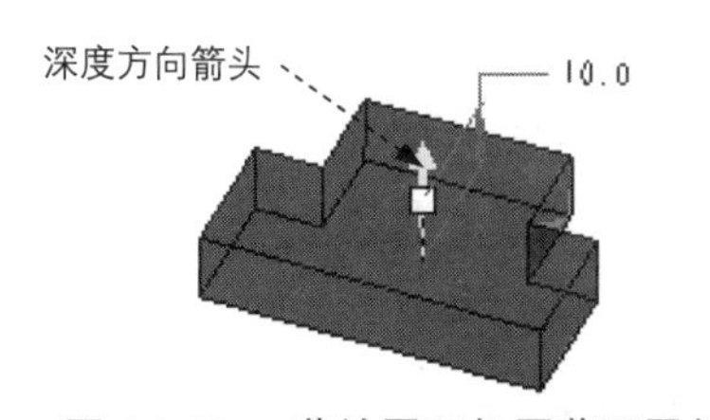

图 4.1.18　草绘平面与屏幕不平行

方法一：在操控板中，单击深度文本框 216.5 后面的按钮。

方法二：将鼠标指针移至深度方向箭头上，单击。

方法三：将鼠标指针移至深度方向箭头附近，右击，选择反向命令。

方法四：将鼠标指针移至模型中的深度尺寸 216.5 上，右击，系统弹出图 4.1.19 所示的深度快捷菜单，选择反向深度方向命令。

Note

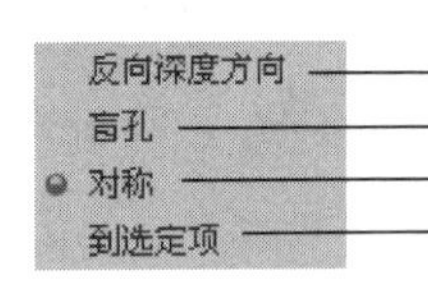

图 4.1.19　深度快捷菜单

步骤 02 选取深度类型并输入其深度值。在图 4.1.20 所示的操控板中，选取深度类型（“定值”）。

如图 4.1.20 所示，单击操控板中按钮后的按钮，可以选取特征的拉伸深度类型。

操控板中几种深度类型选项说明如下。

◆ 单击按钮（定值，以前的版本称为“盲孔”），可以创建“定值”深度类型的特征，此时特征将从草绘平面开始，按照所输入的数值（拉伸深度值）向特征创建的方向一侧进行拉伸。

◆ 单击按钮（对称），可以创建“对称”深度类型的特征，此时特征将在草绘平面两侧进行拉伸，输入的深度值被草绘平面平均分割，草绘平面两边的深度值相等。

◆ 单击按钮（到选定的），可以创建“到选定的”深度类型的特征，此时特征将从草绘平面开始拉伸至选定的点、曲线、平面或曲面。

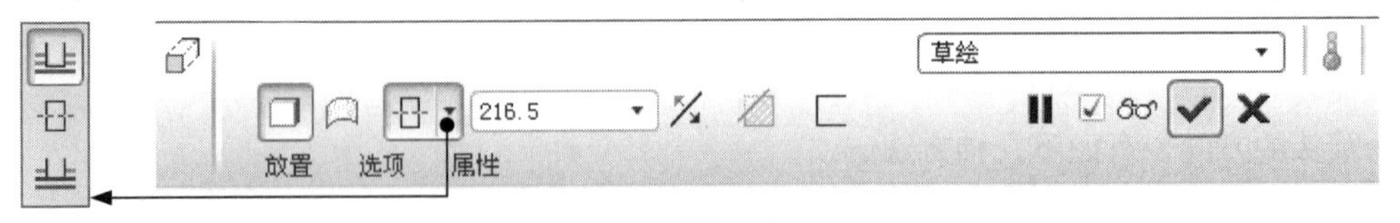

图 4.1.20　操控板

其他几种深度选项的相关说明如下。

◆ 当在基础特征上添加其他某些特征时，还会出现下列深度选项。
  ● （到下一个）：深度在零件的下一个曲面处终止。
  ● （穿透）：特征在拉伸方向上延伸，直至与所有曲面相交。
  ● （穿至）：特征在拉伸方向上延伸，直到与指定的曲面（或平面）相交。

◆ 使用“穿过”类选项时，要考虑下列规则。

- 如果特征要拉伸至某个终止曲面，则特征的截面草图的大小不能超出终止曲面（或面组）的范围。
- 如果特征应终止于其到达的第一个曲面，需使用（到下一个）选项，使用选项创建的伸出项不能终止于基准平面。
- 使用（到选定的）选项时，可以选择一个基准平面作为终止面。
- 如果特征应终止于其到达的最后曲面，需使用（穿透）选项。
- 穿过特征没有与伸出项深度有关的参数，修改终止曲面可改变特征深度。

◆ 对于实体特征，可以选择以下类型的曲面作为终止面。

- 零件的某个表面，它不必是平面。
- 基准面，它不必平行于草绘平面。
- 一个或多个曲面组成的面组。
- 在以“装配”模式创建特征时，可以选择另一个元件的几何形状作为选项的参照。
- 用面组作为终止曲面，可以创建与多个曲面相交的特征，这对创建包含多个终止曲面的阵列非常有用。

◆ 图 4.1.21 显示了拉伸的有效深度选项。

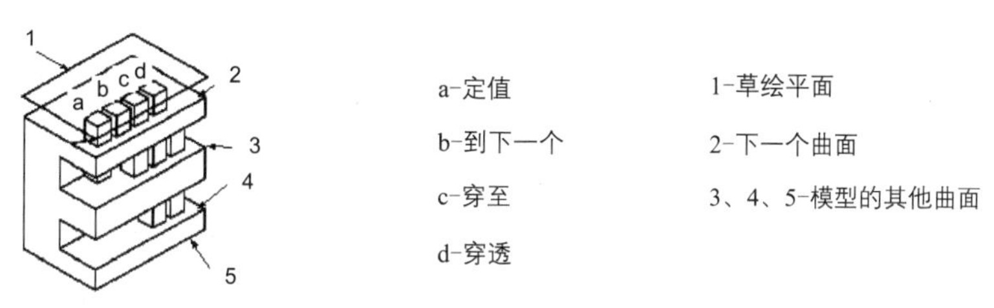

图 4.1.21　拉伸深度选项示意图

步骤 03 定义深度值。在操控板的深度文本框 216.5 中输入深度值 10.0，并按回车键。

5. 完成特征的创建

步骤 01 特征的所有要素被定义完毕后，单击操控板中的“预览”按钮，预览时可按住鼠标中键进行旋转查看，以检查各要素的定义是否正确。如果所创建的特征不符合设计意图，则可退出预览，重新定义操控板中的相关项。

步骤 02 预览完成后，单击操控板中的“完成”按钮，完成特征的创建。

4.2 旋转特征

旋转（Revolve）特征是将截面绕着一条中心轴线旋转而形成的形状特征。注意旋转特征必须有一条绕其旋转的中心线，如图 4.2.1 所示。

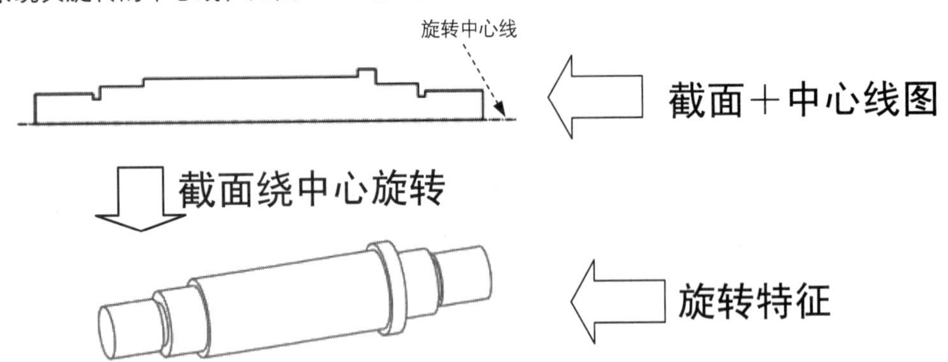

图 4.2.1　旋转特征示意图

下面以一个短轴为例，说明在新建一个以旋转特征为基础特征的零件模型时，创建旋转特征的详细过程。

1.新建文件

步骤 01 将工作目录设置至 D:\proesc5\work\ch04.02。

步骤 02 选择下拉菜单 文件(F) → 新建(N)... 命令，新建一个零件模型，模型名为 revolve，使用零件模板 mmns_part_solid。

2.创建图 4.2.1 所示的实体旋转特征

步骤 01 选取特征命令。选择下拉菜单 插入(I) → 旋转(R)... 命令（或者直接单击工具栏中的“旋转”命令按钮）。

步骤 02 定义旋转类型。完成上步操作后，弹出图 4.2.2 所示的操控板，在操控板中单击“实体类型”按钮（默认选项）。

步骤 03 定义特征的截面草图。

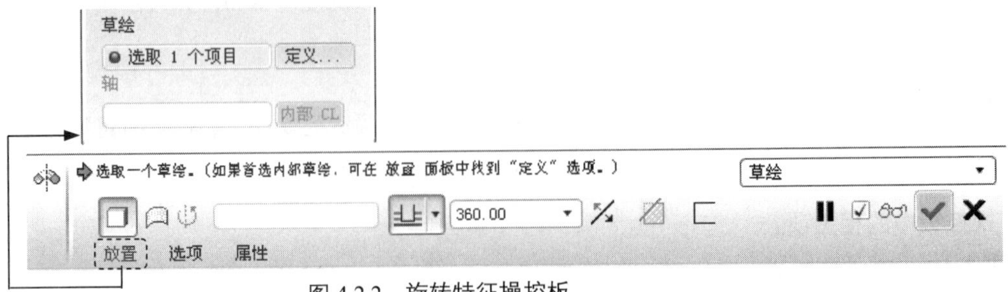

图 4.2.2　旋转特征操控板

（1）在操控板中单击 放置 按钮，然后在弹出的界面中单击 定义... 按钮，系统弹出“草绘”对话框。

（2）定义截面草图的放置属性。选取 FRONT 基准平面作为草绘平面，采用模型中默认的方向作

为草绘视图方向；选取 RIGHT 基准平面作为参照平面，方向为右；单击对话框中的草绘按钮。

（3）系统进入草绘环境后，绘制图 4.2.3 所示的旋转特征旋转中心线和截面草图。

本例采用系统默认的 TOP 基准平面和 RIGHT 基准平面作为草绘参照。

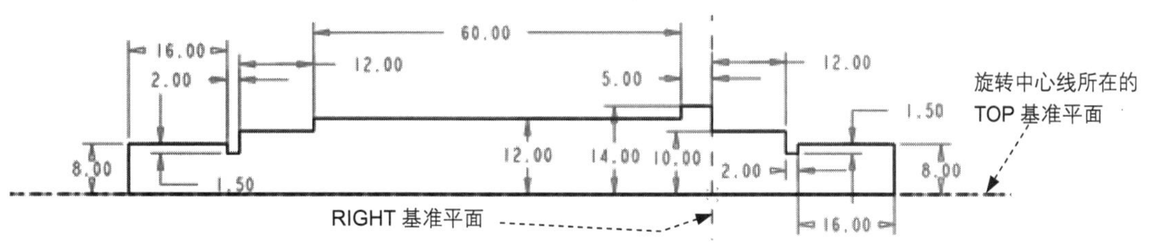

图 4.2.3　截面草图

草绘旋转特征的规则如下。

- 旋转截面必须有一条几何中心线，围绕几何中心线旋转的草图只能在该几何中心线的一侧绘制。
- 若草绘中使用的几何中心线多于一条，则 Pro/ENGINEER 将自动选取草绘的第一条几何中心线作为旋转轴，除非用户另外选取。
- 实体特征的截面必须是封闭的。

① 单击“直线”按钮中的“创建 2 点几何中心线”按钮，在 TOP 基准平面所在的线上绘制一条旋转中心线（如图 4.2.3 所示）。

② 绘制绕中心线旋转的封闭几何；按图中的要求标注、修改、整理尺寸；完成特征截面后，单击“草绘完成”按钮。

步骤 04 定义旋转角度参数。

（1）在操控板中单击“旋转角度类型”按钮（即草绘平面以指定的角度值旋转）。

（2）在角度文本框中输入角度值 360.0，并按回车键。

步骤 05 完成特征的创建。

（1）单击操控板中的“预览”按钮，预览所创建的特征。

（2）在操控板中单击“完成”按钮，完成创建图 4.2.1 所示的旋转特征。

如图 4.2.2 所示，单击操控板中的按钮后的按钮，可以选取特征的旋转角度类型，各选项说明如下。

- 单击按钮，特征将从草绘平面开始按照所输入的角度值进行旋转。
- 单击按钮，特征将在草绘平面两侧分别从两个方向以输入角度值的一半的值进行旋转。
- 单击按钮，特征将从草绘平面开始旋转至选定的点、曲线、平面或曲面。

4.3 倒角特征

倒角（Chamfer）特征属于修饰特征。修饰特征不能单独生成，只能在其他特征之上生成，构建特征包括倒角特征、圆角特征、孔特征和修饰特征等。

在 Pro/ENGINEER 中，倒角分为以下两种类型。

- 边倒角(E)... 边倒角是在选定边处截掉一块平直剖面的材料，以在共有该选定边的两个原始曲面之间创建斜角曲面（如图 4.3.1 所示）。
- 拐角倒角(C)... 拐角倒角是指在零件的拐角处去除材料（如图 4.3.2 所示）。

下面以瓶塞开启器产品中的一个零件——瓶塞（cork）为例，说明在一个模型上添加倒角特征的详细过程（如图 4.3.3 所示）。

图 4.3.1 边倒角

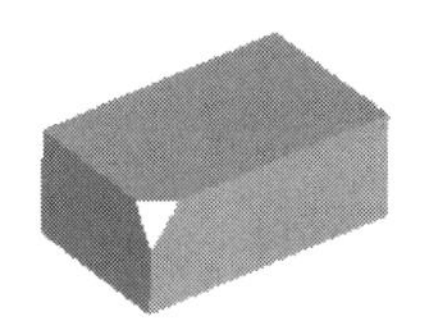
图 4.3.2 拐角倒角

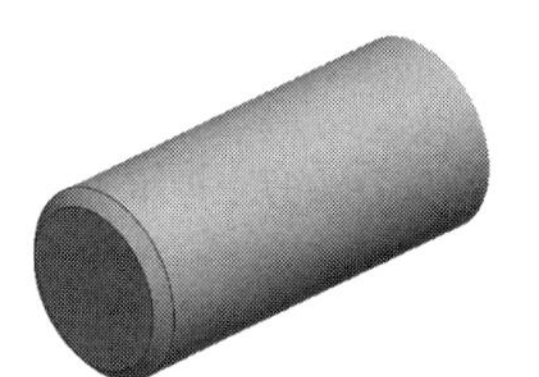
图 4.3.3 倒角特征

1. 打开一个已有的零件三维模型

将工作目录设置至 D:\proesc5\work\ch04.03，打开文件 cork_chamfer.prt。

2. 添加倒角（边倒角）

步骤 01 选择下拉菜单 插入(I) → 倒角(M) ▸ → 边倒角(E)... 命令，系统弹出图 4.3.4 所示的倒角特征操控板。

说明

倒角特征操控板上可选择的边倒角方案有以下几种类型。

- D x D：创建的倒角沿两个邻接曲面距选定边的距离都为 D，随后要输入 D 的值。
- D1 x D2：创建的倒角沿第一个曲面距选定边的距离为 D1，沿第二个曲面距选定边的距离为 D2，随后要输入 D1 和 D2 的值。
- 角度x D：创建的倒角沿一个邻接曲面距选定边的距离为 D，并且与该面形成一个指定夹角。只能在两个平面之间使用该命令，随后要输入角度和 D 的值。
- 45 x D：创建的倒角和两个曲面都形成 45 度角，并且每个曲面边的倒角距离都为 D，随后要输入 D 的值。尺寸标注方案为 45 度角 × D，将来可以通过修改 D 来修改倒角。只有在两个垂直面的交线上才能创建 45^0 × D 倒角。

步骤 02 选取模型中要倒角的边线，如图 4.3.5 所示。

步骤 03 选择边倒角方案。本例选取 45 x D 方案。

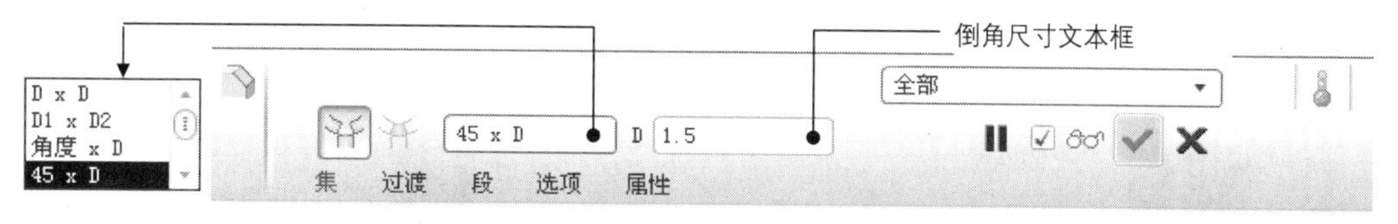

图 4.3.4　倒角特征操控板

Note

步骤 04 设置倒角尺寸。在操控板中的倒角尺寸文本框中输入数值 1.5，并按回车键。

说明：在一般零件的倒角设计中，通过移动图 4.3.6 中的两个小方框来动态设置倒角尺寸是一种比较好的设计操作习惯。

步骤 05 在操控板中单击✓按钮，完成倒角特征的构建。

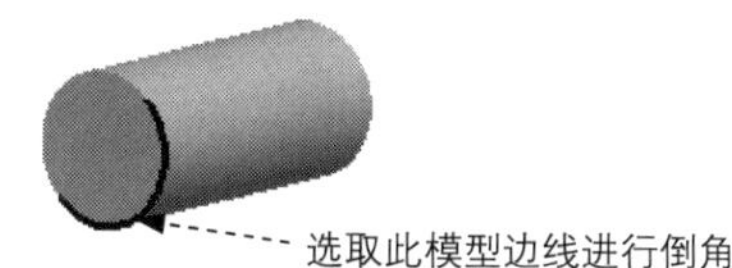

图 4.3.5　选取要倒角的边线

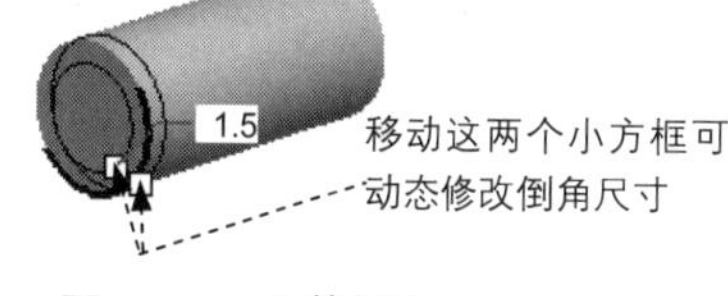

图 4.3.6　调整倒角大小

4.4　圆角特征

在 Pro/ENGINEER 中，可以创建两种不同类型的圆角：简单圆角和高级圆角。创建简单的圆角时，只能指定单个参照组，并且不能修改过渡类型；当创建高级圆角时，可以定义多个“圆角组”，即圆角特征的段。

创建圆角时的注意事项如下。

- 在设计中尽可能晚地添加圆角特征。
- 可以将所有圆角放置到一个层上，然后隐含该层，以便加快工作进程。
- 为避免创建从属于圆角特征的子项，标注时不要以圆角创建的边或相切边作为参照。

1. 创建一般简单圆角

下面以图 4.4.1 所示的模型为例，说明创建一般简单圆角的过程。

步骤 01 将工作目录设置至 D:\proesc5\work\ch04.04，打开文件 round_1.prt。

步骤 02 选择 插入(I) ➡ 倒圆角(O)... 命令，系统弹出图 4.4.2 所示的操控板。

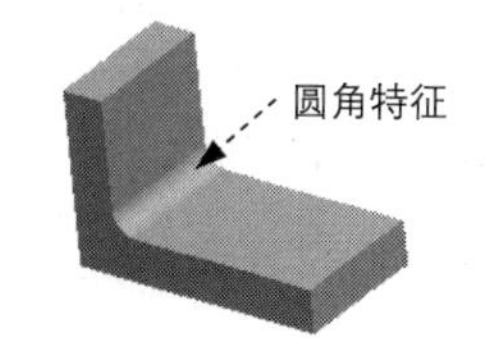

图 4.4.1　创建一般简单圆角

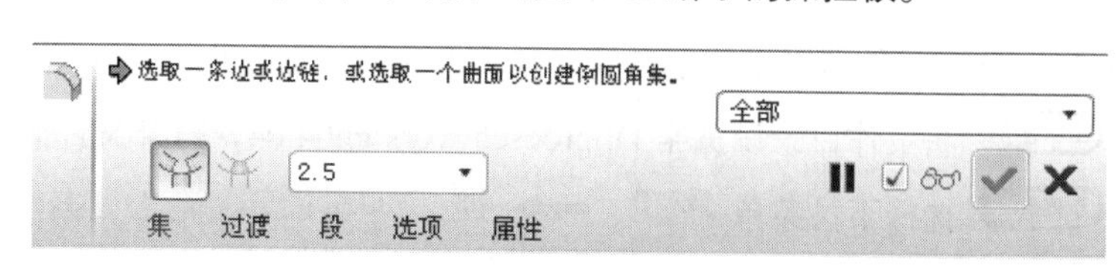

图 4.4.2　圆角特征操控板

步骤 03 选取圆角放置参照。在图 4.4.3 中的模型上选取要倒圆角的边线，此时模型的显示状态如图 4.4.4 所示。

步骤 04 在操控板中，输入圆角半径 22，然后单击“完成”按钮，完成圆角特征的创建。

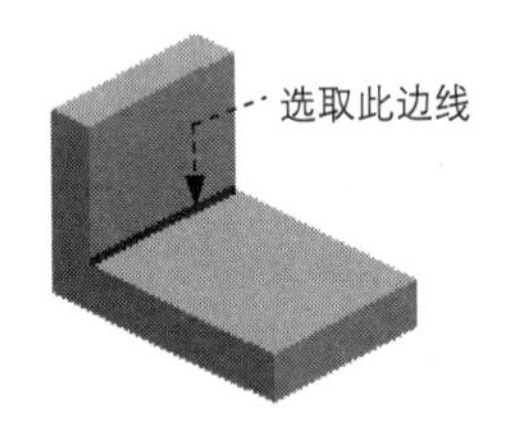

图 4.4.3　选取圆角边线

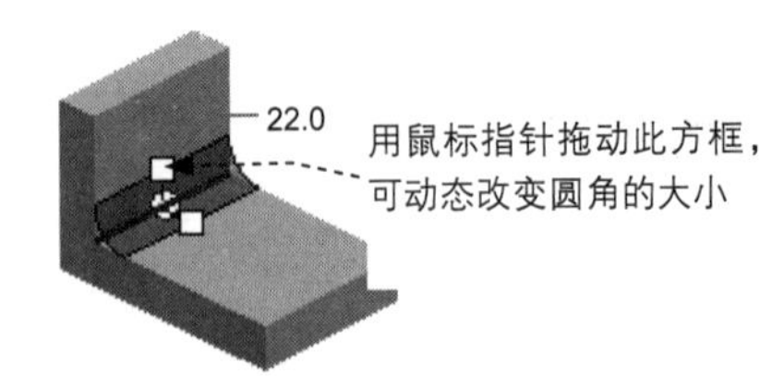

图 4.4.4　调整圆角的大小

2. 创建完全圆角

如图 4.4.5 所示，通过指定一对边可创建完全圆角，此时这一对边所构成的曲面会被删除，圆角的大小被该曲面所限制。下面说明创建一般完全圆角的过程。

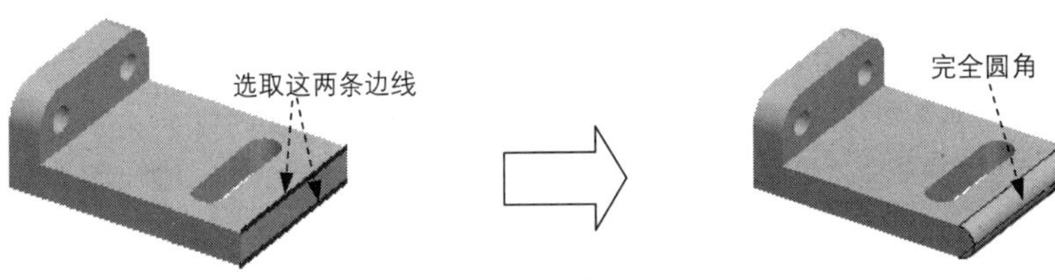

图 4.4.5　创建完全圆角

步骤 01 将工作目录设置至 D:\proesc5\work\ch04.04，打开文件 round_2.prt。

步骤 02 选择下拉菜单 插入(I) → 倒圆角(O)... 命令。

步骤 03 选取圆角的放置参照。在模型上选取图 4.4.5 所示的两条边线，操作方法为：首先选取一条边线，按住键盘上的 Ctrl 键，然后再选取另一条边线。

步骤 04 在操控板中单击 集 按钮，在系统弹出设置对话框中单击 完全倒圆角 按钮。

步骤 05 在操控板中单击“完成”按钮，完成特征的创建。

说明：如果要删除倒圆的参照边线，可在设置对话框参照列表中单击删除的参照边，然后右击，从系统弹出的快捷菜单中选择 移除 命令即可。

3. 自动倒圆角

通过使用“自动倒圆角”命令，可以同时在零件的面组上创建多个恒定半径的倒圆角特征。下面通过图 4.4.6 所示的模型来说明创建自动倒圆角的一般过程。

步骤 01 将工作目录设置至 D:\proesc5\work\ch04.04，打开文件 auto_round.prt。

步骤 02 选择下拉菜单 插入(I) → 自动倒圆角(O)... 命令，系统弹出图 4.4.7 所示的操控板。

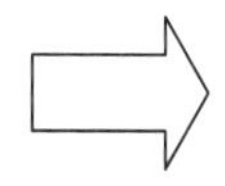

图 4.4.6　创建自动倒圆角

步骤 03 设置自动倒圆角的范围。在操控板中单击范围按钮，在弹出的图 4.4.7 所示的“范围”对话框中选中◉实体几何单选项、☑凸边和☑凹边复选框。

步骤 04 定义圆角大小。在凸边文本框中输入凸边的半径值 6.0，在凹边文本框中输入凹边的半径值 3.0。

说明

当仅在凸边文本框中输入半径值时，系统会默认凹边的半径值与凸边的相同。

步骤 05 在操控板中单击“完成”按钮☑，系统自动弹出图 4.4.8 所示的“自动倒圆角播放器”窗口，完成“自动倒圆角”特征的创建。

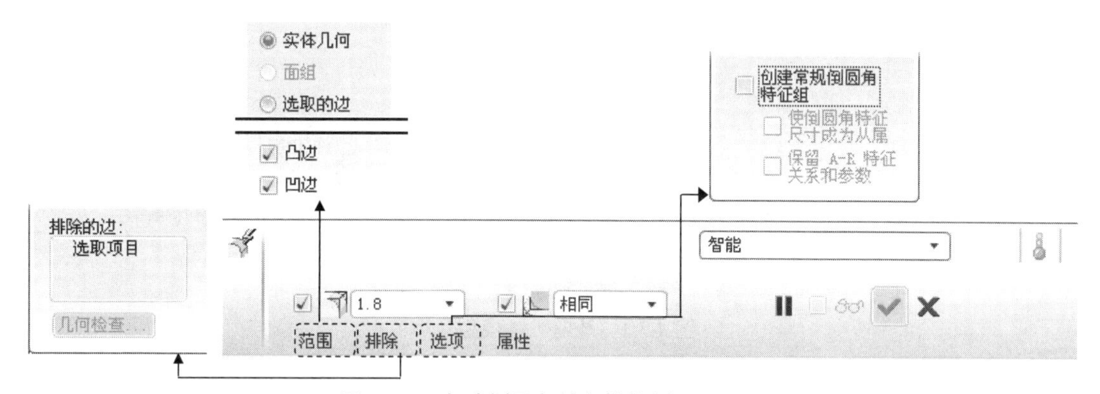

图 4.4.7　自动倒圆角特征操控板

图 4.4.7 所示的自动倒圆角特征操控板中各选项和按钮的说明如下。

◆ 范围按钮。

- ◉实体几何单选项：可以在模型的实体几何形状上创建自动倒圆角特征。
- ◉面组单选项：一般用于曲面，可为每个面组创建一个单独的自动倒圆角特征。
- ◉选取的边单选项：系统只在选取的边或目的链上添加自动倒圆角特征。
- ☑凸边复选框：可选取模型中所有的凸边，如图 4.4.9 所示。
- ☑凹边复选框：可选取模型中所有的凹边，如图 4.4.9 所示。

◆ 排除按钮。

- 排除的边:列表框：如果添加边线到排除的边:列表框中，系统将自动给排除的边:列表框中的边以外的边创建自动倒圆角特征。

◆ 选项 按钮

● 创建常规倒圆角特征组 复选框：可以创建一组常规倒圆角特征，而不是创建“自动倒圆角”特征。

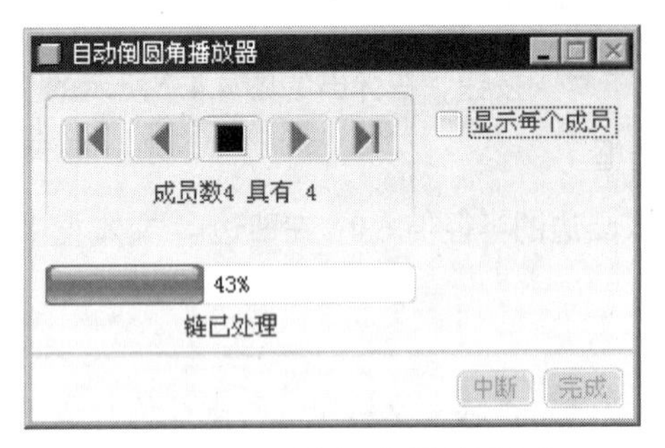

图 4.4.8　“自动倒圆角播放器”窗口

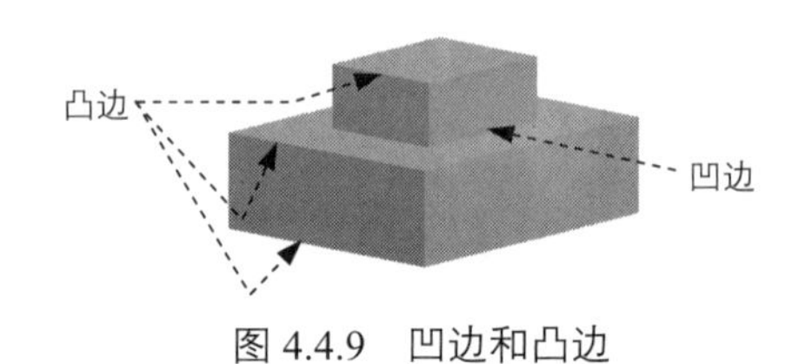

图 4.4.9　凹边和凸边

4.5　零件设计一般过程

下面将以一个零件（link_base.prt）为例，说明用 Pro/ENGINEER 软件创建零件三维模型的一般过程，模型如图 4.5.1 所示。

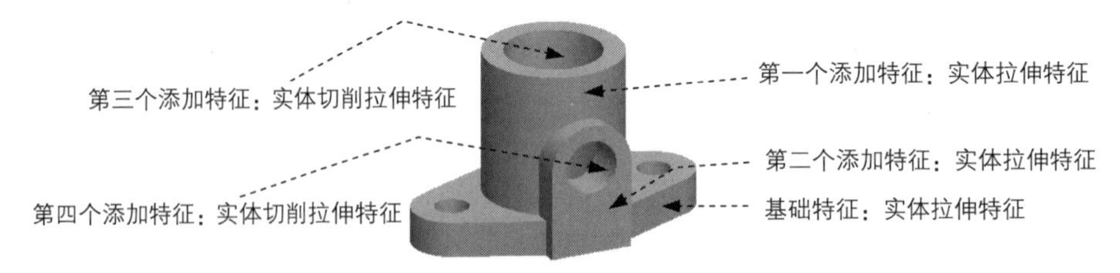

图 4.5.1　基座三维模型

4.5.1　创建零件第一个特征

基础特征是一个零件的主要轮廓特征，一般由设计者根据产品的设计意图和零件的特点灵活掌握。本例采用拉伸特征命令来创建基础特征。

步骤 01 选择命令。选择下拉菜单 插入(I) → 拉伸(E)... 命令，屏幕上方出现“拉伸”特征操控板。在操控板中单击“实体特征类型”按钮（默认情况下，此按钮为按下状态）。

步骤 02 定义截面草图。单击“拉伸”特征操控板中的 放置 按钮，再在弹出的对话框中单击 定义... 按钮，选取 TOP 基准平面作为草绘平面，采用模型中默认的草绘视图方向。单击对话框中的 草绘 按钮，系统进入草绘环境。绘制图 4.5.2 所示的截面草图。绘制完成后单击 ✓ 按钮，完成截面草绘。

步骤 03 定义深度方向。采用模型中默认的深度方向。

步骤 04 定义深度类型并输入其深度值。在操控板中，选取深度类型（“定值”）；在操控板的深度文本框 216.5 中输入深度值 10.0，并按回车键。

步骤 05 单击操控板中的“完成”按钮，完成特征的创建，结果如图 4.5.3 所示。

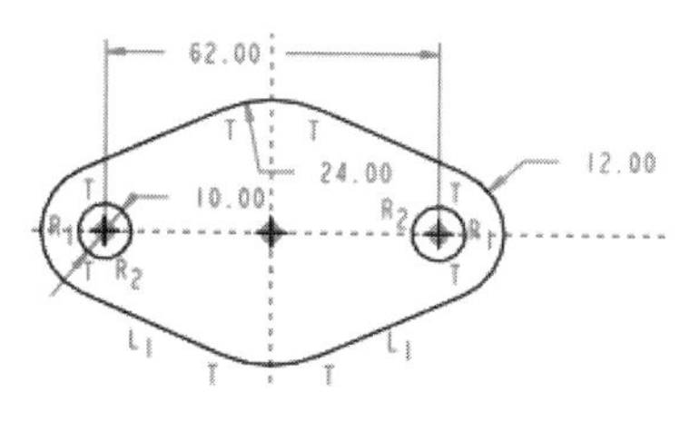

图 4.5.2　基础特征的截面草图

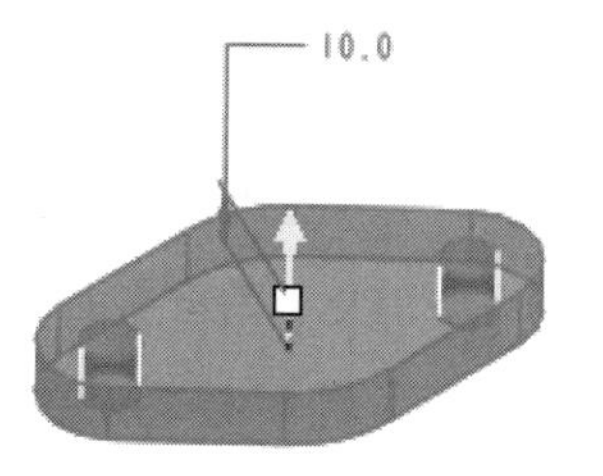

图 4.5.3　零件第一个特征

4.5.2　创建零件第二个特征

在创建零件的基础特征后，可以增加其他特征。现在要添加图 4.5.4 所示的第二个实体拉伸特征，操作步骤如下：

步骤 01 单击“拉伸”命令按钮。

步骤 02 定义拉伸类型。在操控板中，单击“实体类型”按钮。

步骤 03 定义截面草图。在绘图区中右击，从弹出的快捷菜单中选择 定义内部草绘... 命令，系统弹出“草绘”对话框。选取图 4.5.5 所示的模型表面作为草绘平面，采用模型中默认的黄色箭头的方向作为草绘视图方向。单击 草绘 按钮，绘制图 4.5.6 所示的特征截面。完成截面绘制后，单击“完成”按钮。

图 4.5.4　添加拉伸特征 2

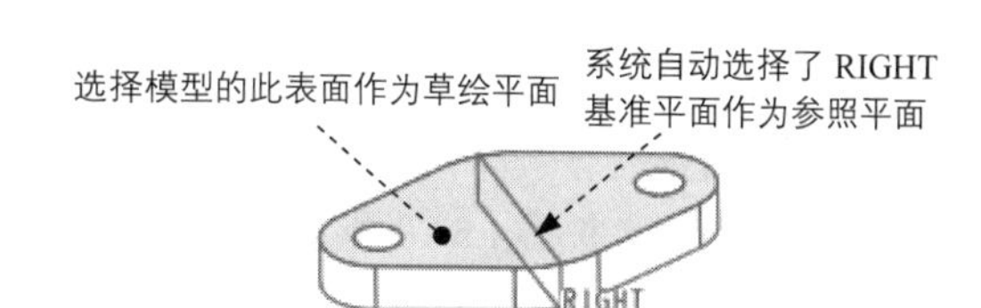

图 4.5.5　设置草绘平面

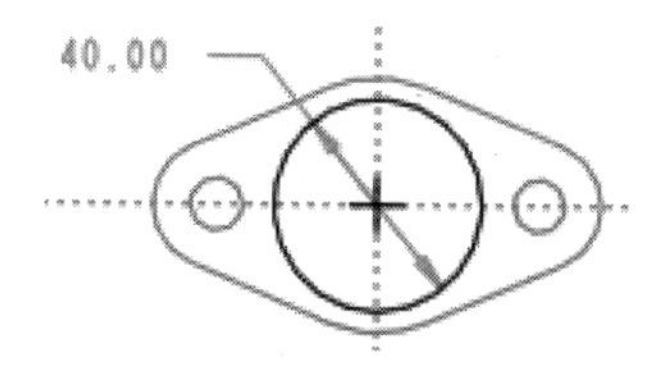

图 4.5.6　截面图形

步骤 04 定义拉伸深度属性。采用系统默认的拉伸方向。在操控板中单击深度类型按钮（“定值拉伸”）。在“深度”文本框中输入深度值 40.0。

步骤 05 完成特征的创建。在操控板中单击“完成”按钮，完成特征的创建。

Note

4.5.3 创建其他特征

1. 添加图 4.5.7 所示的拉伸特征 3

步骤 01 选取特征命令。选择下拉菜单 插入(I) → 拉伸(E)... 命令，屏幕上方出现拉伸操控板。

步骤 02 定义拉伸类型。在操控板中，单击“实体类型”按钮。

步骤 03 定义截面草图。在绘图区中右击，从弹出的快捷菜单中选择 定义内部草绘... 命令，系统弹出“草绘”对话框。选取 FRONT 基准平面作为草绘平面，采用系统默认的草绘视图方向和参照平面；单击 草绘 按钮，进入截面草绘环境。创建图 4.5.8 所示的截面图形。完成截面绘制后，单击“完成”按钮。

图 4.5.7 添加拉伸特征 3

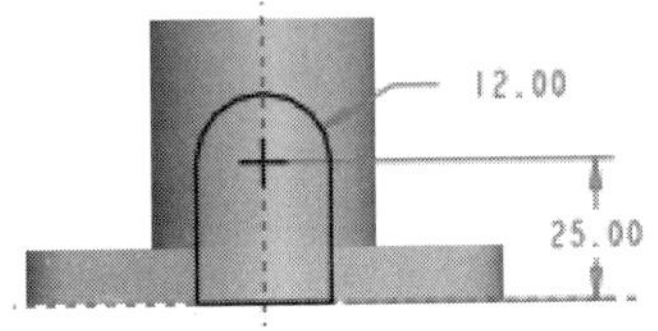

图 4.5.8 截面图形

步骤 04 定义拉伸深度属性。采用系统默认的拉伸方向。在操控板中单击深度类型按钮（“定值拉伸”）。在“深度”文本框中输入深度值 25.0。

步骤 05 在操控板中单击“完成”按钮，完成特征的创建。

2. 添加图 4.5.9 所示的切削拉伸特征 4

步骤 01 选取特征命令。选择下拉菜单 插入(I) → 拉伸(E)... 命令，屏幕上方出现拉伸操控板。

步骤 02 定义拉伸类型。确认“实体”按钮被按下，并单击操控板中的“移除材料”按钮。

步骤 03 定义截面草图。在操控板中单击 放置 按钮，然后在弹出的对话框中单击 定义... 按钮，系统弹出“草绘”对话框。选取图 4.5.10 所示的零件表面作为草绘平面。采用系统默认的草绘视图方向和参照平面；单击 草绘 按钮，进入草绘环境。创建图 4.5.11 所示的截面草绘图形。完成截面绘制后，单击“完成”按钮。

图 4.5.9 添加切削拉伸特征 4

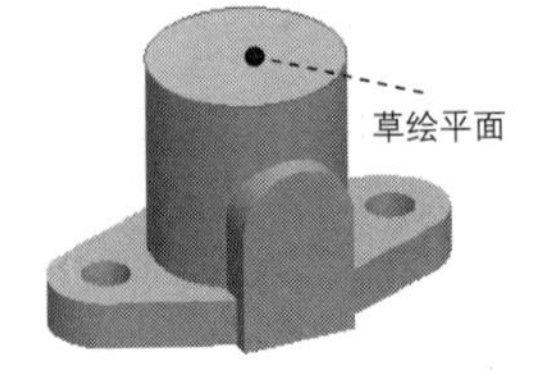

图 4.5.10 选取草绘平面

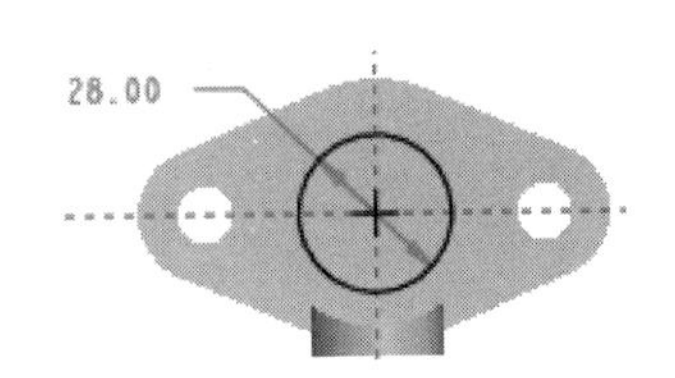

图 4.5.11 截面草绘图形

步骤 04 定义拉伸深度属性。采用模型中默认的深度方向。在操控板中单击深度类型按钮（“穿透”）。

步骤 05 定义移除材料的方向。采用模型中默认的移除材料方向。

如图 4.5.12 所示，在模型中的圆内可看到一个黄色的箭头，该箭头表示移除材料的方向。为了便于理解该箭头方向的意义，请将模型放大（操作方法是滚动鼠标的中键滑轮），此时箭头位于圆内。如果箭头指向圆内，系统会将圆圈内部的材料挖除掉，圆圈外部的材料保留；如果改变箭头的方向，使箭头指向圆外，则系统会将圆圈外部的材料去掉，圆圈内部的材料保留。

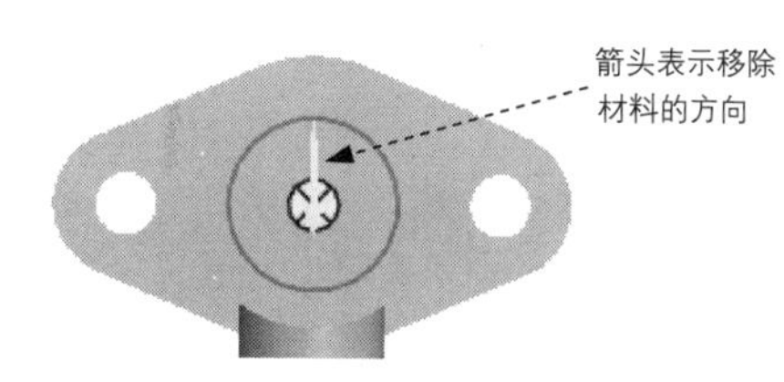

图 4.5.12　去除材料的方向

步骤 06 在操控板中单击"完成"按钮☑，完成切削拉伸特征的创建。

3. 添加图 4.5.13 所示的切削拉伸特征 5

步骤 01 选取特征命令。选择下拉菜单 插入(I) ➡ 拉伸(E)... 命令，屏幕上方出现拉伸操控板。

步骤 02 定义拉伸类型。确认"实体"按钮被按下，并按下操控板中的"移除材料"按钮。

步骤 03 定义截面草图。在操控板中单击 放置 按钮，然后在弹出的对话框中单击 定义... 按钮，系统弹出"草绘"对话框。选取图 4.5.14 所示的零件表面作为草绘平面。采用系统默认的草绘视图方向和参照平面；单击 草绘 按钮，进入草绘环境。创建图 4.5.15 所示的截面草绘图形。完成截面绘制后，单击"完成"按钮☑。

图 4.5.13　添加切削拉伸特征 5

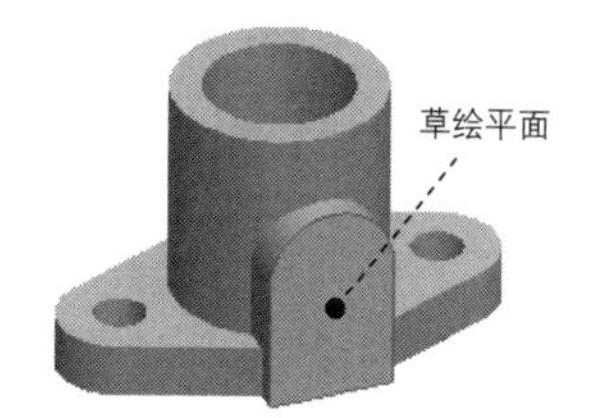

图 4.5.14　选取草绘平面

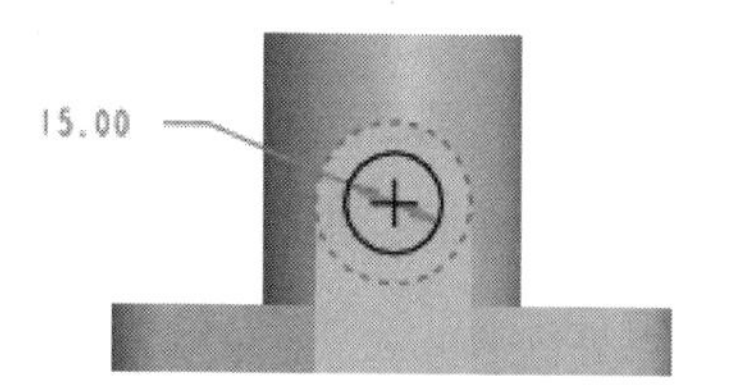

图 4.5.15　截面草绘图形

步骤 04 定义拉伸深度属性。采用模型中默认的深度方向，在操控板中单击深度类型按钮（"到下一个"）。

步骤 05 定义去除材料的方向。采用模型中默认的移除材料方向。

步骤 06 在操控板中单击"完成"按钮☑，完成切削拉伸特征的创建。

第 5 章　零件设计（高级）

5.1　Pro/ENGINEER 的模型树

5.1.1　模型树概述

图 5.1.1 所示为 Pro/ENGINEER 的模型树，在新建或打开一个文件后，通常它会出现在屏幕的左侧，如果看不见这个模型树，则可在导航选项卡中单击“模型树”标签 ；如果此时显示的是“层树”，则可选择导航选项卡中的 → 模型树(M) 命令。

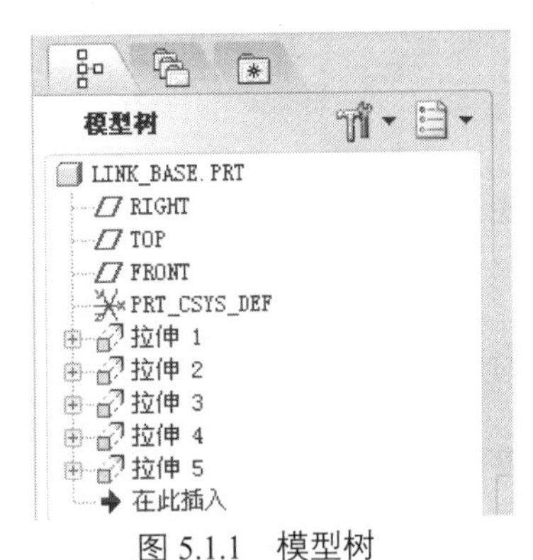

图 5.1.1　模型树

模型树以树的形式显示当前活动模型中的所有特征或零件，在树的顶部显示根（主）对象，并将从属对象（零件或特征）置于其下。

在零件模型中，模型树列表的顶部是零件名称，零件名称下方是每个特征的名称；在装配体模型中，模型树列表的顶部是总装配，总装配下是各子装配和零件，每个子装配下方则是该子装配中的每个零件的名称，每个零件名的下方是零件的各个特征的名称。

模型树只列出当前活动的零件或装配模型的特征级与零件级对象，不列出组成特征的截面几何要素（如边、曲面和曲线等）。例如，如果一个基准点特征包含多个基准点图元，则模型树中只列出基准点特征。

如果打开了多个 Pro/ENGINEER 窗口，则模型树内容只反映当前活动文件（活动窗口中的模型文件）。

5.1.2　模型树的操作界面

模型树的操作界面及各下拉菜单命令功能如图 5.1.2 所示。

选择模型树下拉菜单中的 保存设置文件(S)... 命令，可将模型树的设置保存在一个.cfg 文件中，并可重复使用，提高工作效率。

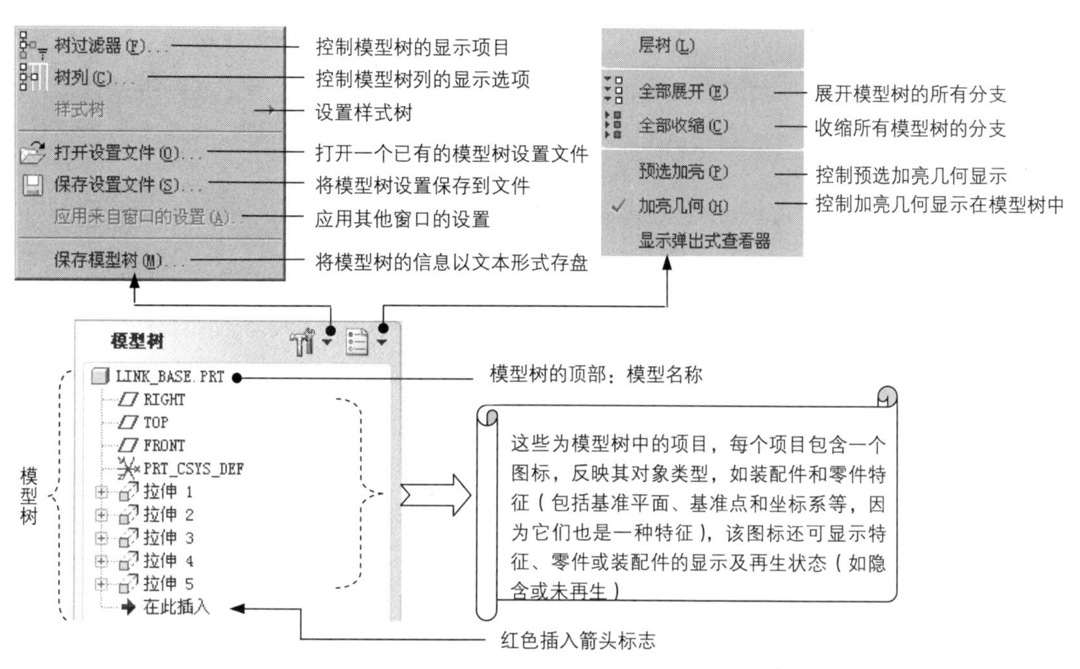

图 5.1.2　模型树操作界面

5.1.3　模型树的作用与操作

1. 控制模型树中项目的显示

在模型树操作界面中，选择 → 树过滤器(F)... 命令，系统弹出图 5.1.3 所示的“模型树项目”对话框，通过该对话框可控制模型中各类项目是否在模型树中显示。

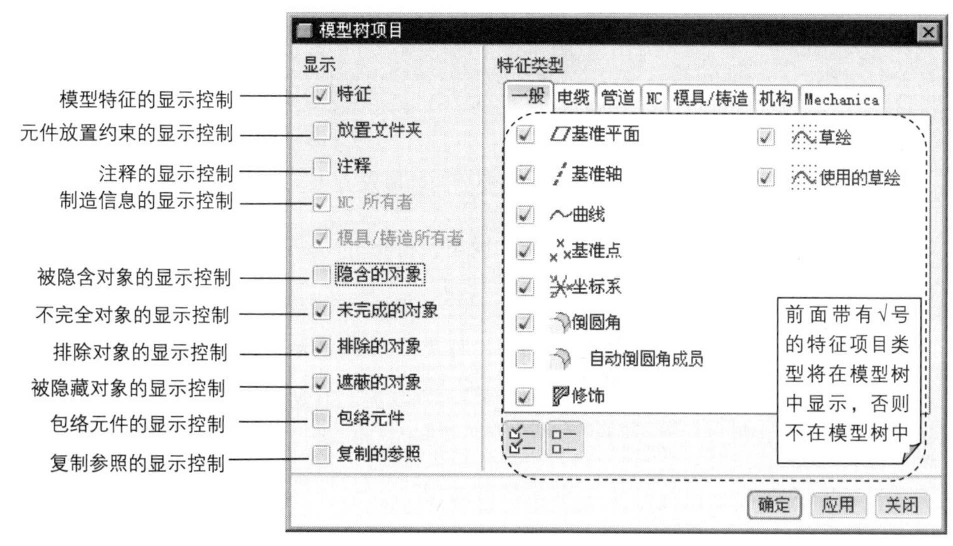

图 5.1.3　“模型树项目”对话框

2. 模型树的操作

（1）在模型树中选取对象。可以从模型树中选取要编辑的特征或零件对象。当要选取的特征或零件在图形区的模型中不可见时，此方法尤为有用。当要选取的特征和零件在模型中禁用选取时，仍可在模型树中进行选取操作。

Pro/ENGINEER 野火版的模型树中不列出特征的草绘几何（图元），所以不能在模型树中选取特征的草绘几何。

（2）在模型树中使用快捷命令。右击模型树中的特征名或零件名，可打开一个快捷菜单，从中可选择相对于选定对象的特定操作命令。

（3）在模型树中插入定位符。“模型树”中有一个带红色箭头的标志，该标志指明在创建特征时特征的插入位置。默认情况下，它的位置总是在模型树列出的所有项目的最后。可以在模型树中将其上下拖动，将特征插入到模型中的其他特征之间。将插入符移动到新位置时，插入符后面的项目将被隐含，这些项目将不在图形区的模型上显示。

5.2 模型的显示

在 Pro/ENGINEER 软件中，利用图 5.2.1 所示的“模型显示”工具栏（通常位于软件界面的右上部），可以切换模型的显示方式，模型有四种显示方式（如图 5.2.2 所示）。

图 5.2.1 “模型显示”工具栏的位置

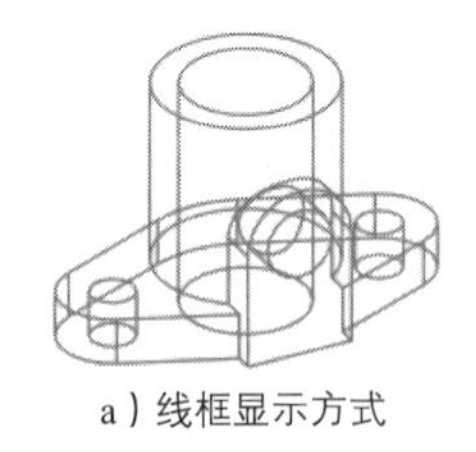

a）线框显示方式

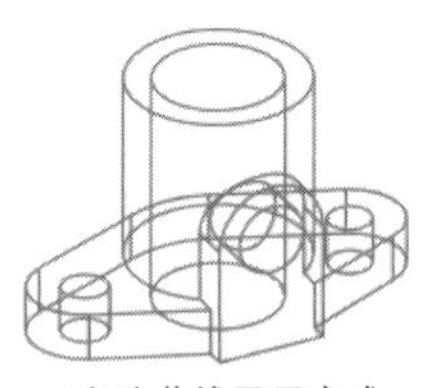

b）隐藏线显示方式

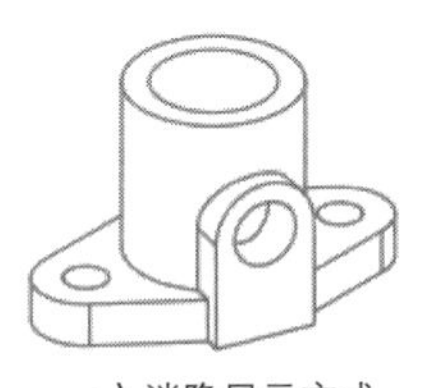

c）消隐显示方式

d）着色显示方式

图 5.2.2 模型的四种显示方式

- 线框显示方式：模型以线框形式显示，模型所有的边线显示为深颜色的实线，如图 5.2.2a 所示。单击按钮，模型切换到该显示方式。
- 隐藏线显示方式：模型以线框形式显示，可见的边线显示为深颜色的实线，不可见的边线显示为虚线（在软件中显示为灰色的实线），如图 5.2.2b 所示。单击按钮，模型切换到该显示方式。
- 消隐显示方式：模型以线框形式显示，可见的边线显示为深颜色的实线，不可见的边线被

隐藏起来（即不显示），如图 5.2.2c 所示。单击按钮，模型切换到该显示方式。

◆ 着色显示方式：模型表面为灰色，部分表面有阴影感，所有边线均不可见，如图 5.2.2d 所示。单击按钮，模型切换到该显示方式。

5.3　模型的定向操作

1. 关于模型的定向

利用模型“定向”功能可以将绘图区中的模型定向在所需的方位以便查看。

例如，在图 5.3.1 中，方位 1 是模型的默认方位（默认方向），方位 2 是在方位 1 基础上将模型旋转一定的角度而得到的方位，方位 3～5 属于正交方位（这些正交方位常用于模型工程图中的视图）。可选择“视图”下拉菜单 视图(V) ➡ 方向(O) ▸ ➡ 重定向(O)... 命令（如图 5.3.2 所示）或单击工具栏按钮，打开“方向”对话框，通过该对话框对模型进行定向。

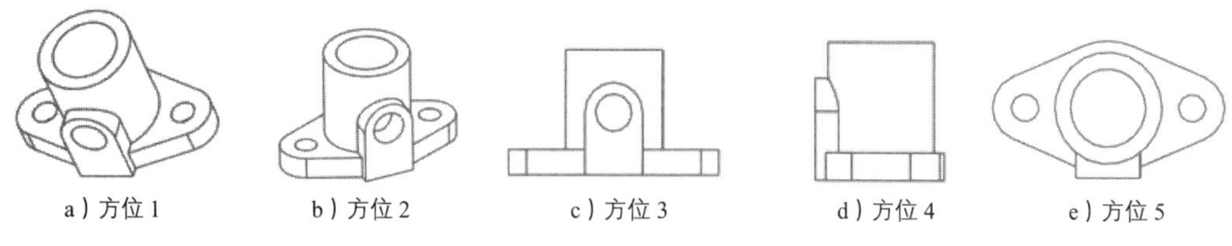

a）方位 1　　b）方位 2　　c）方位 3　　d）方位 4　　e）方位 5

图 5.3.1　模型的几种方位

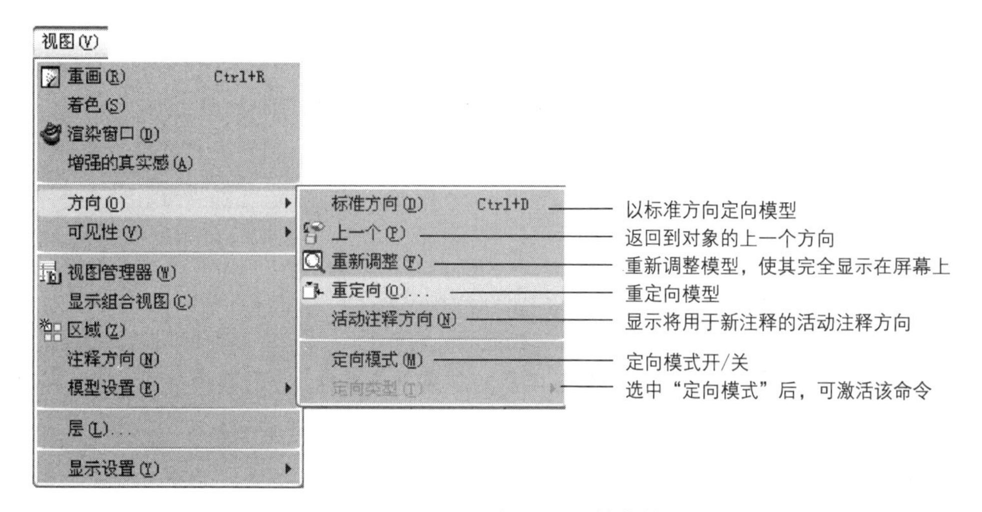

图 5.3.2　“视图”下拉菜单

2. 模型定向的一般方法

常用的模型定向方法为“参照定向”（在图 5.3.3 所示的“方向”对话框中选择按参照定向类型）。这种定向方法的原理是：在模型上选取两个正交的参照平面，然后定义两个参照平面的放置方位。

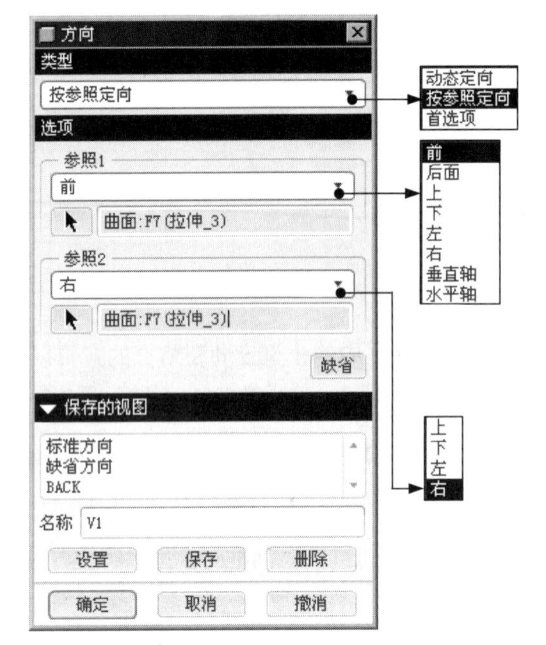

图 5.3.3 “方向”对话框

以图 5.3.4 所示的模型为例，如果能够确定模型上表面 1 和表面 2 的放置方位，则该模型的空间方位就能完全确定。参照的放置方位有如下几种（如图 5.3.3 所示）。

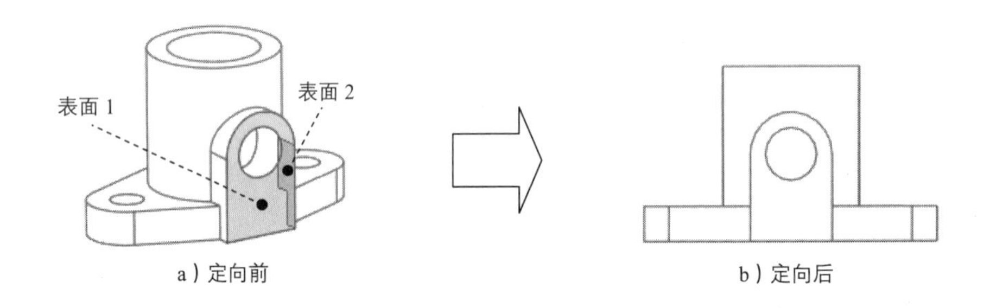

图 5.3.4 模型的定向

- **前**：使所选取的参照平面与显示器的屏幕平面平行，方向朝向屏幕前方，即面对操作者。
- **后面**：使参照平面与屏幕平行且朝向屏幕后方，即背对操作者。
- **上**：使参照平面与显示器屏幕平面垂直，方向朝向显示器的上方，即位于显示器上部。
- **下**：使参照平面与显示器屏幕平面垂直，方向朝向显示器的下方，即位于显示器下部。
- **左**：使参照平面与屏幕平面垂直，方向朝左。
- **右**：使参照平面与屏幕平面垂直，方向朝右。
- **垂直轴**：选择该选项后，需选取模型中的某个轴线，系统将使该轴线竖直（垂直于地平面）放置，从而确定模型的放置方位。

- 水平轴：选择该选项，系统将使所选取的轴线水平（平行于地平面）放置，从而确定模型的放置方位。

3. 模型视图的保存

模型视图是指模型的定向和显示大小。当将模型视图调整到某种状态后（某个方位和显示大小），可以将这种视图状态保存起来，以便以后直接调用。

在“方向”对话框中单击▼保存的视图标签，将弹出图 5.3.5 所示的“保存的视图”下拉列表框。

Note

- 在上部的列表框中列出了所有已保存视图的名称，其中，标准方向、缺省方向、BACK、BOTTOM等为系统自动创建的视图。
- 如果要保存当前视图，则可首先在名称文本框中输入视图名称，然后单击 保存 按钮，新创建的视图名称立即出现在名称列表中。
- 如果要删除某个视图，则可在视图名称列表中选取该视图名称，然后单击 删除 按钮。

如果要显示某个视图，则可在视图名称列表中选取该视图名称，然后单击 设置 按钮。还有一种快速设置视图的方法就是：单击工具栏中的按钮，从弹出的视图列表中选取某个视图即可，如图 5.3.6 所示。

图 5.3.5　“保存的视图”下拉列表框

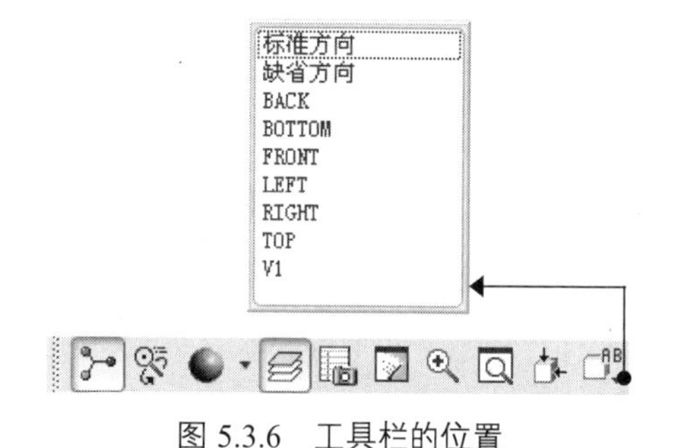

图 5.3.6　工具栏的位置

5.4 Pro/ENGINEER 中的层

5.4.1 层的概念

Pro/ENGINEER 提供了一种有效组织模型和管理诸如基准线、基准面、特征和装配中的零件等要素的手段，这就是“层（Layer）”。通过层，可以对同一个层中的所有共同的要素进行显示、隐藏和选择等操作。在模型中，想要多少层就可以有多少层。层中还可以有层，也就是说，一个层还可以组织和管理其他许多的层。通过组织层中的模型要素并用层来简化显示，可以使很多任务流水线化，并可提高可视化程度，极大地提高工作效率。

层显示状态与其对象一起局部存储，这意味着在当前 Pro/ENGINEER 工作区改变一个对象的显示状态时，并不影响另一个活动对象的相同层的显示，然而装配中层的改变或许会影响到低层对象（子装配或零件）。

5.4.2 进入层的操作界面

有两种方法可进入层的操作界面。

第一种方法：在图 5.4.1 所示的导航选项卡中选择 ➡ 层树(L) 命令，即可进入图 5.4.2 所示的“层”操作界面。

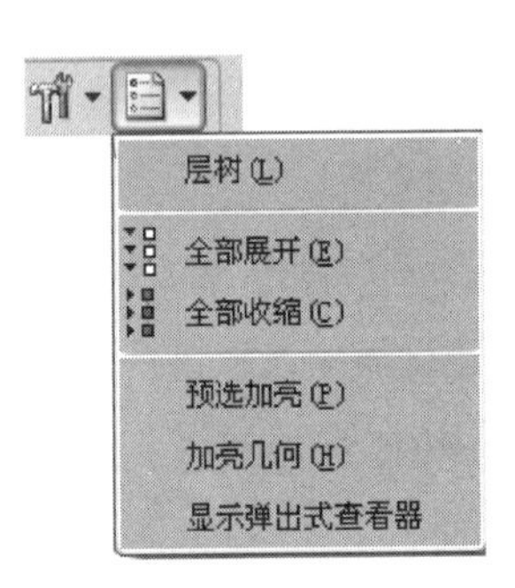

图 5.4.1 导航选项卡

第二种方法：在工具栏中按下“层”按钮，也可进入“层”的操作界面。

通过该操作界面可以操作层、层的项目及层的显示状态。

下面介绍进行层操作的一般流程。

步骤 01 选取活动层对象（在零件模式下无需进行此步操作）。

步骤 02 进行“层”操作，如创建新层、向层中增加项目、设置层的显示状态等。

步骤 03 保存状态文件（可选）。

步骤 04 保存当前层的显示状态。

步骤 05 关闭“层”操作界面。

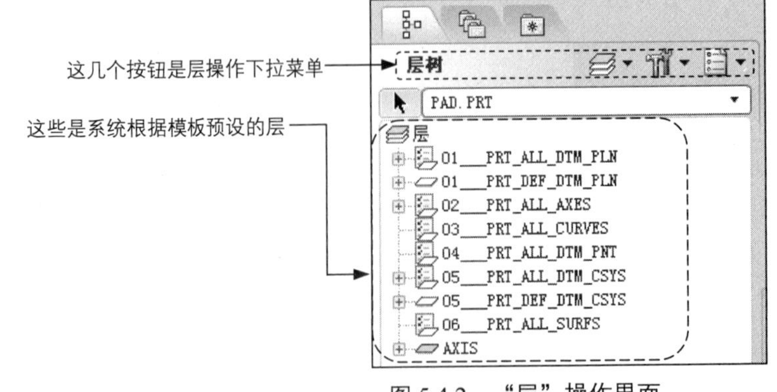

图 5.4.2 “层”操作界面

使用 Pro/ENGINEER，当正在进行其他命令操作时（如正在进行伸出项拉伸特征的创建），可以同时使用“层”命令，以便按需要操作层显示状态或层关系，而不必退出正在进行的命令，再进行“层”操作。图 5.4.2 所示的“层”的操作界面反映了零件模型（pad）中层的状态，由于创建该零件时使用 PTC 公司提供的零件模板 mmns_part_solid，所以该模板提供了图 5.4.2 所示的这些预设的层。

Note

5.4.3　层树的显示与控制

单击层操作界面中的下拉菜单，可对层树中的层进行展开、收缩等操作，各命令的功能如图 5.4.3 所示。

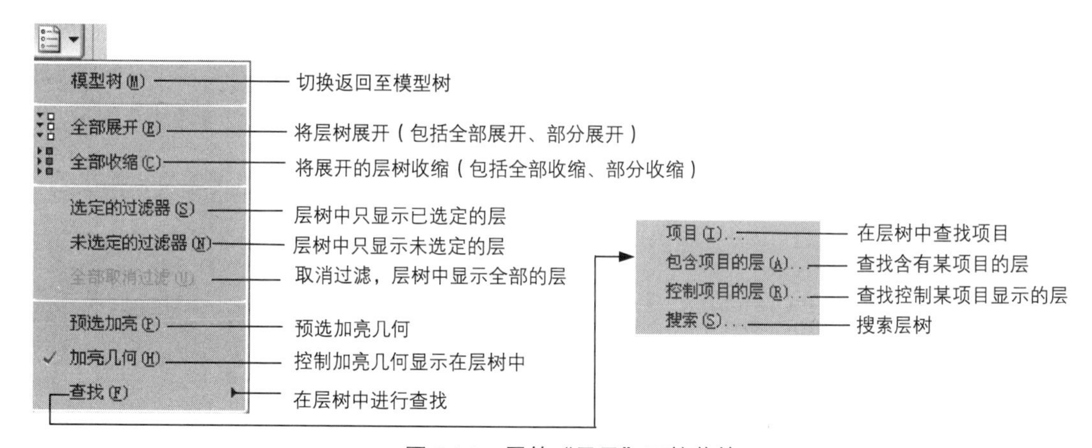

图 5.4.3　层的“显示”下拉菜单

5.4.4　选取活动层对象

在一个总装配（组件）中，总装配和其下的各级子装配及零件下都有各自的层树，所以在装配模式下，在进行层操作前要明确是在哪一级的模型中进行层操作，要在其上面进行层操作的模型称为“活动层对象”。为此，在进行有关层的新建、删除等操作之前，必须首先选取活动层对象。

- 关于装配设计的相关操作请参看本书“装配设计”章节的相关内容。
- 在零件模式下，不必选取活动层对象，当前工作的零件模型自然就是活动层对象。

例如，打开随书光盘中 D:\proesc5\work\ch05.04\目录下的一个名为 activity_layer.asm 的装配，该装配的层树如图 5.4.4 所示。现在如果希望在零件 PAD.PRT 上进行层操作，需将该零件设置为“活动层对象”，操作方法如下。

步骤 01　在层操作界面中，单击 ACTIVITY_LAYER.ASM (顶级模型，活动的) 后的按钮。

步骤 02 系统弹出图 5.4.5 所示的模型列表，从该列表中选取 PAD.PRT 零件模型。

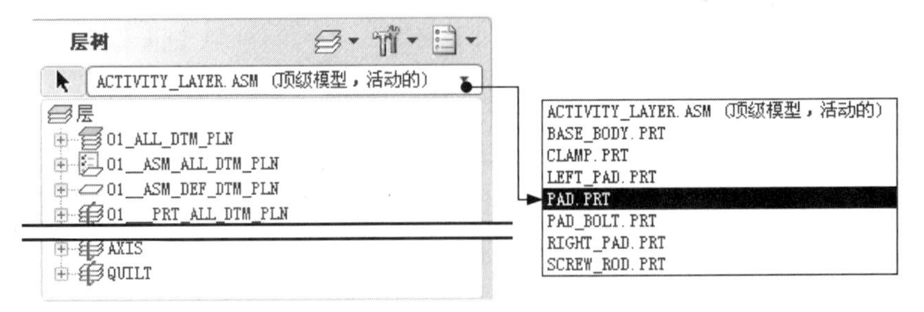

图 5.4.4 装配的层树　　图 5.4.5 选择“活动层对象”

5.4.5 创建新层

下面接着本书 5.4.4 节的内容来介绍创建新层的一般过程。

步骤 01 在层的操作界面中，选择图 5.4.6 所示的 → 新建层(N)... 命令。

步骤 02 完成上步操作后，系统弹出如图 5.4.7 所示的“层属性”对话框。

（1）在 名称 后面的文本框内输入新层的名称（也可以采用默认名）。

（2）在 层Id: 后面的文本框内输入“层标识”号。层的“标识”的作用是当将文件输出到不同格式（如 IGES）时，利用该标识，可以识别一个层。一般情况下可以不输入标识号。

（3）单击 确定 按钮。

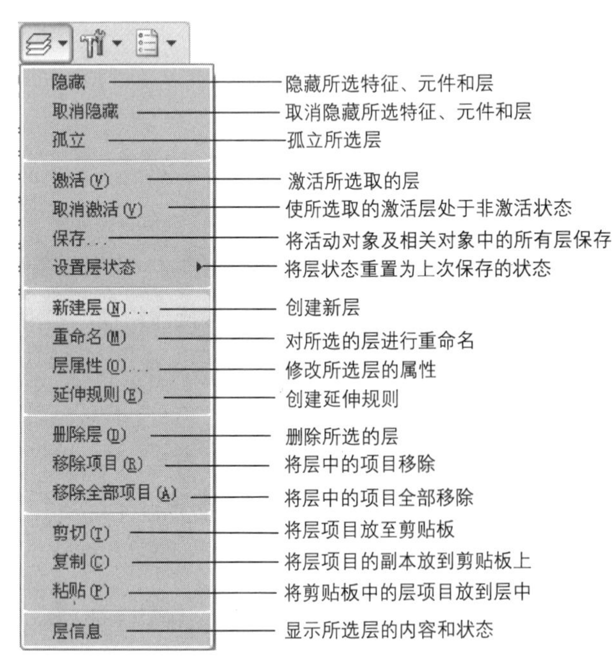

图 5.4.6 层的下拉菜单

图 5.4.7 “层属性”对话框

层是以名称来识别的，层的名称可以用数字或字母数字的形式表示，最多不能超过 31 个字符。在层树中显示层时，首先按数字名称层排序，然后按字母数字名称层排序。字母数字名称的层按字母排序。不能创建未命名的层。

5.4.6　将项目添加到层中

层中的内容，如基准线、基准面等，称为层的“项目”。 下面接着本书 5.4.5 节的内容介绍向一个层中添加项目的方法。

步骤 01 在“层树”中，单击 PAD.PRT 零件中的 AXIS 层，然后右击，系统弹出图 5.4.8 所示的快捷菜单，选取该菜单中的 层属性... 命令，此时系统弹出图 5.4.9 所示的“层属性”对话框。

步骤 02 向层中添加项目。首先确认对话框中的 包括... 按钮被按下，然后将鼠标指针移至图形区的模型上，可看到当鼠标指针接触到基准面、基准轴、坐标系和伸出项特征等项目时，相应的项目变成天蓝色，此时单击 PAD.PRT 零件中坐标系，相应的项目就会添加到该层中。

步骤 03 如果要将项目从层中排除，可单击对话框中的 排除... 按钮，再选取项目列表中的相应项目。

步骤 04 如果要将项目从层中完全删除，先选取项目列表中的相应项目，再单击 移除 按钮。

步骤 05 单击 确定 按钮，关闭“层属性”对话框。

取消隐藏 —— 使所选层的项目取消隐藏状态
隐藏 —— 使所选层的项目处于隐藏状态（即不显示）
激活 —— 激活所选取的层
取消激活 —— 使所选取的激活层处于非激活状态
新建层... —— 创建新层
复制层 —— 将所选层的副本放到剪贴板上
粘贴层 —— 将剪贴板中的层放到模型中
删除层 —— 删除所选的层
重命名(M) —— 对所选的层进行重命名
层属性... —— 修改所选层的属性
剪切项目 —— 将层项目剪切到剪贴板上
复制项目 —— 将层项目的副本放到剪贴板上
粘贴项目 —— 将剪贴板中的层项目放到层中
移除项目 —— 从层中移除项目
选取项目 —— 选取要操作的层
选取层 —— 选取层中的所有项目
层信息 —— 显示所选层的内容和状态
搜索... —— 在层树中搜索对象
保存... —— 将层项目进行保存
保存状态 —— 将活动对象及相关对象中的所有层的状态进行保存
重置状态 —— 将层状态重置为上次保存的状态

图 5.4.8　层的快捷菜单

◆ 如果在装配模式下选取的项目不属于活动模型，则系统弹出图 5.4.10 所示的“放置外部项目”对话框，在该对话框的放置外部项目区域中，显示外部项目所在模型的层的列表。选取一个或多个层名，然后选择对话框下部的选项之一，即可处理外部项目的放置。

◆ 在工程图模块中，只有将设置文件 drawing.dtl 中的选项 ignore_model_layer_status 设置为 no，项目才可被添加到属于父模型的层上。

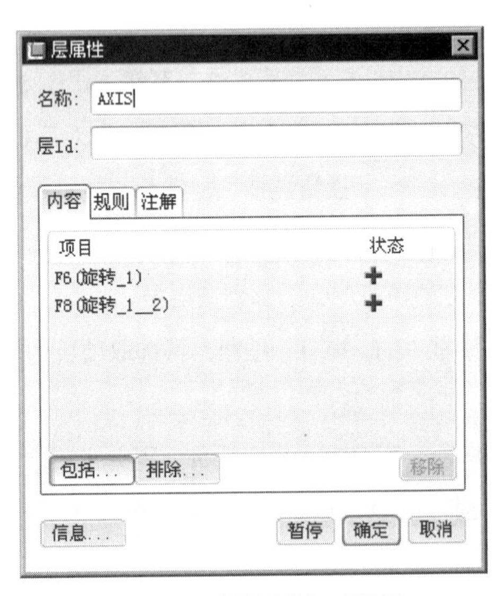

图 5.4.9 “层属性”对话框

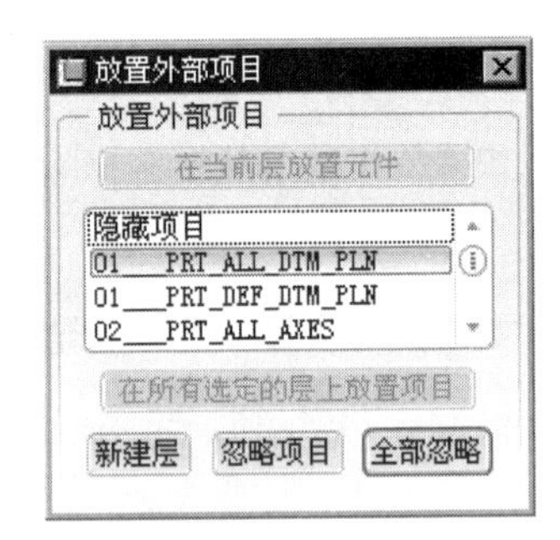

图 5.4.10 “放置外部项目”对话框

5.4.7 设置层的隐藏

若将某个层设置为“隐藏”状态，则层中项目（如基准曲线、基准平面）在模型中将不可见。在零件模型及装配设计中，如果基准面、基准轴比较多而影响当前操作，则可对某些暂时不用的基准面和基准轴进行隐藏，使图形区的模型明了清晰。

层的“隐藏”也称为层的“遮蔽”，继续本书 5.4.6 节的内容来介绍其设置的一般方法如下。

步骤 01 在图 5.4.11 所示的“层树”中，选取要设置显示状态的层，右击，系统弹出图 5.4.12 所示的快捷菜单，在该菜单中选择 隐藏 命令。

步骤 02 单击“重画”按钮，可以在模型上看到“隐藏”层的变化效果。

关于以上操作的几点说明如下。

◆ 层的隐藏或显示不影响模型的实际几何形状。

◆ 对含有特征的层进行隐藏操作，只有特征中的基准和曲面被隐藏，特征的实体几何才不受

影响。例如，在零件模式下，如果将孔特征放在层上，然后隐藏该层，则只有孔的基准轴被隐藏，但在装配模型中可以隐藏元件。

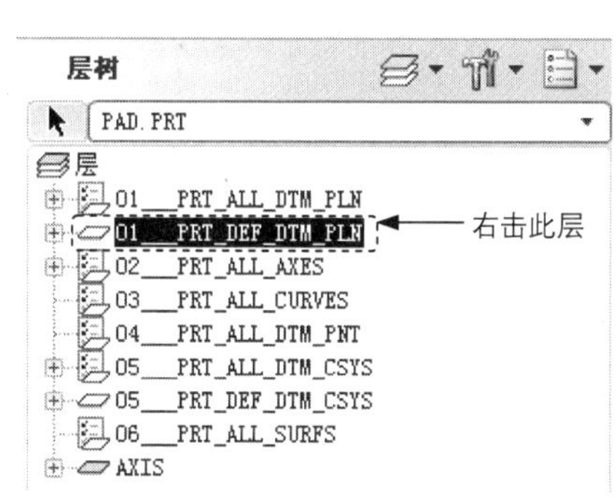

图 5.4.11　模型的层树

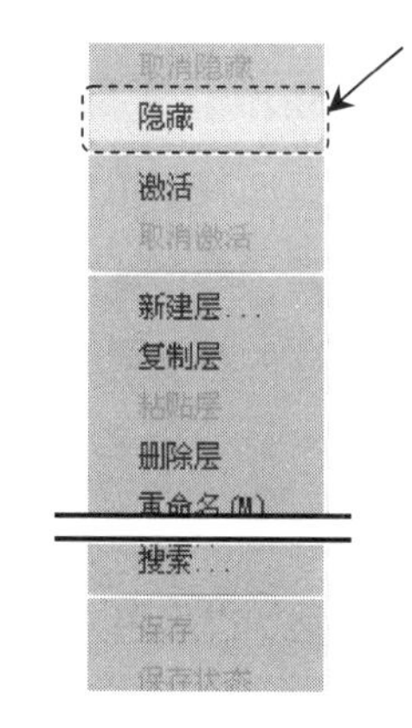

图 5.4.12　快捷菜单

5.4.8　将层的显示状态与模型一起保存

将模型中的各层设为所需要的显示状态后，只有将层的显示状态先保存起来，模型中层的显示状态才能随模型的保存而与模型文件一起保存，否则下次打开模型文件后，以前所设置的层的显示状态会丢失。保存层的显示状态的操作方法是，选择层树中的任意一个层，右击，从弹出的图 5.4.13 所示的快捷菜单中选择保存状态命令。

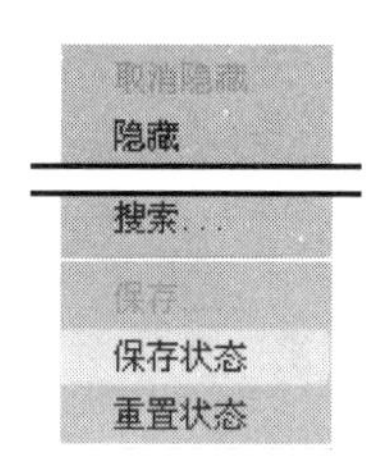

图 5.4.13　快捷菜单

- 在没有改变模型中的层的显示状态时，保存状态命令是灰色的。
- 如果没有对层的显示状态进行保存，则在保存模型文件时，系统会在屏幕下部的信息区提示⚠警告：层显示状态未保存。，如图 5.4.14 所示。

图 5.4.14　信息区的提示

5.4.9 关于系统自动创建层

在 Pro/ENGINEER 中，当创建某些类型的特征（如曲面特征、基准特征等）时，系统会自动创建新层（如图 5.4.15 所示），新层中包含所创建的特征或该特征的部分几何元素，以后如果创建相同类型的特征，系统会自动将该特征（或其部分几何元素）放入以前自动创建的新层中。

Note

例如，在用户创建了一个基准平面 DTM1 特征后，系统会自动在层树中创建名为 DATUM 的新层，该层中包含新创建的基准平面 DTM1 特征，以后如果创建其他的基准平面，系统会自动将其放入 DATUM 层中。

又如，在用户创建旋转特征后，系统会自动在层树中创建名为 AXIS 的新层，该层中包含新创建的旋转特征的中心轴线，以后用户创建含有基准轴的特征（截面中含有圆或圆弧的拉伸特征中均包含中心轴几何）或基准轴特征时，系统会自动将它们放入 AXIS 层中。

若该二维草绘截面中含有圆弧的拉伸特征，则需在系统配置文件 config.pro 中将选项 show_axes_for_extr_arcs 的值设为 yes，图形区的拉伸特征中才显示中心轴线，否则不显示中心轴线。

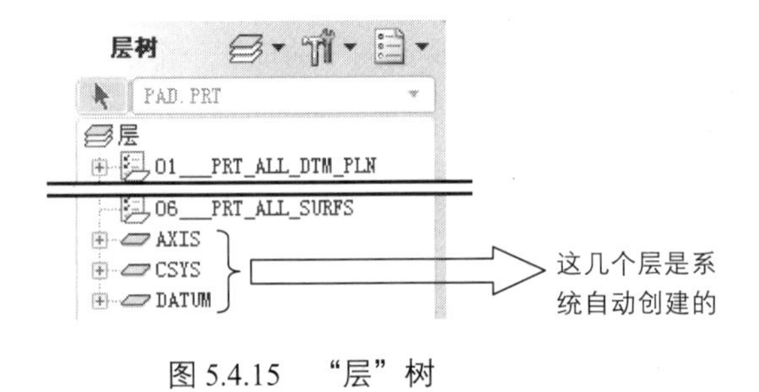

图 5.4.15 “层”树

5.5 基准特征

Pro/ENGINEER 中的基准包括基准平面、基准轴、基准曲线、基准点和坐标系。这些基准在创建零件一般特征、曲面、零件的剖切面及装配中都十分有用。

5.5.1 基准平面

基准平面也称为基准面，大小可以调整，以使其看起来适合零件、特征、曲面、边、轴或半径。若要选择一个基准平面，则可选择其名称，或选择它的一条边界。

基准平面有两侧：橘黄色侧和灰色侧。法向方向箭头指向橘黄色侧。基准平面在屏幕中显示为橘黄色或灰色取决于模型的方向。当装配元件、定向视图和选择草绘参照时，应注意基准平面的颜色。

1. 创建基准平面的一般过程

下面以一个范例来说明创建基准平面的一般过程。如图 5.5.1 所示，现在要创建一个基准平面 DTM1，使其穿过图中模型的一个边线，并与模型上的一个表面成 45^0 的夹角。

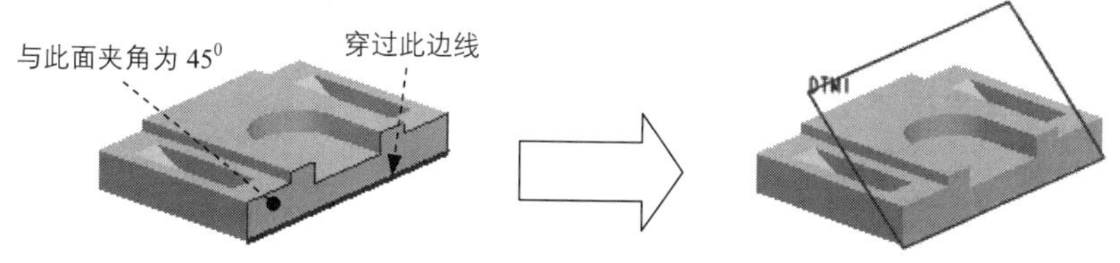

图 5.5.1　基准面的创建

步骤 01　将工作目录设置至 D:\proesc5\work\ch05.5，然后打开文件 datum_plane.prt。

步骤 02　单击工具栏中的“创建基准平面”按钮（或者选择下拉菜单 插入(I) → 模型基准(D) → 平面(L)... 命令），系统弹出图 5.5.2 所示的“基准平面”对话框。

步骤 03　选取约束。

（1）穿过约束。选择图 5.5.1 所示的边线，此时对话框的显示如图 5.5.2 所示。

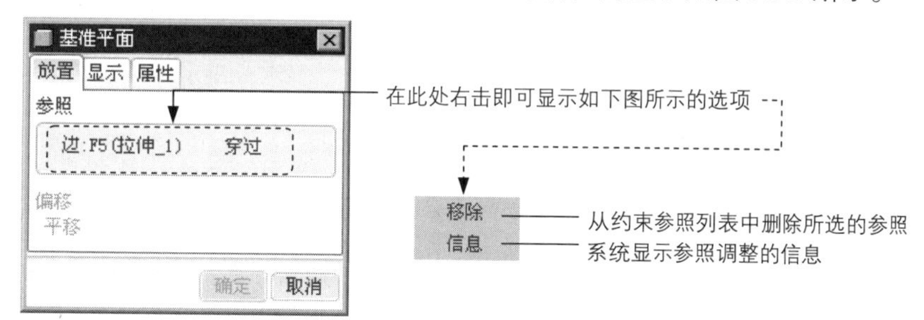

图 5.5.2　“基准平面”对话框

（2）角度约束。按住 Ctrl 键，选择图 5.5.1 所示的参照平面。

（3）给出夹角。在图 5.5.3 所示的对话框下部的文本框中输入夹角值 45.0，并按回车键。

创建基准平面可使用如下一些约束。

- 通过轴/边线/基准曲线：要创建的基准平面通过一个基准轴、模型上的某个边线或基准曲线。
- 垂直轴/边线/基准曲线：要创建的基准平面垂直于一个基准轴、模型上的某个边线或基准曲线。
- 垂直平面：要创建的基准平面垂直于另一个平面。
- 平行平面：要创建的基准平面平行于另一个平面。
- 与圆柱面相切：要创建的基准平面相切于一个圆柱面。
- 通过基准点/顶点：要创建的基准平面通过一个基准点或模型上的某顶点。
- 角度平面：要创建的基准平面与另一个平面成一定角度。

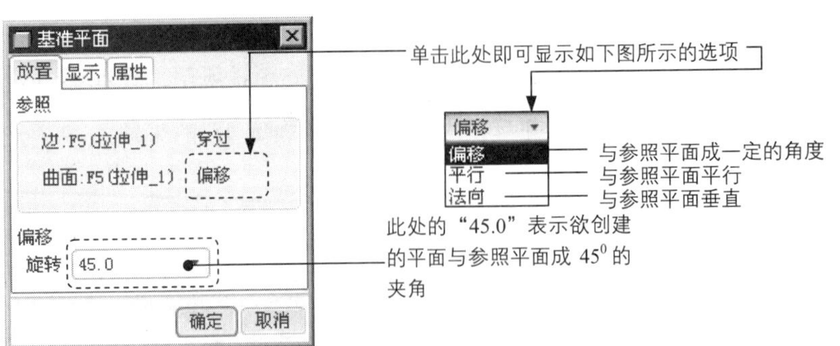

图 5.5.3　输入夹角值

步骤04 修改基准平面的名称。如图 5.5.4 所示，可在属性选项卡的名称文本框中输入新的名称。

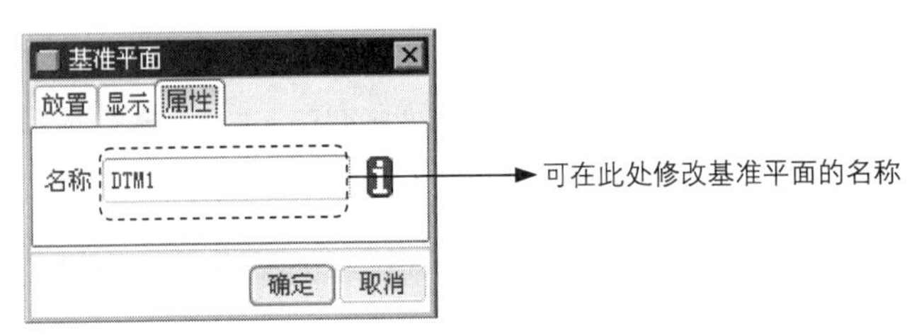

图 5.5.4　修改基准平面的名称

2. 创建基准平面的其他约束方法：通过平面

要创建的基准平面通过另一个平面，即与这个平面完全一致，该约束方法能够单独确定一个平面。

步骤01 单击"创建基准平面"按钮。

步骤02 选取某一参照平面，在对话框中选择穿过选项，如图 5.5.5 和图 5.5.6 所示。要创建的基准平面平行于另一个平面，并且与该平面有一个偏距距离。该约束方法能够单独确定一个平面。

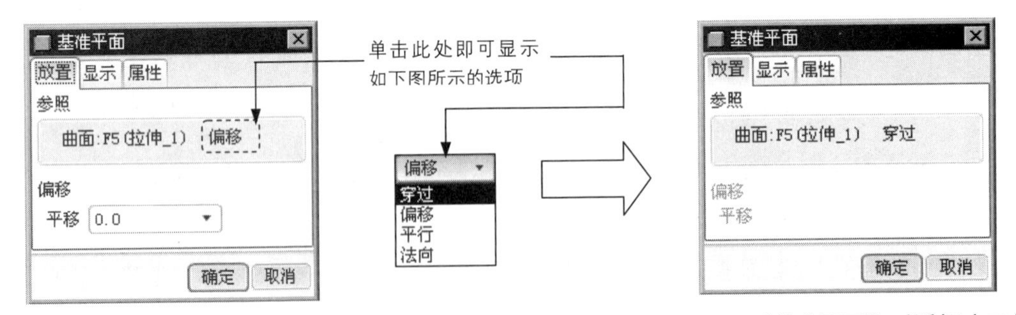

图 5.5.5　"基准平面"对话框（一）　　图 5.5.6　"基准平面"对话框（二）

3. 创建基准平面的其他约束方法：偏距平面

步骤01 单击"创建基准平面"按钮。

步骤02 选取某一参照平面，然后输入偏距的距离值 20.0，如图 5.5.7 和图 5.5.8 所示。

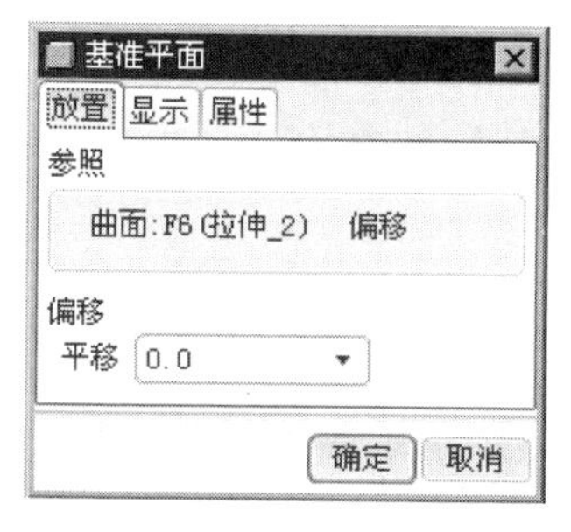

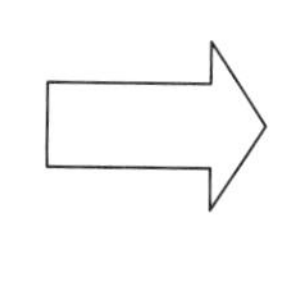

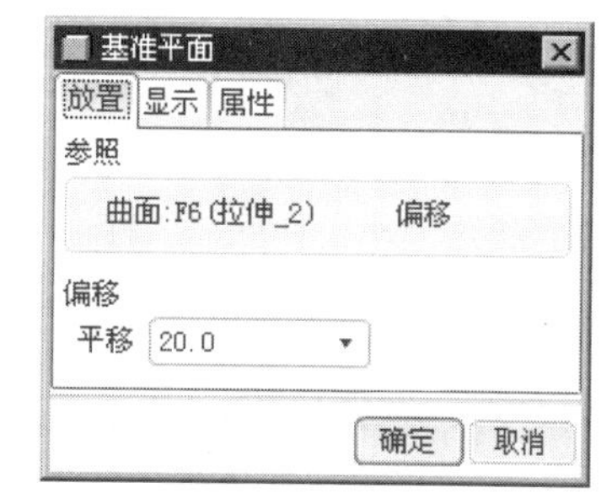

图 5.5.7　“基准平面”对话框（三）　　图 5.5.8　“基准平面”对话框（四）

4. 创建基准平面的其他约束方法：偏距坐标系

用此约束方法可以创建一个基准平面，使其垂直于一个坐标轴并偏离坐标原点。当使用该约束方法时，需要选择与该平面垂直的坐标轴，以及给出沿该轴线方向的偏距。

步骤 01 单击“创建基准平面”按钮。

步骤 02 选取某一坐标系。

步骤 03 如图 5.5.9 所示，选取所需的坐标轴，然后输入偏距的距离值 20.0。

图 5.5.9　“基准平面”对话框（五）

5. 控制基准平面的显示大小

基准平面实际上是一个无穷大的平面，但在默认情况下，系统根据模型大小对其进行缩放显示。显示的基准平面的大小随零件尺寸而改变。除了那些即时生成的平面以外，其他所有基准平面的大小都可以加以调整，以适应零件、特征、曲面、边、轴或半径。

调整基准平面显示大小的操作步骤如下。

步骤 01 在模型树上单击一基准平面，然后右击，从弹出的快捷菜单中选择编辑定义命令。

步骤 02 在图 5.5.10 所示的对话框中，打开显示选项卡，如图 5.5.11 所示。

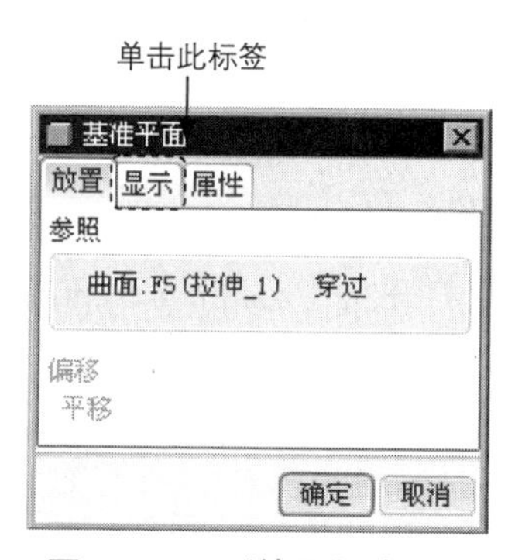

图 5.5.10　“放置”选项卡

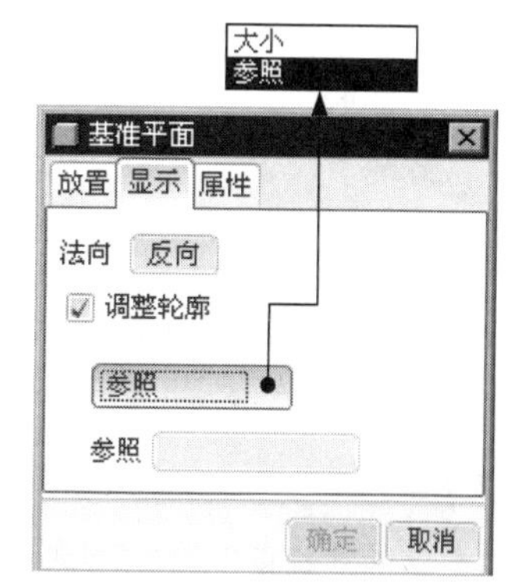

图 5.5.11　“显示”　选项卡

Note

步骤 03 在图 5.5.11 所示的对话框中，单击 反向 按钮，可改变基准平面的法向方向。

步骤 04 要确定基准平面的显示大小，有如下三种方法。

方法一：采用默认大小，根据模型（零件或组件）自动调整基准平面的大小。

方法二：拟合参照大小。在图 5.5.11 所示的对话框中，选中 ☑ 调整轮廓 复选框，在下拉列表框中选择 参照 ，再通过选取特征/曲面/边/轴线/零件等参照元素，使基准平面的显示大小拟合所选参照元素的大小。

◆ 拟合特征：根据零件或组件特征调整基准平面的大小。

◆ 拟合曲面：根据任意曲面调整基准平面的大小。

◆ 拟合边：调整基准平面大小使其适合一条所选的边。

◆ 拟合轴线：根据一个轴调整基准平面的大小。

◆ 拟合零件：根据选定零件调整基准平面的大小。该选项只适用于组件。

方法三：给出拟合半径。根据指定的半径来调整基准平面大小，半径中心定在模型的轮廓内。

5.5.2 基准轴

基准轴也可以用于创建特征时的参照。基准轴对创建基准平面、同轴放置项目和径向阵列特别有用。 基准轴的产生分为两种情况：一是基准轴作为一个单独的特征来创建；二是在创建带有圆弧的特征期间，系统会自动产生一个基准轴，但此时必须将配置文件选项 show_axes_for_extr_arcs 设置为 yes。

创建基准轴后，系统用 A_1、A_2 等依次自动分配其名称。可通过选择基准轴线自身或其名称选取一个基准轴。

下面以一个范例来说明创建基准轴的一般过程。在图 5.5.12 所示的零件模型中，创建与基准平面 FRONT 重合，并且位于 DTM_REF 基准平面内的基准轴特征。

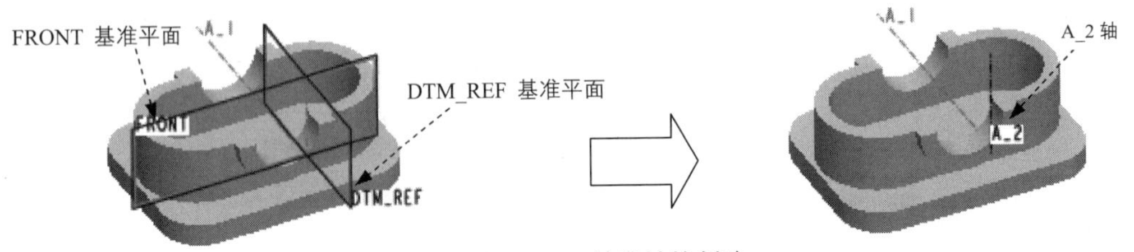

图 5.5.12 基准轴的创建

步骤 01 将工作目录设置至 D:\proesc5\work\ch05.05，然后打开文件 datum_axis.prt。

步骤 02 单击工具栏上的“基准轴”按钮。

步骤 03 选取约束参照。

（1） 选取第一约束平面。选择图 5.5.12 所示的模型的基准平面 FRONT，系统弹出图 5.5.13 所示

的“基准轴”对话框，将约束类型改为穿过，如图 5.5.14 所示。

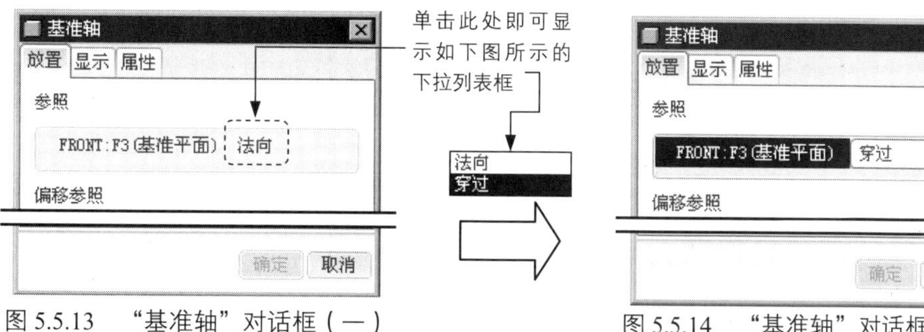

图 5.5.13　“基准轴”对话框（一）　　图 5.5.14　“基准轴”对话框（二）

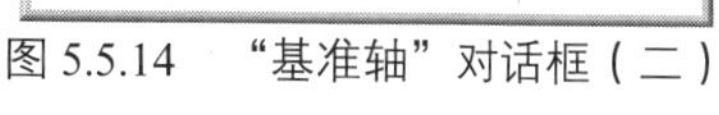

由于 Pro/ENGINEER 所具有的智能性，这里也可不必将约束类型改为穿过，因为当用户再选取一个约束平面时，系统会自动将第一个平面的约束改为穿过。

（2）选取第二约束平面。按住 Ctrl 键，选择步骤 02中所创建的“偏距”基准平面 DTM_REF，此时对话框如图 5.5.15 所示。

创建基准轴有如下一些约束方法。

- 通过边界：要创建的基准轴通过模型上的一个直边。
- 垂直平面：要创建的基准轴垂直于某个“平面”。使用此方法，应首先选取要与其垂直的参照平面，然后分别选取两条定位的参照边，并定义基准轴到参照边的距离。
- 过点且垂直于平面：要创建的基准轴通过一个基准点并与一个“平面”垂直，“平面”既可以是一个现成的基准面或模型上的表面，也可以创建一个新的基准面作为“平面”。
- 过圆柱：要创建的基准轴通过模型上的一个旋转曲面的中心轴。使用此方法时，再选择一个圆柱面或圆锥面即可。
- 两平面：在两个指定平面（基准平面或模型上的平面表面）的相交处创建基准轴。两平面不能平行，但在屏幕上不必显示相交。
- 两个点/顶点：要创建的基准轴通过两个点，这两个点既可以是基准点，也可以是模型上的顶点。

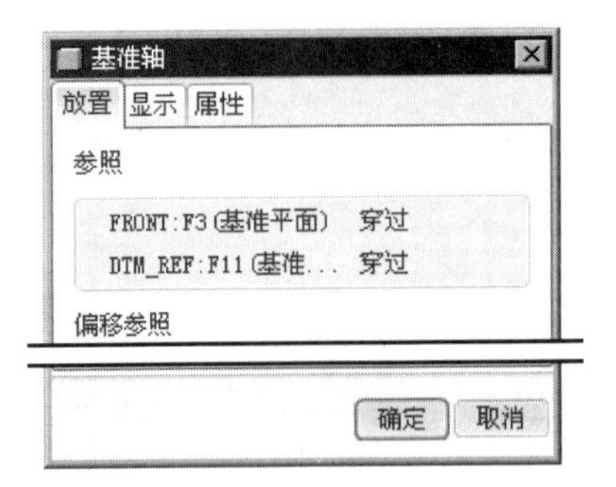

图 5.5.15 “放置”选项卡

5.5.3 基准点

基准点既可以用来为网格生成加载点，在绘图中连接基准目标和注释，创建坐标系及管道特征轨迹，也可以在基准点处放置轴、基准平面、孔和轴肩。

默认情况下，Pro/ENGINEER 将一个基准点显示为叉号×，其名称显示为 PNTn，其中，n 是基准点的编号。若要选取一个基准点，则可选择基准点自身或其名称。可以重命名基准点，但不能重命名在布局中声明的基准点。

可以使用配置文件选项 datum_point_symbol 来改变基准点的显示样式。基准点的显示样式可使用下列任意一个：CROSS、CIRCLE、TRIANGLE 或 SQUARE。

1. 创建基准点的方法一：在曲线/边线上

用位置的参数值在曲线或边上创建基准点，该位置参数值确定从一个顶点开始沿曲线的长度。如图 5.5.16 所示，现需要在模型边线上创建基准点 PNT0，操作步骤如下。

步骤 01 先将工作目录设置至 D:\proesc5\work\ch05.05，然后打开文件 point1.prt。

步骤 02 单击“创建基准点”按钮 → （或选择下拉菜单 插入(I) → 模型基准(D) → 点(P) → 点(P)... 命令）。

单击“创建基准点”按钮，会出现图 5.5.17 所示的工具按钮栏。

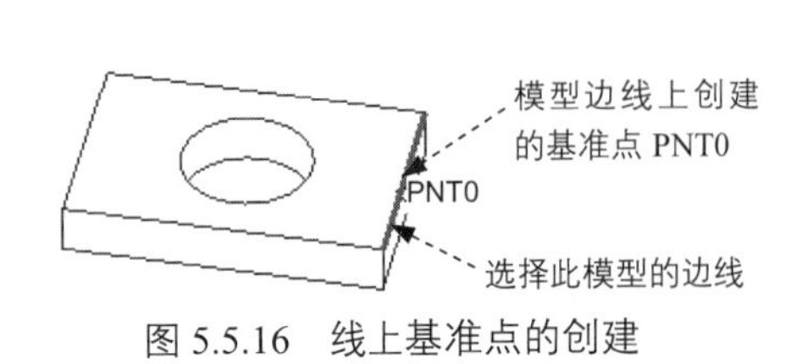

图 5.5.16 线上基准点的创建

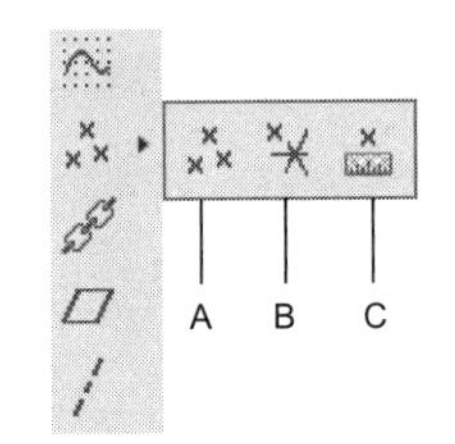

图 5.5.17 工具按钮栏

图 5.5.17 中各按钮说明如下。

A：创建基准点。

B：创建偏移坐标系基准点。

C：创建域基准点。

步骤 03 选择图 5.5.18 所示的模型的边线，系统立即产生一个基准点 PNT0，如图 5.5.19 所示。

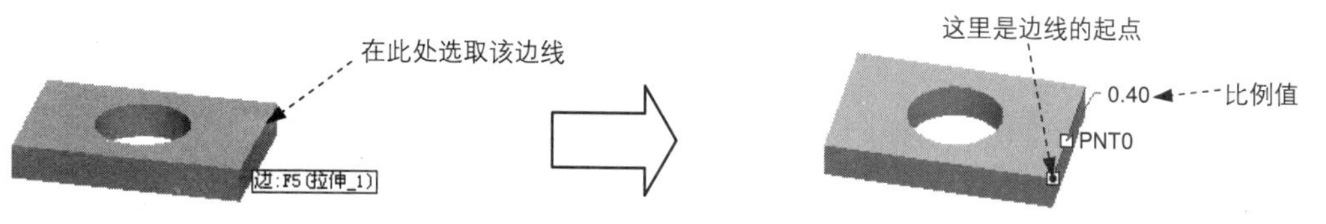

图 5.5.18　选取边线　　　　图 5.5.19　产生基准点

步骤 04 在图 5.5.20 所示的“基准点”对话框中，首先选择基准点的定位方式（），然后输入基准点的定位数值（比率系数或实际长度值）。

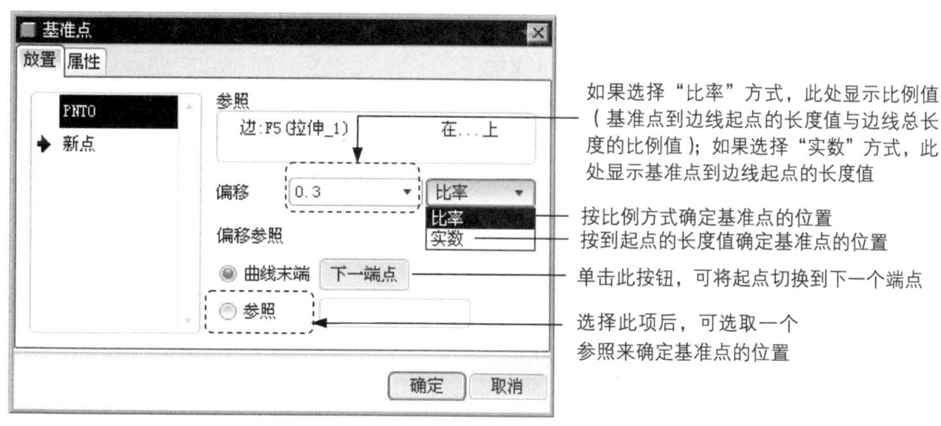

图 5.5.20　“基准点”对话框

2. 创建基准点的方法二：顶点

在零件边、曲面特征边、基准曲线或输入框架的顶点上创建基准点。如图 5.5.21 所示，现需要在模型的顶点处创建一个基准点 PNT0，操作步骤如下。

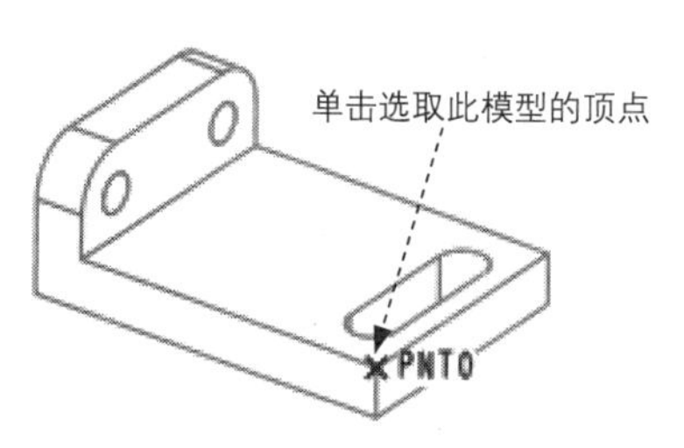

图 5.5.21　顶点基准点的创建

步骤 01 单击“创建基准点”按钮。

步骤 02 如图 5.5.21 所示，选取模型的顶点，系统立即在此顶点处产生一个基准点 PNT0。此时，

“基准点”对话框如图 5.5.22 所示。

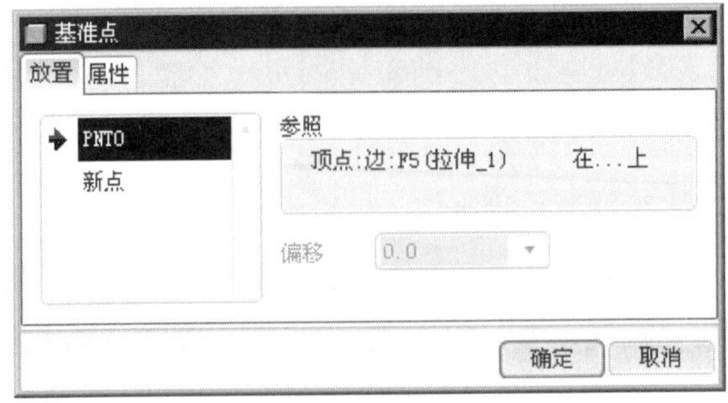

图 5.5.22　“基准点”对话框

Note

3. 创建基准点的方法三：过中心点

在一条弧、一个圆或一个椭圆图元的中心处创建基准点。如图 5.5.23 所示，现需要在模型上表面的孔的圆心处创建一个基准点 PNT0，操作步骤如下。

步骤 01 将工作目录设置至 D:\proesc5\work\ch05.05，打开文件 point_center.prt。

步骤 02 单击“创建基准点”按钮。

步骤 03 如图 5.5.23 所示，选取模型上表面的孔边线。

创建的基准点 PNT0 在圆弧的中心

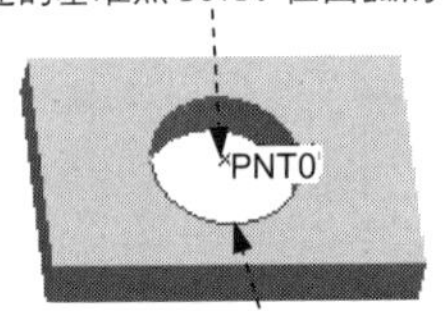

单击模型上表面的此孔边

图 5.5.23　过中心点创建基准点

步骤 04 在图 5.5.24 所示的“基准点”对话框的下拉列表中选取 居中 选项。

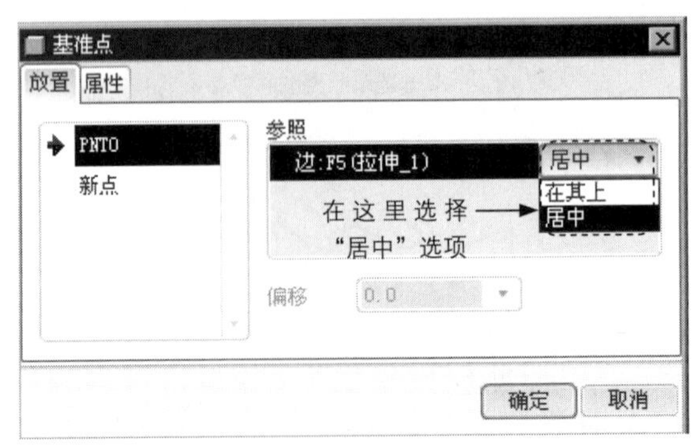

图 5.5.24　“基准点”对话框

4. 创建基准点的方法四：草绘

在草绘环境中也可以绘制一个基准点。如图 5.5.25 所示，现需要在模型的表面上创建一个草绘基准点 PNT0，操作步骤如下。

步骤 01 先将工作目录设置至 D:\proesc5\work\ch05.05，然后打开文件 point2.prt。

步骤 02 单击“草绘”按钮，系统会弹出“草绘”对话框。

步骤 03 选取图 5.5.25 所示的两个平面作为草绘平面和参照平面，单击 草绘 按钮。

步骤 04 进入草绘环境后，选取图 5.5.26 所示的模型的边线作为草绘环境的参照，单击 关闭(C) 按钮；单击“点”按钮中的（创建几何点），如图 5.5.27 所示，再在图形区选择一点。

步骤 05 单击按钮，退出草绘环境。

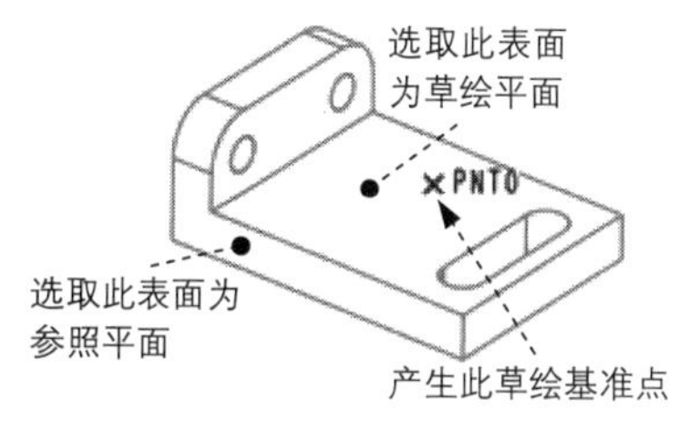

图 5.5.25　草绘基准点的创建

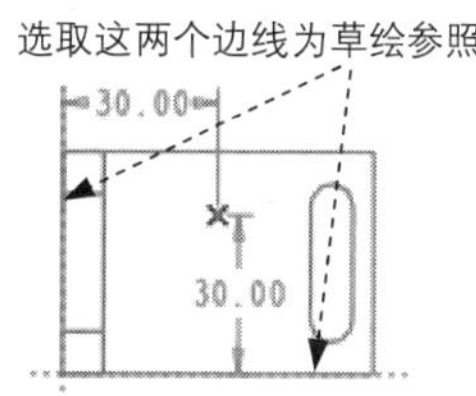

图 5.5.26　截面图形

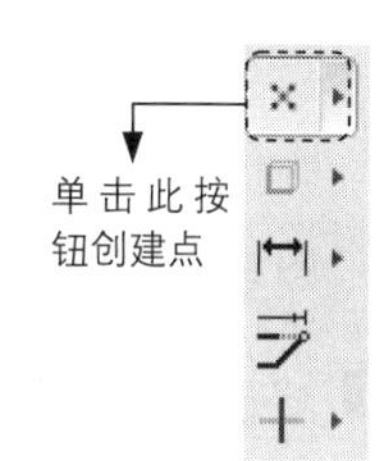

图 5.5.27　工具按钮位置

5.5.4　坐标系

坐标系是可以增加到零件和装配件中的参照特征，它可用于以下几个方面。

- 计算质量属性。
- 装配元件。
- 用于定位其他特征的参照（坐标系、基准点、平面和轴线、输入的几何等）。
- 为“有限元分析（FEA）”放置约束。
- 为刀具轨迹提供制造操作参照。

在 Pro/ENGINEER 系统中，可以使用下列三种形式的坐标系。

- 笛卡儿坐标系。系统用 X、Y 和 Z 表示坐标值。
- 柱坐标系。系统用半径、theta（θ）和 Z 表示坐标值。
- 球坐标系。系统用半径、theta（θ）和 phi（ψ）表示坐标值。

利用三个平面创建坐标系方法如下。

选择三个平面（模型的表平面或基准平面），这些平面不必正交，其交点成为坐标原点，选定的第一个平面的法向定义一个轴的方向，第二个平面的法向定义另一轴的大致方向，系统使用右手定则确定第三轴。

如图 5.5.28 所示，现需要在三个垂直平面（平面 1、平面 2 和平面 3）的交点上创建一个坐标系

CSO，操作步骤如下。

步骤 01 将工作目录设置至 D:\proesc5\work\ch05.05，打开文件 csys_create.prt。

步骤 02 单击“创建坐标系”按钮（另一种方法是选择下拉菜单 插入(I) ➡ 模型基准(D) ➡ 坐标系(C)... 命令）。

步骤 03 选择三个垂直平面。如图 5.5.28 所示，选择平面 1；按住键盘的 Ctrl 键，选择平面 2；按住键盘的 Ctrl 键，选择平面 3。此时，系统就创建了图 5.5.29 所示的坐标系，注意字符 X、Y、Z 所在的方向正是相应坐标轴的正方向。

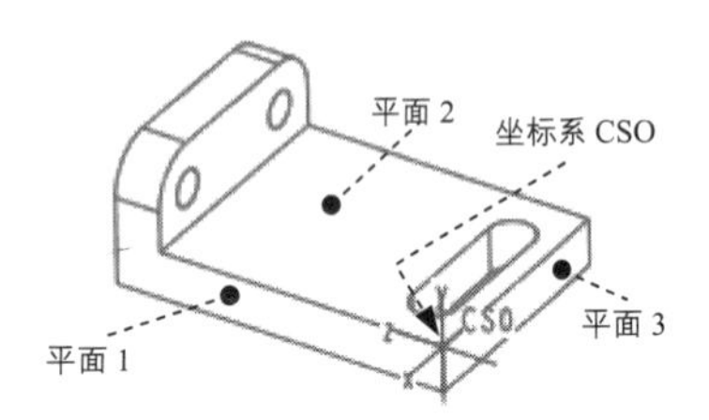

图 5.5.28 由三个平面创建坐标系

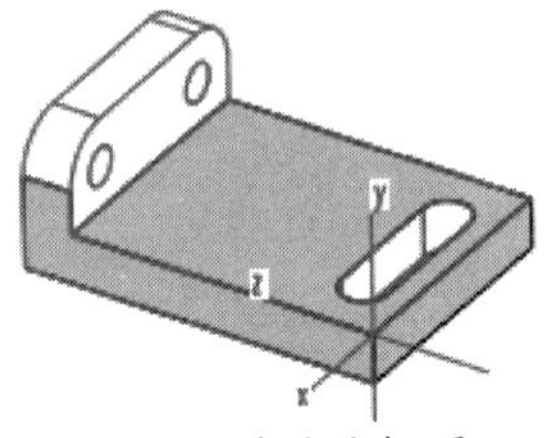

图 5.5.29 产生坐标系

步骤 04 修改坐标轴的位置和方向。在图 5.5.30 所示的“坐标系”对话框中，打开 方向 选项卡，在该选项卡中可以修改坐标轴的位置和方向，操作方法参见图 5.5.30 中的说明。

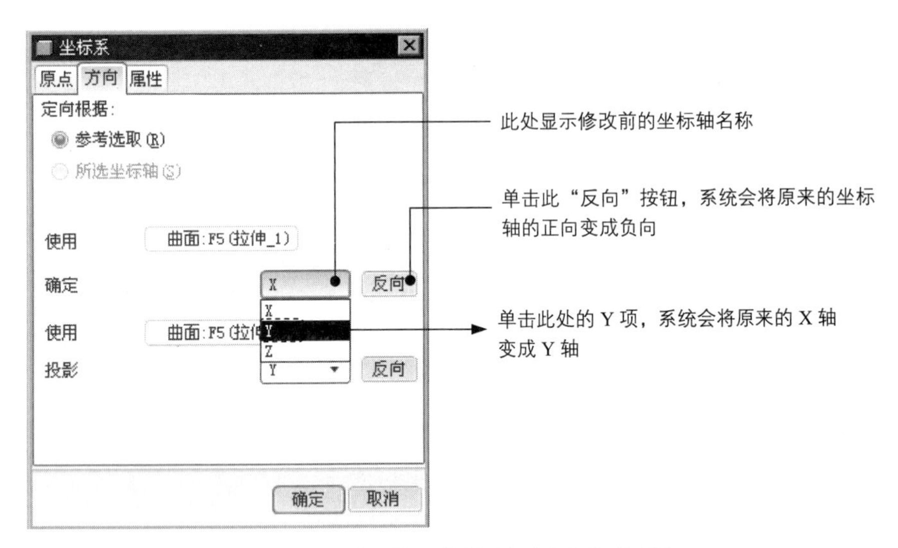

图 5.5.30 “坐标系”对话框的“方向”选项卡

5.5.5 基准曲线

基准曲线可用于创建曲面和其他特征，或作为扫描轨迹。创建曲线有很多方法，下面介绍两种基本方法。

1. 草绘基准曲线

草绘基准曲线的方法与草绘其他特征相同。草绘曲线可以由一个或多个草绘段，以及一个或多个

开放或封闭的环组成。但是将基准曲线用于其他特征，通常限定在开放或封闭环的单个曲线（它可以由许多段组成）。

草绘基准曲线时，Pro/ENGINEER 在离散的草绘基准曲线上边创建一个单一复合基准曲线。对于该类型的复合曲线，不能重定义起点。

如图 5.5.31 所示，现需要在模型的表面上创建一个草绘基准曲线，操作步骤如下。

步骤 01 将工作目录设置至 D:\proesc5\work\ch05.05，打开文件 curve_sketch.prt。

步骤 02 单击工具栏上的“草绘基准曲线”按钮（如图 5.5.32 所示）。

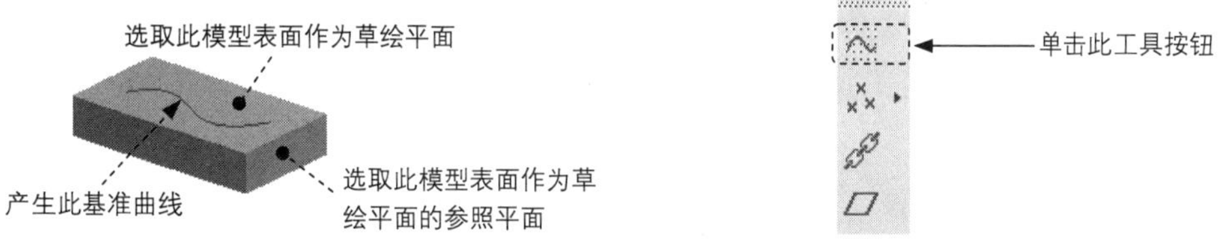

图 5.5.31 创建草绘基准曲线

图 5.5.32 草绘基准曲线按钮的位置

步骤 03 选取图 5.5.31 中的草绘平面及参照平面，单击 草绘 按钮进入草绘环境。

步骤 04 进入草绘环境后，采用默认的平面作为草绘环境的参照，然后单击“样条曲线”按钮，草绘一条样条曲线。

步骤 05 单击按钮，退出草绘环境。

2. 经过点创建基准曲线

可以通过空间中的一系列点创建基准曲线，经过的点可以是基准点、模型的顶点及曲线的端点。如图 5.5.33 所示，现需要经过基准点 PNT0、PNT1、PNT2 和 PNT3 创建一条基准曲线，操作步骤如下：

步骤 01 将工作目录设置至 D:\proesc5\work\ch05.05，打开文件 curve_point.prt。

步骤 02 单击工具栏中的“创建基准曲线”按钮（如图 5.5.34 所示）。

步骤 03 在图 5.5.35 中，选择 Thru Points（通过点） ➡ Done（完成） 命令。

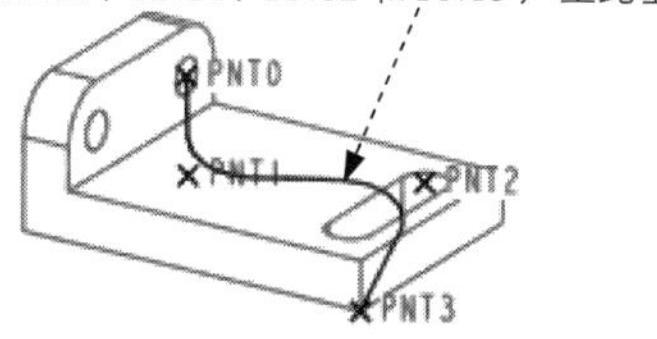

图 5.5.33 经过点基准曲线的创建

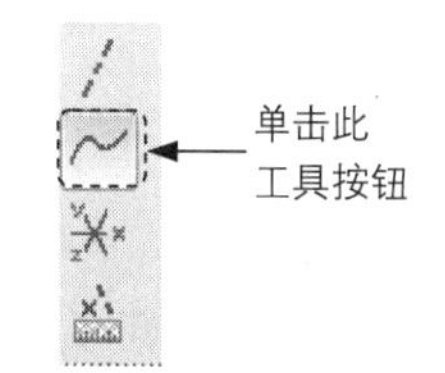

图 5.5.34 创建基准曲线按钮位置

步骤 04 完成上步操作后，系统弹出图 5.5.36 所示的曲线特征信息对话框，该对话框显示创建曲线将要定义的元素。

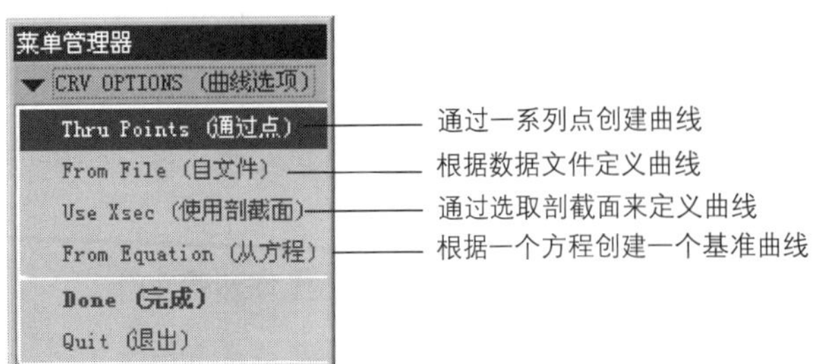

图 5.5.35 “曲线选项”菜单

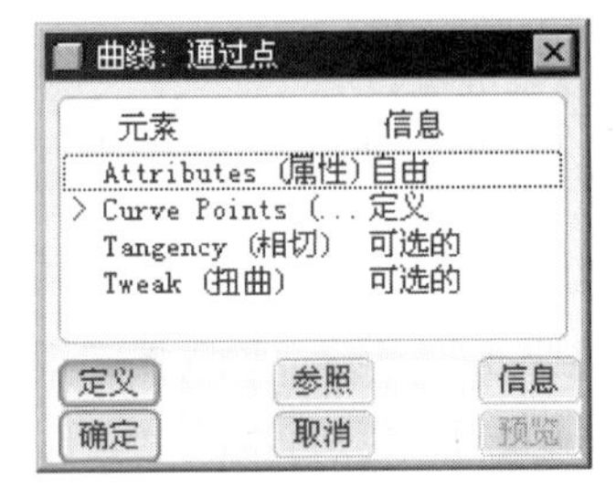

图 5.5.36 曲线特征信息对话框

Note

(1) 在图 5.5.37 所示的“连结类型”菜单中，选择 Single Rad (单一半径) → Single Point (单个点) → Add Point (添加点) 命令。

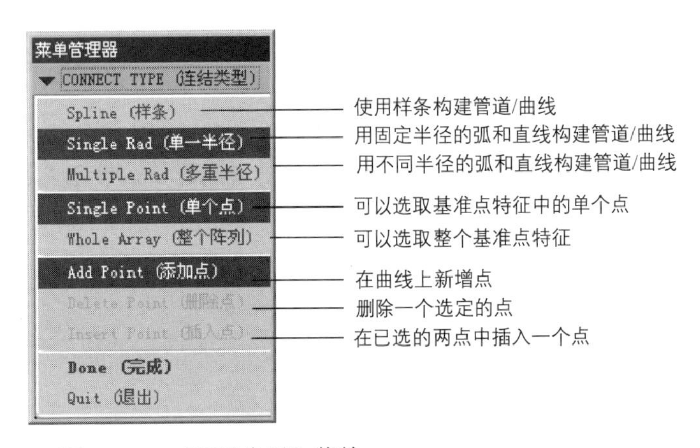

图 5.5.37 “连结类型”菜单

(2) 选取图 5.5.33 中的基准点 PNT0、PNT1 和 PNT2。

(3) 在系统 输入折弯半径 的提示下，输入折弯半径值 10.0，并按回车键。

(4) 选取图 5.5.33 中的基准点 PNT3，选择 Done (完成) 命令。

步骤 05 单击图 5.5.36 所示的曲线特征信息对话框中的 确定 按钮。

5.6 孔 特 征

Pro/ENGINEER 中提供了专门的孔特征（Hole）命令，用户可以方便而快速地创建各种要求的孔。在 Pro/ENGINEER 中，可以创建三种类型的孔特征。

- 直孔：具有圆截面的切口，它始于放置曲面并延伸到指定的终止曲面或用户定义的深度。
- 草绘孔：由草绘截面定义的旋转特征。锥形孔可作为草绘孔进行创建。
- 标准孔：具有基本形状的螺孔。它是基于相关的工业标准的，可带有不同的末端形状、标准沉孔和埋头孔。对选定的紧固件，既可计算攻螺纹所需参数，也可计算间隙直径；用户既可利用系统提供的标准查找表，也可通过创建自己的查找表来查找这些直径。

Note

1. 创建孔特征（直孔）的一般过程

下面以图 5.6.1 所示的模型为例，说明在一个模型上添加孔特征（直孔）的详细操作过程。

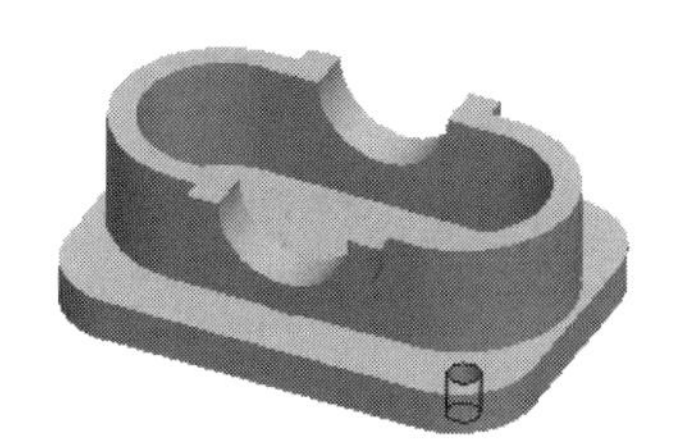

图 5.6.1　创建孔特征

（一）打开一个已有的零件模型

将工作目录设置至 D:\proesc5\work\ch05.06，打开文件 hole01.prt。

（二）添加孔特征（直孔）

步骤 01 选择下拉菜单 插入(I) → 孔(H)... 命令或单击命令按钮，系统弹出孔特征操控板。

步骤 02 选取孔的类型。由于直孔为系统默认，这一步可省略。如果创建标准孔或草绘孔，则可单击创建标准孔的按钮，或“草绘定义钻孔轮廓”按钮，如图 5.6.2 所示。

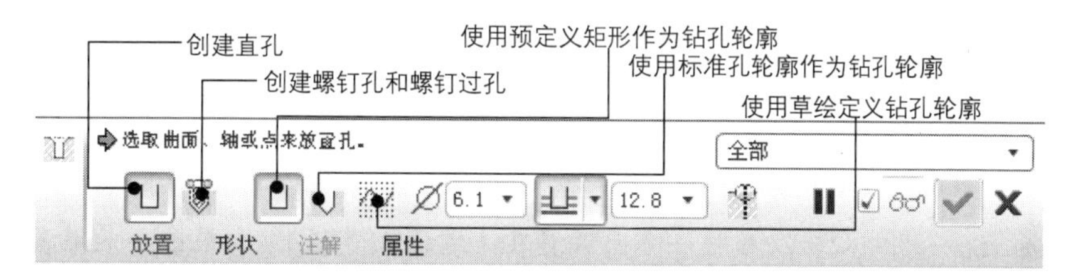

图 5.6.2　孔特征操控板

步骤 03 定义孔的放置。

（1）定义孔的放置参照。选取图 5.6.3 所示的端面作为放置参照。此时，系统以当前默认值自动生成孔的轮廓，可按照图中说明进行相应动态操作。

孔的放置参照既可以是基准平面、零件模型上的平面或曲面（如柱面、锥面等），也可以是基准轴。为了直接在曲面上创建孔，该孔必须是径向孔，且该曲面必须是凸起状。

（2）定义孔放置的方向。单击图 5.6.2 所示的操控板中的 放置 按钮，系统弹出图 5.6.4 所示的界面，单击该界面中的 反向 按钮，可改变孔的放置方向（即孔放置在放置参照的那一边）。本例采用系统默认的方向，即孔在实体这一侧。

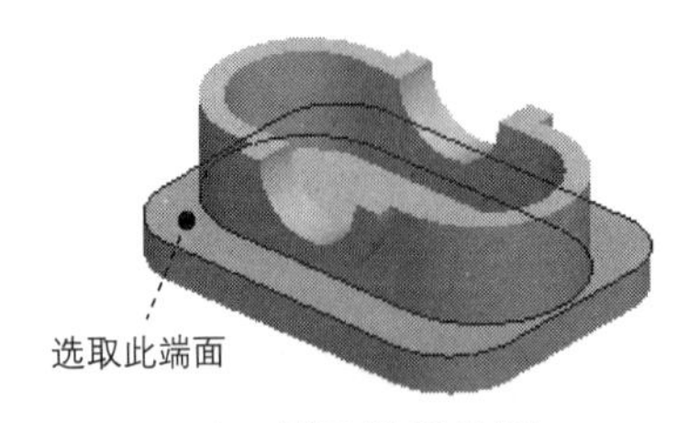

图 5.6.3 选取放置参照

（3）定义孔的放置类型。单击“放置类型”下拉列表框后的按钮，选取线性选项。

孔的放置类型介绍如下。

◆ 线性：参照两边或两平面放置孔（标注两线性尺寸）。如果选择此放置类型，则接下来必须选择参照边（平面）并输入距参照的距离。

◆ 径向：绕一根据中心轴及参照一个面放置孔（需输入半径距离）。如果选择此放置类型，接下来必须选择中心轴及角度参照的平面。

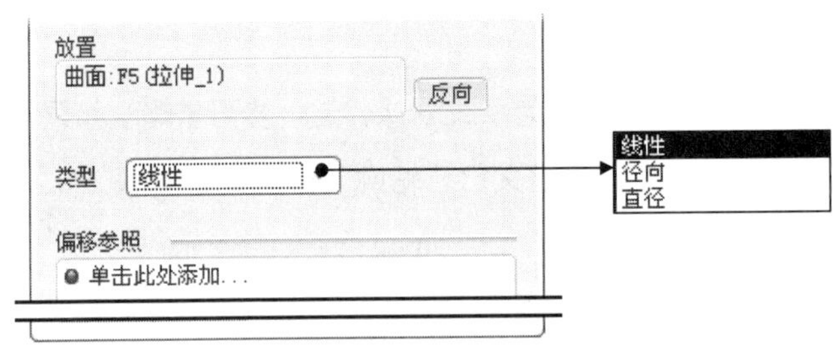

图 5.6.4 “放置”界面

◆ 直径：绕一根中心轴及参照一个面放置孔（需输入直径）。如果选择此放置类型，接下来必须选择中心轴及角度参照的平面。

◆ 同轴：创建一根中心轴的同轴孔。接下来必须选择参照的中心轴。

（4）定义偏移参照及定位尺寸。单击图 5.6.4 中的偏移参照下的“单击此处添加…”字符，然后选取图 5.6.5 所示的模型表面作为第一线性参照，在后面的“偏移”文本框中输入到第一线性参照的距离值 8.0，再按回车键； 按住 Ctrl 键，可选取图 5.6.5 所示的模型表面作为第二线性参照，在后面的“偏移”文本框中输入到第二线性参照的距离值 10.0，再按回车键。

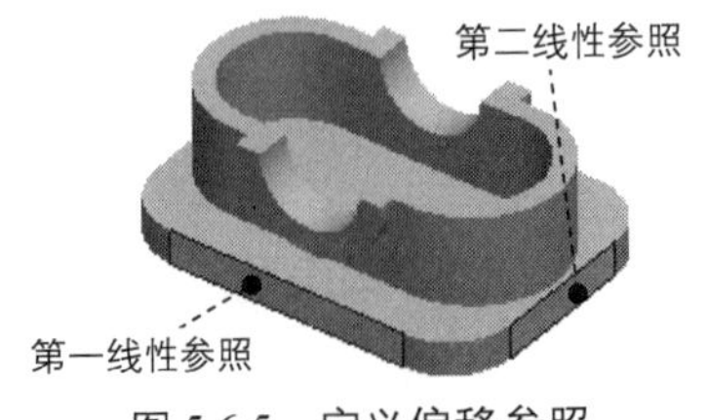

图 5.6.5 定义偏移参照

步骤 04 定义孔的直径及深度。在操控板中输入直径值 6.0，单击深度类型按钮（"穿透"）。

步骤 05 在操控板中单击"完成"按钮，完成特征的创建。

2. 创建螺孔（标准孔）

下面以瓶塞开启器产品中的一个零件——瓶口座（socket）为例（如图 5.6.6 所示），说明创建螺孔的一般过程。

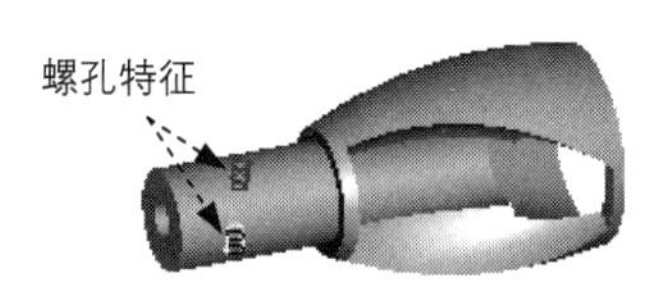

图 5.6.6　创建螺孔

任务 01 打开一个已有的零件三维模型。

将工作目录设置至 D:\proesc5\work\ch05.06，打开文件 socket_hole.prt。

任务 02 添加螺孔特征

步骤 01 选择下拉菜单 插入(I) → 孔(H)... 命令，特征的操控板如图 5.6.7 所示。

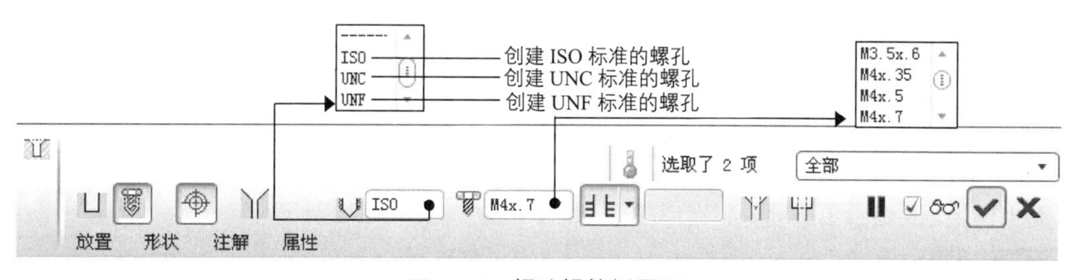

图 5.6.7　螺孔操控板界面

步骤 02 定义孔的放置。

（1）定义孔的放置参照。单击操控板中的 放置 按钮，系统弹出图 5.6.8 所示的界面，选取图 5.6.9 所示的模型表面——圆柱面作为放置参照。

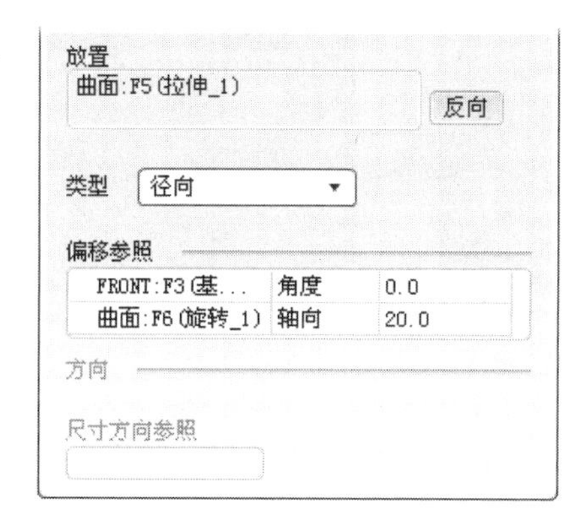

图 5.6.8　定义偏移参照

（2）定义孔放置的方向及类型。采用系统默认的放置方向，放置类型为 径向 。

（3）定义偏移参照 1（角度参照）。

① 单击操控板中 偏移参照 下的“单击此处添加…”字符。

② 选取图 5.6.9 所示的 FRONT 基准平面作为偏移参照 1（角度参照）。

③ 在“角度”后面的文本框中，输入角度值 0（此角度值用于孔的径向定位），并按回车键。

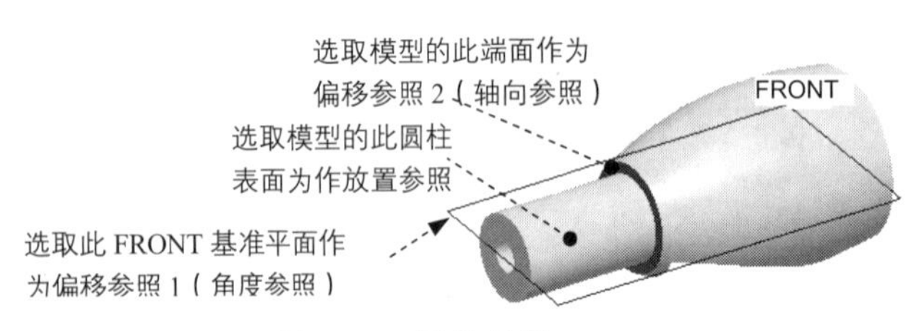

图 5.6.9 孔的放置

（4）定义偏移参照 2（轴向参照）。

① 按住 Ctrl 键，选取图 5.6.9 所示的模型端面作为偏移参照 2（轴向参照）。

② 在“轴向”后的文本框中输入距离值 20.0（此距离值用于孔的轴向定位），并按回车键，如图 5.6.8 所示。

步骤 03 在操控板中单击“创建标准孔”按钮；选择 ISO 螺孔标准，螺孔大小为 M4×0.7，深度类型为穿透（）。

步骤 04 选择螺孔结构类型和尺寸。在操控板中单击按钮，单击 形状 ，在图 5.6.10 所示的“形状”界面中选中 全螺纹 单选项。

步骤 05 在操控板中，单击“完成”按钮，完成特征的创建。

说明：螺孔有四种结构形式。

（1）一般螺孔形式。在操控板中单击按钮，再单击 形状 按钮，系统弹出图 5.6.10 所示的界面，如果选中 可变 单选项，则螺孔形式如图 5.6.11 所示。

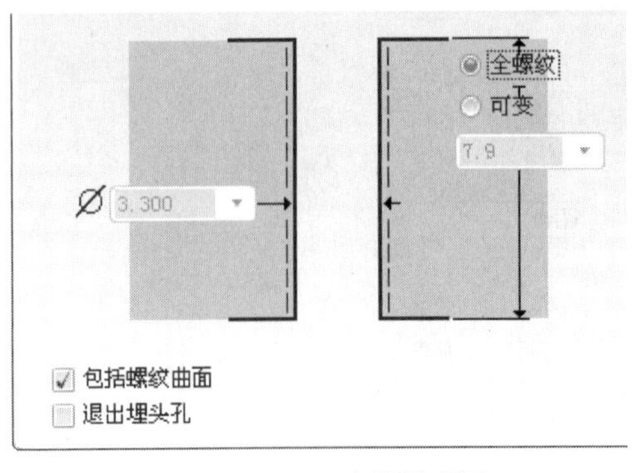

图 5.6.10 全螺纹螺孔

（2）埋头螺钉螺孔形式。在操控板中单击按钮和按钮，再单击 形状 按钮，系统弹出图 5.6.12

所示的界面，如果选中☑退出埋头孔复选框，则螺孔形式如图 5.6.13 所示。注意：如果不选中☑包括螺纹曲面复选框，则在将来生成工程图时，就不会有螺纹细实线。

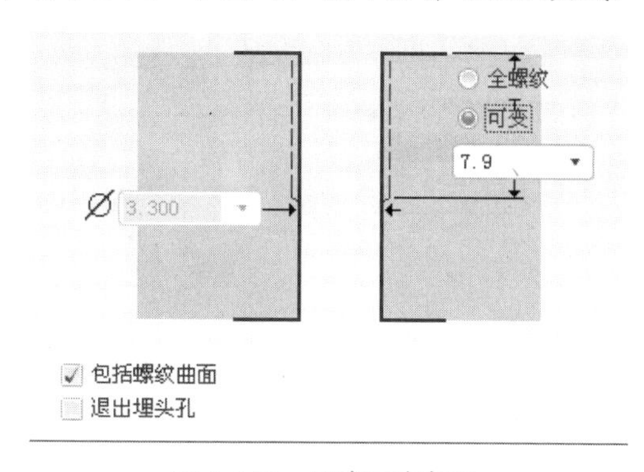

图 5.6.11　深度可变螺孔

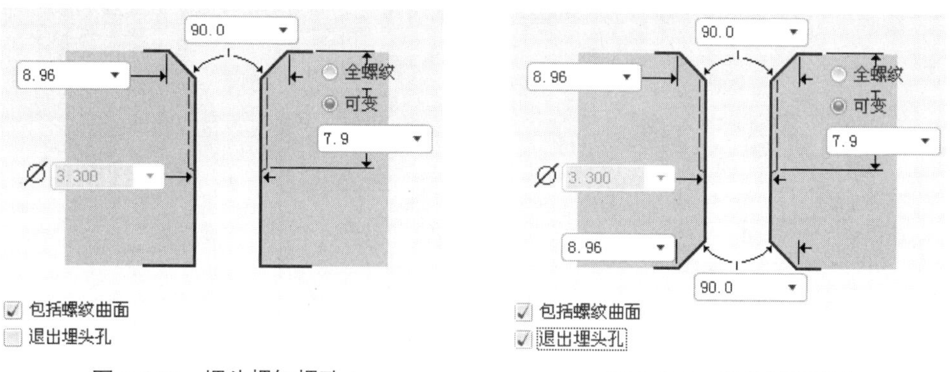

图 5.6.12　埋头螺钉螺孔 1　　　图 5.6.13　埋头螺钉螺孔 2

（3）沉头螺钉螺孔形式。在操控板中单击按钮和按钮，再单击形状按钮，系统弹出图 5.6.14 所示的界面，如果选中◉全螺纹单选项，则螺孔形式如图 5.6.15 所示。

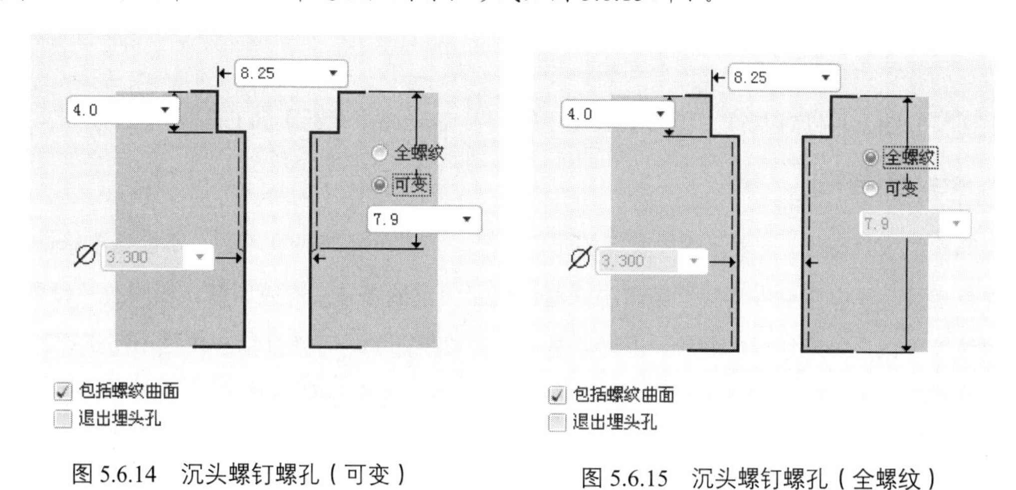

图 5.6.14　沉头螺钉螺孔（可变）　　　图 5.6.15　沉头螺钉螺孔（全螺纹）

（4）螺钉过孔形式。有以下三种形式的过孔。

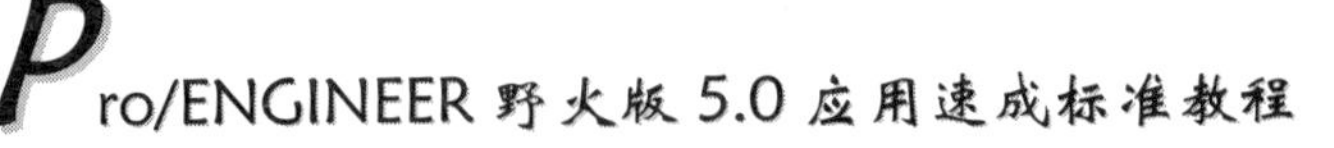

Note

◆ 在操控板中取消按钮、按钮和按钮，单击“间隙孔”按钮，再单击形状按钮，则螺孔形式如图 5.6.16 所示。

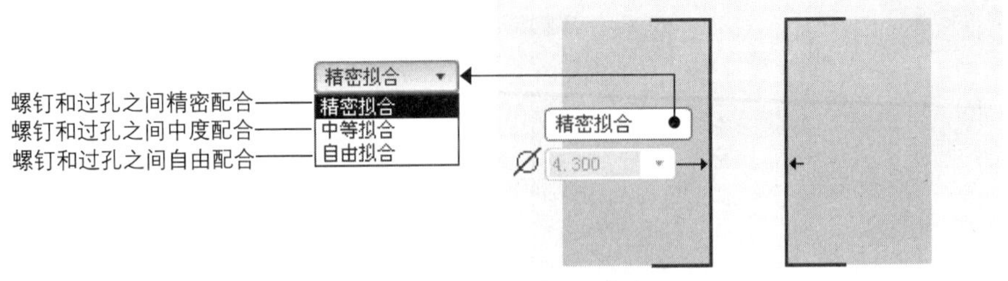

图 5.6.16　螺钉过孔

◆ 在操控板中单击按钮，再单击形状按钮，则螺孔形式如图 5.6.17 所示。

◆ 在操控板中单击按钮，再单击形状按钮，则螺孔形式如图 5.6.18 所示。

步骤 06 在操控板中单击按钮，预览所创建的孔特征；单击按钮，完成特征的创建。

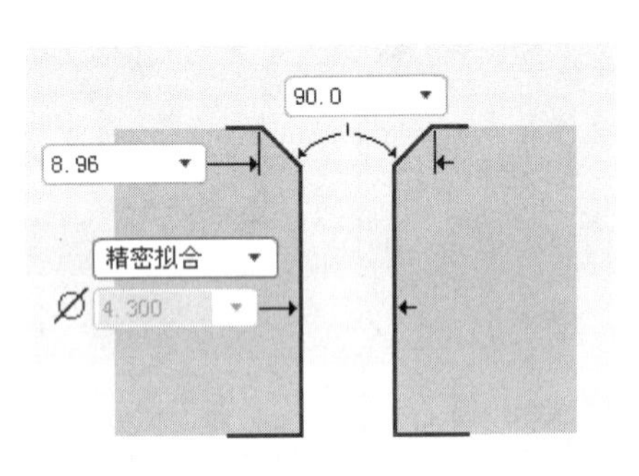

图 5.6.17　埋头螺钉过孔

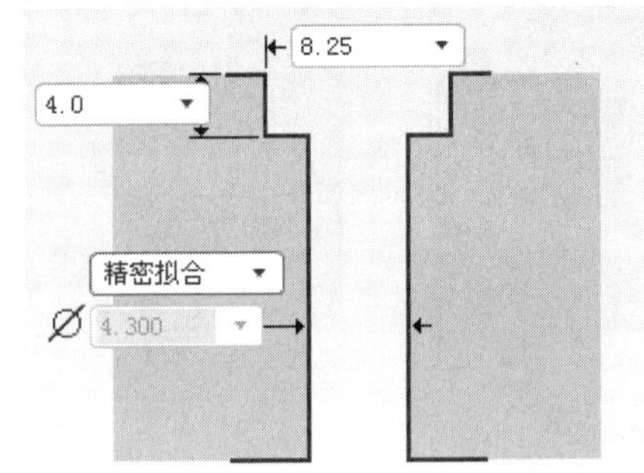

图 5.6.18　沉头螺钉过孔

5.7　修饰特征

修饰（Cosmetic）特征是在其他特征上绘制的复杂的几何图形，并能在模型上清楚地显示出来，如螺钉上的螺纹示意线、零件上的公司徽标等。

下面将介绍几种修饰特征，包括 Thread（螺纹）、Sketch（草绘）和 Groove（凹槽）。

1. 螺纹修饰特征

修饰螺纹（Thread）是表示螺纹直径的修饰特征。与其他修饰特征不同，不能修改修饰螺纹的线型，并且螺纹也不会受到“环境”菜单中隐藏线显示设置的影响。螺纹以默认极限公差设置来创建。修饰螺纹既可以是外螺纹或内螺纹，也可以是不通的或贯通的。可通过指定螺纹小径或螺纹大径（分别对于外螺纹和内螺纹）、起始曲面和螺纹长度或终止边，来创建修饰螺纹。

这里以本书前面创建的 shaft.prt 零件模型为例，说明如何在模型的圆柱面上创建图 5.7.1 所示的（外）螺纹修饰。

步骤 01 将工作目录设置至 D:\proesc5\work\ch05.07，然后打开文件 shaft.prt。

步骤 02 选择下拉菜单 插入(I) → 修饰(E) ▸ → 螺纹(T)... 命令（如图 5.7.2 所示）。

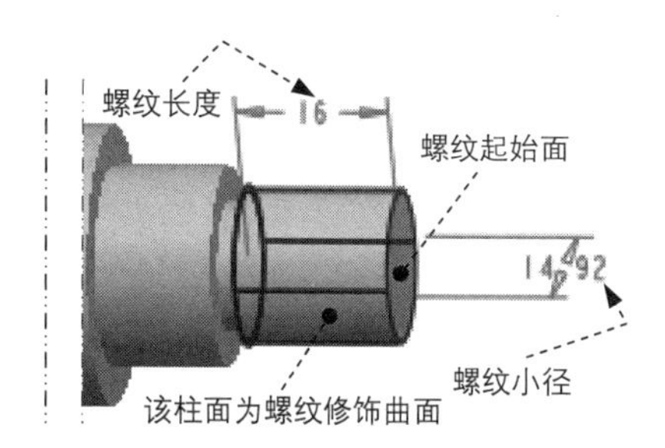

图 5.7.1 创建螺纹修饰特征

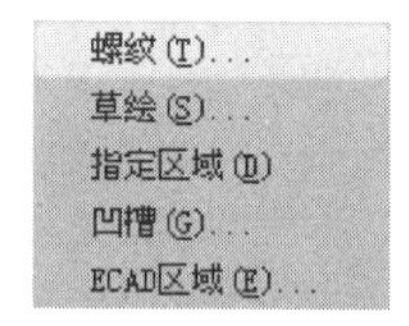

图 5.7.2 “修饰”子菜单

步骤 03 选取要进行螺纹修饰的曲面。完成步骤 02操作后，系统弹出图 5.7.3 所示的“修饰：螺纹”对话框及“选取”对话框。选取图 5.7.1 所示的要进行螺纹修饰的曲面。

步骤 04 选取螺纹的起始曲面。选取图 5.7.1 所示的螺纹起始曲面。

螺纹的起始曲面既可以是一般模型特征的表面（比如拉伸、旋转、倒角、圆角和扫描等特征的表面）或基准平面，也可以是面组。

步骤 05 定义螺纹的长度方向和长度及螺纹小径。完成步骤 04操作后，模型上显示图 5.7.4 所示的螺纹深度方向箭头和▼ DIRECTION (方向) 菜单。

（1）在▼ DIRECTION (方向) 菜单中选择 Okay (确定) 命令。

（2）在图 5.7.5 所示的“指定到”菜单中，选择 Blind (盲孔) → Done (完成) 命令，然后输入螺纹长度值 16.0，并按回车键。

修饰：螺纹

元素	信息
Thread Surf (...	已定义
Start Surf (起...	已定义
> Direction (方向)	定义
ThreadLength (...	必需的
Major Diam (主...	必需的
Note Params (...	必需的

定义 参照 信息
确定 取消 预览

图 5.7.3 “修饰：螺纹”对话框

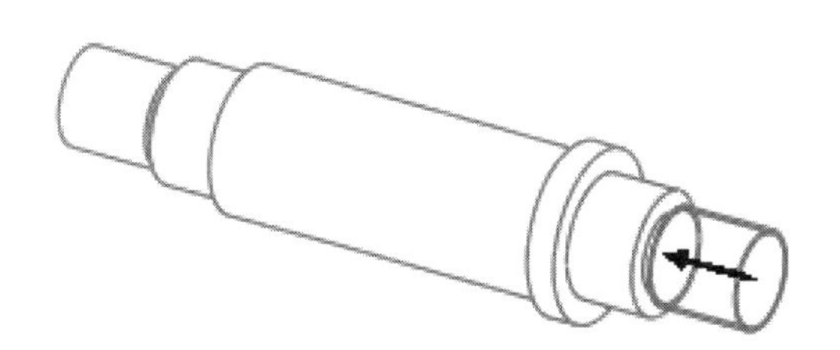

图 5.7.4 螺纹深度方向

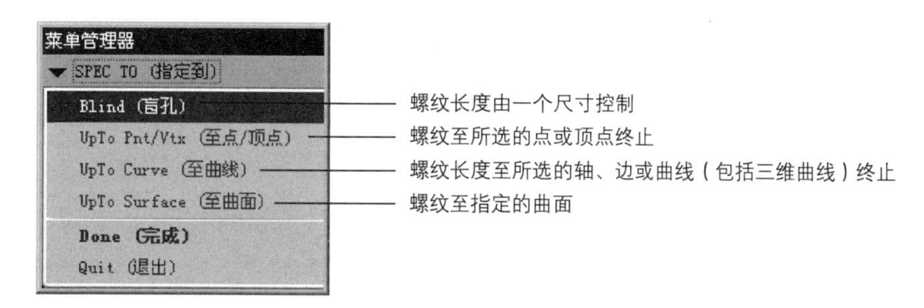

图 5.7.5 “指定到”菜单

（3）在系统的提示下输入螺纹小径 14.92，并按回车键。

步骤 06 检索、修改螺纹注释参数。完成 步骤 05 操作后，系统弹出图 5.7.6 所示的 ▼ FEAT PARAM（特征参数） 菜单，用户可以利用此菜单进行相应操作，也可在此选择 Done/Return（完成/返回） 命令直接转到 步骤 07 的操作。

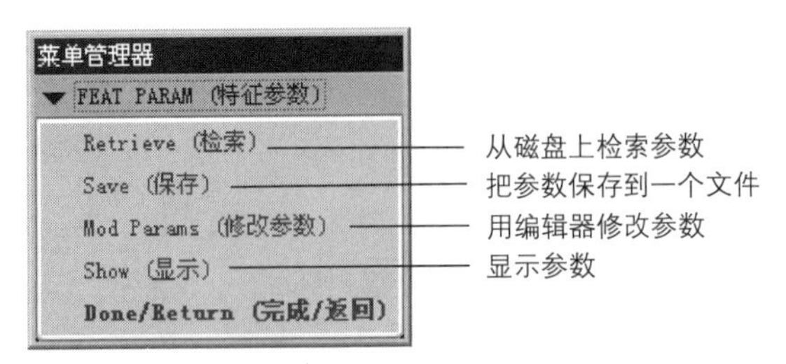

图 5.7.6 “特征参数”菜单

图 5.7.6 所示的“特征参数”菜单中各命令的说明如下。

- Retrieve（检索）：用户可从硬盘（磁盘）上打开一个包含螺纹注释参数的文件，并把它们应用到当前的螺纹中。
- Save（保存）：保存螺纹注释参数，以便以后可以“检索”而再利用。
- Mod Params（修改参数）：如果不满意“检索”出来的螺纹参数，则可进行修改。选取此命令，系统弹出图 5.7.7 所示的对话框。通过该对话框可以对螺纹的各参数（见表 5.7.1）进行修改，修改方法见图中的说明。
- Show（显示）：显示螺纹参数。

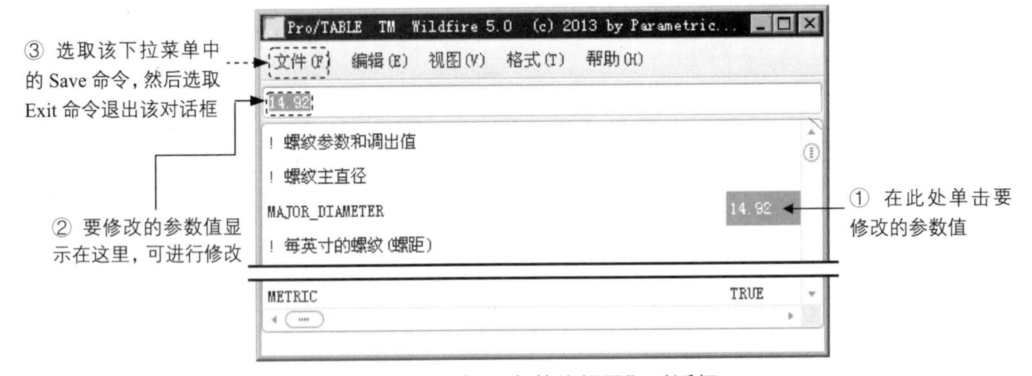

图 5.7.7 “螺纹参数编辑器”对话框

表 5.7.1 螺纹参数列表

参数名称	参数值	参数描述
MAJOR_DIAMETER	数字	螺纹的公称直径
THREADS_PER_INCH	数字	每英寸的螺纹数（1/螺距）
THREAD FORM	字符串	螺纹形式
CLASS	数字	螺纹等级
PLACEMENT	字符	螺纹放置（A—轴螺纹，B—孔螺纹）
METRIC	TRUE/FALSE	螺纹为公制

表 5.7.1 中列出了螺纹的所有参数的信息，用户可根据需要编辑这些参数。注意：系统会两次提示有关直径的信息，这一重复操作的好处是，用户可将公制螺纹放置到以英制为单位的零件上，反之亦然。

步骤 07 单击“修饰：螺纹”对话框中的 预览 按钮，预览所创建的螺纹修饰特征，将模型显示换到线框状态，可看到螺纹示意线。如果定义的螺纹修饰特征符合设计意图，可单击对话框中的 确定 按钮。

2. 草绘修饰特征

草绘（Sketch）修饰特征被“绘制”在零件的曲面上。例如，公司徽标或序列号等可“绘制”在零件的表面上。另外，在进行“有限元”分析计算时，也可利用草绘修饰特征定义“有限元”局部负荷区域的边界。

其他特征不能参照修饰特征，即修饰特征的边线既不能作为其他特征尺寸标注的起始点，也不能作为“使用边”来使用。

与其他特征不同，修饰特征可以设置线体（包括线型和颜色）。特征的每个单独的几何段，都可以设置不同的线体，其操作方法如下。

选择下拉菜单 编辑(E) 下的 线造型(Y)... 命令（注意：在选择下拉菜单 插入(I) → 修饰(E) ▸ → 草绘(S)... 命令并进入草绘环境后，此 线造型(Y)... 命令才可见），然后在系统 ➡选取要用新线造型显示的图元。 的提示下，选择修饰特征的一个或多个图元，单击图 5.7.8 所示的“选取”对话框中的 确定 按钮，系统弹出图 5.7.9 所示的“线造型”对话框，选择所需的线型和颜色，单击 应用 按钮。

草绘修饰特征有两个选项，分别说明如下。

◆ Regular Sec（规则截面）：无论“在空间”还是在零件的曲面上，规则截面修饰特征总会位于

草绘平面处。这是一个平整特征。在创建规则截面修饰特征时，可以给它们加剖面线。剖面线将显示在所有模式中，但只能在“工程图”模式下修改。在“零件”和“装配”模式下，剖面线以 45 度角显示。

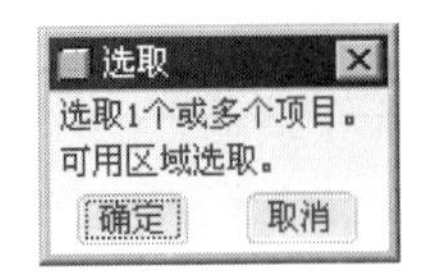

图 5.7.8 “选取”对话框

Note

◆ Project Sec（投影截面）：投影截面修饰特征被投影到单个零件曲面上，它们不能跨越零件曲面，不能对投影截面加剖面线或进行阵列。

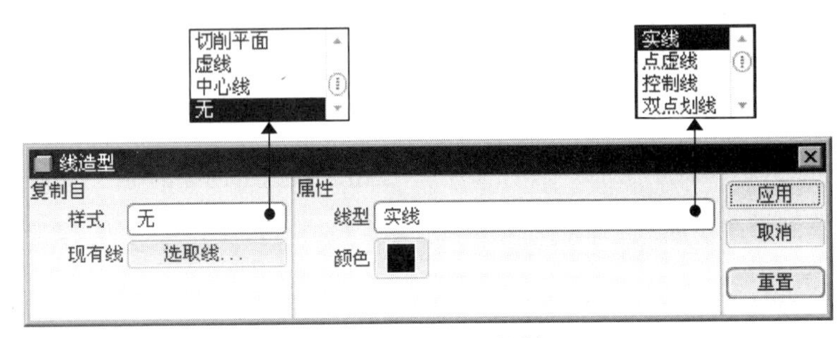

图 5.7.9 “线造型”对话框

3. 凹槽修饰特征

凹槽修饰特征（Groove）是零件表面上凹下的绘制图形，它是一种投影类型的修饰特征，通过创建草绘图形并将其投影到曲面上即可创建凹槽，凹下的修饰特征是没有定义深度的。注意：凹槽特征不能跨越曲面边界。在数控加工中，应选取凹槽修饰（Groove）特征来定义雕刻加工。

5.8 抽 壳 特 征

“抽壳”特征（Shell）是将实体的一个或几个表面移除，然后掏空实体的内部，留下一定壁厚的壳，如图 5.8.1 所示。在使用该命令时，各特征的创建次序非常重要。

下面以图 5.8.1 所示的模型为例，说明抽壳操作的一般过程。

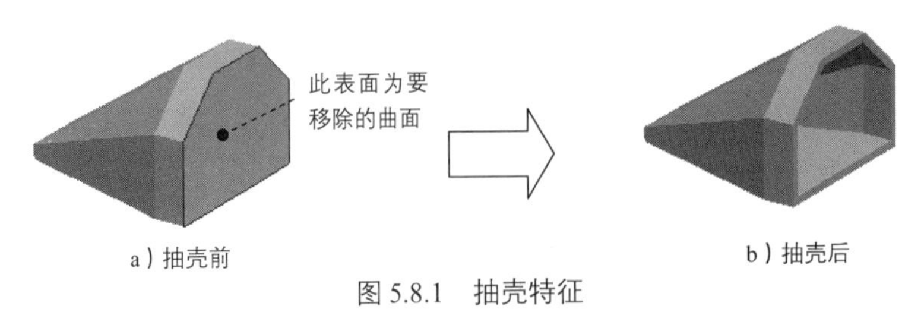

图 5.8.1 抽壳特征

步骤 01 将工作目录设置至 D:\proesc5\work\ch05.08，打开文件 shell.prt。

步骤 02 选择下拉菜单 插入(I) → 壳(L)... 命令。

步骤 03 选取抽壳时要去除的实体表面。此时，系统弹出图 5.8.2 所示的“壳”特征操控板，并且在信息区提示 ➡选取要从零件删除的曲面。，选取图 5.8.1a 中的要移除的曲面。

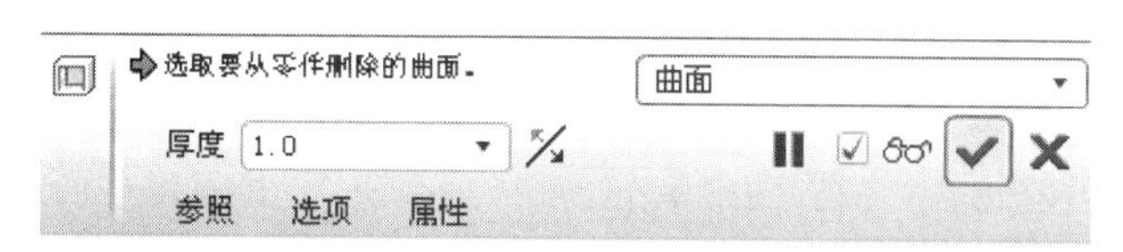

图 5.8.2　“壳”特征操控板

这里可按住 Ctrl 键，再选取其他曲面来添加实体上要移除的表面。

步骤 04 定义壁厚。在操控板的“厚度”文本框中，输入抽壳的壁厚值 1.0。

如果这里输入正值，则壳的厚度保留在零件内侧；如果输入负值，壳的厚度将增加到零件外侧。也可单击 按钮来改变内侧或外侧。

步骤 05 在操控板中单击“完成”按钮，完成抽壳特征的创建。

- 默认情况下，壳特征的壁厚是均匀的。
- 如果零件有三个以上的曲面形成的拐角，则抽壳特征可能无法实现，在这种情况下，Pro/ENGINEER 会加亮故障区。

5.9　筋特征

筋（肋）是用来加固零件的，也常用来防止出现不需要的折弯。筋（肋）特征的创建过程与拉伸特征基本相似，不同的是，筋（肋）特征的截面草图是不封闭的，筋（肋）的截面只是一条直线。

Pro/ENGINEER5.0 提供了两种筋（肋）特征的创建方法，分别是轨迹筋和轮廓筋。

下面以图 5.9.1 所示的轮廓筋特征为例，说明轮廓筋特征创建的一般过程。

步骤 01 将工作目录设置至 D:\proesc5\work\ch05.09，打开文件 rib.prt。

步骤 02 选择下拉菜单 插入(I) → 筋(I) ▸ → 轮廓筋(P)... 命令（或者单击“筋”按钮 → ），系统弹出图 5.9.2 所示的操控板，该操控板反映了轮廓筋特征创建的过程及状态。

步骤 03 定义草绘截面放置属性。

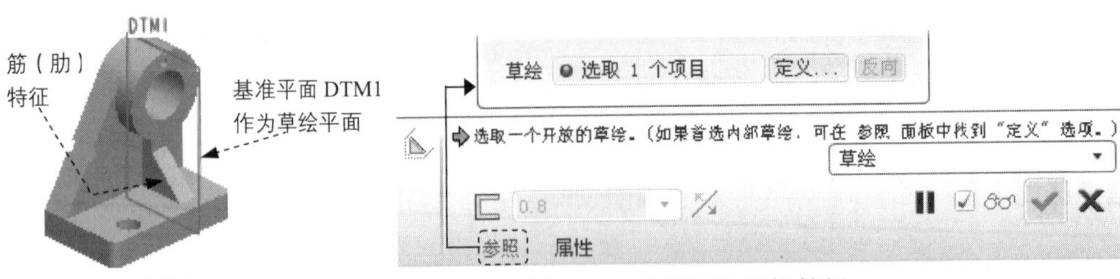

图 5.9.1　筋特征

图 5.9.2　轮廓筋特征操控板

（1）在图 5.9.2 所示的操控板的 参照 界面中单击 定义... 按钮，选取基准平面 DTM1 作为草绘平面。

（2）选取 FRONT 基准平面为参照面，方向为 右。

步骤 04 定义草绘参照。选择下拉菜单 草绘(S) ➡ 参照(R)... 命令，系统弹出“参照”对话框，选取图 5.9.3 所示的两条边线作为草绘参照，单击 关闭(C) 按钮。

步骤 05 绘制图 5.9.3 所示的筋特征截面图形。完成绘制后，单击“草绘完成”按钮✔。

步骤 06 定义加材料的方向。在模型中单击“方向”箭头，直至箭头的方向如图 5.9.4 所示。

步骤 07 定义筋的厚度值 10.0。

步骤 08 在操控板中单击“完成”按钮✔，完成筋特征的创建。

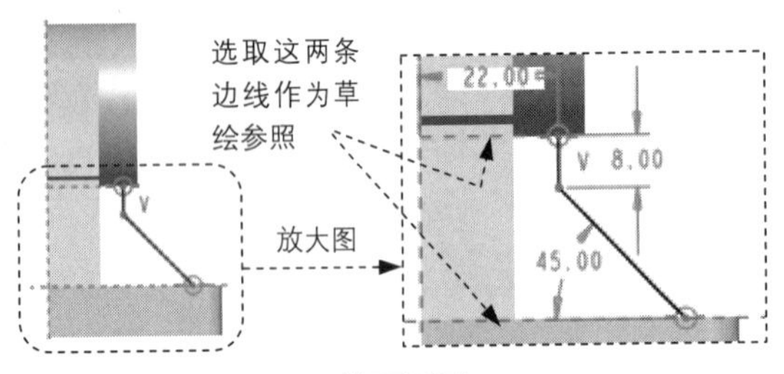

图 5.9.3　截面图形

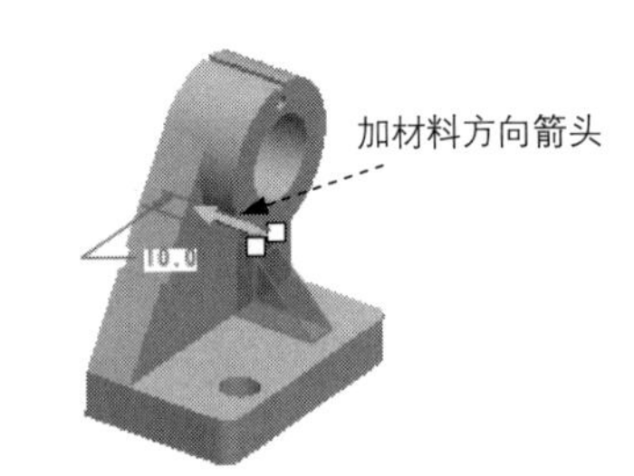

图 5.9.4　定义加材料的方向

5.10 拔模特征

注射件和铸件通常需要一个拔摸斜面才能顺利脱模，Pro/ENGINEER 的拔摸（斜度）特征就是用来创建模型的拔摸斜面。下面先介绍有关拔模的几个关键术语。

- 拔模曲面：要进行拔模的模型曲面。
- 枢轴平面：拔模曲面可绕着枢轴平面与拔模曲面的交线旋转而形成拔模斜面。
- 枢轴曲线：拔模曲面可绕着一条曲线旋转而形成拔模斜面。这条曲线就是枢轴曲线，它必须在要拔模的曲面上。
- 拔模参照：用于确定拔模方向的平面、轴和模型的边。
- 拔模方向：拔模方向总是垂直于拔模参照平面或平行于拔模参照轴或参照边。
- 拔模角度：拔模方向与生成的拔模曲面之间的角度。
- 旋转方向：拔模曲面绕枢轴平面或枢轴曲线旋转的方向。

◆ 分割区域：可对拔模曲面进行分割，然后为各区域分别定义不同的拔模角度和方向。

1. 根据枢轴平面创建不分离的拔模特征

下面讲述如何根据枢轴平面创建一个不分离的拔模特征。

步骤 01 将工作目录设置至 D:\proesc5\work\ch05.10，打开文件 draft_general.prt。

步骤 02 选择下拉菜单 插入(I) ➡ 斜度(F)... 命令，此时出现图 5.10.1 所示的“拔模”操控板。

图 5.10.1 “拔模”操控板

步骤 03 选取要拔模的曲面。选取图 5.10.2 所示的模型表面。

步骤 04 选取拔模枢轴平面。

（1）在操控板中单击图标后的 单击此处添加项目 字符。

（2）选取图 5.10.3 所示的模型表面。完成此步操作后，模型如图 5.10.3 所示。

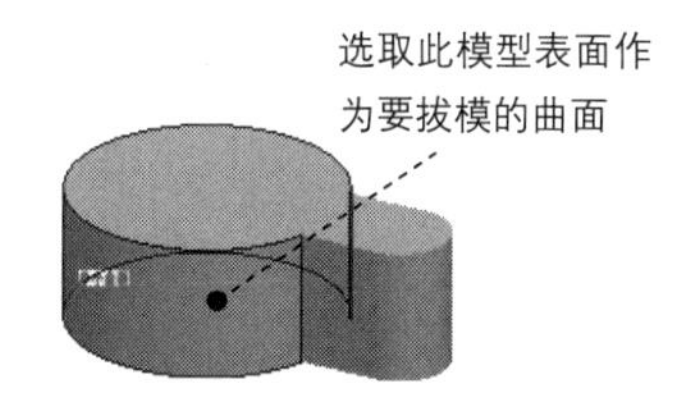

图 5.10.2 选取要拔模的曲面

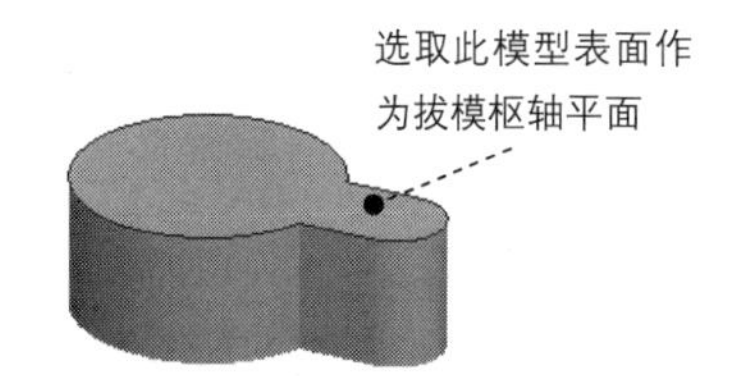

图 5.10.3 选取拔模枢轴平面

拔模枢轴既可以是一个平面，也可以是一条曲线。当选取一个平面作为拔模枢轴时，该平面称为枢轴平面；当选取一条曲线作为拔模枢轴时，该曲线称为枢轴曲线。

步骤 05 选取拔模方向参照及改变拔模方向。一般情况下不进行此步操作，因为在用户选取拔模枢轴平面后，系统通常默认以枢轴平面作为拔模参照平面（如图 5.10.4 所示）。

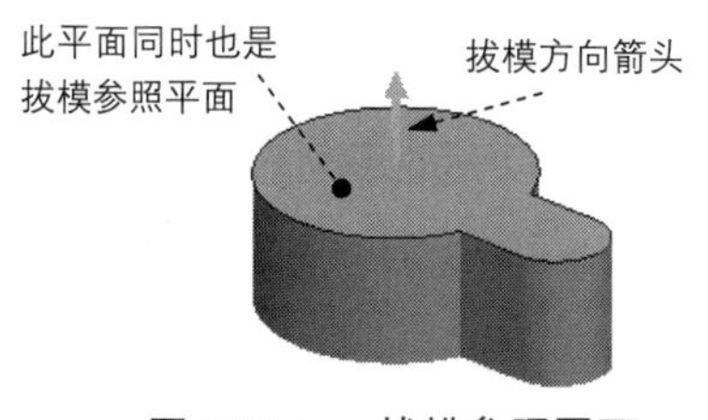

图 5.10.4 拔模参照平面

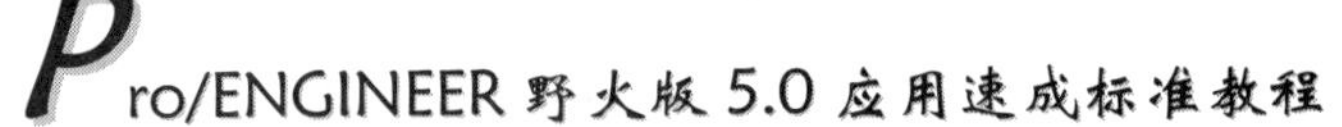

步骤 06 定义拔模角度及方向。在操控板中的文本框中输入数值 20,，并单击按钮调整拔模角的方向，如图 5.10.5 所示。

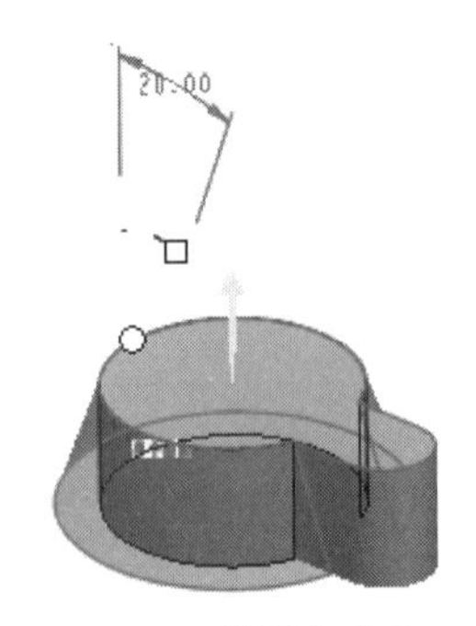

图 5.10.5　拔模角方向

步骤 07 在操控板中单击按钮，完成拔模特征的创建。

2. 根据枢轴平面创建分离的拔模特征

图 5.10.6a 所示为拔模前的模型，图 5.10.6b 所示为拔模后的模型。由该图可看出，拔模面被枢轴平面分离成两个拔模侧面（拔模 1 和拔模 2），这两个拔模侧面可以有独立的拔模角度和方向。下面以此模型为例，介绍如何根据枢轴平面创建一个分离的拔模特征。

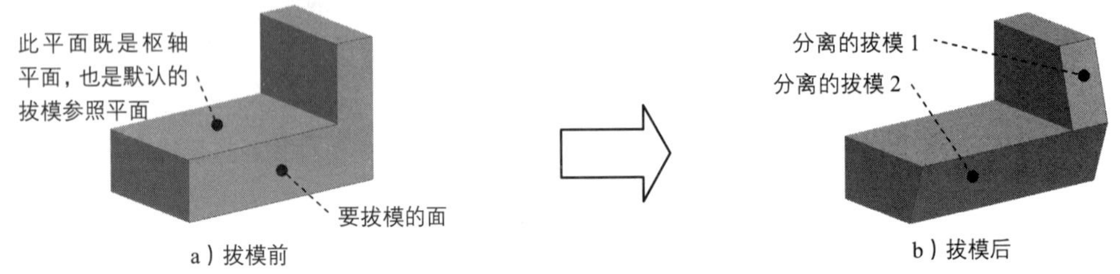

图 5.10.6　创建分离的拔模特征

步骤 01 将工作目录设置至 D:\proesc5\work\ch05.10，打开文件 draft_split.prt。

步骤 02 选择下拉菜单 插入(I) ➡ 斜度(F)... 命令，此时出现图 5.10.7 所示的“拔模”操控板。

图 5.10.7　“拔模”操控板

步骤 03 选取要拔模的曲面。选取图 5.10.8 所示的模型表面。

步骤 04 选取拔模枢轴平面。先在操控板中单击图标后的 单击此处添加项目 字符，再选取图 5.10.9 所示的模型表面。

步骤 05 采用默认的拔模方向参照（枢轴平面），如图 5.10.10 所示。

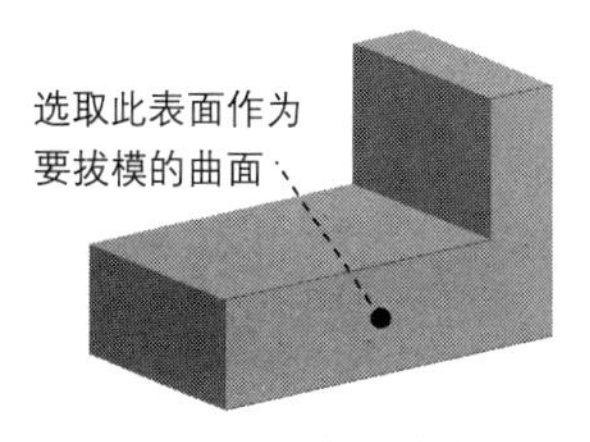

图 5.10.8　要拔模的曲面

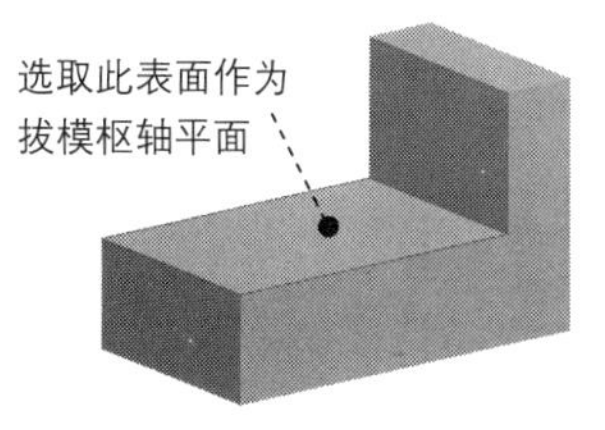

图 5.10.9　拔模枢轴平面

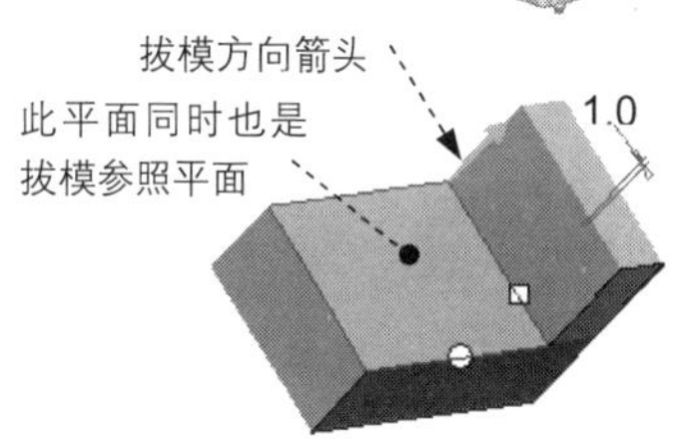

图 5.10.10　拔模参照平面

步骤 06 选取分割选项和侧选项。

（1）选取分割选项：在操控板中单击 分割 按钮，在弹出界面的 分割选项 列表框中选取 根据拔模枢轴分割 方式，如图 5.10.11 所示。

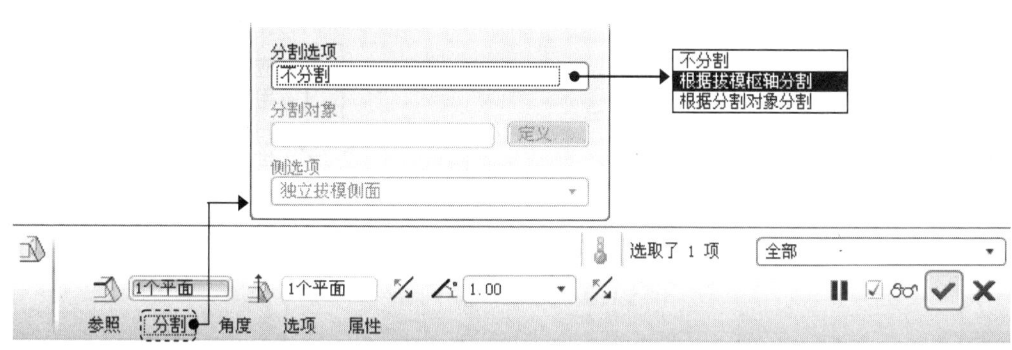

图 5.10.11　“拔模”操控板

（2）选取侧选项：在该界面的 侧选项 列表框中选取 独立拔模侧面，如图 5.10.12 所示。

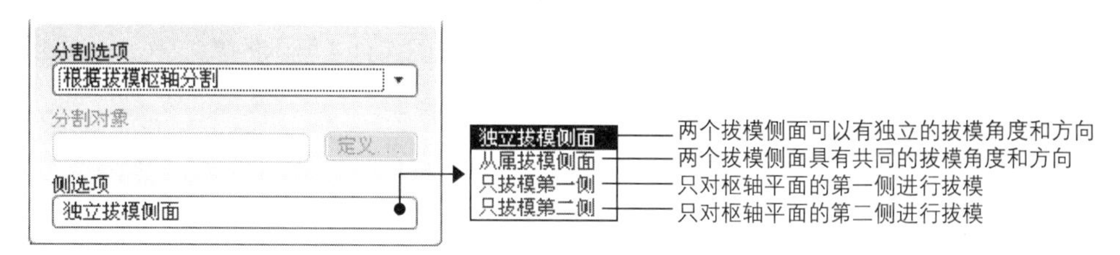

图 5.10.12　“分割”界面

步骤 07 在操控板的相应区域修改两个拔模侧的拔模角度和方向，如图 5.10.13 所示。

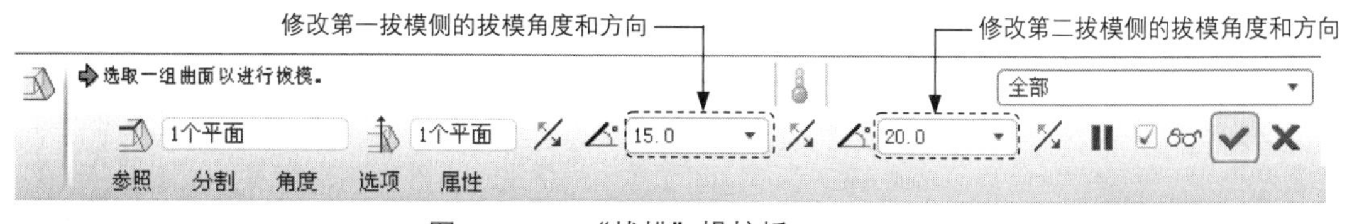

图 5.10.13　“拔模”操控板

步骤 08 单击操控板中的 ✓ 按钮，完成拔模特征的创建。

5.11 扫描特征

扫描（Sweep）特征是将一个截面沿着给定的轨迹"掠过"而生成的，所以也称为"扫掠"特征，如图5.11.1所示。要创建或重新定义一个扫描特征，必须给定两大特征要素，即扫描轨迹和扫描截面。同时创建扫描轨迹时应注意下面几点，否则扫描可能失败：对于"切口"（切削材料）类的扫描特征，其扫描轨迹不能自身相交；相对于扫描截面的大小，扫描轨迹中的弧或样条半径不能太小，否则扫描特征在经过该弧时会由于自身相交而出现特征生成失败。

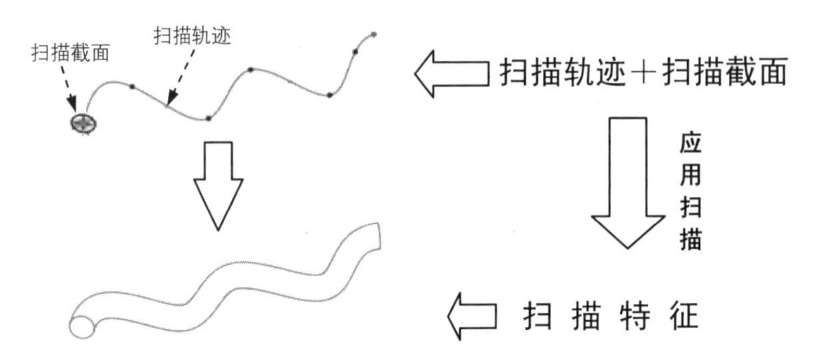

图5.11.1 扫描特征

下面以图5.11.1为例，说明创建扫描特征的一般过程。

步骤01 新建一个零件模型，将其命名为sweep。

步骤02 选择下拉菜单 插入(I) → 扫描(S) ▸ → 伸出项(P)... 命令（如图5.11.2所示）。此时，系统弹出图5.11.3所示的特征创建信息对话框，同时还弹出图5.11.4所示的▼ SWEEP TRAJ (扫描轨迹) 菜单。

图5.11.4所示▼ SWEEP TRAJ (扫描轨迹) 菜单中各命令的说明。

- Sketch Traj (草绘轨迹)：在草绘环境中草绘扫描轨迹。
- Select Traj (选取轨迹)：选取现有曲线或边作为扫描轨迹。

步骤03 定义扫描轨迹。

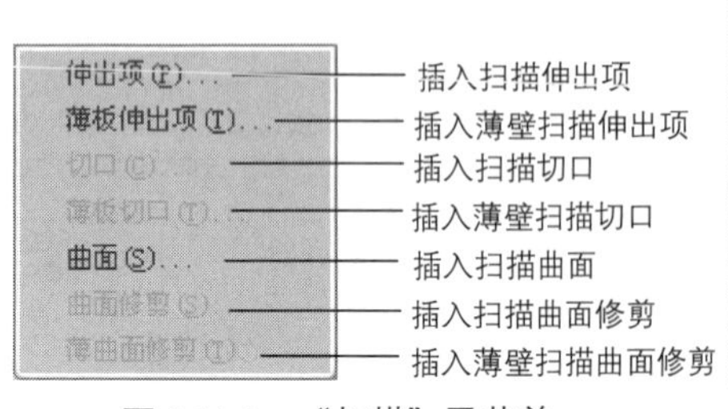

图5.11.2 "扫描"子菜单

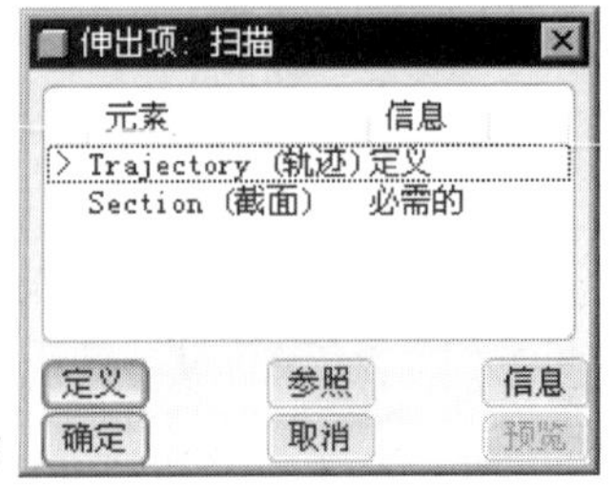

图5.11.3 信息对话框

图5.11.4 菜单管理器

（1）选择▼ SWEEP TRAJ (扫描轨迹) 菜单中的 Sketch Traj (草绘轨迹) 命令。

（2）定义扫描轨迹的草绘平面及其参照面：选择 Plane (平面) 命令，选取TOP基准平面作为草绘面；选择 Okay (确定) → Right (右) → Plane (平面) 命令，选取RIGHT基准平面作为参照面。

系统进入草绘环境。

（3）定义扫描轨迹的参照：采用系统给出的默认参照 FRONT 和 RIGHT。

（4）绘制并标注扫描轨迹，如图 5.11.5 所示。

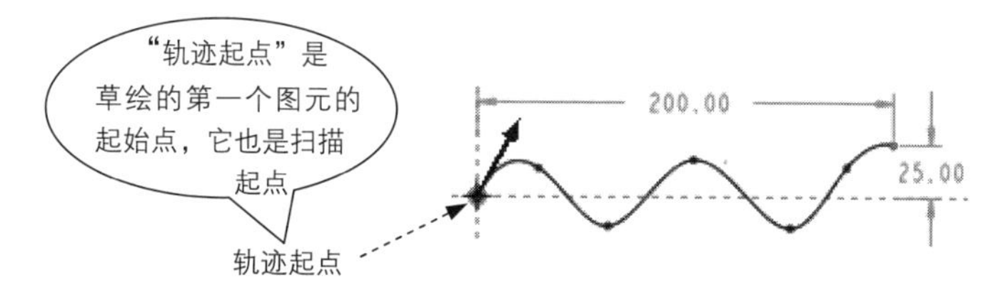

图 5.11.5　扫描轨迹

Note

现在系统已经进入扫描截面的草绘环境。一般情况下，草绘区显示的情况如图 5.11.6 左边的部分所示。此时，草绘平面与屏幕平行。前面在讲述拉伸（Extrude）特征和旋转（Revolve）特征时，都是建议在进入截面的草绘环境之前要定义截面的草绘平面，因此有的读者可能要问：“现在创建扫描特征怎么没有定义截面的草绘平面呢？”。其实，系统已自动生成了一个草绘平面。现在请读者按住鼠标中键移动鼠标，把图形调整到图 5.16.6 右边部分所示的方位，此时草绘平面与屏幕不平行。请仔细阅读图 5.11.6 中的注释，便可明白系统是如何生成草绘平面的。如果想返回到草绘平面与屏幕平行的状态，请单击工具栏中的按钮。

（5）完成轨迹的绘制和标注后，单击“草绘完成”按钮。完成以上操作后，系统自动进入扫描截面的草绘环境。

步骤 04　创建扫描特征的截面。

（1）定义截面的参照：此时系统自动以 L1 和 L2 作为参照，使截面完全放置。

这两条线为同一条线 L1（左边的为投影线），它在 RIGHT 基准平面上，并且在轨迹的起点与轨迹线垂直，显示为蓝色

FRONT

TOP

RIGHT

扫描的轨迹线　扫描的起点

这两条线为同一条线 L2（左边的为投影线），它在 TOP 基准平面上，并且在轨迹的起点与轨迹线垂直，显示为蓝色

L1 和 L2 相垂直，它们构成的平面就是扫描截面的草绘平面

图 5.11.6　查看不同的方位

L1 和 L2 虽然不在对话框中的"参照"列表区显示，但它们实际上是截面的参照。

（2）绘制并标注扫描截面的草图。

Note

在草绘平面与屏幕平行和不平行这两种视角状态下，都可创建截面草图，它们各有利弊，在图 5.11.7 所示的草绘平面与屏幕平行的状态下创建草图，符合用户在平面上进行绘图的习惯；在图 5.11.8 所示的草绘平面与屏幕不平行的状态下创建草图，一些用户虽不习惯，但可清楚地看到截面草图与轨迹间的相对位置关系。建议读者在创建扫描特征（也包括其他特征）的二维截面草图时，交替使用这两种视角显示状态，在非平行状态下进行草图的定位；在平行的状态下进行草图形状的绘制和大部分标注。但在绘制三维草图时，草图的定位、形状的绘制和相当一部分标注需在非平行状态下进行。

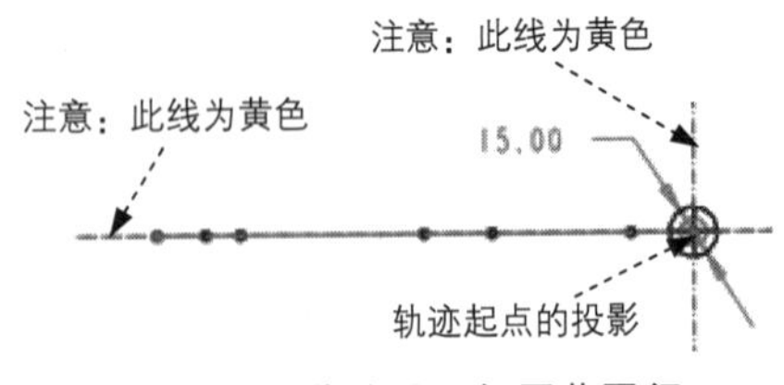

图 5.11.7　草绘平面与屏幕平行

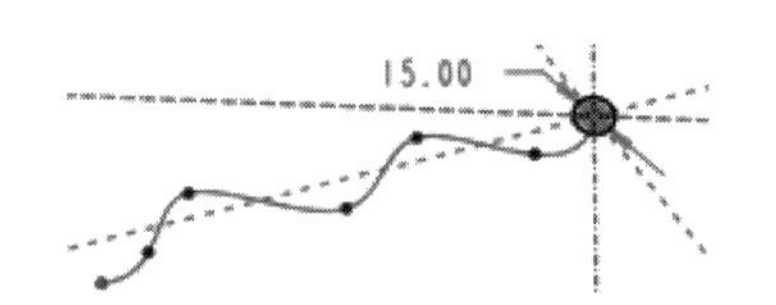

图 5.11.8　草绘平面与屏幕不平行

（3）完成截面的绘制和标注后，单击"草绘完成"按钮✓。

步骤 05 预览所创建的扫描特征。单击图 5.11.3 所示的信息对话框下部的 预览 按钮。

步骤 06 完成扫描特征的创建。单击图 5.11.3 中特征信息对话框下部的 确定 按钮，完成扫描特征的创建。

5.12　螺旋扫描特征

如图 5.12.1 所示，将一个截面沿着螺旋轨迹线进行扫描，可形成螺旋扫描（Helical Sweep）特征。这里以图 5.12.1 所示的螺旋扫描特征为例，说明创建这类特征的一般过程。

步骤 01 新建一个零件模型，将其命名为 helix_sweep。

步骤 02 选择下拉菜单 插入(I) ➡ 螺旋扫描(H) ▸ ➡ 伸出项(P)... 命令。完成此步操作后，系统弹出图 5.12.2 所示的螺旋扫描特征信息对话框和图 5.12.3 所示的 ▾ATTRIBUTES（属性）菜单，该菜单分为 A、B、C 三个部分。

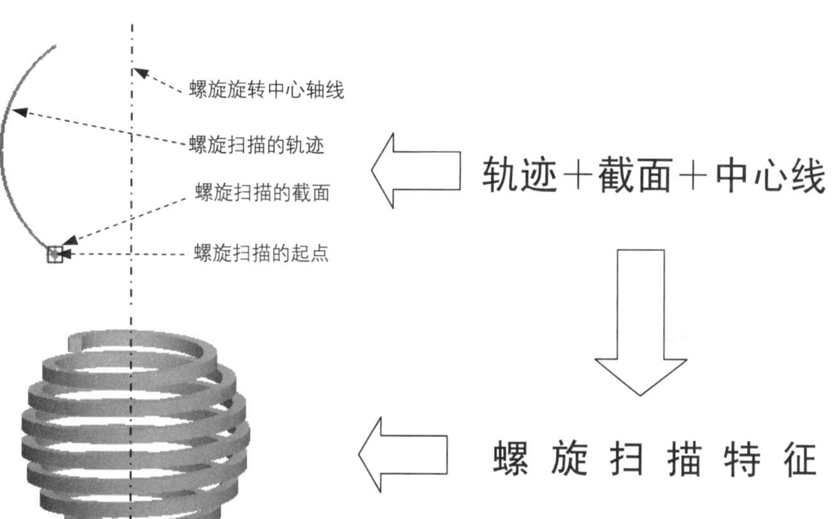

图 5.12.1 螺旋扫描特征

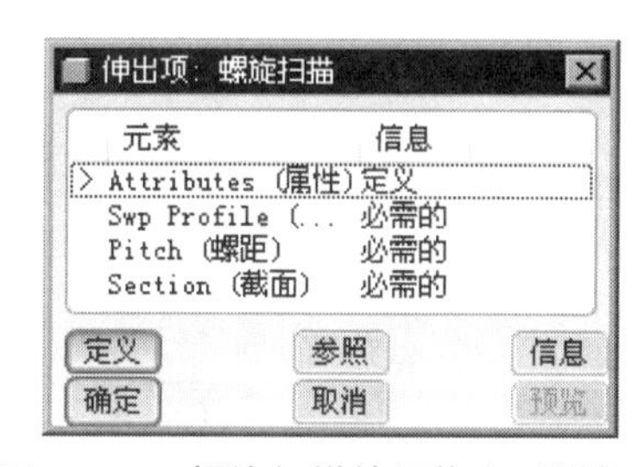

图 5.12.2 螺旋扫描特征信息对话框

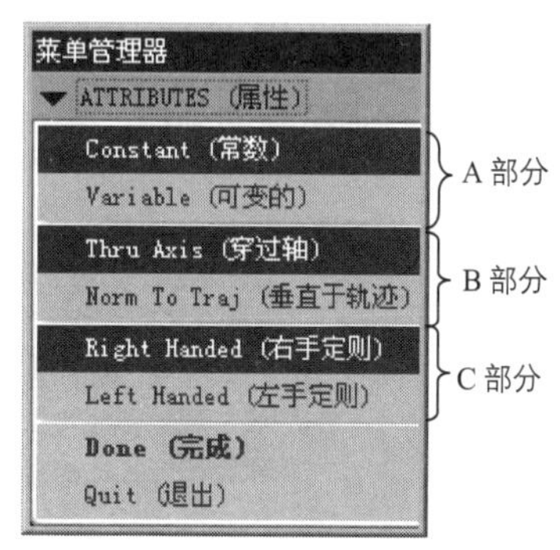

图 5.12.3 “属性”菜单

图 5.12.3 中的 ATTRIBUTES (属性) 菜单的说明。

◆ A 部分。
- Constant (常数)：螺距为常数。
- Variable (可变的)：螺距是可变的，并可由一个图形来定义。

◆ B 部分。
- Thru Axis (穿过轴)：截面位于穿过旋转轴的平面内。
- Norm To Traj (垂直于轨迹)：横截面方向垂直于轨迹（或旋转面）。

◆ C 部分。
- Right Handed (右手定则)：使用右手定则定义轨迹。
- Left Handed (左手定则)：使用左手定则定义轨迹。

步骤 03 定义螺旋扫描的属性。依次在图 5.12.3 所示的菜单中，选择 A 部分中的 Constant (常数) 命令、B 部分中的 Thru Axis (穿过轴) 命令、C 部分中的 Right Handed (右手定则) 命令，然后选择 Done (完成) 命

令。

步骤 04 定义螺旋的扫描线。

（1） 定义螺旋扫描轨迹的草绘平面及其垂直参照平面：选择 Plane（平面）命令，选取 FRONT 基准平面作为草绘平面；选择 Okay（确定） ➡ Right（右）命令，选取 RIHGT 基准平面作为参照平面。系统进入草绘环境。

Note

（2）定义扫描轨迹的草绘参照：进入草绘环境后，采用系统给出的默认参照 RIGHT 和 TOP 基准平面。

（3）绘制和标注图 5.12.4 所示的轨迹线，然后单击草绘工具栏中的“完成”按钮✔。

步骤 05 定义螺旋节距。在系统提示下输入节距值 28.0，并按回车键。

步骤 06 创建螺旋扫描特征的截面。进入草绘环境后，绘制和标注图 5.12.5 所示的截面——正方形，然后单击草绘工具栏中的“完成”按钮✔。

步骤 07 预览所创建的螺旋扫描特征。单击螺旋扫描特征信息对话框中的 预览 按钮，预览所创建的螺旋扫描特征。

步骤 08 完成螺旋扫描特征的创建。单击特征信息对话框中的 确定 按钮，至此完成螺旋扫描特征的创建。

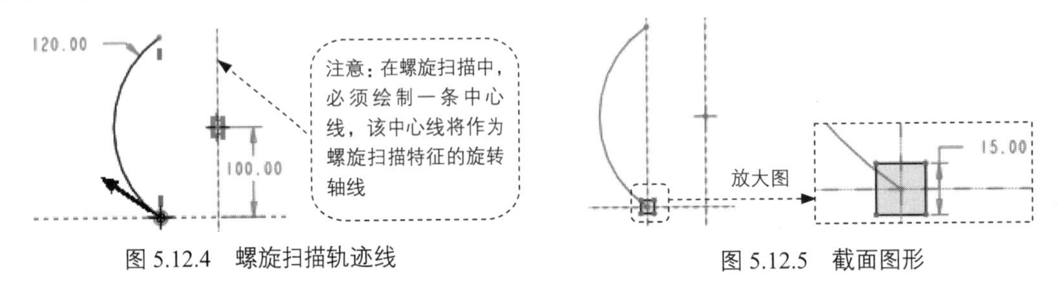

图 5.12.4　螺旋扫描轨迹线　　　图 5.12.5　截面图形

5.13 混合特征

将一组不同的截面沿其边线用过渡曲面连接形成一个连续的特征，就是混合（Blend）特征。混合特征至少需要两个截面。图 5.13.1 所示的混合特征是由三个截面混合而成的。

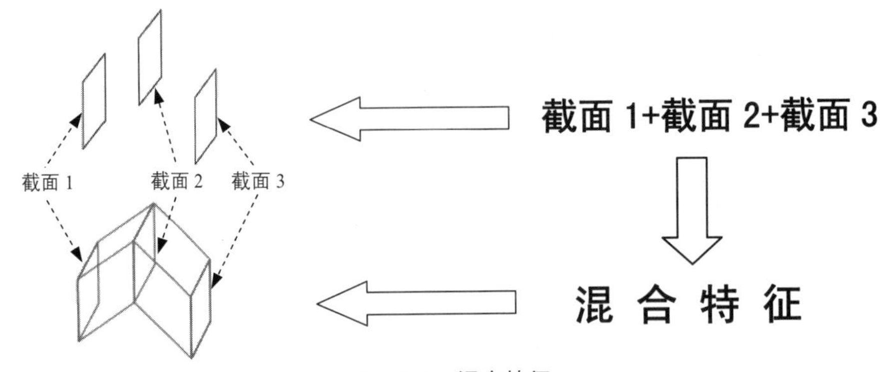

图 5.13.1　混合特征

下面以图 5.13.2 所示的平行混合特征为例，说明创建混合特征的一般过程。

步骤 01 新建一个零件模型，将其命名为 blend。

步骤 02 选择下拉菜单 插入(I) → 混合(B) ▸ → 伸出项(P)... 命令。

图 5.13.2　平行混合特征

说明：完成此步操作后，系统弹出图 5.13.3 所示的

▼ BLEND OPTS (混合选项) 菜单，该菜单分为 A、B、C 三个部分，各部分的基本功能介绍如下。

- A 部分：A 部分的作用是用于确定混合类型。
  - Parallel (平行)：所有混合截面在相互平行的多个平行平面上。
  - Rotational (旋转的)：混合截面绕 Y 轴旋转，最大角度可达 120 度。每个截面都单独草绘并用截面坐标系对齐。
  - General (一般)：一般混合截面既可以绕 X 轴、Y 轴和 Z 轴旋转，也可以沿这三个轴平移。每个截面都单独草绘，并用截面坐标系对齐。
- B 部分：B 部分的作用是用于定义混合特征截面的类型。
  - Regular Sec (规则截面)：特征截面使用截面草图。
  - Project Sec (投影截面)：特征截面使用截面草图在选定曲面上的投影。该命令只用于平行混合。
- C 部分：C 部分的作用是用于定义截面的来源。
  - Select Sec (选取截面)：选择截面图元。该命令对平行混合无效。
  - Sketch Sec (草绘截面)：草绘截面图元。

步骤 03 定义混合类型、截面类型。选择 A 部分中的 Parallel (平行) 命令、B 部分中的 Regular Sec (规则截面) 命令、C 部分中的 Sketch Sec (草绘截面) 命令，然后选择 Done (完成) 命令。

完成此步操作后，系统弹出图 5.13.4 所示的特征信息对话框，还弹出图 5.13.5 所示的 ▼ ATTRIBUTES (属性) 菜单。该菜单下面有两个命令。

- Straight (直)：用直线段连接各截面的顶点，截面的边用平面连接。
- Smooth (光滑)：用光滑曲线连接各截面的顶点，截面的边用样条曲面光滑连接。

步骤 04 定义混合属性。选择 ▼ ATTRIBUTES (属性) 菜单中的 Straight (直) → Done (完成) 命令。

步骤 05 创建混合特征的第一个截面。

（1）定义混合截面的草绘平面及其垂直参照面：选择 Plane (平面) 命令，选择 TOP 基准平面作为草绘平面；选择 Okay (确定) → Right (右) 命令，选择 RIGHT 基准平面作为参照平面。

（2）定义草绘截面的参照：进入草绘环境后，采用系统给出的默认参照 FRONT 和 RIGHT。

（3）绘制并标注草绘截面，如图 5.13.6 所示。

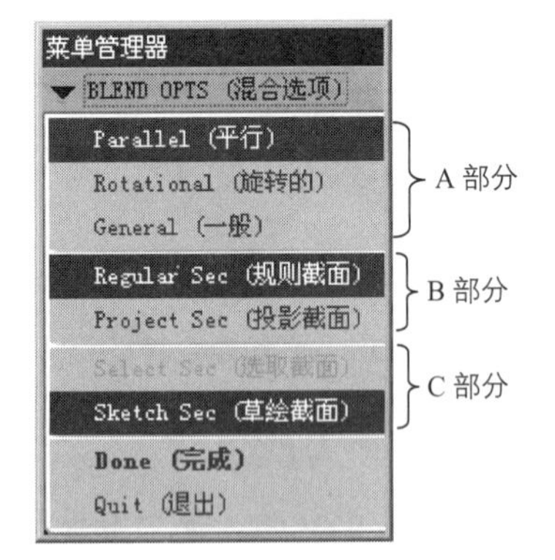

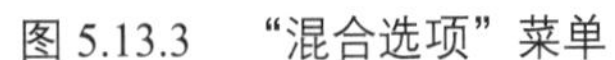

图 5.13.3 “混合选项”菜单

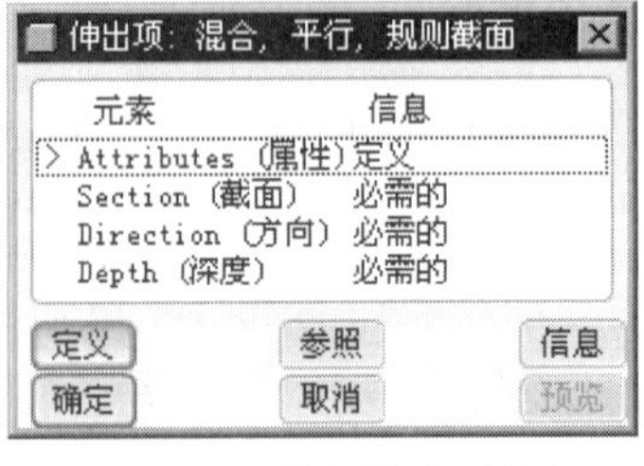

图 5.13.4 特征信息对话框

图 5.13.5 “属性”菜单

绘制两条中心线，单击□按钮绘制长方形，进行对称约束，修改、调整尺寸。

注意：草绘混合特征中的每一个截面时，Pro/ENGINEER 系统会在第一个图元的绘制起点产生一个带方向的箭头，此箭头表明截面的起点和方向。

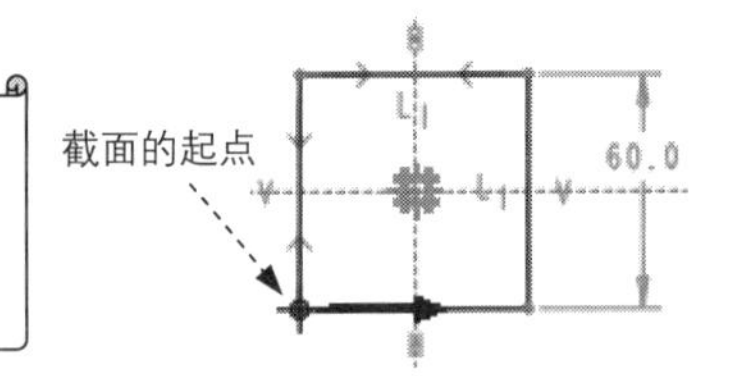

图 5.13.6 截面图形

步骤 06 创建混合特征的第二个截面。

（1）在绘图区右击，从弹出的快捷菜单中选择 切换截面(T) 命令（或选择下拉菜单 草绘(S) ➡ 特征工具(U) ➡ 切换截面(T) 命令）。

（2）绘制并标注草绘截面，如图 5.13.7 所示。

由于第二个截面与第一个截面实际上是两个相互独立的截面，所以在进行对称约束时，必须重新绘制中心线。

步骤 07 改变第二个截面的起点和起点的方向。

（1） 选择图 5.13.7 所示的点，再右击，从弹出的快捷菜单中选择 起点(S) 命令（或选择下拉菜单 草绘(S) ➡ 特征工具(U) ➡ 起点(S) 命令）。

系统默认的起始位置与草绘矩形时选择的第一顶点有关，如果截面起点位置已经处于图 5.13.7 所示的位置，则可以不用修改。改变截面的起点和方向的原因如图 5.13.7 所示。

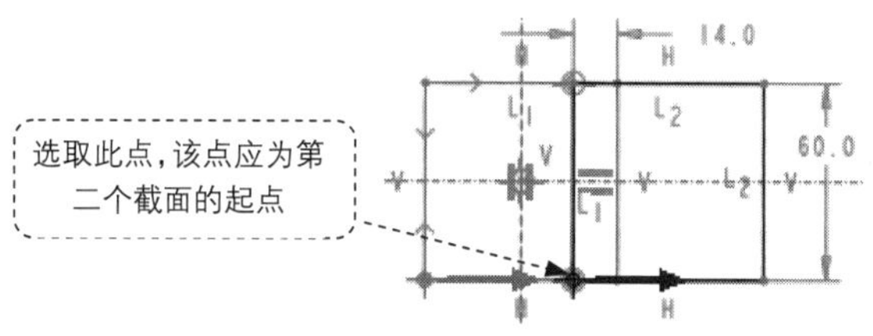

图 5.13.7　定义截面起点

（2）如果想改变箭头的方向，再右击，从弹出的快捷菜单中选择起点(S)命令。

步骤 08 创建混合特征的第三个截面。

（1）右击，从弹出的快捷菜单中选择切换截面(T)命令。

（2）绘制并标注草绘截面，如图 5.13.8 所示。

步骤 09 改变第三个截面的起点和起点的方向。

（1）选择图 5.13.8 所示的点，再右击，从弹出的快捷菜单中选择起点(S)命令（或选择下拉菜单草绘(S) → 特征工具(U) → 起点(S)命令）。

系统默认的起始位置与草绘矩形时选择的第一顶点有关，如果截面起点位置已经处于图 5.13.8 所示的位置，则可以不用修改。

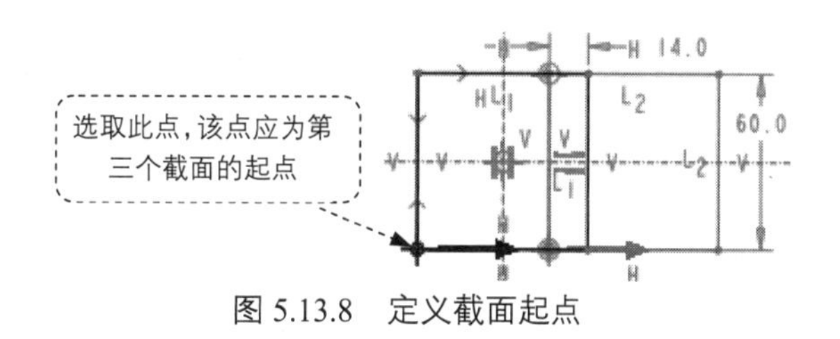

图 5.13.8　定义截面起点

（2）如果想改变箭头的方向，再右击，从弹出的快捷菜单中选择起点(S)命令。

步骤 10 完成前面的所有截面后，单击草绘工具栏中的“完成”按钮✓。

步骤 11 输入截面间的距离。

（1）在系统输入截面2的深度的提示下，输入第二截面到第一截面的距离 50.0，并按回车键。

（2）在系统输入截面3的深度的提示下，输入第三截面到第二截面的距离 50.0，并按回车键。

步骤 12 单击混合特征信息对话框中的预览按钮，预览所创建的混合特征。

步骤 13 单击特征信息对话框中的确定按钮。至此，完成混合特征的创建。

5.14 特征的编辑与操作

5.14.1 特征父子关系及模型信息

单击要编辑的特征，然后右击，在快捷菜单中选择信息命令，系统将显示图 5.14.1 所示的子菜单，通过该菜单可查看所选特征的信息、零件模型的信息和所选特征与其他特征间的父子关系。

图 5.14.2 所示为反映零件模型（link_base）中基础拉伸特征与其他特征的父子关系信息的“参照查看器”对话框。

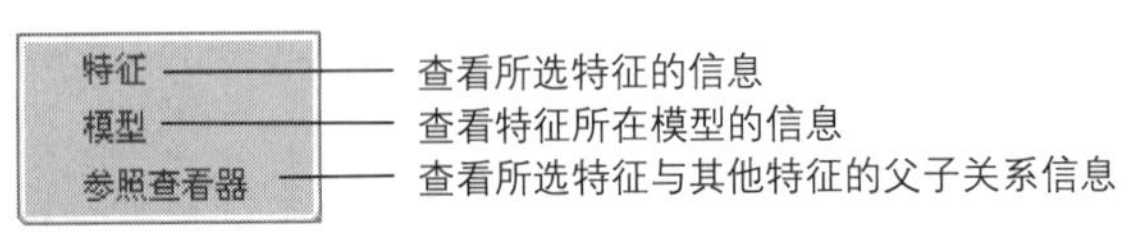

图 5.14.1　信息子菜单

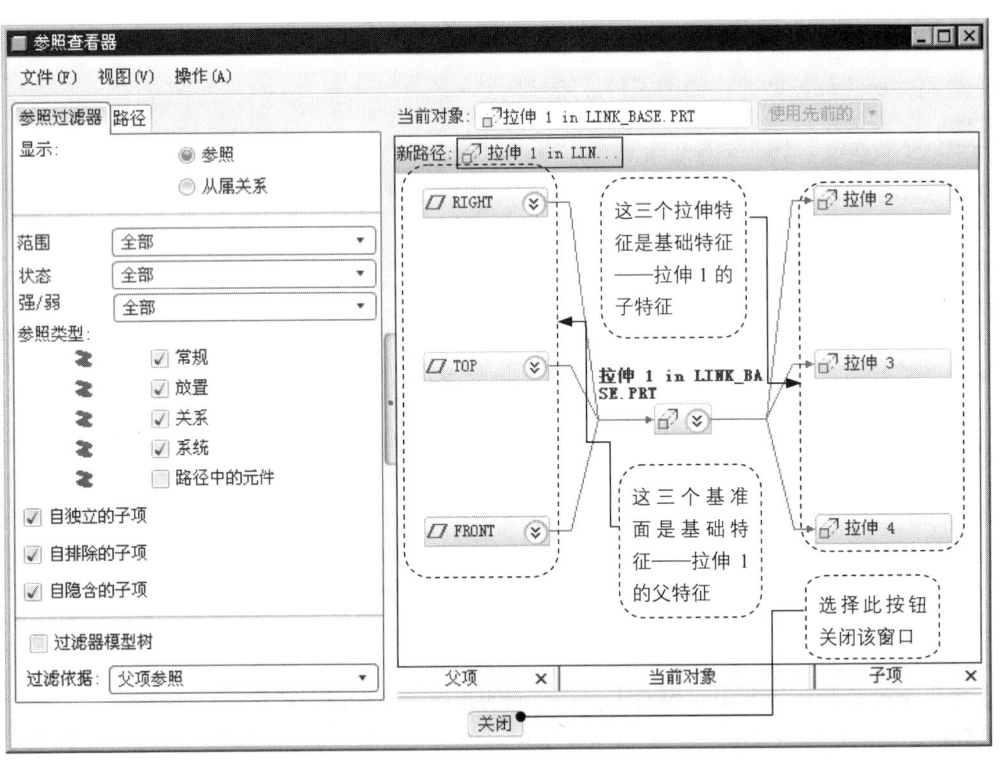

图 5.14.2　“参照查看器”对话框

5.14.2 特征（或模型）搜索

利用“搜索”功能可以在模型中按照一定的规则搜索、过滤和选取项目，这对于较复杂的模型尤为重要。选择下拉菜单 编辑(E) ➡ 查找(F)... 命令（或在工具栏中单击按钮），系统弹出图 5.14.3 所示的“搜索工具”对话框，通过该对话框可以设定某些规则来搜索模型。执行搜索后，满足搜索条件的项目将会在“模型树”窗口中加亮。如果选中了 ✓ 加亮几何(H) 命令，对象也会在图形区中加亮显示。

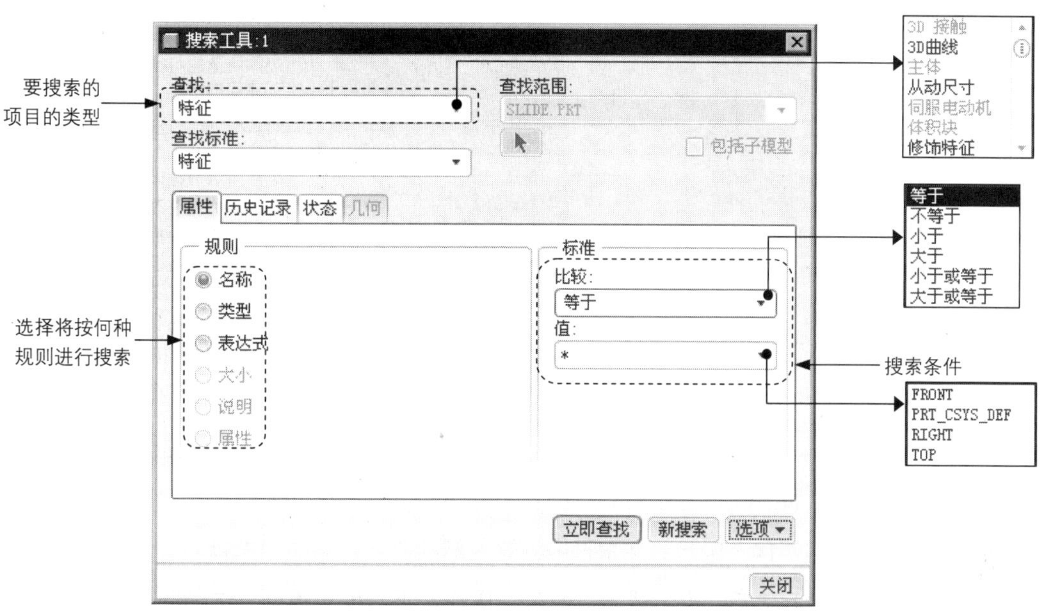

图 5.14.3　“搜索工具”对话框

5.14.3　特征的编辑

特征尺寸的编辑是指对特征的尺寸和相关修饰元素进行修改，其操作方法有两种，下面分别举例说明。

1. 进入尺寸编辑状态的两种方法

方法一：从模型树中选择编辑命令，然后进行尺寸的编辑。

步骤 01　选择下拉菜单 文件(F) → 设置工作目录(W)... 命令，将工作目录设置为 D:\proesc5\work\ch05.14。

步骤 02　选择下拉菜单 文件(F) → 打开(O)... 命令，打开文件 link_base.prt。

步骤 03　在图 5.14.4 所示的零件模型树中（如果看不到模型树，选择导航区中的  → 模型树(M) 命令），右击要编辑的特征，在图 5.14.5 所示的快捷菜单中选择 编辑 命令，此时该特征的所有尺寸都显示出来，以便进行编辑。

方法二：双击模型中的特征，然后进行尺寸的编辑。

这种方法是直接在图形区的模型上双击要编辑的特征，此时该特征的所有尺寸都会显示出来。对于简单的模型，这是修改尺寸的一种常用方法。

2. 修改特征尺寸值

通过上述方法进入尺寸的编辑状态后，如果要修改特征的某个尺寸值，则方法如下。

步骤 01　在模型中双击要修改的某个尺寸。

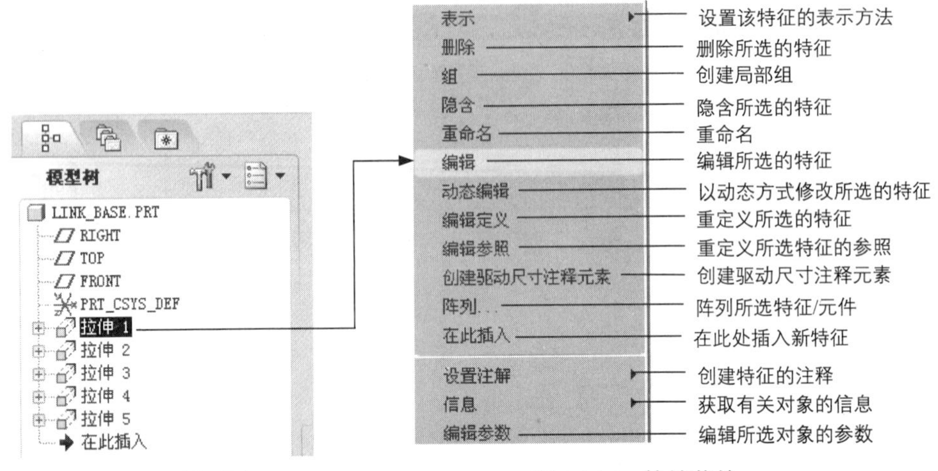

图 5.14.4　模型树　　　　图 5.14.5　快捷菜单

步骤 02　在弹出的图 5.14.6 所示的文本框中，输入新的尺寸，并按回车键。

步骤 03　编辑特征的尺寸后，必须进行“再生”操作，重新生成模型，这样修改后的尺寸才会重新驱动模型。方法是单击命令按钮或选择下拉菜单 编辑(E) → 再生(G) 命令。

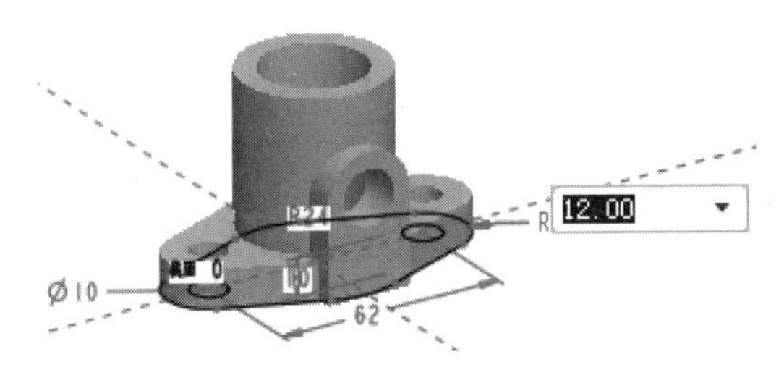

图 5.14.6　修改尺寸

3. 修改特征尺寸的修饰

进入特征的编辑状态后，如果要修改特征的某个尺寸的修饰，其一般操作过程如下。

步骤 01　在模型中右击要修改其修饰的某个尺寸。

步骤 02　在弹出的图 5.14.7 所示的快捷菜单中选择 属性... 命令，此时系统弹出 “尺寸属性”对话框。

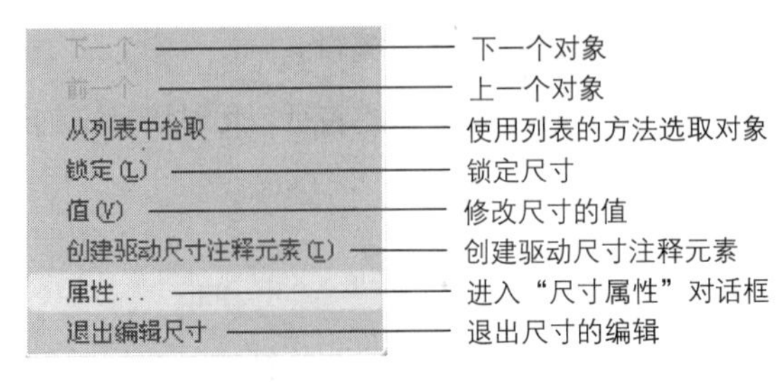

图 5.14.7　快捷菜单

步骤 03　在“尺寸属性”对话框中，可以在 属性 选项卡、显示 选项卡及 文本样式 选项卡中进行相

应修饰项的设置修改。

5.14.4　特征的编辑定义

当特征创建完毕后，如果需要重新定义特征的属性、截面的形状或特征的深度选项，就必须对特征进行“编辑定义”，也称为“重定义”。

下面以零件模型（link_base）的加强肋拉伸特征为例，说明其操作方法。

在图 5.14.4 所示的零件（link_base）的模型树中，右击实体拉伸特征（特征名为“拉伸 2”），再在弹出的快捷菜单中选择 编辑定义 命令。此时，系统弹出图 5.14.8 所示的操控板界面，按照图中所示的操作方法，可重新定义该特征的所有元素。

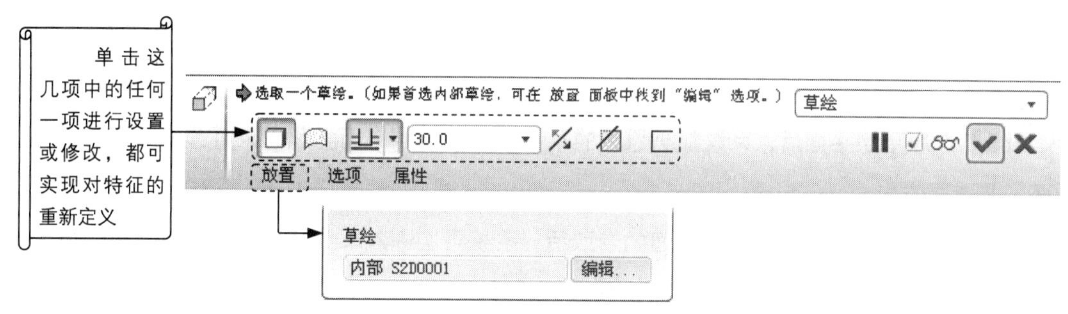

图 5.14.8　特征的操控板

1. 重定义特征的属性

在操控板中重新选定特征的深度类型和深度值及拉伸方向等属性。

2. 重定义特征的截面

步骤 01　在操控板中单击 放置 按钮，然后在弹出的界面中单击 编辑... 按钮（或者在绘图区中右击，从弹出的快捷菜单中选择 编辑内部草绘... 命令，如图 5.14.9 所示）。

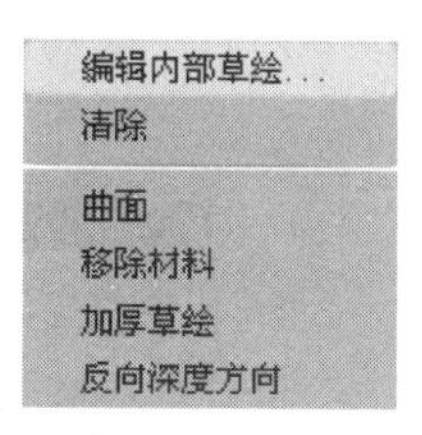

图 5.14.9　快捷菜单

步骤 02　此时，系统进入草绘环境，选择下拉菜单 草绘(S) ➡ 草绘设置... 命令，系统会弹出“草绘”对话框，其中各选项的说明如图 5.14.10 所示。

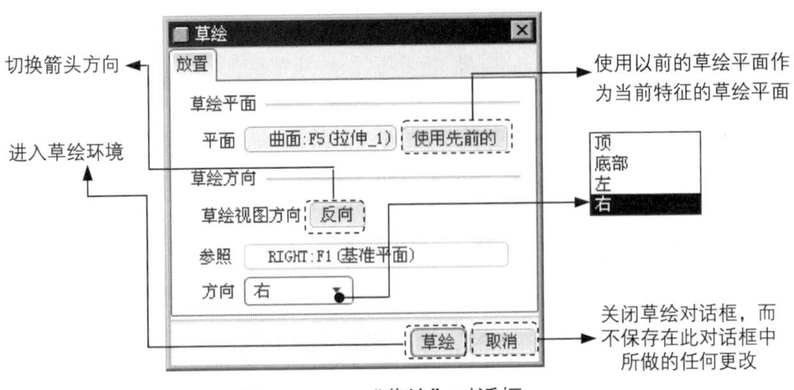

图 5.14.10 “草绘”对话框

步骤 03 此时，系统将加亮原来的草绘平面，用户可选取其他平面作为草绘平面，并选取方向。也可通过单击 使用先前的 按钮，选择前一个特征的草绘平面及参照平面。

步骤 04 选取草绘平面后，系统加亮原来的草绘平面的参照平面。此时，可选取其他平面作为参照平面，并选取方向。

步骤 05 完成草绘平面及其参照平面的选取后，系统再次进入草绘环境，可以在草绘环境中修改特征草绘截面的尺寸、约束关系和形状等。修改完成后，单击“完成”按钮✔。

5.14.5 删除特征

在图 5.14.5 所示的菜单中选择 删除 命令，可删除所选的特征。如果要删除的特征有子特征。例如，要删除模型中的基础拉伸特征（如图 5.14.11 所示），系统将弹出图 5.14.12 所示的“删除”对话框，同时，系统在模型树上加亮该拉伸特征的所有子特征。如果单击“删除”对话框中的 确定 按钮，则系统删除该拉伸特征及其所有子特征。

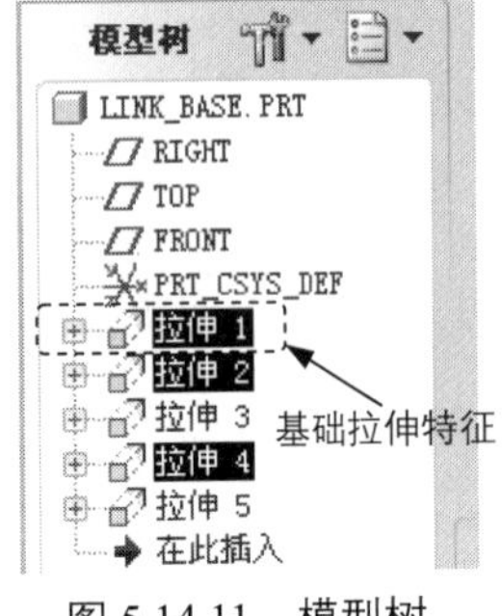

图 5.14.11 模型树

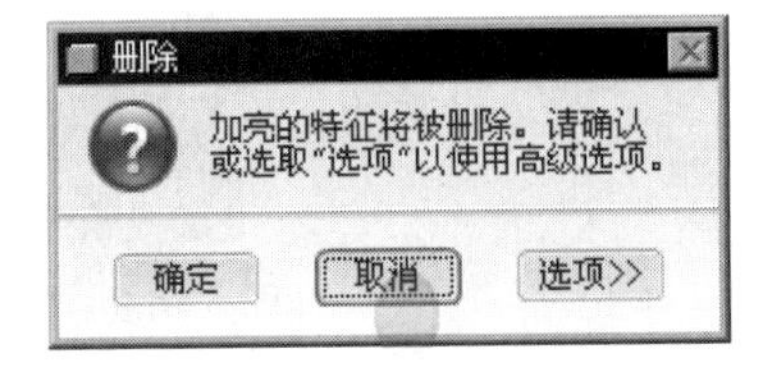

图 5.14.12 “删除”对话框

5.14.6 修改特征的名称

在模型树中，可以修改各特征的名称，其操作方法有两种，下面分别举例说明。

方法一：从模型树中选择编辑命令，然后修改特征的名称。

步骤 01　选择下拉菜单 文件(F) → 设置工作目录(W)... 命令，将工作目录设置为 D:\proesc5\ch05.14。

步骤 02　选择下拉菜单 文件(F) → 打开(O)... 命令，打开文件 link_base.prt。

步骤 03　右击图 5.14.13 所示的 拉伸 4，在弹出的快捷菜单中选择 重命名 命令，然后在弹出的文本框中输入“切削拉伸 4”，并按回车键。

方法二：缓慢双击模型树中要重命名的特征，然后修改特征的名称。

这种方法是直接在模型树上缓慢双击要重命名的特征，然后在弹出的文本框中输入名称，并按回车键确认。

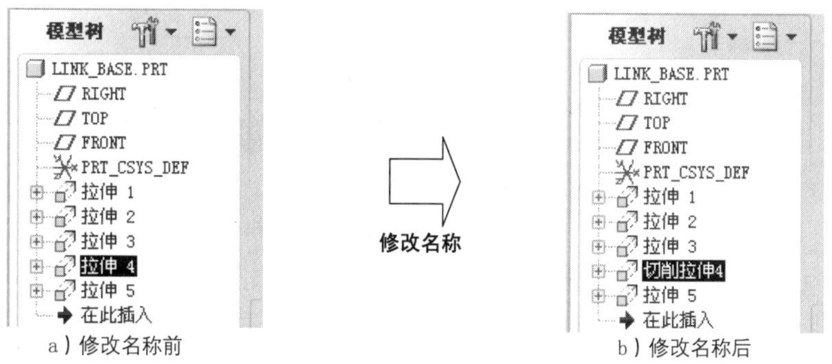

a）修改名称前　　b）修改名称后

图 5.14.13　修改特征的名称

5.14.7　特征的隐含与隐藏

1. 特征的隐含（Suppress）与恢复隐含（Resume）

“隐含”特征就是将特征从模型中暂时删除。在图 5.14.5 所示的菜单中选择 隐含 命令，即可“隐含”所选取的特征。如果要“隐含”的特征有子特征，子特征也会一同被“隐含”。类似地，在装配模块中可以“隐含”装配体中的元件。

隐含特征的作用说明如下。

- 隐含某些特征后，用户可更专注于当前工作区域。
- 隐含零件上的特征或装配体中的元件可以简化零件或装配模型，减少再生时间，加速修改过程和模型显示。
- 暂时删除特征（或元件）可尝试不同的设计迭代。

一般情况下，特征被“隐含”后，系统不在模型树上显示该特征名。如果希望在模型树上显示该特征名，可以在导航选项卡中选择 → 树过滤器(F)... 命令，系统弹出图 5.14.14 所示的“模型树项目”对话框，选中该对话框中的 ☑ 隐含的对象 复选框，然后单击 确定 按钮，这样被隐含的特征名就会显示在模型树中。注意，被隐含的特征名前有一个填黑的小正方形标记，如图 5.14.15 所示。

如果想要恢复被隐含的特征，则可在模型树中右击隐含特征名，再在弹出的快捷菜单中选择 恢复

命令，如图 5.14.16 所示。

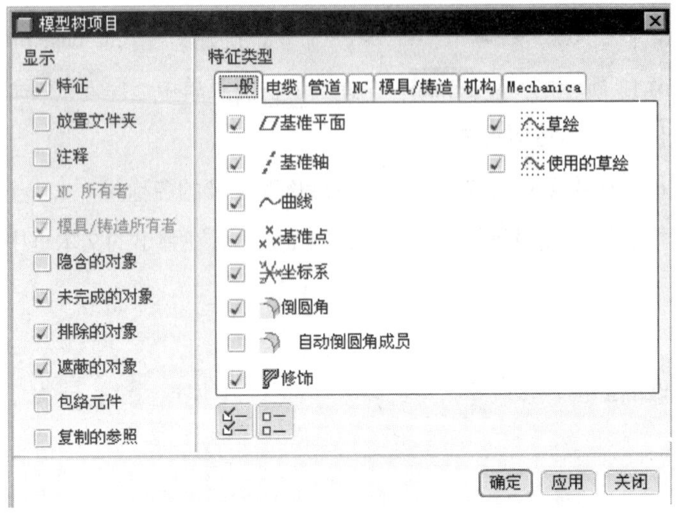

图 5.14.14　“模型树项目”对话框

2. 特征的隐藏（Hide）与取消隐藏（Unhide）

在零件模型（link_base）的模型树中，右击某些基准特征名（如 TOP 基准面），从弹出的图 5.14.17 所示的快捷菜单中选择 隐藏 命令，即可“隐藏”该基准特征，也就是在零件模型上看不见此特征，这种功能相当于层的隐藏功能。

如果想要取消被隐藏的特征，则可在模型树中右击隐藏特征名，再在弹出的快捷菜单中选择 取消隐藏 命令，如图 5.14.18 所示。

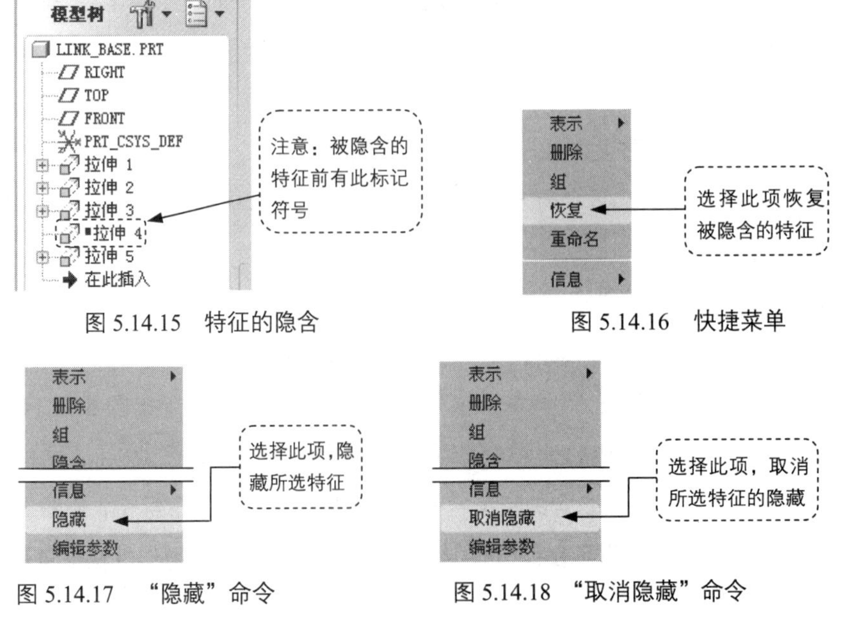

图 5.14.15　特征的隐含　　图 5.14.16　快捷菜单

图 5.14.17　“隐藏”命令　　图 5.14.18　“取消隐藏”命令

5.14.8　特征的多级撤销/重做操作

多级撤销/重做（Undo/Redo）功能，意味着在所有对特征、组件和制图的操作中，如果错误地删除、重定义或修改了某些内容，则只需一个简单的“撤销”操作就能恢复原状。

下面以一个例子进行说明。

步骤 01　新建一个零件模型，将其命名为 Undo_op.prt。

步骤 02　创建图 5.14.19 所示的拉伸特征 1。

步骤 03　创建图 5.14.20 所示的拉伸特征 2。

图 5.14.19　拉伸特征 1

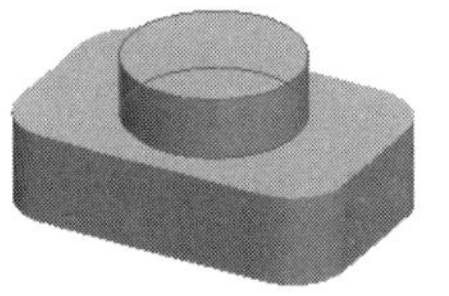

图 5.14.20　拉伸特征 2

步骤 04　删除上步创建的拉伸特征 2，然后单击两次工具栏中的（撤销）按钮，则新删除的拉伸特征 2 又恢复回来了；如果再单击工具栏中的（重做）按钮，恢复的拉伸特征 2 又被删除了。

说明：系统配置文件 config.pro 中的配置选项 general_undo_stack_limit 可用于控制撤销或重做操作的次数，默认及最大值为 50。

5.14.9　特征的重新排序及插入操作

1. 概述

当对一个零件进行抽壳时，如果各特征的顺序安排不当，抽壳特征会生成失败，有时即使能够生成抽壳，但结果也不会符合设计的要求。

可按下面的操作方法进行验证。

步骤 01　将工作目录设置至 D:\proesc5\work\ch05.14，打开文件 readjust.prt。

步骤 02　将底部圆角半径从 R3 改为 R15，然后选择下拉菜单 编辑(E) → 再生(G) 命令，会看到瓶子的底部裂开一条缝，如图 5.14.21 所示。

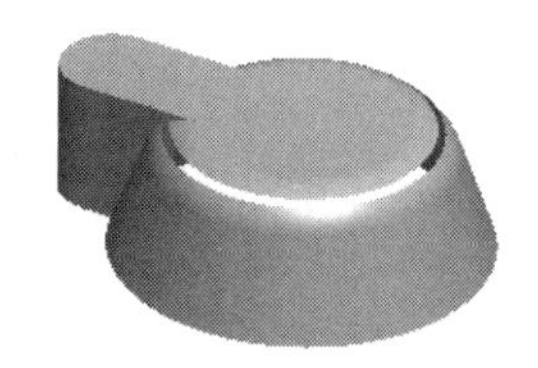

图 5.14.21　注意抽壳特征的顺序

显然，这不符合设计意图，之所以会产生这样的问题，是因为圆角特征和抽壳特征的顺序安排不当，解决办法是将圆角特征调整到抽壳特征的前面，这种特征顺序的调整就是特征的重排顺序（Reorder）。

2. 特征的重新排序

这里以前面的零件（readjust）为例，说明特征重新排序（Reorder）的操作方法。如图 5.14.22 所示，在零件的模型树中，单击“倒圆角 1”特征，按住左键不放并拖动鼠标，拖至“壳”特征的上面，然后松开左键，瓶底倒圆角特征就调整到抽壳特征的前面了。

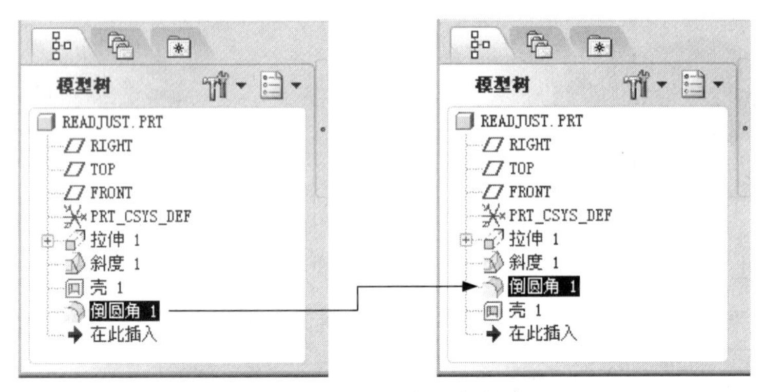

图 5.14.22 特征的重新排序

特征的重新排序（Reorder）是有条件的，条件是不能将一个子特征拖至其父特征的前面。例如，在这个例子中，不能把倒圆角特征 倒圆角 1 移到拔模特征 斜度 1 的前面，因为它们存在父子关系，该倒圆角特征是拔模特征的子特征。在创建该特征时，选取了属于拔模特征上的一条边线为参照边进行倒圆角，这样就在该特征与拔模特征间就建立了父子关系。

如果要调整有父子关系的特征顺序，就必须首先解除特征间的父子关系。解除父子关系的办法是通过将倒圆角选取的对象（模型边线或面）在模型未创建拔模特征之前进行。

3. 特征的插入操作

在上例的过程中，当重新排序完成以后，假如还要添加一个圆角特征，并要求该特征添加在模型的顶部圆角特征的前面（如图 5.14.23 所示），则利用“特征的插入”功能可以满足这一要求。下面说明其操作过程。

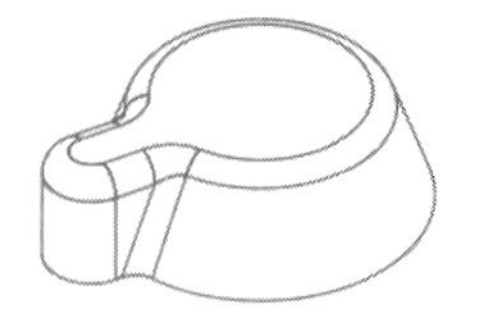

图 5.14.23 倒圆角特征

步骤 01　在模型树中，将特征插入符号➔ 在此插入 从末尾拖至倒圆角特征的前面，如图 5.14.24 所示。

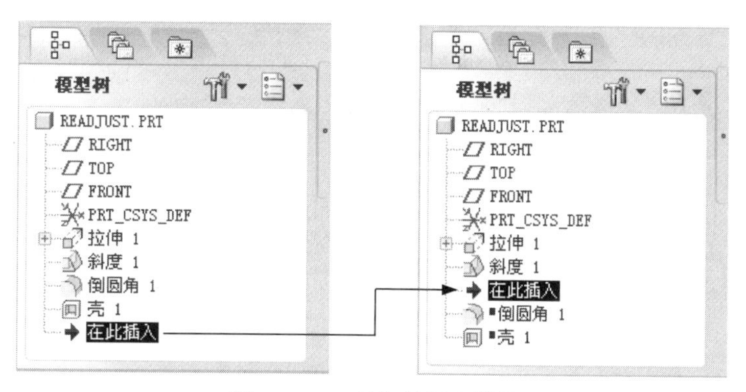

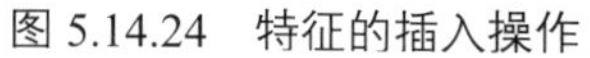
图 5.14.24　特征的插入操作

步骤 02　选择 插入(I) ➡ 倒圆角(O)... 命令，创建圆角特征，定义图 5.14.25 所示的两条边线作为要倒圆角的对象，输入半径值 8.0。

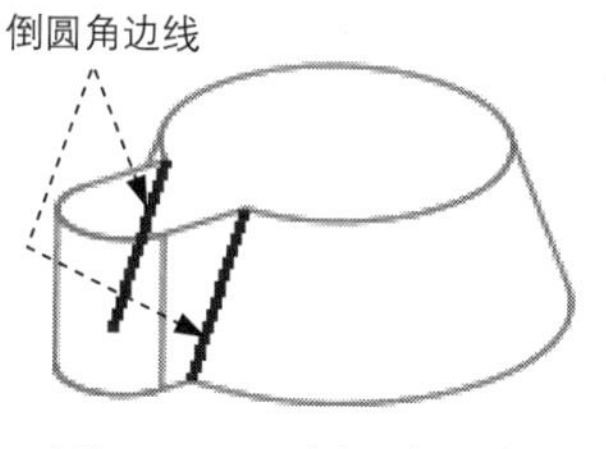

图 5.14.25　倒圆角对象

步骤 03　完成圆角的特征创建后，再将插入符号➔ 在此插入 拖至模型树的底部。

5.14.10　特征生成失败及其解决方法

1. 特征生成失败的出现

在特征创建或重定义时，由于给定的数据不当或参照的丢失，会出现特征生成失败的情况。下面就特征失败的情况进行讲解。这里还是以酒瓶（wine_bottle）为例进行说明。如果进行下列“编辑定义”操作（如图 5.14.26 所示），将会产生特征生成失败。

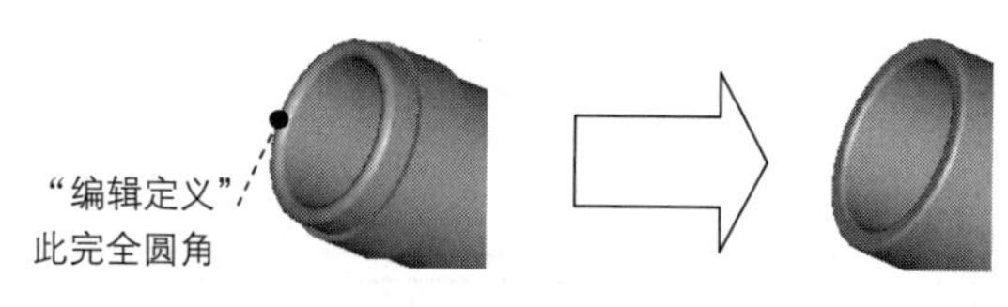

图 5.14.26　“编辑定义”圆角

步骤 01　将工作目录设置至 D:\proesc5\work\ch05.14，打开文件 wine_bottle_fail.prt。

步骤 02 在图 5.14.27 所示的模型树中，首先右击 倒圆角 1 ，然后从弹出的快捷菜单中选择 编辑定义 命令。

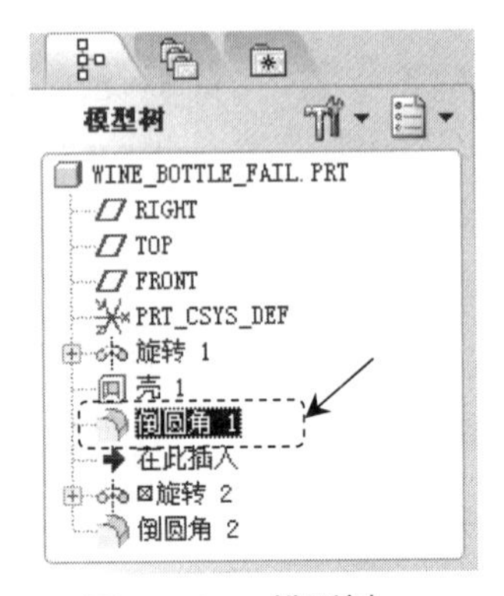

图 5.14.27　模型树

步骤 03 重新选取圆角选项。在系统弹出的图 5.14.28 所示的操控板中，单击 集 按钮；在“集”界面的 参照 栏中右击，从弹出的快捷菜单中选择 全部移除 命令（如图 5.14.29 所示）；按住 Ctrl 键，依次选取图 5.14.30 所示的瓶口的两条边线；在半径栏中输入圆角半径值 0.6，按回车键。

图 5.14.28　圆角特征操控板

步骤 04 在操控板中，单击“完成”按钮 后，系统弹出图 5.14.31 所示的“特征失败”提示对话框，此时模型树中“旋转 2”以红色高亮显示出来，如图 5.14.32 所示。因为该特征截面中的一个尺寸（5.0）的标注是以完全圆角的一条边线为参照的，重定义后完全圆角不存在，瓶口旋转特征截面的参照便丢失，所以便出现特征生成失败的情况。

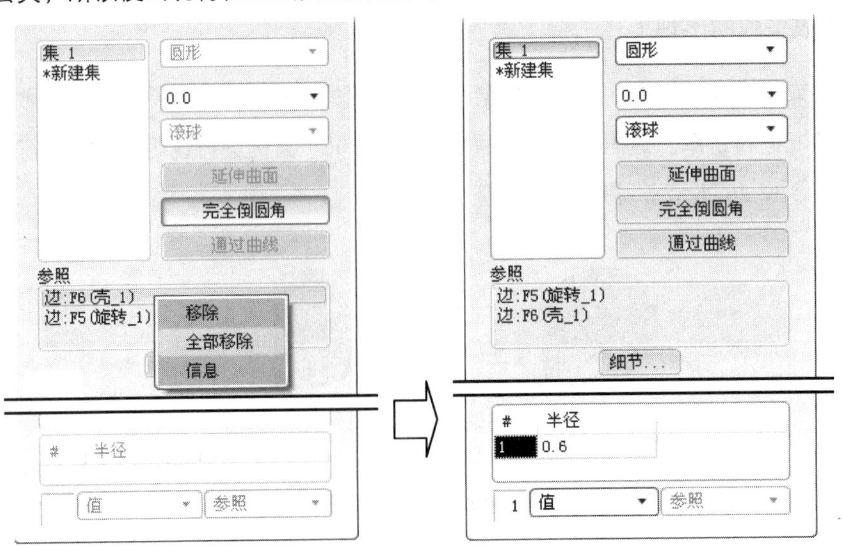

图 5.14.29　圆角的设置

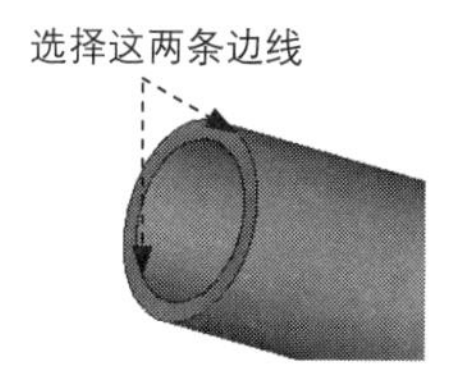

图 5.14.30 选择圆角边线

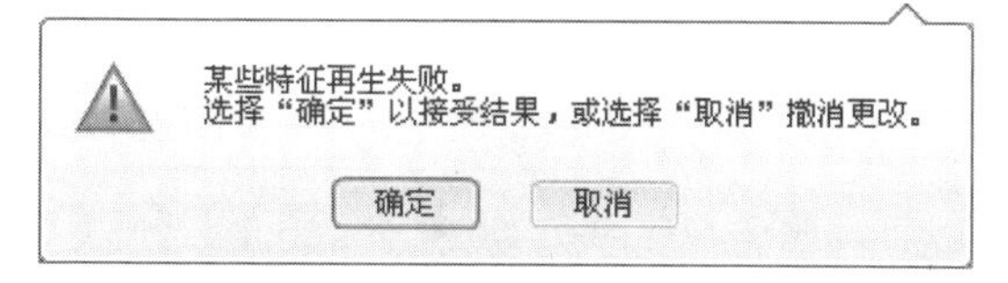

图 5.14.31 特征失败提示

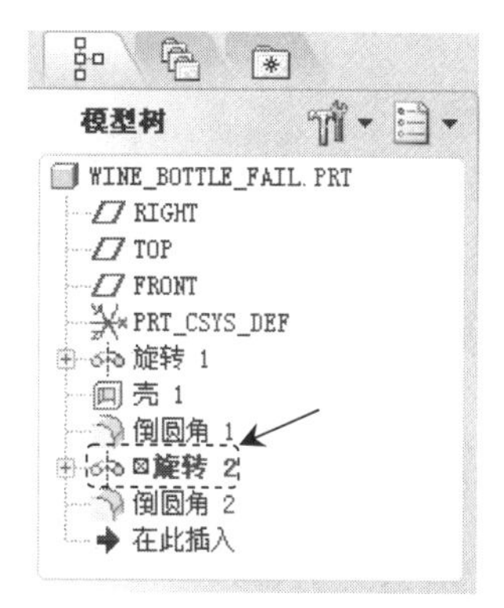

图 5.14.32 模型树

2. 特征生成失败的解决方法

（1）解决方法一：取消。

在前述的图 5.14.31 所示的特征失败提示对话框中，选择 取消 按钮。

（2）解决方法二：删除特征。

步骤 01 在前述的图 5.14.31 所示的特征失败提示对话框中，选择 确定 按钮。

步骤 02 从图 5.14.32 所示的模型树中，右击 旋转 2，在弹出的图 5.14.33 所示的快捷菜单中选择 删除 命令，在弹出的图 5.14.34 所示的删除对话框中选择 确定，删除后的模型如图 5.14.35 所示。

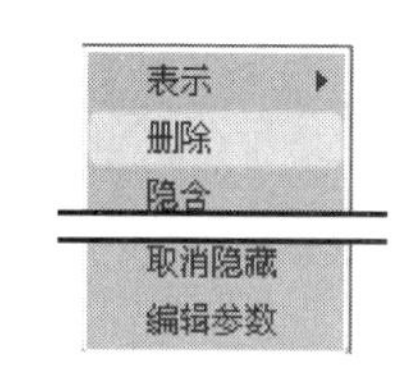

图 5.14.33 快捷菜单

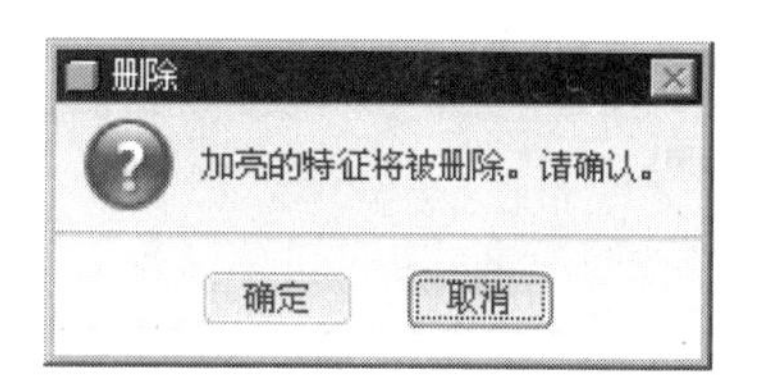

图 5.14.34 删除对话框

图 5.14.35 删除操作后的模型

- 从模型树和模型上可看到瓶口伸出项旋转特征被删除。
- 如果想找回以前的模型文件，则按如下方法操作。
  - 选择下拉菜单 窗口(W) → 关闭(C) 命令，关闭当前对话框。
  - 选择下拉菜单 文件(F) → 拭除(E) ▸ → 不显示(D) 命令，拭除不显示的内存中的文件。
  - 再次打开酒瓶模型文件 wine_bottle_fail.prt。

（3）解决方法三：重定义特征。

步骤 01 在前述的图 5.14.31 所示的特征失败提示对话框中，单击 确定 按钮。

步骤 02 从图 5.14.32 所示的模型树中，右击 旋转 2，在弹出的图 5.14.36 所示的快捷菜单中选择 编辑定义 命令，将弹出图 5.14.37 所示的旋转命令操控板。

图 5.14.36 快捷菜单

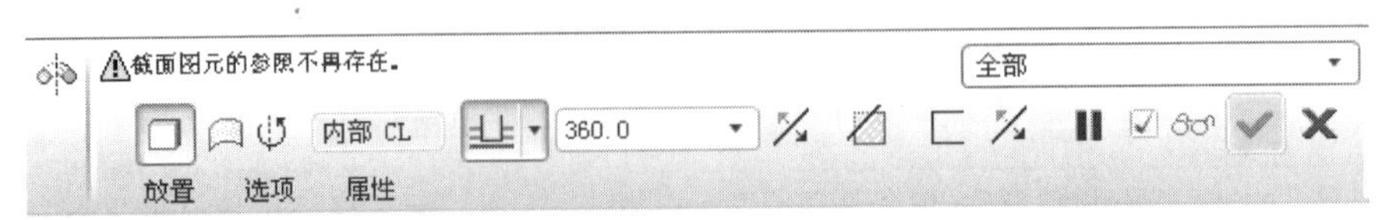

图 5.14.37 旋转命令操控板

步骤 03 重定义草绘参照并进行标注。

（1）在操控板中单击 放置 按钮，然后在弹出的菜单区域中单击 编辑... 按钮。

（2）在弹出的图 5.14.38 所示的草图“参照”对话框中，首先删除过期和丢失的参照，再选取新的参照 TOP 和 FRONT 基准平面，关闭“参照”对话框。

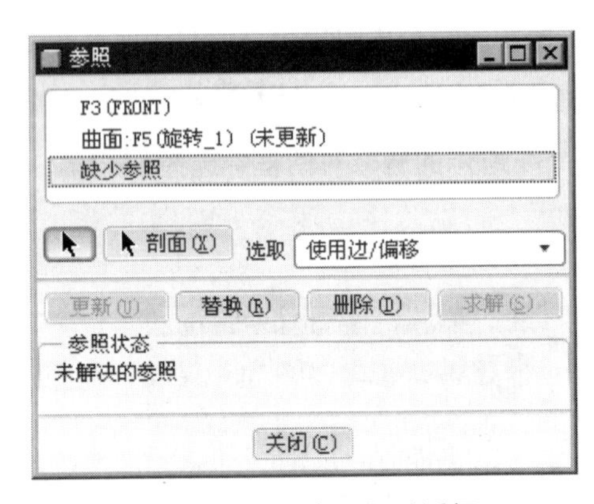

图 5.14.38 “参照”对话框

（3）在草绘环境中，相对新的参照进行尺寸标注（标注 195.0 这个尺寸），如图 5.14.39 所示。完成后，单击操控板中的 ✓ 按钮。

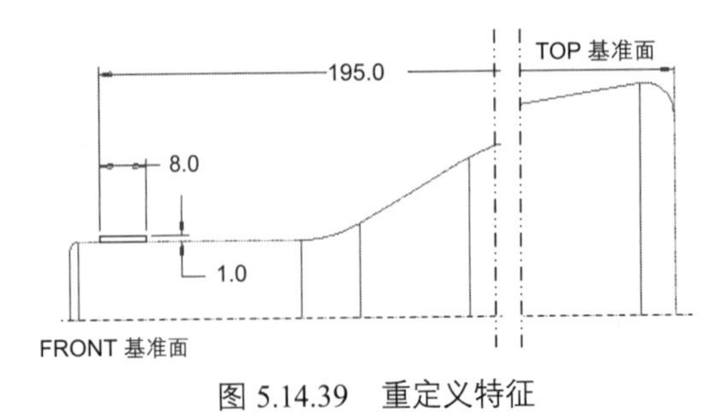

图 5.14.39 重定义特征

（4）解决方法四：隐含特征。

步骤 01　在前述的图 5.14.31 所示的特征失败提示对话框中，单击 确定 按钮。

步骤 02　在模型树中右击 旋转 2，在弹出的图 5.14.40 所示的快捷菜单中选择 隐含 命令，然后在弹出的图 5.14.41 隐含对话框中单击 确定 按钮。

图 5.14.40　快捷菜单

图 5.14.41　隐含对话框

5.15　特征的复制

特征的复制（Copy）命令用于创建一个或多个特征的副本，如图 5.15.1 所示。Pro/ENGINEER 的特征复制包括镜像复制、平移复制、旋转复制和新参考复制，下面将分别介绍它们的操作过程。

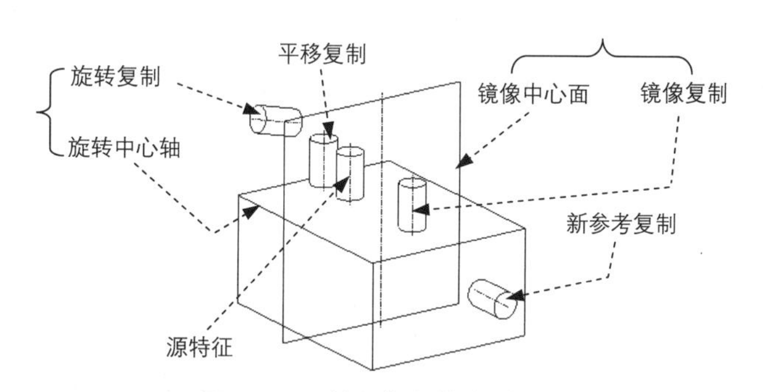

图 5.15.1　特征复制的多种方式

5.15.1　镜像复制

特征的镜像复制就是将源特征相对一个平面（这个平面称为镜像中心平面）进行镜像，从而得到源特征的一个副本。如图 5.15.2 所示，对这个圆柱体拉伸特征进行镜像复制的操作过程如下。

步骤 01　将工作目录设置至 D:\proesc5\work\ch05.15，打开文件 copy_mirror.prt。

步骤 02　选择下拉菜单 编辑(E) → 特征操作(O) 命令，系统弹出图 5.15.3 所示的菜单管理器；在菜单管理器中选择 Copy（复制）命令。

步骤 03　在图 5.15.4 所示的“复制特征”菜单中，选择 A 部分中的 Mirror（镜像）命令、B 部分中的 Select（选取）命令、C 部分中的 Independent（独立）命令、D 部分中的 Done（完成）命令。

图 5.14.4 所示的▼ COPY FEATURE（复制特征）菜单分为 A、B、C 三个部分，下面对各部分的功能分别进行介绍。

图 5.15.4 所示“复制特征”菜单的说明如下。

- ◆ A 部分的作用是用于定义复制的类型。
  - ● New Refs（新参照）：创建特征的新参考复制。
  - ● Same Refs（相同参考）：创建特征的相同参考复制。
  - ● Mirror（镜像）：创建特征的镜像复制。
  - ● Move（移动）：创建特征的移动复制。
- ◆ B 部分用于定义复制的来源。
  - ● FromDifModel（不同模型）：从不同的三维模型中选取特征进行复制。只有选择了 New Refs（新参照）命令时，该命令才有效。
  - ● FromDifVers（不同版本）：从同一三维模型的不同的版本中选取特征进行复制。该命令对 New Refs（新参照）或 Same Refs（相同参考）有效。
- ◆ C 部分用于定义复制的特性。
  - ● Independent（独立）：复制特征的尺寸独立于源特征的尺寸。从不同模型或版本中复制的特征自动独立。
  - ● Dependent（从属）：复制特征的尺寸从属于源特征尺寸。当重定义从属复制特征的截面时，所有的尺寸都显示在源特征上。当修改源特征的截面时，系统同时更新从属复制。该命令只涉及截面和尺寸，所有其他参照和属性都不是从属的。

图 5.15.2　镜像复制特征

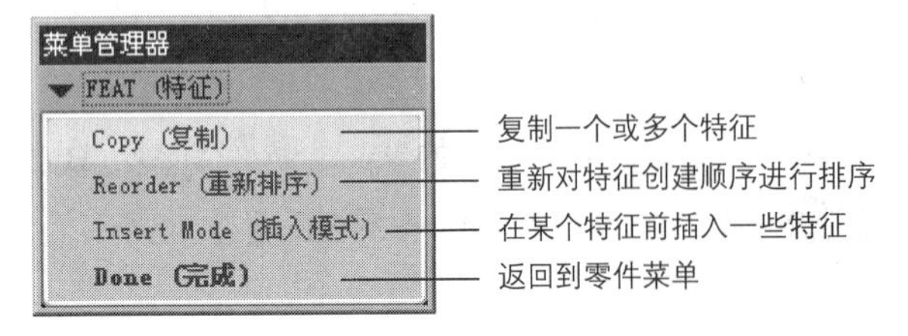

图 5.15.3　“特征”菜单

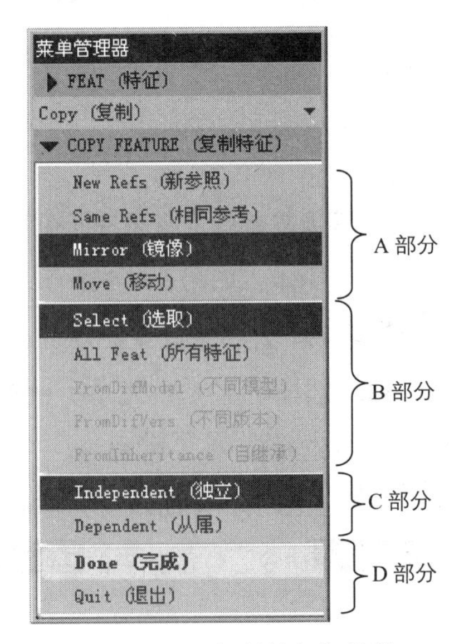

图 5.15.4　“复制特征”菜单

步骤 04 选取要镜像的特征。在弹出的图 5.15.5 所示的“选取特征”菜单中，选择Select（选取）命令，再选取要镜像复制的圆柱体拉伸特征，单击图 5.15.6 所示的“选取”对话框中的确定按钮，结束选取。

一次可以选取多个特征进行复制。

步骤 05 定义镜像中心平面。在图 5.15.7 所示的“设置平面”菜单中，选择Plane（平面）命令，再选取 RIGHT 基准平面作为镜像中心平面。

图 5.15.5　“选取特征”菜单

图 5.15.6　“选取”对话框

图 5.15.7　“设置平面”菜单

镜像还有一种快捷方式，即选取镜像的特征后，可以直接单击工具栏中的按钮。

5.15.2　平移复制

下面将对图 5.15.8 中的源特征进行平移（Translate）复制，操作步骤如下。

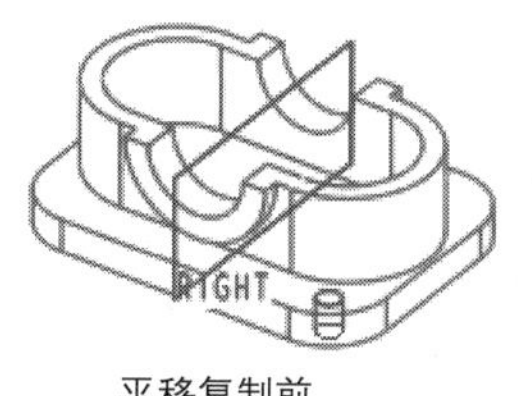

平移复制前

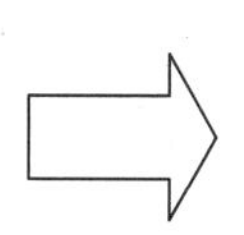

平移复制

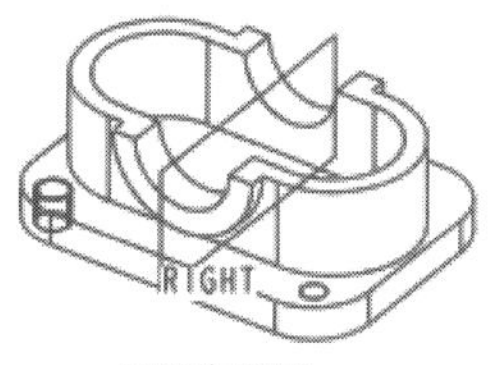

平移复制后

图 5.15.8　平移复制特征

步骤 01 将工作目录设置至 D:\proesc5\work\ch05.15，打开文件 copy_translate.prt。

步骤 02 选择下拉菜单 编辑(E) → 特征操作(O) 命令，在屏幕右侧的菜单管理器中选择 Copy（复制）命令。

步骤 03 在 COPY FEATURE（复制特征）菜单中，选择 A 部分中的 Move（移动）命令、B 部分中的 Select（选取）命令、C 部分中的 Independent（独立）命令、D 部分中的 Done（完成）命令。

步骤 04 选取要“移动”复制的源特征。在图 5.15.5 所示的“选取特征”菜单中，首先选择 Select (选取) 命令，再选取要“移动”复制的孔特征，然后选择 Done (完成) 命令。

步骤 05 选取“平移”复制子命令。在图 5.15.9 所示的“移动特征”菜单中，选择 Translate (平移) 命令。

完成本步操作后，系统弹出图 5.15.10 所示的“选取方向”菜单，其中，各命令介绍如下：

- Plane (平面)：选择一个平面，或创建一个新基准平面作为平移方向参考面，平移方向为该平面或基准平面的垂直方向。
- Crv/Edg/Axis (曲线/边/轴)：选取边、曲线或轴作为其平移方向。如果选择非线性边或曲线，则系统提示选择该边或曲线上的一个现有基准点来指定方向。
- Csys (坐标系)：选择坐标系的一个轴作为其平移方向。

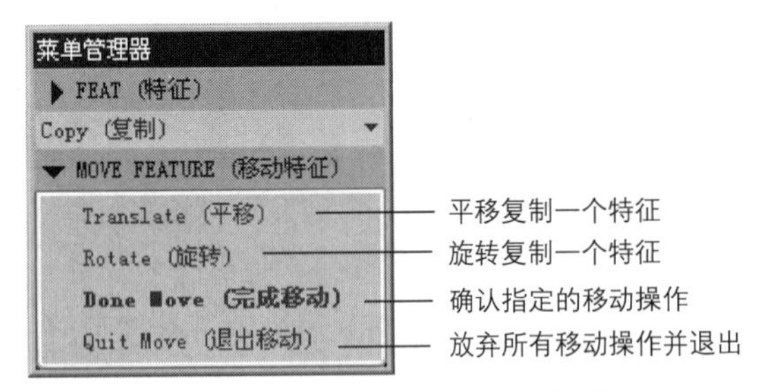

图 5.15.9 “移动特征”菜单

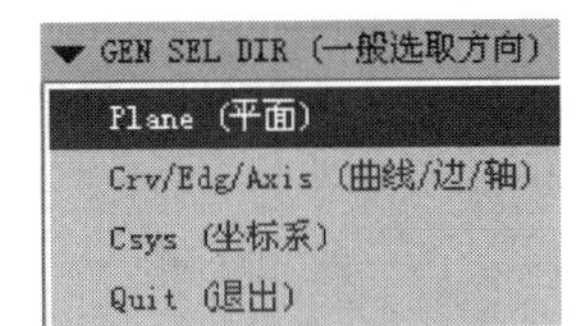

图 5.15.10 “选取方向”菜单

步骤 06 选取“平移”的方向。在图 5.15.10 所示“选取方向”的菜单中，选择 Plane (平面) 命令，再选取 RIGHT 基准平面作为平移方向参考面；此时，模型中出现平移方向的箭头（如图 5.15.11 所示），在图 5.15.12 所示的 DIRECTION (方向) 菜单中依次选择 Flip (反向) 和 Okay (确定) 命令；输入平移的距离值 70.0，并按回车键，然后选择 Done Move (完成移动) 命令。

完成本步操作后，系统弹出“组元素”对话框（如图 5.15.13 所示）和 组可变尺寸 菜单（如图 5.15.14 所示），并且模型上显示源特征的所有尺寸（如图 5.15.15 所示），当把鼠标指针移至 Dim1、Dim2 或 Dim3 时，系统就加亮模型上的相应尺寸。如果在移动复制的同时要改变特征的某个尺寸，则可从屏幕选取该尺寸或在 组可变尺寸 菜单的尺寸前面放置选中标记，然后选择 Done (完成) 命令。此时，系统会提示输入新值，输入新值并按回车键。

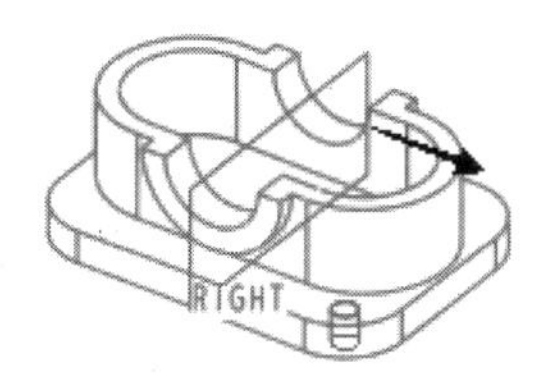

图 5.15.11　平移方向

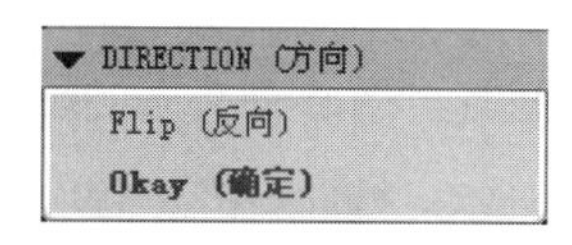

图 5.15.12　“方向”菜单

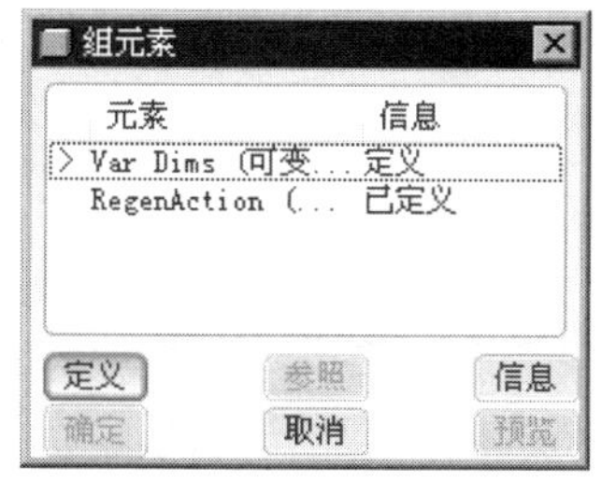

图 5.15.13　“组元素”对话框

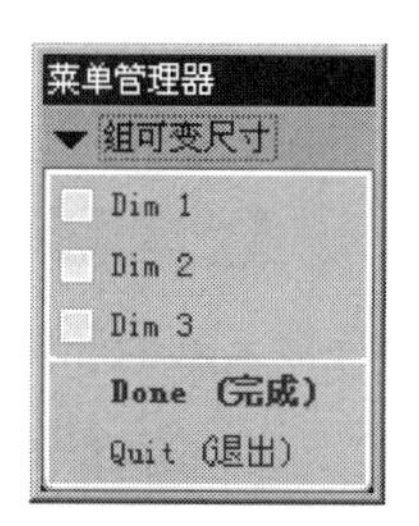

图 5.15.14　“组可变尺寸”菜单

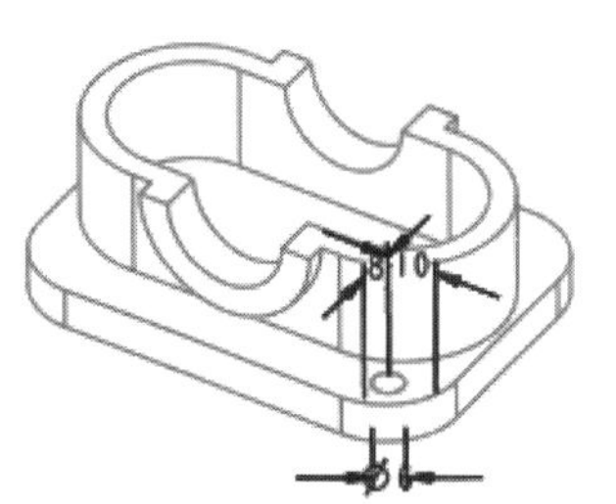

图 5.15.15　源特征尺寸

如果在复制时不想改变特征的尺寸，则可直接选择Done (完成)命令。

步骤 07 选取要改变的尺寸 Φ6.0，选择Done (完成)命令，输入新值 8.0；单击“组元素”对话框中的确定按钮，完成“平移”复制。

5.15.3　旋转复制

旋转(Rotate)复制的操作方法请参考本书 5.15.2 节的“平移”复制的操作方法，操作时注意在“移动特征”菜单中选择Rotate (旋转)命令。在选取旋转中心轴时，应首先选择Crv/Edg/Axis (曲线/边/轴)命令，然后选取轴线即可。

5.15.4　特征的新参照复制

下面将对图 5.15.16 中的源特征进行新参照（New Refs）复制，操作步骤如下。

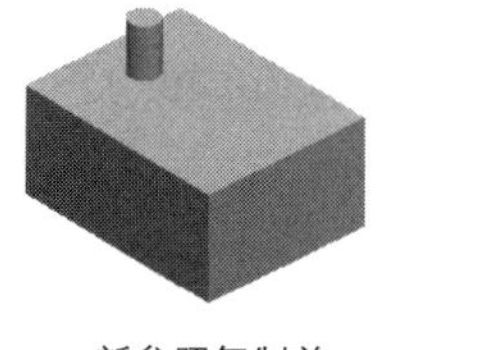

新参照复制前

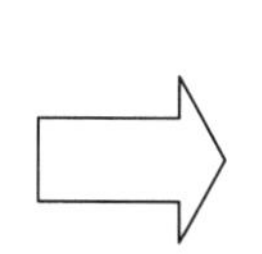

新参照复制

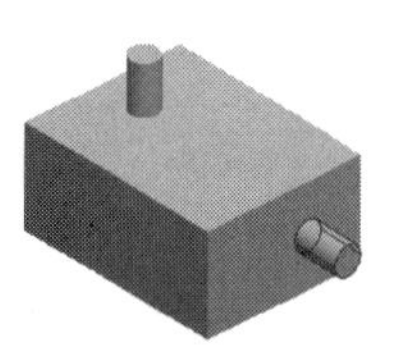

新参照复制后

图 5.15.16　新参照复制特征

步骤 01 将工作目录设置至 D:\proesc5\work\ch05.15，打开文件 newrefs_copy.prt。

步骤 02 选择下拉菜单 编辑(E) → 特征操作(O)命令，在弹出的菜单管理器中选择 Copy (复制) 命

令。

步骤 03 在图 5.15.4 所示的“复制特征”菜单中，选择 A 部分中的 New Refs (新参考) 命令、B 部分中的 Select (选取) 命令、C 部分中的 Independent (独立) 命令和 D 部分中的 Done (完成) 命令。

步骤 04 选取要“新参照”复制的源特征。在弹出的菜单中选择 Select (选取) 命令，再选取要进行新参照（New Refs）复制的圆柱体拉伸特征，然后选择 Done (完成) 命令。

Note

步骤 05 系统弹出“组元素”对话框和 ▼ 組可变尺寸 菜单，如不想改变特征的尺寸，则可直接选择 ▼ 組可变尺寸 菜单中的 Done (完成) 命令。

步骤 06 替换参照。在图 5.15.17 所示的 ▼ WHICH REF (参考) 菜单中选择 Alternate (替换) 命令，分别选取图 5.15.18 中的模型表平面或基准平面作为新的参照，详见图 5.15.18 中的注释和说明。

图 5.15.17 “参考”菜单

步骤 07 在图 5.15.19 所示的“组放置”菜单中，选择 Show Result (显示结果) 命令，可预览复制的特征。

步骤 08 在图 5.15.19 所示的“组放置”菜单中，选择 Done (完成) 命令，完成特征的复制。

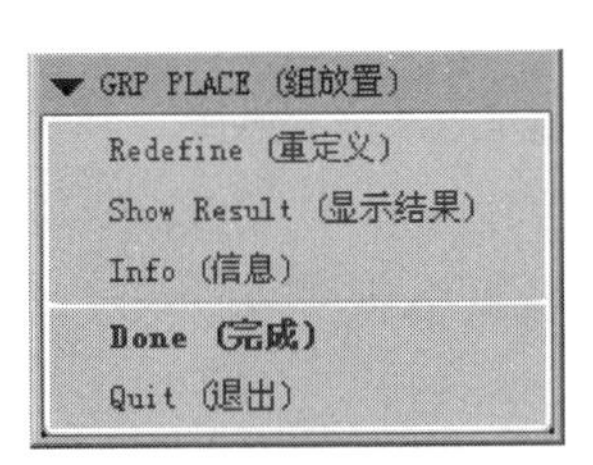

图 5.15.19 “组放置”菜单

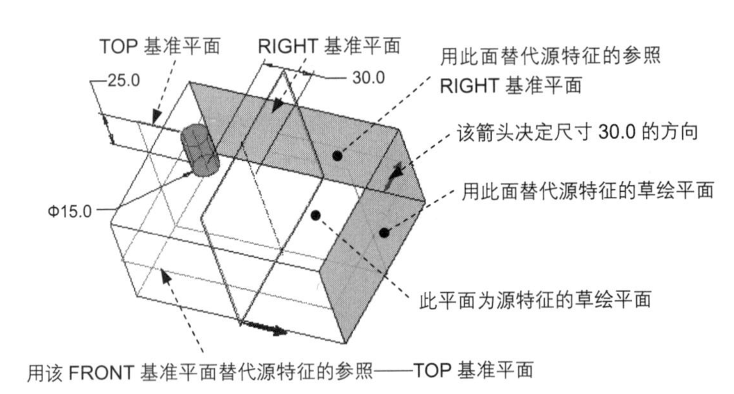

图 5.15.18 操作过程

图 5.15.17 所示的“参考”菜单中各命令的说明如下。

- Alternate (替换)：用新参照替换原来的参照。
- Same (相同)：副本特征的参照与源特征的参照相同。
- Skip (跳过)：跳过当前参照，以后可重定义参照。
- Ref Info (参照信息)：提供解释放置参照的信息。

- 在“装配”模式中使用复制命令时应注意如下几项内容。
  - 在“装配”模式中，COPY FEATURE（复制特征）菜单中的 All Feat（所有特征）命令变为灰色。不能用 Copy（复制）命令来镜像装配元件，而应该首先激活装配体，然后选择下拉菜单 插入(I) ➡ 元件(C) ➡ 创建(C)... 命令，在“元件创建”对话框中选中 子类型 中的 ◉镜像 单选按钮。
  - 一个将外部参照包含到不同装配元件中的特征，必须在含有外部参照的组件中被复制，或者在该装配中进行重新定义以取消外部参照。
- Pro/ENGINEER 自动将特征的复制副本创建组，可以用 组 命令对其进行操作。

Note

5.16　特征的成组

图 5.16.1 所示的模型中加亮的特征由两个特征组成：拉伸特征和孔特征。如果要对这个带有孔的拉伸特征进行阵列，则必须将它们归成一组，这就是 Pro/ENGINEER 中特征成组（Group）的概念（注意：欲成为一组的数个特征在模型树中必须是连续的）。

下面以此为例说明创建“组”的一般过程。

步骤 01　将工作目录设置至 D:\proesc5\work\ch05.16，打开文件 group.prt。

步骤 02　按住 Ctrl 键，在图 5.16.2a 所示的模型树中选取拉伸 3 和孔 1 特征。

步骤 03　选择下拉菜单 编辑(E) ➡ 组 命令，此时拉伸 3 和孔 1 的特征合并为 组LOCAL_GROUP（如图 5.16.2b 所示），至此完成组的创建。

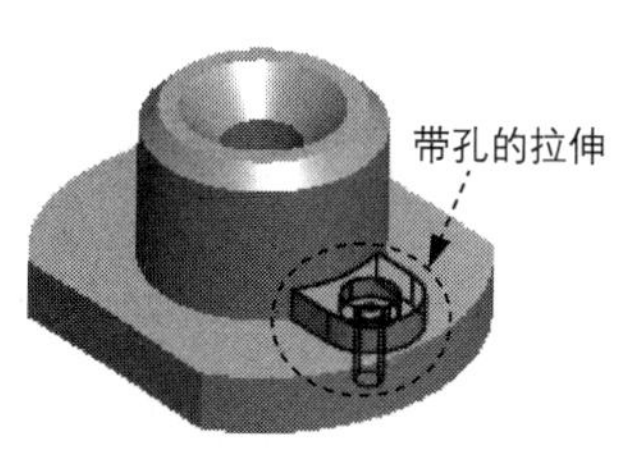

图 5.16.1　特征的成组

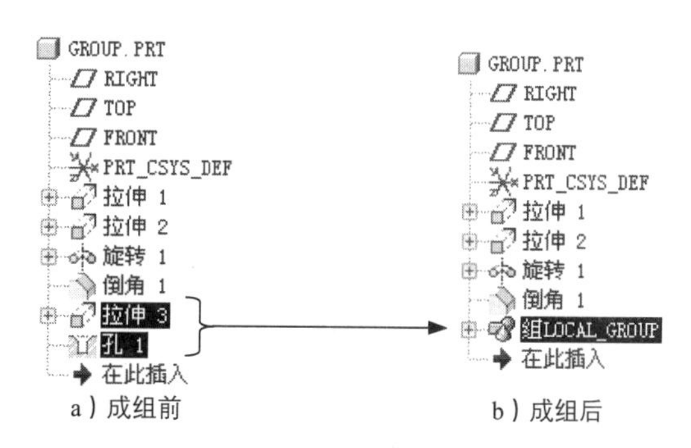

图 5.16.2　模型树

5.17 特征的阵列复制

特征的阵列（Pattern）命令用于创建一个特征的多个副本，阵列的副本称为“实例”。阵列既可以是矩形阵列，也可以是环形阵列。在阵列时，各个实例的大小也可以递增变化。下面将分别介绍其操作过程。

5.17.1 矩形阵列

下面介绍图 5.17.1 中圆柱体特征的矩形阵列的操作过程。

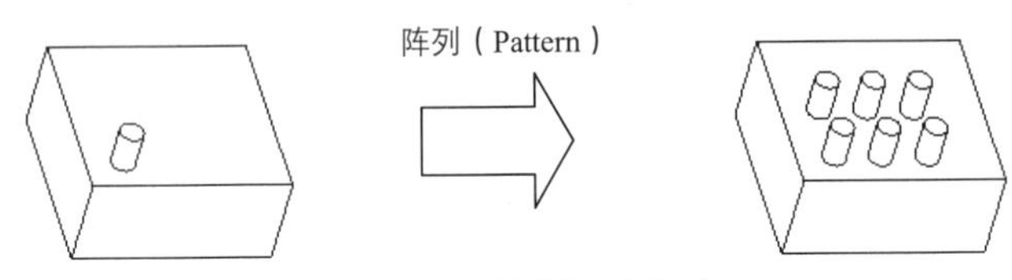

图 5.17.1 创建矩形阵列

步骤 01 将工作目录设置至 D:\proesc5\work\ch05.17，打开文件 pattern_rec.prt。

步骤 02 在模型树中选取要阵列的特征——圆柱体拉伸特征，再右击，选择 阵列... 命令（另一种方法是首先选取要阵列的特征，然后选择下拉菜单 编辑(E) ➡ 阵列(P)... 命令）。

注意：一次只能选取一个特征进行阵列，如果要同时阵列多个特征，则应预先把这些特征组成一个“组（Group）”。

步骤 03 选取阵列类型。在图 5.17.2 所示的阵列操控板的 选项 界面中单击 ▾ 选中 一般。

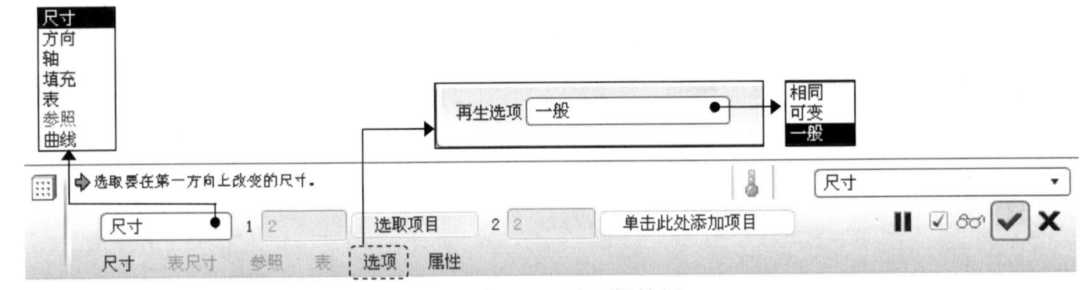

图 5.17.2 阵列操控板

说明：在图 5.17.2 所示的阵列操控板的 选项 界面中，有下面三个阵列类型选项。

- 相同 阵列的特点和要求如下。
  - 所有阵列的实例大小相同。
  - 所有阵列的实例放置在同一曲面上。
  - 阵列的实例不与放置曲面边、任何其他实例边或放置曲面以外任何特征的边相交。

例如，在图 5.17.3 所示的阵列中，虽然孔的直径大小相同，但其深度不同，所以不能用 相同 进行阵列，可用 可变 或 一般 进行阵列。

图 5.17.3　矩形阵列

◆ 可变 阵列的特点和要求如下。

- 实例大小可变化。
- 实例可放置在不同曲面上。
- 没有实例与其他实例相交。

对于“可变”阵列，Pro/ENGINEER 首先分别为每个实例特征生成几何，然后一次生成所有交截。

◆ 一般 阵列的特点如下。

系统对“一般”特征的实例不做什么要求。系统计算每个单独实例的几何，并分别对每个特征求交。可用该命令使特征与其他实例接触、自交，或与曲面边界交叉。如果实例与基础特征内部相交，即使该交截不可见，也需要进行“一般”阵列。在进行阵列操作时，为了确保阵列创建成功，建议读者优先选中 一般 按钮。

步骤 04　选择阵列控制方式。在操控板中选择以“尺寸”方式控制阵列。操控板中控制阵列的各命令说明如图 5.17.4 所示。

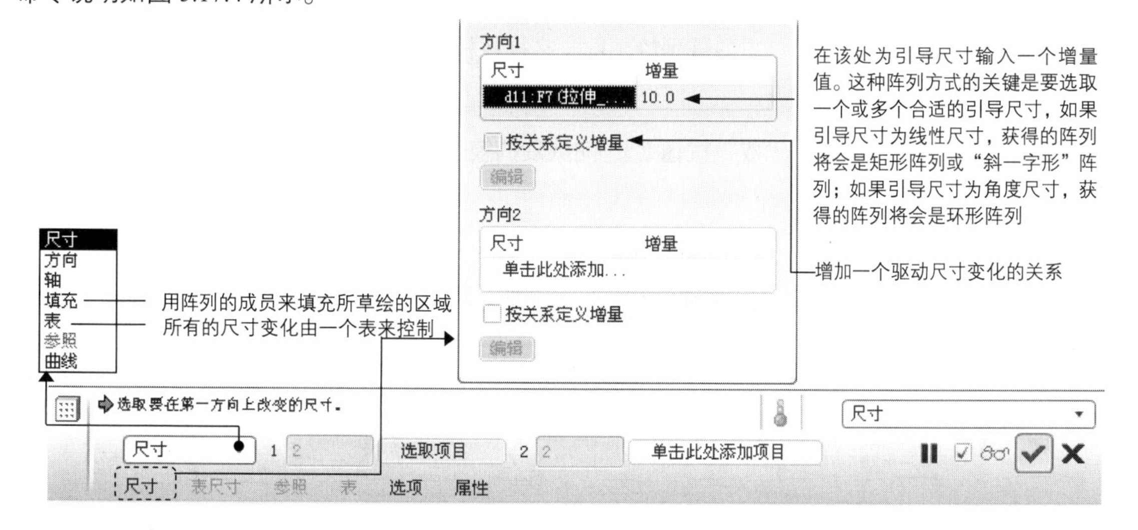

图 5.17.4　阵列操控板

步骤 05 选取第一方向、第二方向引导尺寸并给出增量（间距）值。

（1）在操控板中单击 尺寸 按钮，选取图 5.17.5 中的第一方向阵列引导尺寸 24，再在“方向 1”的“增量”文本栏中输入 30.0。

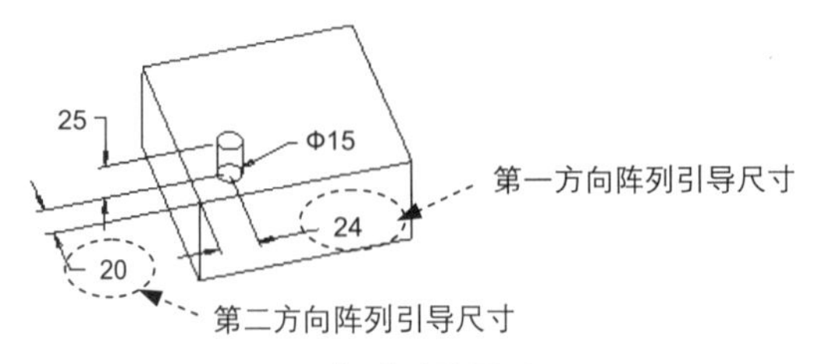

图 5.17.5　阵列引导尺寸

（2）在图 5.17.6 所示的“尺寸”界面中，单击“方向 2”区域的“尺寸”栏中的“单击此处添加...”字符，选取图 5.17.5 中的第二方向阵列引导尺寸 20，再在“方向 2”的“增量”文本栏中输入 40.0。完成操作后的界面如图 5.17.7 所示。

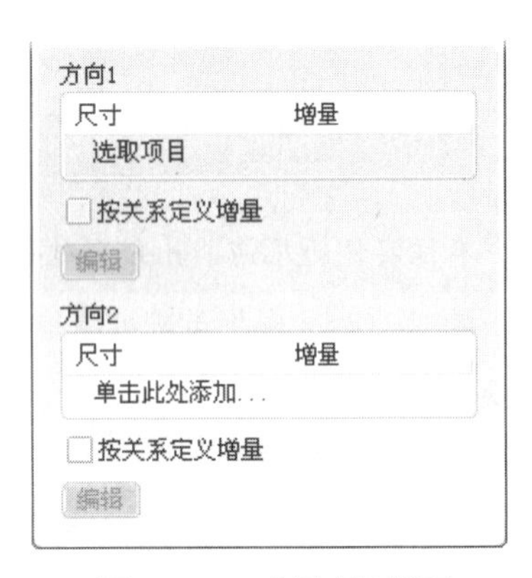

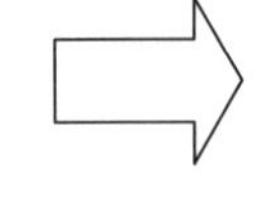

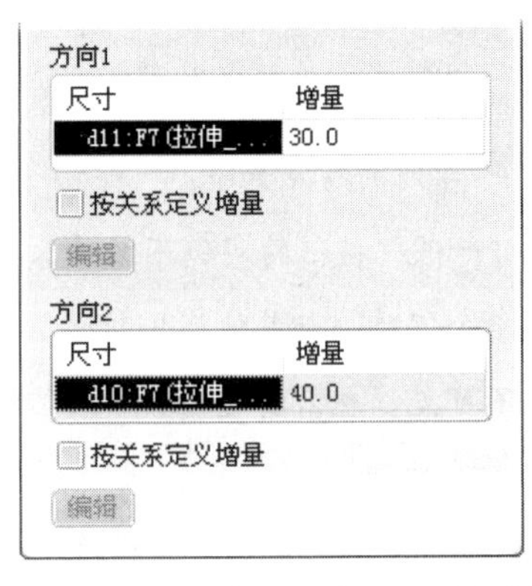

图 5.17.6　“尺寸”界面　　　图 5.17.7　完成操作后的“尺寸”界面

步骤 06 给出第一方向、第二方向阵列的个数。在操控板中的第一方向的阵列个数栏中输入 3，在第二方向的阵列个数栏中输入 2。

步骤 07 在操控板中单击“完成”按钮，完成后的模型如图 5.17.1 所示。

5.17.2　“斜一字形”阵列

下面将要创建图 5.17.8 所示的拉伸特征的“斜一字形”阵列。

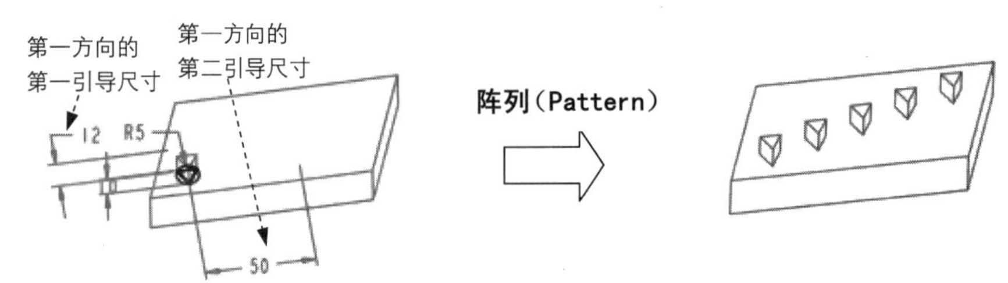

图 5.17.8　创建“斜一字形”阵列

步骤 01 将工作目录设置至 D:\proesc5\work\ch05.17，打开文件 pattern_1.prt。

步骤 02 在模型树中右击“拉伸 2”，选择 阵列... 命令。

步骤 03 选取阵列类型。在操控板中单击 选项 按钮，单击 一般 按钮。

步骤 04 选取引导尺寸，给出增量。

（1）在操控板中单击 尺寸 按钮，系统弹出“尺寸”界面。

（2）选取图 5.17.8 中第一方向的第一引导尺寸 12，按住 Ctrl 键再选取第一方向的第二引导尺寸 50；在“方向 1”的“增量”栏中输入第一个增量值为-6.0，第 2 个增量值为-20.0。

步骤 05 在操控板中的第一方向的阵列个数栏中输入 5，然后单击按钮 ✓，完成操作。

5.17.3　尺寸变化的阵列

下面将要创建图 5.17.9 所示的拉伸特征的“变化”阵列，操作过程如下。

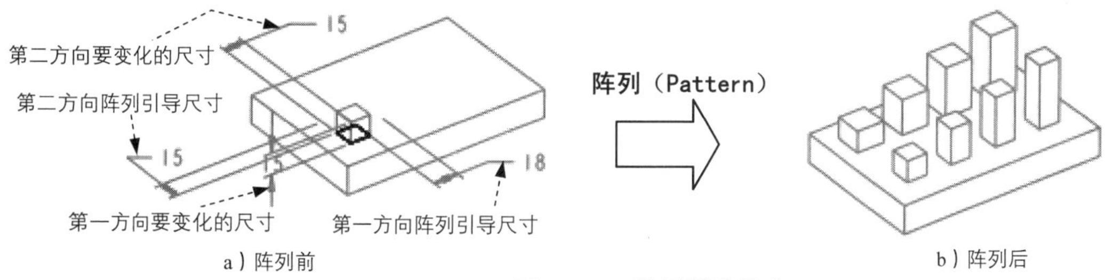

a）阵列前　　b）阵列后

图 5.17.9　阵列引导尺寸

步骤 01 将工作目录设置至 D:\proesc5\work\ch05.17，打开文件 pattern_dim.prt。

步骤 02 在模型树中右击“拉伸 2”，选择 阵列... 命令。

步骤 03 选取阵列类型。在操控板的 选项 界面中单击 一般 按钮。

步骤 04 选取第一方向、第二方向引导尺寸，给出增量。

（1）在操控板中单击 尺寸 按钮，选取图 5.17.9 中第一方向的阵列引导尺寸 18，输入增量值-34.0；按住 Ctrl 键，再选取第一方向要变化的尺寸 15（即拉伸的高度），输入相应增量值 10.0。

（2）在“尺寸”界面中，单击“方向 2”的“单击此处添加...”字符，选取图 5.17.9 中第二方向的阵列引导尺寸 15，输入相应增量-50.0；按住 Ctrl 键，再选取第二方向要变化的尺寸 15（拉伸的宽度），输入相应增量 5.0。

步骤 05 在操控板中第一方向的阵列个数栏中输入 4，在第二方向的阵列个数栏中输入 2。

步骤 06 在操控板中单击按钮 ✓，完成操作。

5.17.4　圆形阵列

下面要创建图 5.17.10 所示的孔特征的环形阵列。作为阵列前的准备，首先创建一个圆盘形的特征，再添加一个孔特征，由于环形阵列需要有一个角度引导尺寸，因此在创建孔特征时，要选择“径向”选项来放置这个孔特征。对该孔特征进行环形阵列的操作过程如下。

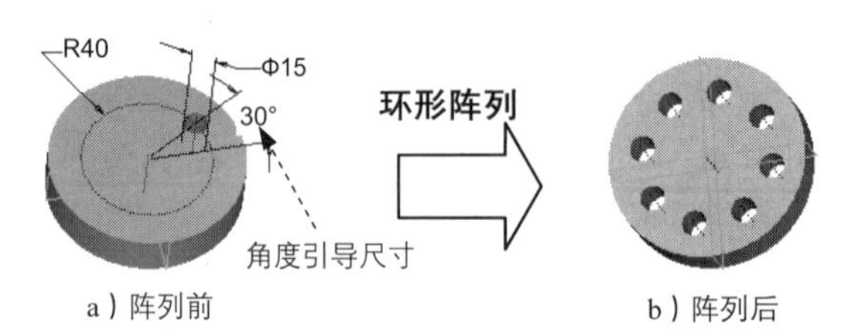

图 5.17.10　创建环形阵列

Note

步骤 01 将工作目录设置至 D:\proesc5\work\ch05.17，打开文件 pattern_3.prt。

步骤 02 在图 5.17.11 所示的模型树中单击孔特征，再右击，从弹出的快捷菜单中选择 阵列... 命令。

图 5.17.11　模型树

步骤 03 选取阵列类型。在操控板的 选项 界面中单击 一般 按钮。

步骤 04 选取引导尺寸、给出增量。选取图 5.17.10 中的角度引导尺寸 30，在“方向 1”的“增量”文本栏中输入角度增量值 45.0。

步骤 05 在操控板中输入第一方向的阵列个数 8；单击按钮 ✓，完成操作。

另外，还有一种利用“轴”进行环形阵列的方法。下面以图 5.17.12 为例进行说明。

步骤 01 将工作目录设置至 D:\proesc5\work\ch05.17，打开文件 axis_pattern.prt。

步骤 02 在图 5.17.13 所示的模型树中右击 拉伸 2 特征，从弹出的快捷菜单中选择 阵列... 命令。

步骤 03 选取阵列中心轴和阵列数目。

（1）在图 5.17.14 所示的操控板的阵列类型下拉列表框中，选择 轴 选项，再选取绘图区中模型的基准轴 A_4。

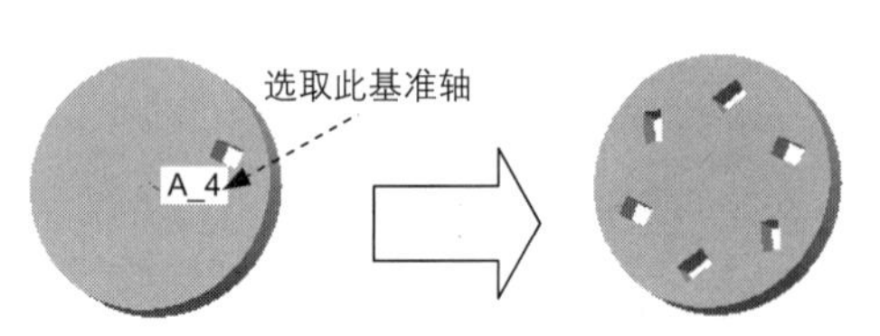

图 5.17.12　利用轴进行环形阵列

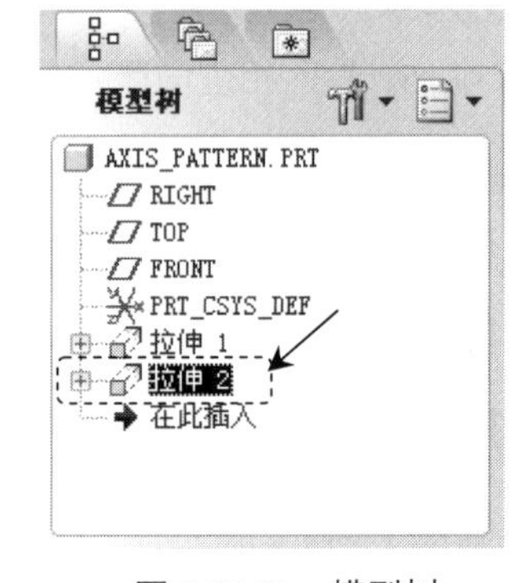

图 5.17.13　模型树

（2）在操控板中的阵列数量栏中输入数量值 6，在增量栏中输入角度增量值 60.0。

步骤 04 在操控板中单击按钮✓，完成操作。

图 5.17.14 阵列操控板

5.17.5 阵列的删除

删除阵列的操作方法：在模型树中右击“阵列 1 / 拉伸 2”，从弹出的快捷菜单中选择 删除阵列 命令。

5.18 模型的测量与分析

5.18.1 测量距离

下面以一个简单的模型为例，说明距离测量的一般操作过程和测量类型。

步骤 01 将工作目录设置至 D:\proesc5\work\ch05.18，打开文件 distance.prt。

步骤 02 选择下拉菜单 分析(A) → 测量(M) → 距离(D) 命令，系统弹出“距离”对话框。

步骤 03 测量面到面的距离。

（1）在图 5.18.1 所示的“距离”对话框中，打开分析选项卡。

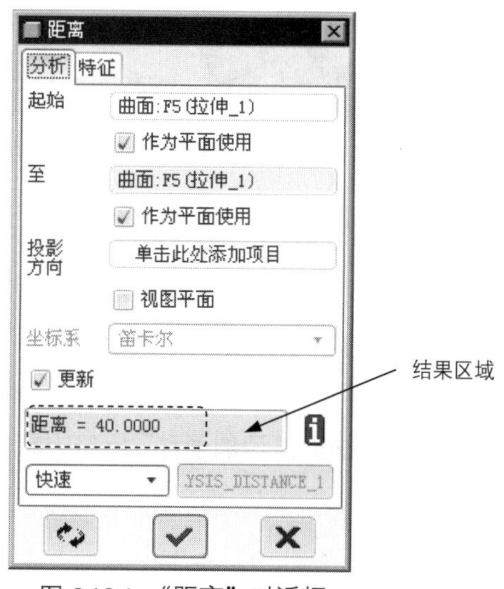

图 5.18.1 “距离”对话框

（2）首先选取图 5.18.2 所示的模型表面 1，然后选取图 5.18.2 所示的模型表面 2。

（3）在图 5.18.1 所示的分析选项卡的结果区域中，可查看测量后的结果。

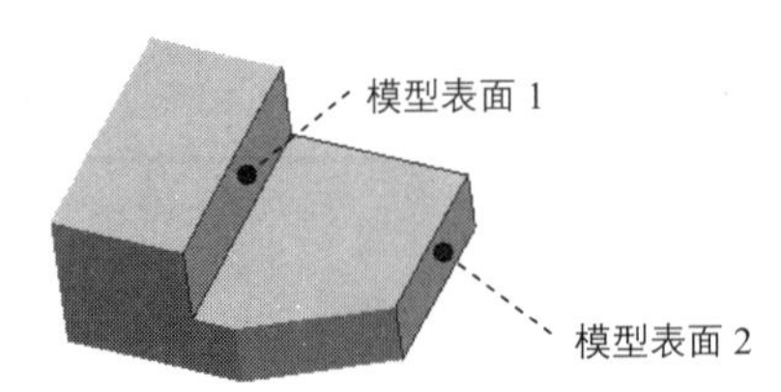

图 5.18.2　测量面到面的距离

Note

说明

可以在分析选项卡的结果区域中查看测量结果，也可以在模型上直接显示测量或分析结果。

步骤 04 测量点到面的距离，如图 5.18.3 所示。操作方法参见步骤 03。

步骤 05 测量点到线的距离，如图 5.18.4 所示。操作方法参见步骤 03。

步骤 06 测量线到线的距离，如图 5.18.5 所示。操作方法参见步骤 03。

步骤 07 测量点到点的距离，如图 5.18.6 所示。操作方法参见步骤 03。

步骤 08 测量点到坐标系距离，如图 5.18.7 所示。操作方法参见步骤 03。

步骤 09 测量点到曲线的距离，如图 5.18.8 所示。操作方法参见步骤 03。

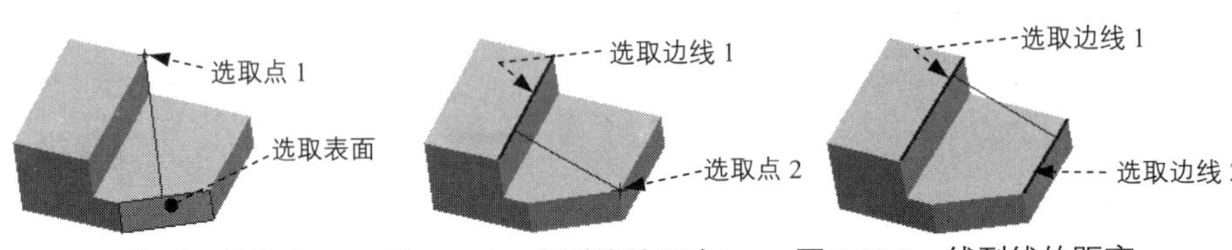

图 5.18.3　点到面的距离　　图 5.18.4　点到线的距离　　图 5.18.5　线到线的距离

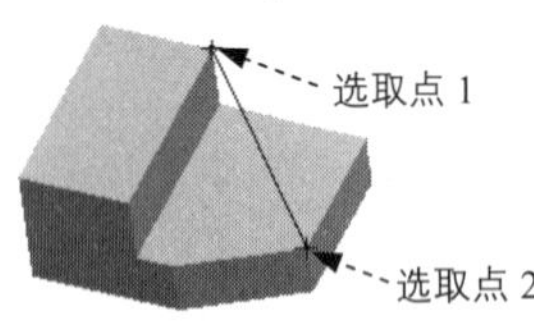

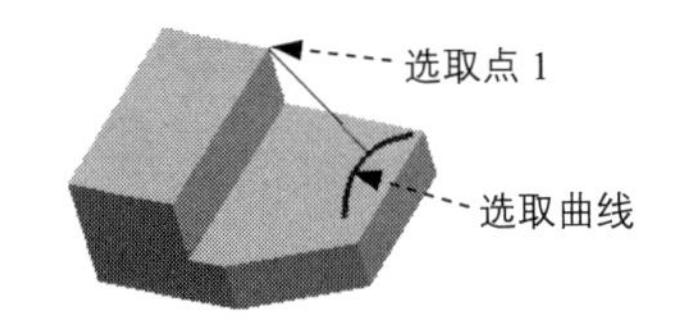

图 5.18.6　点到点的距离　　图 5.18.7　点到坐标系的距离　　图 5.18.8　点到曲线的距离

步骤 10 测量点与点间的投影距离，投影参照为平面。在“距离”对话框中打开分析选项卡，进行下列操作。

（1）选取图 5.18.9 所示的点 1。

（2）选取图 5.18.9 所示的点 2。

（3）在“投影方向”文本框中的“单击此处添加项目”字符上单击，选取图 5.18.9 中的模型表面 3。

（4）在分析选项卡的结果区域中，可查看测量的结果。

步骤 11 测量点与点间的投影距离（投影参照为直线），在“距离”对话框中打开分析选项卡，进行下列操作。

（1）选取图 5.18.10 所示的点 1。

（2）选取图 5.18.10 所示的点 2。

（3）单击“投影方向”文本框中的“单击此处添加项目”字符，选取图 5.18.10 中的模型边线 3。

（4）在分析选项卡的结果区域中，可查看测量的结果。

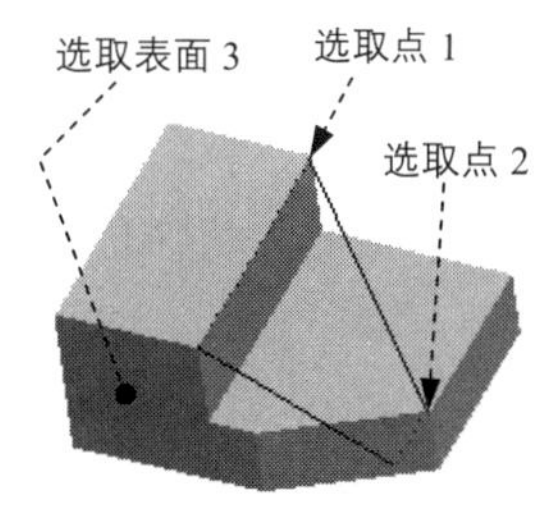

图 5.18.9　投影参照为平面

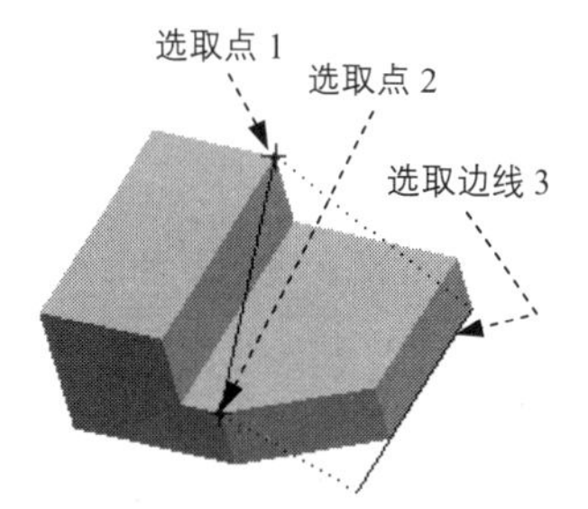

图 5.18.10　投影参照为直

5.18.2　角度测量

步骤 01 将工作目录设置至 D:\proesc5\work\ch05.18，打开文件 angle.prt。

步骤 02 选择下拉菜单 分析(A) ➡ 测量(M) ▸ ➡ 角度(N) 命令。

步骤 03 在弹出的“角”对话框中，打开分析选项卡。

步骤 04 测量面与面间的角度。

（1）选取图 5.18.11 所示的模型表面 1。

（2）选取图 5.18.11 所示的模型表面 2。

（3）在分析选项卡的结果区域中，可查看测量的结果。

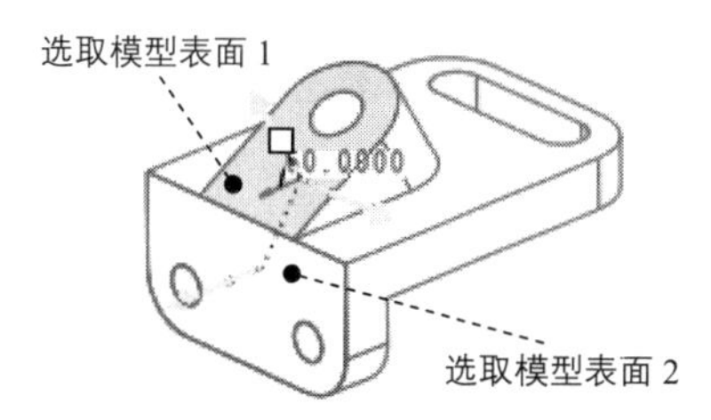

图 5.18.11　测量面与面间的角度

步骤 05 测量线与面间的角度。在“角”对话框中打开分析选项卡，进行下列操作。

（1）选取图 5.18.12 所示的模型表面 1。

（2）选取图 5.18.12 所示的边线 2。

（3）在分析选项卡的结果区域中，可查看测量的结果。

步骤 06 测量线与线间的角度。在“角”对话框中打开分析选项卡，进行下列操作。

（1）选取图 5.18.13 所示的边线 1。

（2）选取图 5.18.13 所示的边线 2。

（3）在分析选项卡的结果区域中，可查看测量的结果。

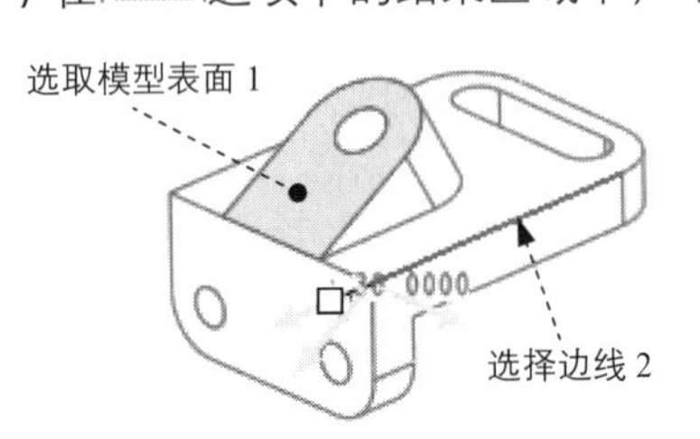

图 5.18.12　测量线与面间的角度

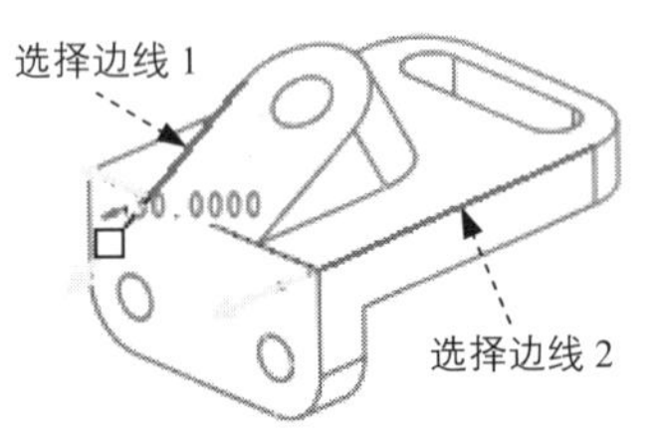

图 5.18.13　测量线与线间的角度

5.18.3　长度测量

步骤 01 将工作目录设置至 D:\proesc5\work\ch05.18，打开文件 curve_len.prt。

步骤 02 选择下拉菜单 分析(A) ➡ 测量(M) ▸ ➡ 长度(L) 命令。

步骤 03 在弹出的“长度”对话框中，打开分析选项卡，如图 5.18.14 所示。

步骤 04 测量多个相连的曲线的长度。

（1）在分析选项卡中单击 细节... 按钮，弹出图 5.18.15 所示的“链”对话框。

说明：当只需要测量一条曲线时，只要选取要测量的曲线，就会在结果区域中查看到测量的结果，不需要单击 细节... 按钮来定义“链”对话框。

（2）首先选取图 5.18.16 所示的边线 1，再按住 Ctrl 键，选取图 5.18.16 所示的边线 2 和边线 3。

（3）单击“链”对话框中的 确定 按钮，回到“长度”对话框。

（4）在图 5.18.17 所示的分析选项卡的结果区域中，可查看测量的结果。

图 5.18.14　“长度”对话框

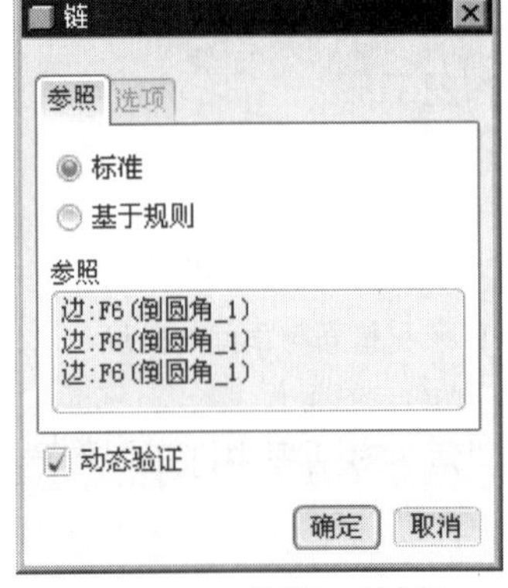

图 5.18.15　“链”对话框

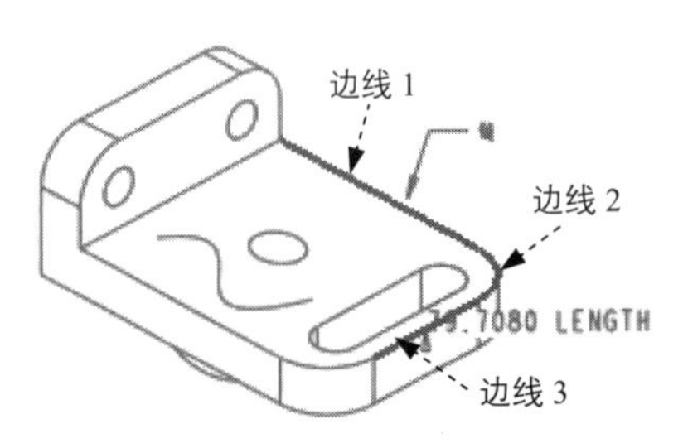

图 5.18.16　测量模型边线

步骤 05　测量曲线特征的总长。在“长度”对话框中打开分析选项卡，进行下列操作。

（1）单击曲线文本框中“选取项目”字符，在模型树中选取图 5.18.18 所示的草绘曲线特征。

（2）在分析选项卡的结果区域中，可查看测量的结果。

图 5.18.17　“长度”对话框

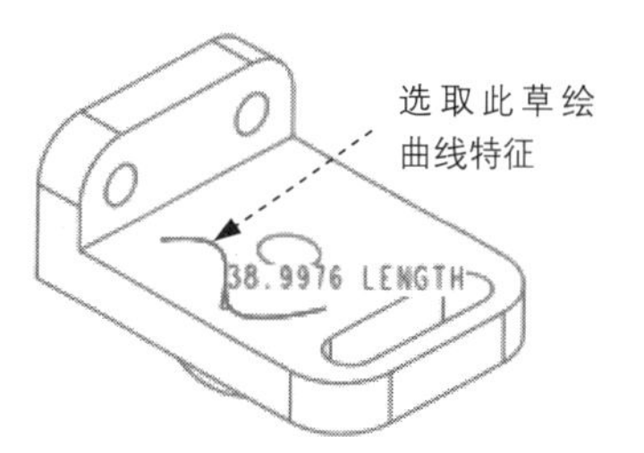

图 5.18.18　测量草绘曲线

5.18.4　面积测量

步骤 01　将工作目录设置至 D:\proesc5\work\ch05.18，打开文件 area.prt。

步骤 02　选择下拉菜单 分析(A) ➡ 测量(M) ▸ ➡ 面积(R) 命令。

步骤 03　在弹出的“区域”对话框中，打开分析选项卡，如图 5.18.19 所示。

步骤 04　测量曲面的面积。

（1）单击几何文本框中的“选取项目”字符，选取图 5.18.20 所示的模型表面。

（2）在图 5.18.19 所示的分析选项卡的结果区域中，可查看测量的结果。

图 5.18.19　“区域”对话框

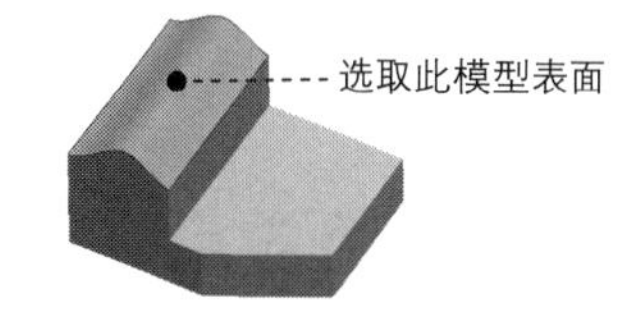

图 5.18.20　测量面积

5.18.5　质量属性分析

通过模型质量属性分析，可以获得模型的体积、总的表面积、质量、重心位置、惯性力矩及惯性张量等数据。下面简要说明其操作过程。

步骤 01　将工作目录设置至 D:\proesc5\work\ch05.18，打开文件 mass.prt。

步骤 02 选择下拉菜单 分析(A) ➡ 模型(L) ▸ ➡ 质量属性(M) 命令。

步骤 03 在弹出的“质量属性”对话框中，打开 分析 选项卡，如图 5.18.21 所示。

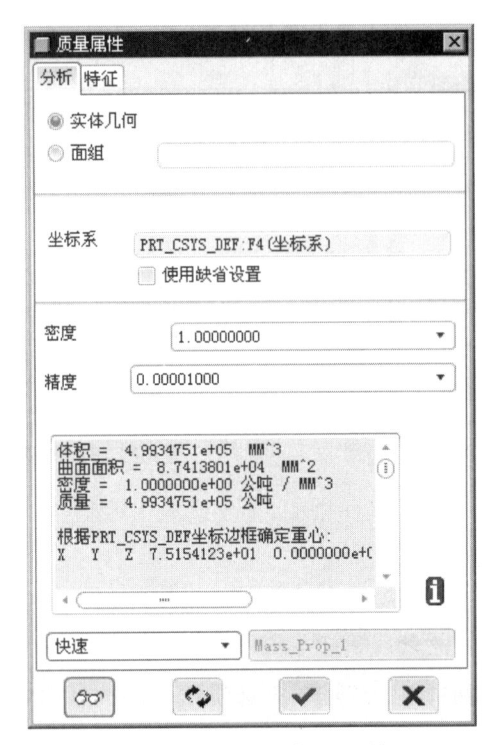

图 5.18.21 “质量属性”对话框

步骤 04 按下工具栏中的“坐标系开/关”按钮，显示坐标系。

步骤 05 在 坐标系 区域取消选中的 使用缺省设置 复选框（否则系统自动选取默认的坐标系），然后选取模型中的坐标系。

步骤 06 在图 5.18.21 所示的 分析 选项卡的结果区域中，显示出分析后的各项数据。

这里模型质量的计算是采用默认的密度，如果要改变模型的密度，可选择下拉菜单 文件(F) ➡ 属性(I) 命令。

5.19 零件设计综合应用

5.19.1 零件设计综合应用一

应用概述

本应用主要运用了拉伸、倒圆角、抽壳、阵列和镜像等特征命令，其中的主体造型是通过实体倒了一个大圆角后抽壳而成的，构思很巧妙。零件模型及模型树如图 5.19.1 所示。

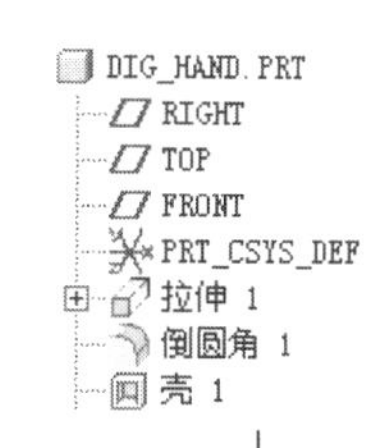

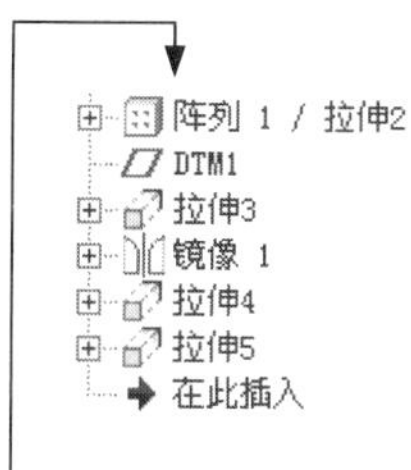

图 5.19.1　零件模型及模型树

本应用前面的详细操作过程请参见随书光盘中 video\ch05\reference\文件下的语音视频讲解文件 DIG_HAND-r01.avi。

步骤 01 打开文件 D:\proesc5\work\ch05\DIG_HAND_ex.prt。

步骤 02 添加圆角特征——倒圆角 1。选择下拉菜单 插入(I) → 倒圆角(O)... 命令，选取图 5.19.2 所示的边线作为圆角放置参照，圆角半径值为 170.0。

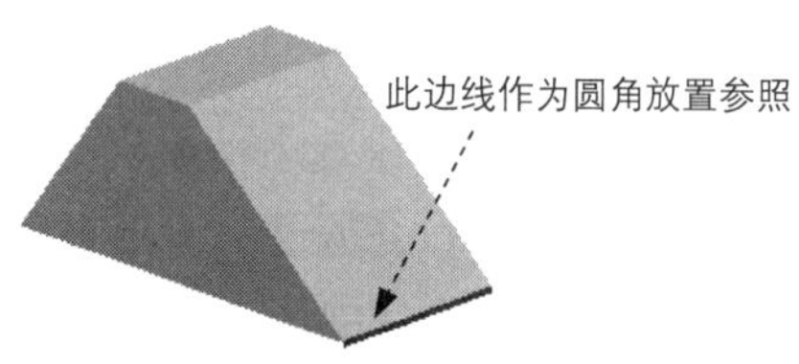

图 5.19.2　倒圆角 1

步骤 03 创建图 5.19.3b 所示的抽壳特征——壳 1。选择下拉菜单 插入(I) → 壳(L)... 命令；选取图 5.19.3a 所示的模型表面作为要移除的面；在操控板的“厚度”文本框中，输入壳的壁厚值 20.0；预览并完成抽壳特征 1。

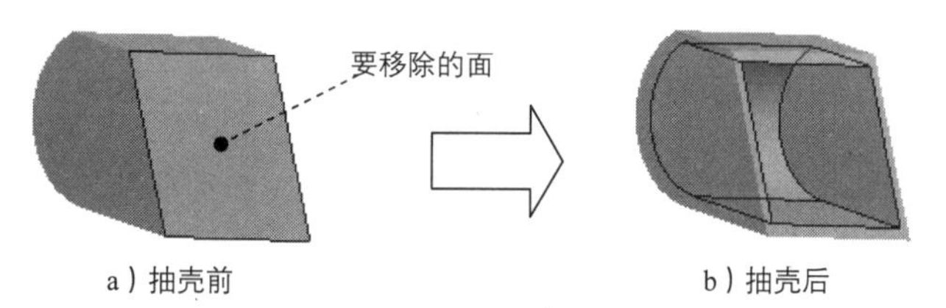

图 5.19.3　壳 1

步骤 04 添加图 5.19.4 所示的实体拉伸特征——拉伸 2。

图 5.19.4　拉伸 2

（1）选择下拉菜单 插入(I) → 拉伸(E)... 命令，系统弹出拉伸操控板。

（2）在操控板中单击 放置 按钮，然后在弹出的界面中单击 定义... 按钮。选取图 5.19.5 所示的模型表面作为草绘平面，RIGHT 基准平面作为参照平面，方向为 右；单击“草绘”对话框中的 草绘 按钮；绘制图 5.19.6 所示的截面草图，单击“完成”按钮✓。

（3）在操控板中单击拉伸类型按钮⊥，拉伸深度值为 40.0；单击“完成”按钮✓。

Note

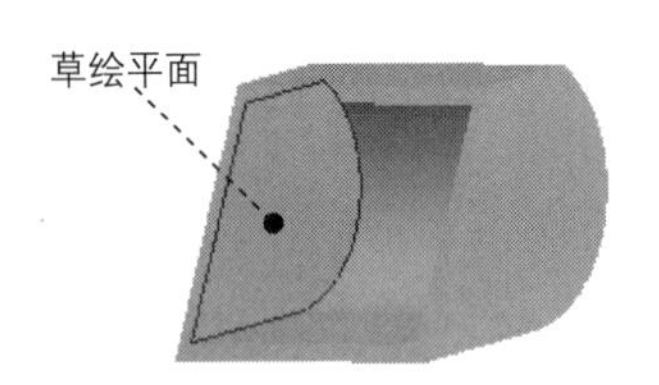

图 5.19.5　定义草绘平面

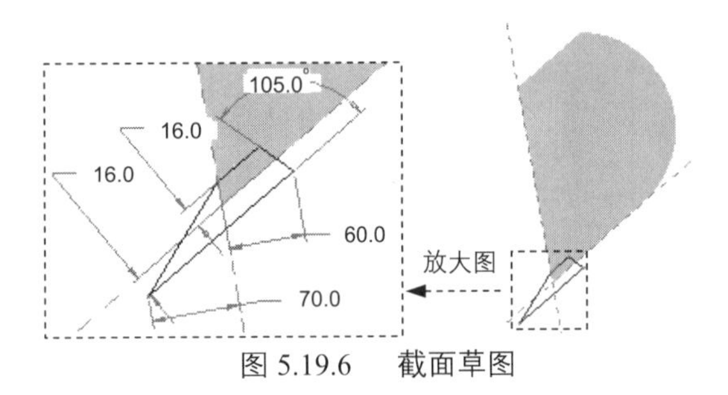

图 5.19.6　截面草图

步骤 05 创建图 5.19.7 所示的阵列特征——阵列 1。

（1）在模型树中右击 步骤 04 中的拉伸 2，从快捷菜单中选择 阵列... 命令，弹出阵列操控板。

（2）选取阵列类型。在操控板的 选项 界面中选中 一般。

（3）选择阵列控制方式。在操控板中选择以 方向 方式控制阵列。

（4）选取图 5.19.8 所示的平面作为阵列参照平面，在操控板中设置增量（间距）值 80，输入阵列个数值 5，并按回车键。在操控板中单击“完成”按钮✓。

步骤 06 创建图 5.19.9 所示的基准平面——DTM1。选择下拉菜单 插入(I) → 模型基准(D) ▸ → 平面(L)... 命令，系统弹出“基准平面”对话框（注：具体参数和操作参见随书光盘）。

图 5.19.7　阵列 1

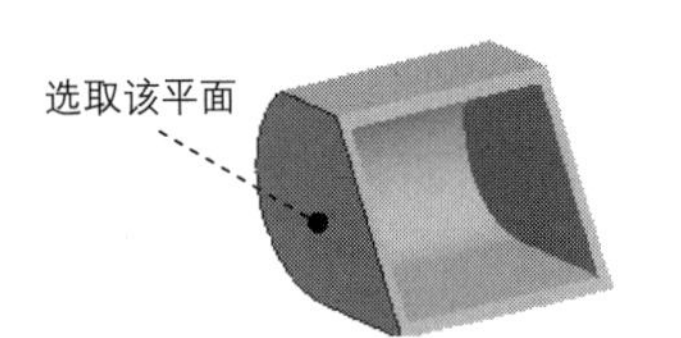

图 5.19.8　定义阵列参照平面

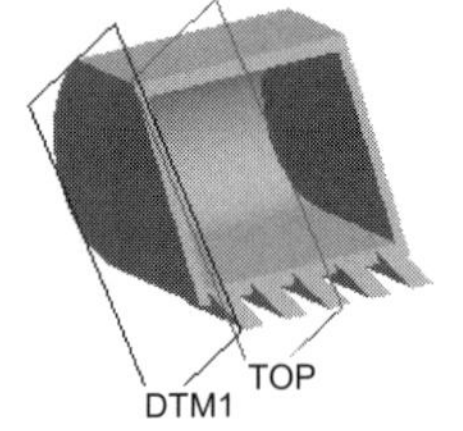

图 5.19.9　DTM1 基准平面

步骤 07 添加图 5.19.10 所示的零件拉伸特征——拉伸 3。

（1）选择下拉菜单 插入(I) → 拉伸(E)... 命令。在操控板中确认“移除材料”按钮◿被按下。

（2）定义草绘截面。在绘图区中右击，从弹出的快捷菜单中选择 定义内部草绘... 命令，选取 DTM1 基准平面作为草绘平面，RIGHT 基准平面作为参照平面，方向是 右；单击“草绘”对话框中的 草绘 按钮。绘制图 5.19.11 所示的截面草图；单击“完成”按钮✓。

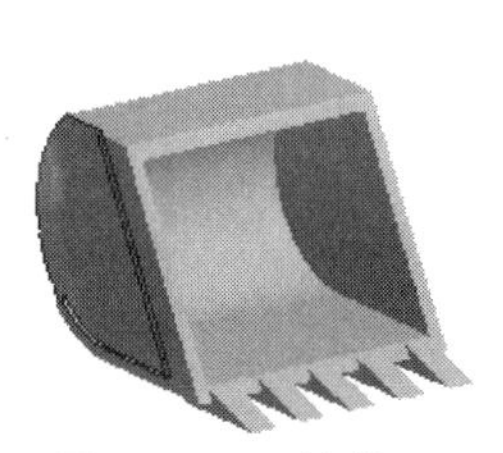

图 5.19.10　拉伸 3

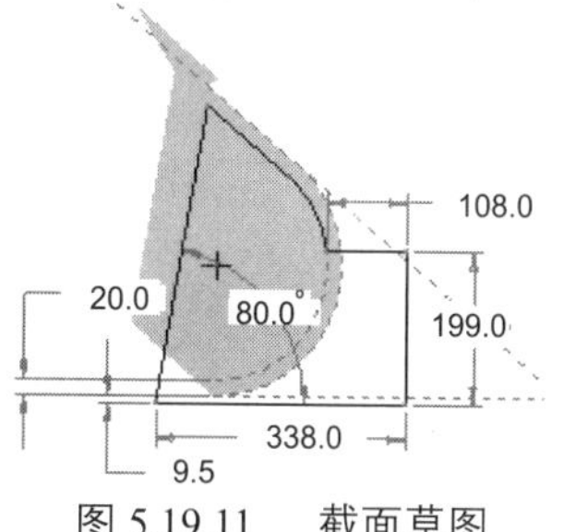

图 5.19.11　截面草图

Note

（3）在操控板中单击深度类型按钮，单击“完成”按钮。

步骤 08 创建图 5.19.12b 所示的镜像特征——镜像 1。在模型树中选取拉伸 3 特征作为镜像源，选取下拉菜单 编辑(E) → 镜像(I)... 命令，选取 TOP 基准平面作为镜像平面，完成镜像特征的创建。

a）镜像前

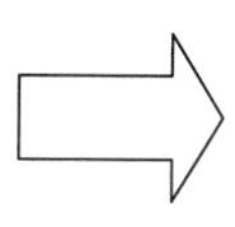

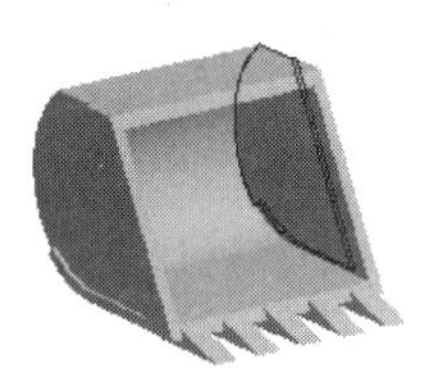

b）镜像后

图 5.19.12　镜像 1

步骤 09 创建图 5.19.13 所示的实体拉伸特征——拉伸 4。

（1）选择下拉菜单 插入(I) → 拉伸(E)... 命令，系统弹出拉伸操控板。

（2）在操控板中单击 放置 按钮，在弹出的界面中单击 定义... 按钮。选取 TOP 基准平面作为草绘平面，RIGHT 基准平面作为参照平面，方向为 右；单击对话框中的 草绘 按钮；绘制图 5.19.14 所示的截面草图，单击“完成”按钮。

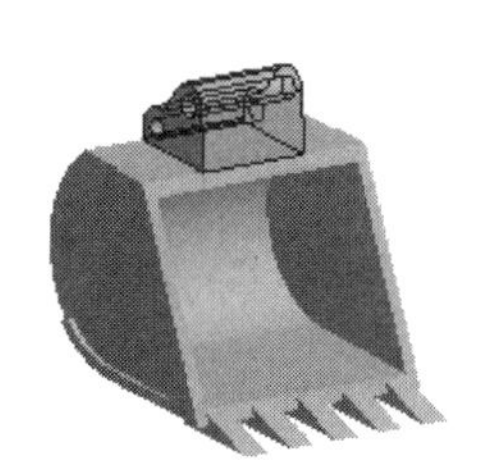

图 5.19.13　拉伸 4

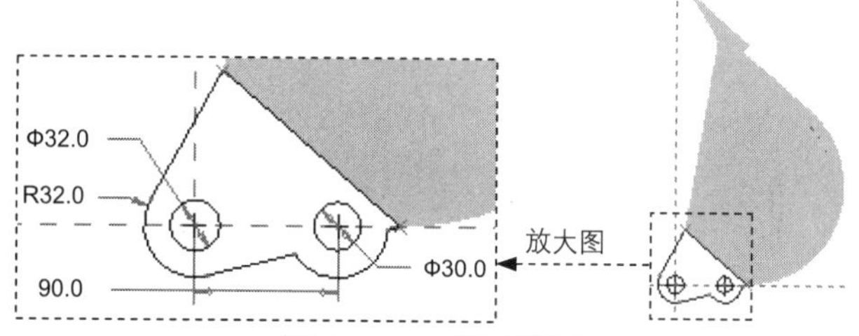

图 5.19.14　截面草图

（3）在操控板中单击拉伸类型按钮，输入深度值 180.0；单击按钮进行预览，单击“完成”按钮，完成拉伸特征的创建。

步骤 10 添加图 5.19.15 所示的零件拉伸特征——拉伸 5。

（1）选择下拉菜单 插入(I) → 拉伸(E)... 命令，在操控板中确认“移除材料”按钮被按下。

（2）定义草绘截面。在绘图区中右击，从弹出的快捷菜单中选择 定义内部草绘... 命令，选取图 5.19.16 中的面为草绘平面和参照平面，方向为 右；单击“草绘”对话框中的 草绘 按钮。绘制图 5.19.17

所示的截面草图；单击“完成”按钮✓。

图 5.19.15 拉伸 5

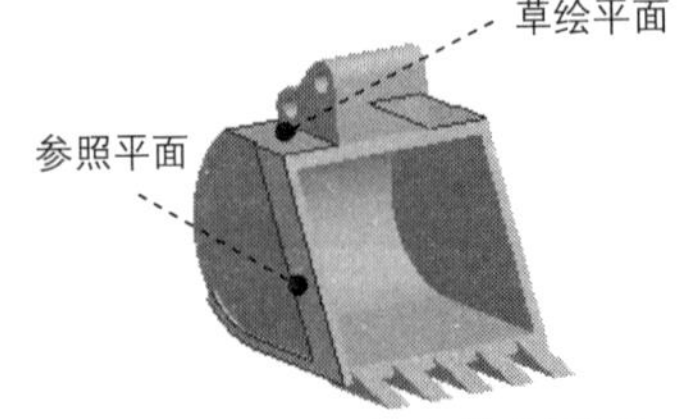

图 5.19.16 定义草绘平面

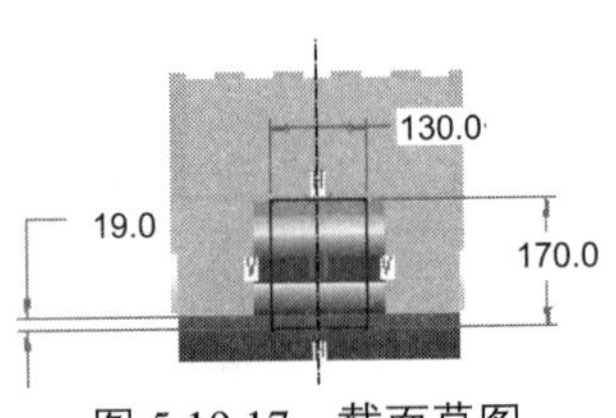

图 5.19.17 截面草图

Note

（3）在操控板中单击深度类型按钮；单击“完成”按钮✓，完成特征的创建。

步骤 11 保存零件模型文件。

5.19.2 零件设计综合应用二

应用概述

本应用设计了一个简单的圆形盖，主要运用了旋转、抽壳、拉伸和倒圆角等特征命令，首先创建基础旋转特征，然后添加其他修饰，重在零件的结构安排。零件模型如图 5.19.18 所示。

本应用的详细操作过程请参见随书光盘中 video\ch05.19\文件下的语音视频讲解文件。模型文件为 D:\proesc5\work\ch05.19\instance_part_cover.prt。

5.19.3 零件设计综合应用三

应用概述

本应用介绍蝶形螺母的设计过程。在设计过程中，运用了实体旋转、拉伸、倒圆角及螺旋扫描等特征命令。其中，螺旋扫描的创建是需要掌握的重点，另外倒圆角的顺序也是值得注意的地方。零件模型如图 5.19.19 所示。

本应用的详细操作过程请参见随书光盘中 video\ch05.19\文件下的语音视频讲解文件。模型文件为 D:\proesc5\work\ch05.19\instance_bfbolt.prt。

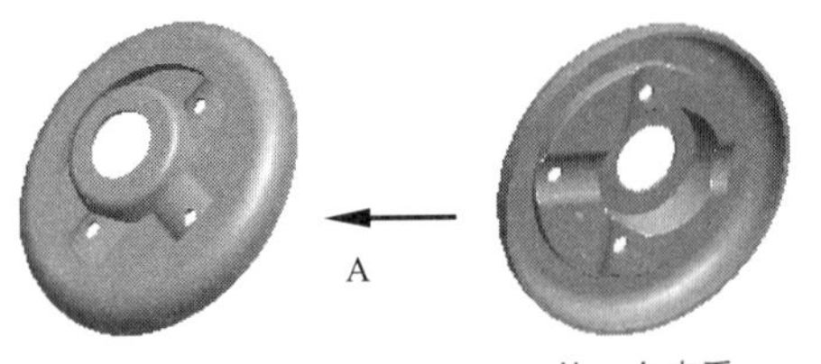

图 5.19.18 零件模型

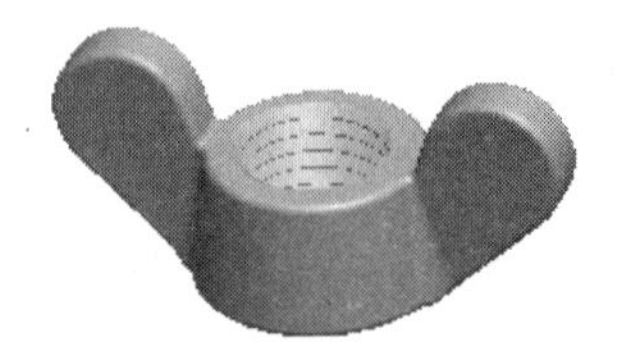

图 5.19.19 零件模型

5.19.4　零件设计综合应用四

应用概述

本应用主要运用的命令包括拉伸、基准曲线、扫描、圆角和抽壳。练习过程中应注意如下技巧：抽壳前，用一个实体拉伸特征填补模型上的一个缺口（参见步骤 04），在创建该实体拉伸特征的草绘截面的同时，又灵活运用了“使用边”的命令。零件模型如图 5.19.20 所示。

说明

本应用的详细操作过程请参见随书光盘中 video\ch05.19\文件下的语音视频讲解文件。模型文件为 D:\proesc5\work\ch05.19\instance_base_cover.prt。

5.19.5　零件设计综合应用五

应用概述

本应用是一个普通的保护罩壳，主要运用了实体建模的一些常用命令，包括实体拉伸、扫描、倒圆角和抽壳等。其中，抽壳命令运用得很巧妙。零件模型如图 5.19.21 所示。

说明

本应用的详细操作过程请参见随书光盘中 video\ch05.19\文件下的语音视频讲解文件。模型文件为 D:\proesc5\work\ch05.19\toy_basket.prt。

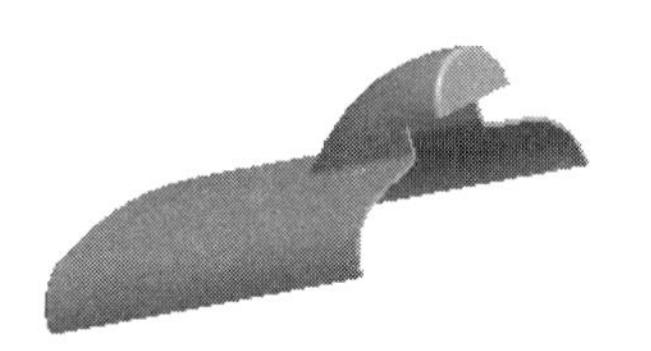

图 5.19.20　零件模型

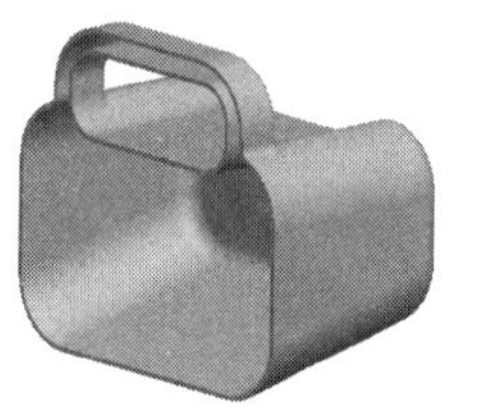

图 5.19.21　零件模型

5.19.6　零件设计综合应用六

应用概述

本应用主要运用的命令包括：实体拉伸、草绘、旋转和扫描等。其中，手柄的连接弯曲杆处是通过选取扫描轨迹再创建伸出项特征而成的，构思很巧。该零件模型如图 5.19.22 所示。

说明

本应用的详细操作过程请参见随书光盘中 video\ch05.19\文件下的语音视频讲解文件。模型文件为 D:\proesc5\work\ch05.19\water_fountain_switch.prt。

5.19.7　零件设计综合应用七

Note

应用概述

本应用主要采用的是一些基本的实体创建命令，如实体拉伸、拔模、实体旋转、切削、阵列、孔、螺纹修饰和倒角等，重点是培养构建三维模型的思想。其中，对各种孔的创建需要特别注意。零件模型如图 5.19.23 所示。

图 5.19.22　零件模型

图 5.19.23　零件模型

本应用的详细操作过程请参见随书光盘中 video\ch05.19\文件下的语音视频讲解文件。模型文件为 D:\proesc5\work\ch05.19\pump_body.prt。

第 6 章 装配设计

6.1 Pro/ENGINEER 的装配约束

在 Pro/ENGINEER 装配环境中，通过定义装配约束，可以指定一个元件相对于装配体（组件）中其他元件（或特征）的放置方式和位置。装配约束的类型包括配对（Mate）、对齐（Align）和插入（Insert）等约束。一个元件通过装配约束添加到装配体中后，它的位置会随着与其有约束关系的元件改变而相应改变，而且约束设置值作为参数可随时修改，并可与其他参数建立关系方程，这样整个装配体实际上是一个参数化的装配体。

关于装配约束，请注意以下几点。

- 一般来说，建立一个装配约束时，应选取元件参照和组件参照。元件参照和组件参照是元件和装配体中用于约束定位和定向的点、线、面。例如，通过对齐（Align）约束将一根轴放入装配体的一个孔中，轴的中心线就是元件参照，而孔的中心线就是组件参照。
- 系统一次只添加一个约束。例如，不能用一个“对齐”约束将一个零件上两个不同的孔与装配体中的另一个零件上的两个不同的孔对齐，必须定义两个不同的对齐约束。
- 要对一个元件在装配体中完整地指定放置和定向（即完整约束），往往需要定义数个装配约束。
- 在 Pro/ENGINEER 中装配元件时，可以将多于所需的约束添加到元件上。即使从数学的角度来说，元件的位置已完全约束，还可能需要指定附加约束，以确保装配件达到设计意图。建议将附加约束限制在 10 个以内，系统最多允许指定 50 个约束。

6.1.1 “默认”约束

“默认”约束也称为“缺省”约束，可以用该约束将元件上的默认坐标系与装配环境的默认坐标系对齐。当向装配环境中引入第一个元件（零件）时，常常对该元件实施这种约束形式。

6.1.2 “匹配”约束

“配对（Mate）”约束可使两个装配元件中的两个平面重合并且朝向相反，如图 6.1.1b 所示；用户也可输入偏距值，使两个平面离开一定的距离，如图 6.1.2 所示。

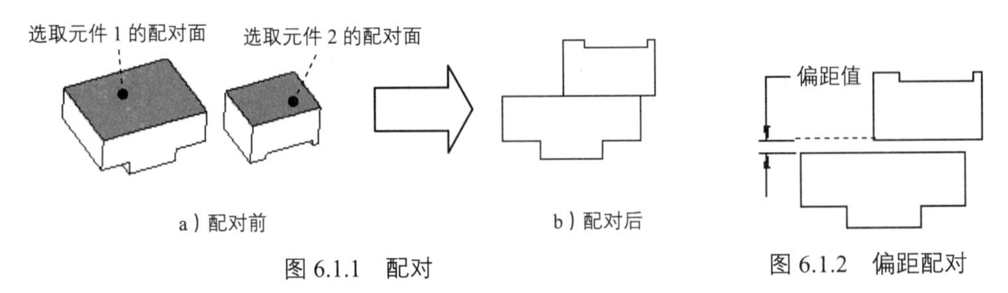

图 6.1.1　配对　　图 6.1.2　偏距配对

Note

6.1.3　"对齐"约束

用"对齐（Align）"约束可使两个装配元件中的两个平面（如图 6.1.3a 所示）重合并且朝向相同，如图 6.1.3b 所示；也可输入偏距值，使两个平面离开一定的距离，如图 6.1.3c 所示。"对齐"约束也可使两条轴线同轴，如图 6.1.4 所示，或者两个点重合。另外，"对齐"约束还能使两条边共线或两个旋转曲面对齐。

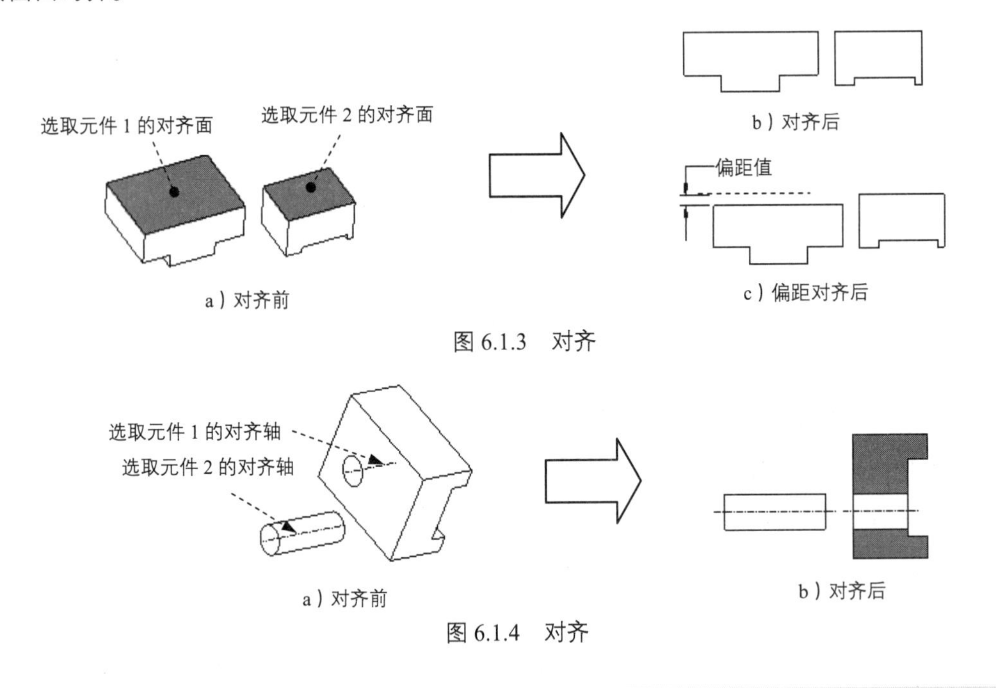

图 6.1.3　对齐

图 6.1.4　对齐

注意

- 使用"配对"和"对齐"时，两个参照必须为同一类型（如平面对平面、旋转曲面对旋转曲面、点对点、轴线对轴线）。旋转曲面指的是通过旋转一个截面，或者拉伸一个圆弧/圆而形成的一个曲面。只能在放置约束中使用下列曲面：平面、圆柱面、圆锥面、环面和球面。
- 使用"配对"和"对齐"并输入偏距值后，系统将显示偏距方向，对于反向偏距，要用负偏距值。

6.1.4　“插入”约束

“插入（Insert）”约束可使两个装配元件中的两个旋转面的轴线重合，注意：两个旋转曲面的直径不要求相等。当轴线选取无效或不方便选取时，可以用这个约束，如图 6.1.5 所示。

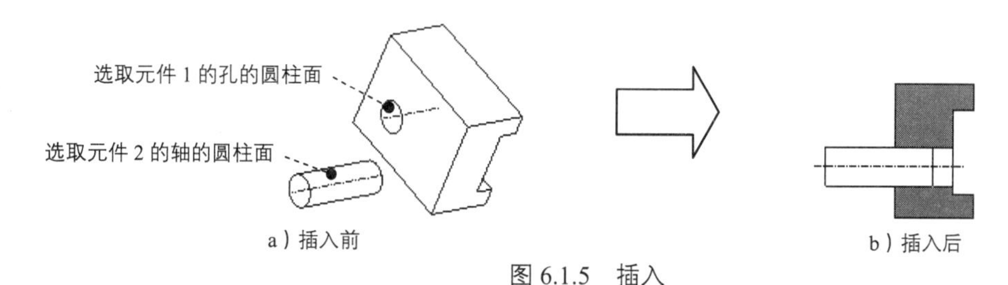

图 6.1.5　插入

6.1.5　“相切”约束

用“相切（Tangent）”约束可控制两个曲面相切，如图 6.1.6 所示。

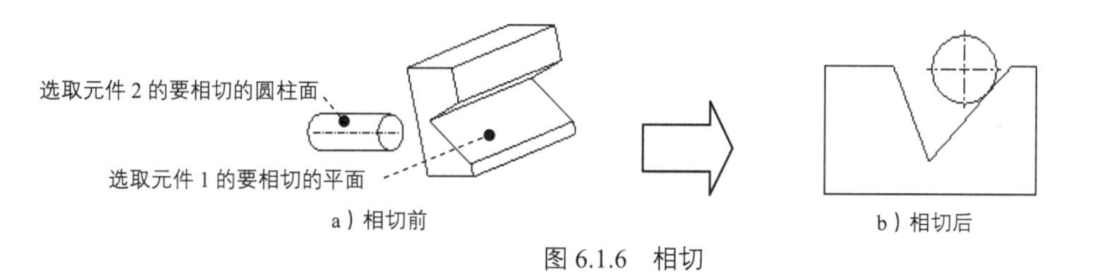

图 6.1.6　相切

6.1.6　“坐标系”约束

用“坐标系（Coord Sys）”约束可将两个元件的坐标系对齐，或者将元件的坐标系与装配件的坐标系对齐，即一个坐标系中的 X 轴、Y 轴、Z 轴与另一个坐标系中的 X 轴、Y 轴、Z 轴分别对齐，如图 6.1.7 所示。

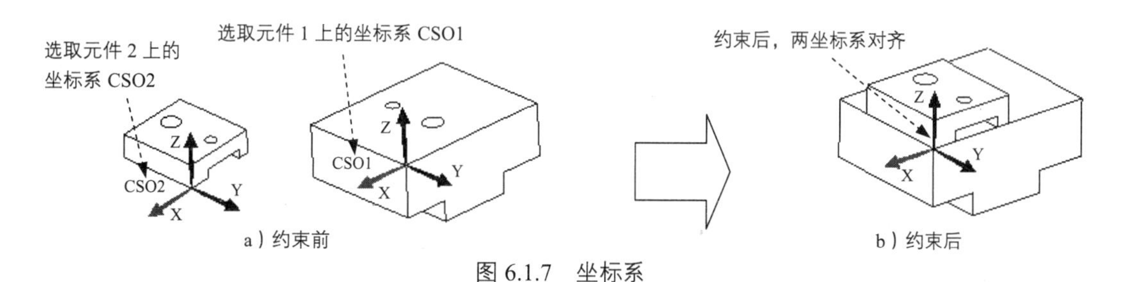

图 6.1.7　坐标系

6.1.7　“固定”约束

“固定”约束也是一种装配约束形式，可以用该约束将元件固定在图形区的当前位置。当向装配环境中引入第一个元件（零件）时，也可对该元件实施这种约束形式。

6.2 装配设计一般过程

下面以一个装配体模型——夹持器装配（glass_fix）为例（如图 6.2.1 所示），说明装配体创建的一般过程。

6.2.1 新建文件

Note

步骤 01 选择下拉菜单 文件(F) ➡ 设置工作目录(W)... 命令，将工作目录设置至 D:\proesc5\work\ch06.02。

步骤 02 单击“新建文件”按钮，在弹出的文件“新建”对话框中，进行下列操作。

（1）选中 类型 选项组下的 ◉ 组件 单选项。

（2）选中 子类型 选项组下的 ◉ 设计 单选项。

（3）在 名称 文本框中输入文件名 glass_fix。

（4）通过取消 ☑ 使用缺省模板 复选框中的“√”号来取消“使用默认模板”。后面将介绍如何定制和使用装配默认模板。

（5）单击该对话框中的 确定 按钮。

步骤 03 选取适当的装配模板。在系统弹出的“新文件选项”对话框（如图 6.2.2 所示）中，进行下列操作。

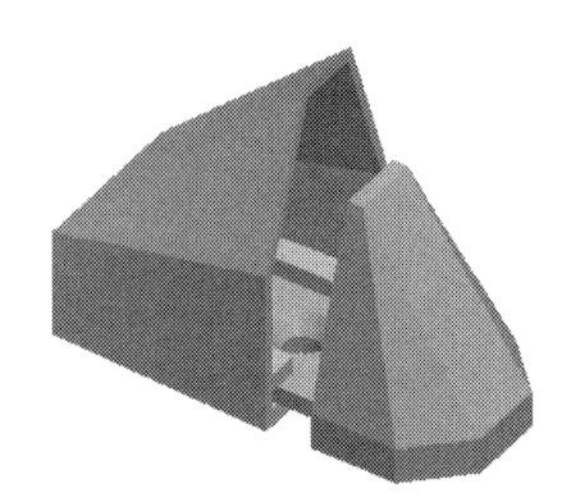

图 6.2.1 驱动杆装配

图 6.2.2 “新文件选项”对话框

（1）在模板选项组中，选取 mmns_asm_design 模板命令。

（2）对话框中的两个参数 DESCRIPTION 和 MODELED_BY 与 PDM 有关，通常不对此进行操作。

（3）☐ 复制相关绘图 复选框通常不用进行操作。

（4）单击该对话框中的 确定 按钮。

完成这一步操作后，系统进入装配模式（环境）。此时，在图形区可看到三个正交的装配基准平面（如图 6.2.3 所示）。

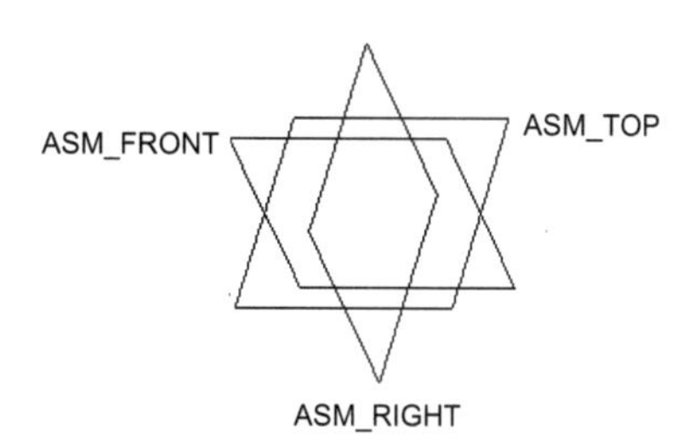

图 6.2.3 三个默认的基准平面

在装配模式下，若要创建一个新的装配件，首先必须创建三个正交的装配基准平面，然后才可把其他元件添加到装配环境中。

创建三个正交的装配基准平面的方法：进入装配模式后，单击“基准面”按钮（或者选择下拉菜单 插入(I) ➡ 模型基准(D) ▸ ➡ 平面(L)... 命令）。

如果不创建三个正交的装配基准平面，那么基础元件就是放置到装配环境中的第一个零件、子组件或骨架模型，此时无需定义位置约束，元件只按默认放置。如果用互换元件来替换基础元件，则替换元件也总是按默认放置。

本例中，由于选取了 mmns_asm_design 模板命令，系统便自动创建三个正交的装配基准平面，所以无须再创建装配基准平面。

6.2.2 装配第一个零件

步骤 01 引入第一个零件。

（1）在图 6.2.4 和图 6.2.5 所示的下拉菜单中选择 插入(I) ➡ 元件(C) ▸ ➡ 装配(A)... 命令。

元件(C) ▸ 菜单下的几个命令的说明。

- 装配(A)...：将已有的元件（零件、子装配件或骨架模型）装配到装配环境中。用“元件放置”对话框，可将元件完整地约束在装配件中。
- 创建(C)...：选择此命令，可在装配环境中创建不同类型的元件（零件、子装配件、骨架模型及主体项目），也可创建一个空元件。
- 封装...：选择此命令可将元件不加装配约束地放置在装配环境中，它是一种非参数形式的元件装配。关于元件的“封装”详见本书后面的章节。
- 包括(I)...：选择此命令，可在活动组件中包括未放置的元件。
- 挠性...：选择此命令可以向所选的组件添加挠性元件（如弹簧）。

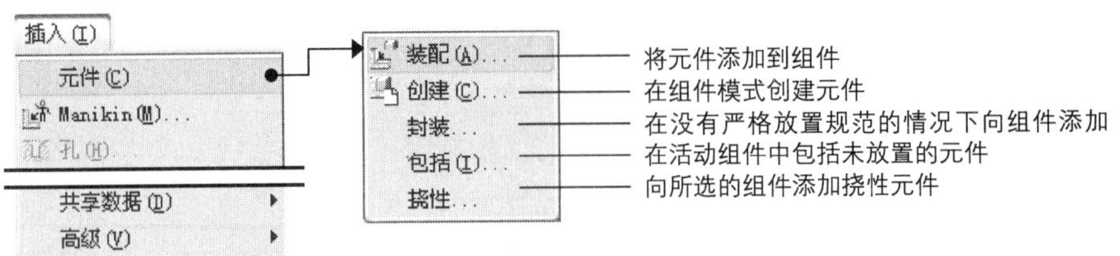

图 6.2.4 “插入”菜单　　　　图 6.2.5 “元件”子菜单

(2)此时，系统弹出文件“打开”对话框，选择零件模型文件 down_cramp.prt，然后单击 打开 按钮。

步骤 02 完全约束放置第一个零件。完成上步操作后，系统弹出图 6.2.6 所示的元件放置操控板，在该操控板中单击 放置 按钮，在“放置”界面的 约束类型 下拉列表中选择 缺省 选项，将元件按默认放置。此时， 状态 区域显示的信息为 完全约束 ；单击操控板中的 ✓ 按钮。

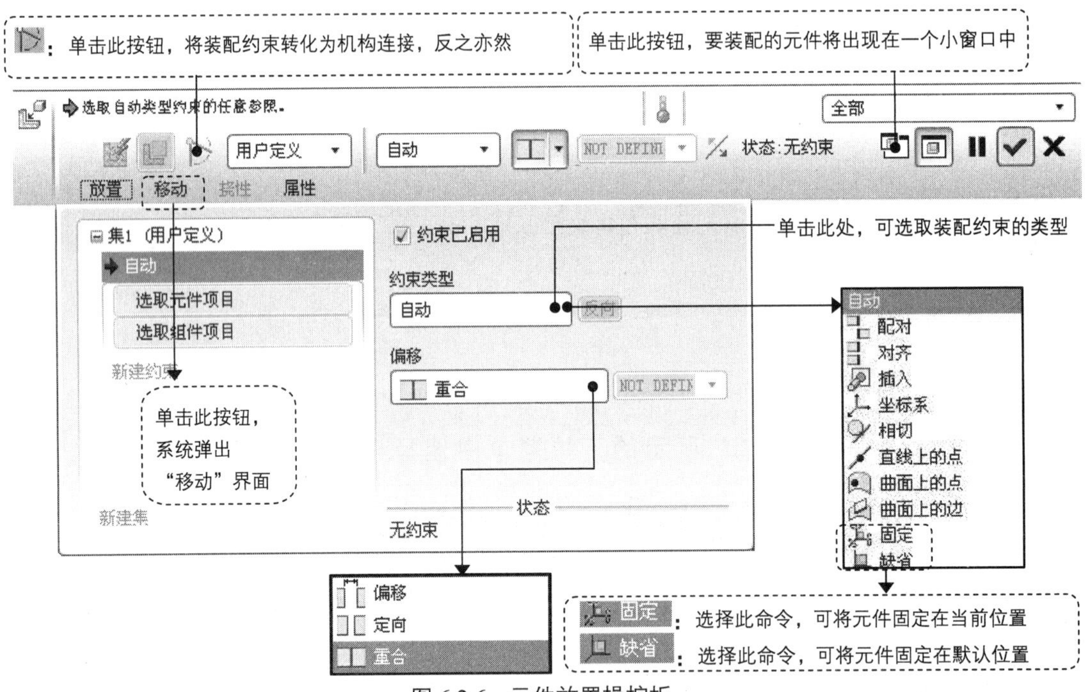

图 6.2.6 元件放置操控板

还有如下两种完全约束放置第一个零件的方法。

- 选择 固定 选项，将其固定，完全约束放置在当前的位置。
- 也可以使第一个零件中的某三个正交的平面与装配环境中的三个正交的基准平面（ASM_TOP、ASM_FRONT、ASM_RIGHT）配对或对齐，以实现完全约束放置。

“放置”界面中各按钮的说明如图 6.2.7 所示。

6.2.3　装配第二个零件

1. 引入第二个零件

选择下拉菜单 插入(I) → 元件(C) ▸ → 装配(A)... 命令；在弹出的文件“打开”对话框中，选取手柄零件模型文件 top_cramp.prt，单击 打开 按钮。

2. 放置第二个零件前的准备

将第二个零件引入后，可能与第一个零件相距较远，或者其方向和方位不便于进行装配放置。解决这个问题的方法有两种。

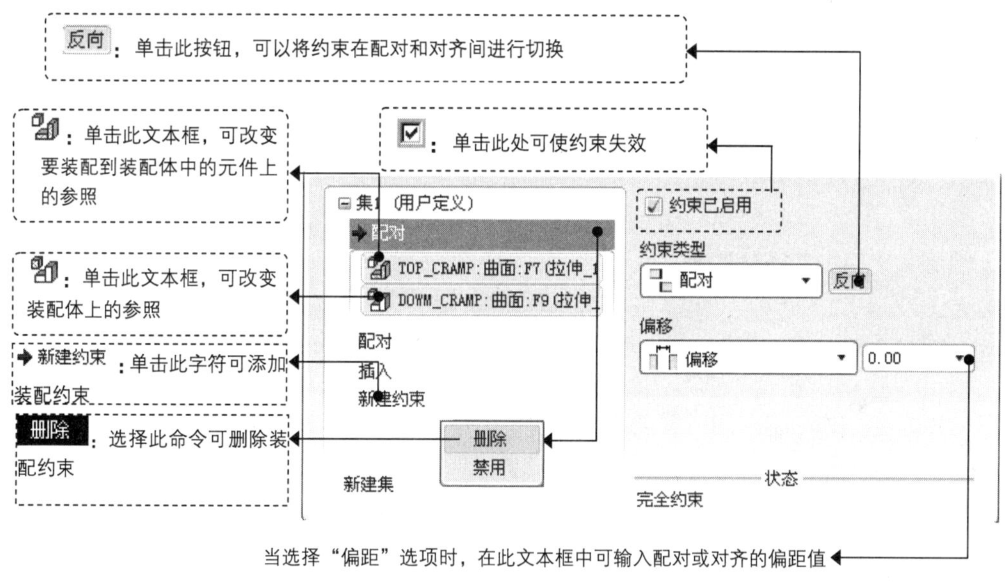

图 6.2.7　“放置”界面

方法一：移动元件（零件）。

步骤 01　在元件放置操控板中单击 移动 按钮，系统弹出如图 6.2.8 所示的“移动”界面。

步骤 02　在 运动类型 下拉列表中选择 平移 选项。

图 6.2.8 所示的 运动类型 下拉列表中各选项的说明如下。

- ◆ 定向模式：使用定向模式定向元件。单击装配元件，按住鼠标中键即可对元件进行定向操作。
- ◆ 平移：沿所选的运动参照平移要装配的元件。
- ◆ 旋转：沿所选的运动参照旋转要装配的元件。
- ◆ 调整：将要装配元件的某个参照图元（如平面）与装配体的某个参照图元（如平面）对齐或配对。它不是一个固定的装配约束，而只是非参数性地移动元件。但其操作方法与固定约束的“配对”或“对齐”类似。

Note

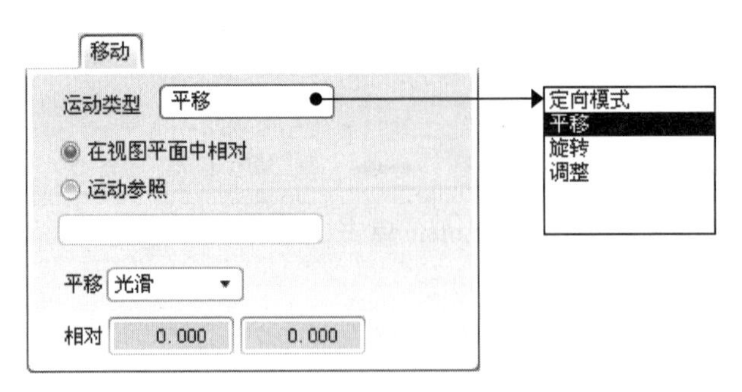

图 6.2.8 “移动”界面（一）

步骤 03 选取运动参照。在“移动”界面中选中 在视图平面中相对 单选项。

说明

在图 6.2.9 所示的“移动”界面中选中 运动参照 单选项，在屏幕下部的智能选取栏中有如下选项。

图 6.2.9 “移动”界面（二）

- **全部**：可以选择“曲面”、“基准平面”、“边”、“轴”、“顶点”、“基准点”或者“坐标系”作为运动参照。
- **曲面**：选择一个曲面作为运动参照。
- **基准平面**：选择一个基准平面作为运动参照。
- **边**：选择一个边作为运动参照。
- **轴**：选择一个轴作为运动参照。
- **顶点**：选择一个顶点作为运动参照。
- **基准点**：选择一个基准点作为运动参照。

◆ 坐标系：选择一个坐标系的某个坐标轴作为运动方向，即要装配的元件可沿着 X、Y、Z 轴移动，或绕其转动（该选项是旋转装配元件较好的方法之一）。

图 6.2.10 所示的“移动”界面中各选项和按钮的说明如下。

◆ 在视图平面中相对单选项：相对于视图平面（即显示器屏幕平面）移动元件。
◆ 运动参照单选项：相对于元件或参照移动元件。选中此单选项即可激活“参照”文本框。
◆ “运动参照”文本框：搜集元件移动的参照。运动与所选参照相关。最多可收集两个参照。选取一个参照后，便激活法向和平行单选项。
  - 法向：垂直于选定参照移动元件。
  - 平行：平行于选定参照移动元件。
◆ 运动类型选项：包括“平移”（Translation）、“旋转”（Rotation）和“调整参照”（Adjust Reference）三种主要运动类型。
◆ 相对区域：显示元件相对于移动操作前位置的当前位置。

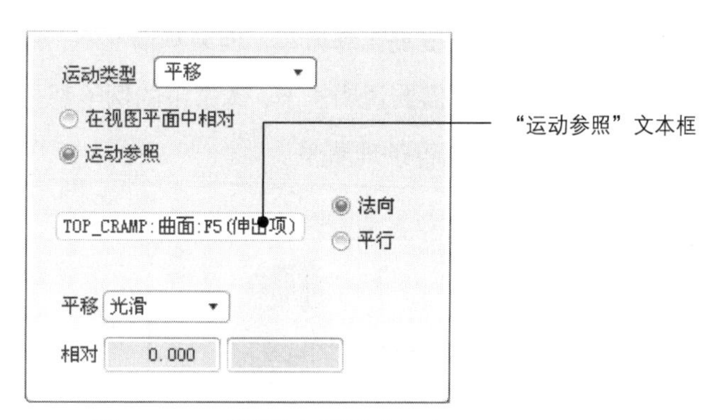

图 6.2.10　“移动”界面（三）

步骤 04 在绘图区按住鼠标左键，并移动鼠标，可看到装配元件随着鼠标的移动而平移，将其从图 6.2.11 中的位置平移到图 6.2.12 中的位置。

步骤 05 与前面的操作相似，在“移动”界面的运动类型下拉列表中选择旋转，然后选中运动参照单选项，选取图 6.2.12 所示的边线为旋转参照，将 top_cramp 元件从图 6.2.12 所示的状态旋转至图 6.2.13 所示的状态，此时的位置状态比较便于装配元件。

步骤 06 在元件放置操控板中单击放置按钮，系统弹出“放置”界面。

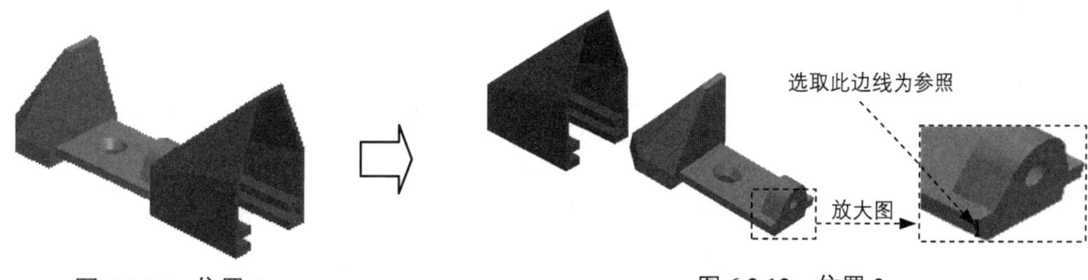

图 6.2.11　位置 1　　图 6.2.12　位置 2

图 6.2.13　位置 3

Note

方法二：打开辅助窗口。

在图 6.2.6 所示的元件放置操控板中，单击按钮即可打开一个包含要装配元件的辅助窗口，如图 6.2.14 所示。在此窗口中可单独对要装入的元件（如手柄零件模型）进行缩放（中键滚轮）、旋转（中键）和平移（Shift + 中键）。这样就可以将要装配的元件调整到方便选取装配约束参照的位置。

3. 完全约束放置第二个零件

当引入元件到装配件中时，系统将选择“自动”放置，如图 6.2.6 所示。从装配体和元件中选择一对有效参照后，系统将自动选择适合指定参照的约束类型。约束类型的自动选择可省去手动从约束列表中选择约束的操作步骤，从而有效提高工作效率。但某些情况下，系统自动指定的约束不一定符合设计意图，需要重新进行选取。这里需要说明一下，本书中的例子都是采用手动选择装配的约束类型，这主要是为了方便讲解，使讲解内容条理清楚。

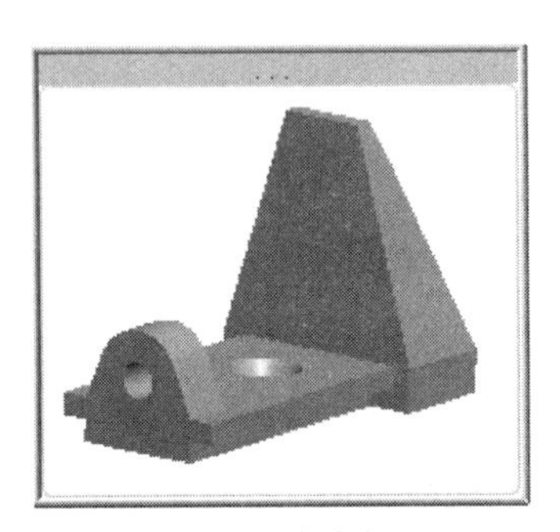

图 6.2.14　辅助窗口

步骤 01 定义第一个装配约束。

（1）在“放置”界面的 约束类型 下拉列表框中选择 配对 选项，如图 6.2.15 所示。

图 6.2.15　装配放置列表

（2）分别选取两个元件上要配对的面（如图 6.2.16 所示）。选取配对面时，应该采用“从列表中拾取”的方法，然后在图 6.2.17 所示的“放置”界面的 偏移 下拉列表框中选择 重合，配对面间的距离值为 0.00。

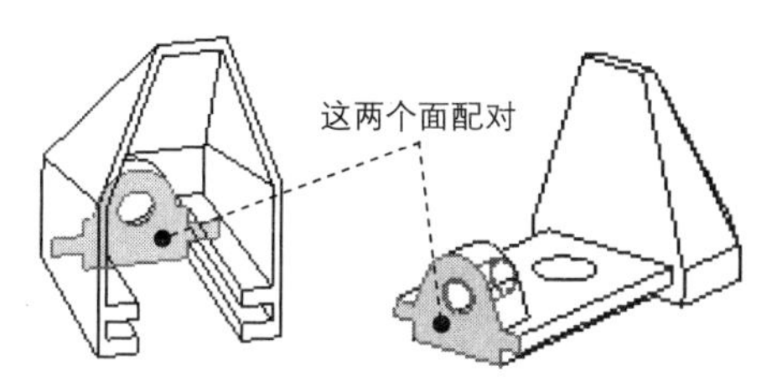

图 6.2.16　选取配对面

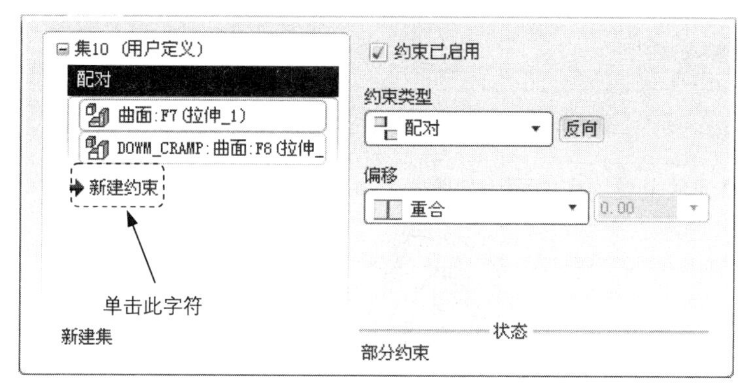

图 6.2.17　“放置”界面

- 为了保证参照选择的准确性，建议采用列表选取的方法选取参照。
- 此时，“放置”界面的 状态 选项组下显示的信息为 部分约束，所以还需继续添加装配约束，直至显示 完全约束。

步骤 02 定义第二个装配约束。

（1）在图 6.2.17 所示的“放置”界面中单击“新建约束”字符，在 约束类型 下拉列表框中选择 配对 选项。

（2）分别选取两个元件上要配对的面（如图 6.2.18 所示）。

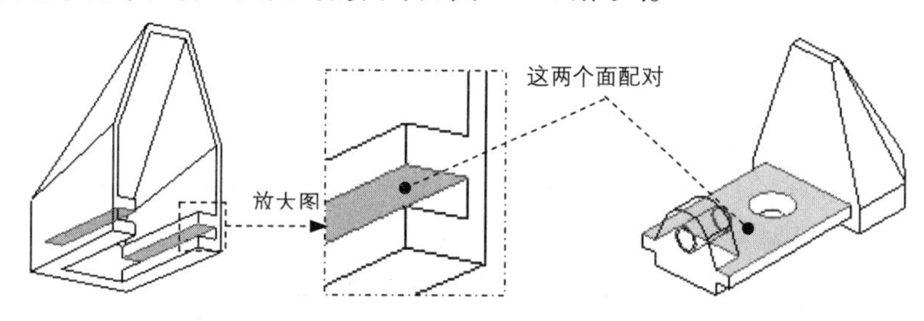

图 6.2.18　选取配对面

步骤 03 定义第三个装配约束。

（1）在图 6.2.19 所示的“放置”界面中单击“新建约束”字符，在 约束类型 下拉列表框中选择 插入 选项。

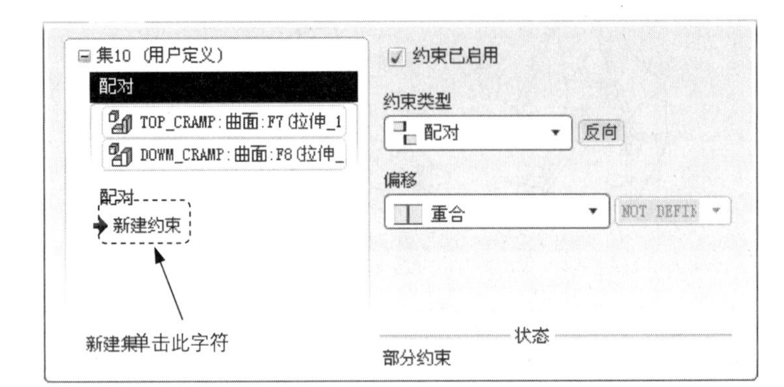

图 6.2.19 “放置”界面

（2）分别选取两个元件上要约束的面（如图 6.2.20 所示）。

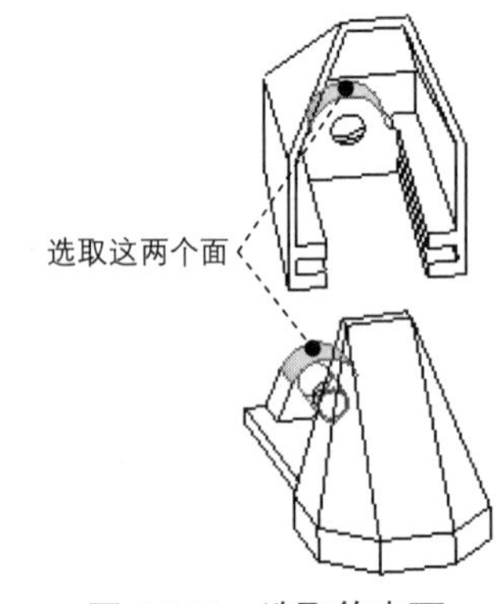

图 6.2.20 选取约束面

步骤 04 单击元件放置操控板中的 ✓ 按钮，完成所创建的装配体。

6.3 高级装配操作

6.3.1 复制元件

可以对完成装配后的元件进行复制。例如：现需要对图 6.3.1 中的螺钉元件进行复制，复制后的结果如图 6.3.2 所示。下面举例说明其一般操作过程。

步骤 01 将工作目录设置至 D:\proesc5\work\ch06.03.01，打开 asm_component_copy.asm。

步骤 02 选择下拉菜单 编辑(E) ➡ 元件操作(O) 命令。

步骤 03 在弹出的图 6.3.3 所示的菜单管理器中选择 Copy (复制) 命令。

步骤 04 选择图 6.3.3 所示的“元件”菜单中的Select（选取）命令，并选择图 6.3.1 中所示的坐标系。

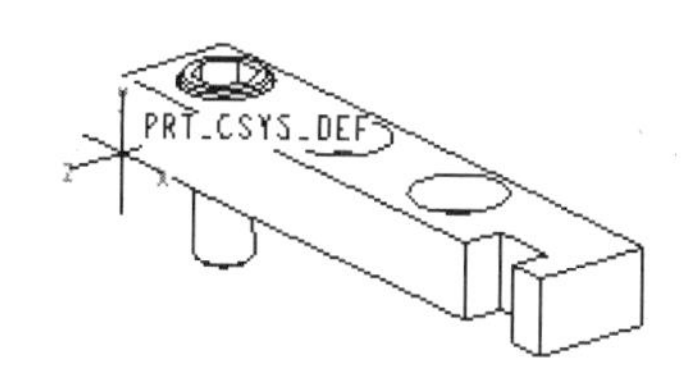

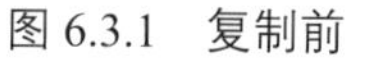

图 6.3.1　复制前

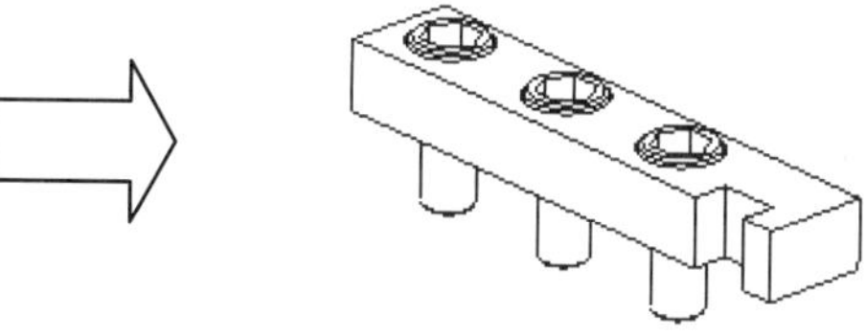

图 6.3.2　复制后

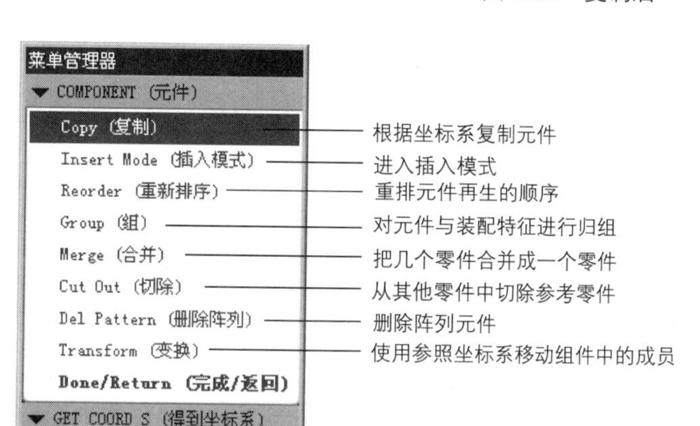

图 6.3.3　“元件”菜单

步骤 05 选择要复制的螺钉元件，并在“选取”对话框中单击确定按钮。

步骤 06 选择复制类型：在“复制”子菜单中选择Translate（平移）命令。

步骤 07 设置复制。

（1）在菜单中选择X Axis（X轴）命令，在系统◆输入 平移的距离x方向:的提示下，输入沿 X 轴的移动距离值 25.0，并单击✓按钮，选择Done Move（完成移动）命令。

（2）在系统◆输入沿这个复合方向的实例数目:的提示下，输入沿 X 轴的实例个数 3，并单击✓按钮。

步骤 08 选择图 6.3.3 所示菜单中的Done（完成）命令。

6.3.2　阵列元件

与在零件模型中特征的阵列（Pattern）相同，在装配体中，也可以进行元件的阵列（Pattern），装配体中的元件包括零件和子装配件。元件阵列的类型主要包括“参照阵列”和“尺寸阵列”。

6.3.3　元件的“参照阵列”

如图 6.3.4、图 6.3.5 和图 6.3.6 所示，元件“参照阵列”是以装配体中某一个零件中的特征阵列为参照，来进行元件阵列的。图 6.3.6 中的六个阵列螺钉，是参照装配体中元件 1 上的六个阵列孔来进行创建的，因此在创建“参照阵列”之前，应提前在装配体的某一个零件中创建参照特征的阵列。

图 6.3.4　装配前　　图 6.3.5　装配后　　图 6.3.6　元件阵列

Note

在 Pro/ENGINEER 中，用户还可以用参考阵列后的元件为另一元件创建“参照阵列”。

例如，在图 6.3.3 所示的例子中，如果已使用“参照阵列”选项创建了六个螺钉阵列，则可以再一次使用“参照阵列”命令将螺母阵列装配到螺钉上。

下面介绍创建元件 2 的“参照阵列”的操作过程。

步骤 01 将工作目录设置至 D:\proesc5\work\ch06.03.03，打开文件 asm_pattern_ ref.asm。

步骤 02 在图 6.3.7 所示的模型树中右击 BOLT.PRT（元件 2），从弹出的图 6.3.8 所示的快捷菜单中选择 阵列... 命令。

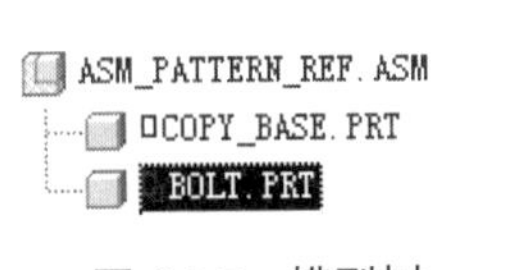

图 6.3.7　模型树

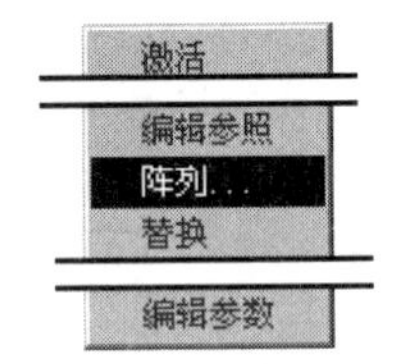

图 6.3.8　快捷菜单

注意：另一种进入的方式是选择下拉菜单 编辑(E) ➡ 阵列(P)... 命令。

步骤 03 在阵列操控板（如图 6.3.9 所示）的阵列类型框中选取 参照，单击“完成”按钮✔。此时，系统便自动参照元件 1 中的孔的阵列，创建图 6.3.6 所示的元件阵列。如果修改阵列中的某一个元件，则系统就会像在特征阵列中一样修改每一个元件。

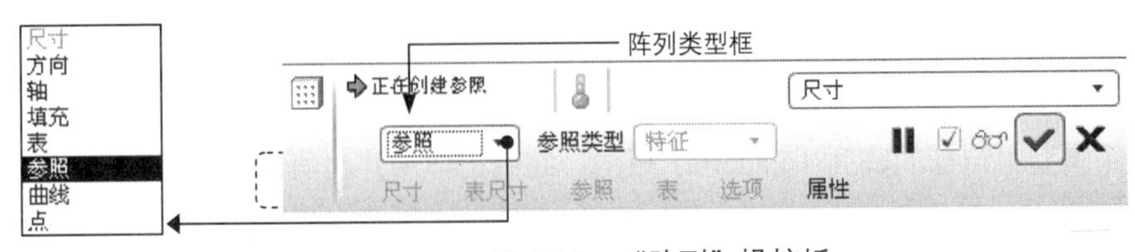

图 6.3.9　“阵列”操控板

6.3.4　元件的“尺寸阵列”

如图 6.3.10 所示，元件的“尺寸阵列”是使用装配中的约束尺寸创建阵列，所以只有使用诸如“配

对偏距”或“对齐偏距”这样的约束类型才能创建元件的“尺寸阵列”。创建元件的“尺寸阵列”，遵循在“零件”模式中阵列特征的同样规则。这里请注意：如果要重新定义阵列化的元件，则必须在重新定义元件放置后再重新创建阵列。

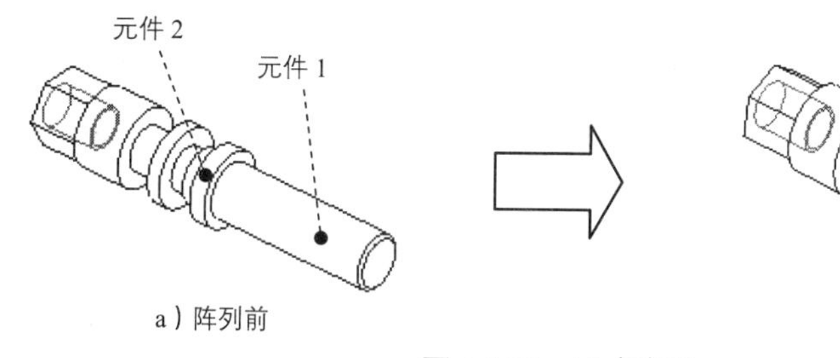

a）阵列前　　b）阵列后

图 6.3.10　尺寸阵列

下面开始创建元件 2 的尺寸阵列，操作步骤如下。

步骤 01　将工作目录设置至 D:\proesc5\work\ch06.03.04，打开 component_pattern.asm。

步骤 02　在模型树中右击元件 2，从弹出的快捷菜单中选择  命令。

步骤 03　系统提示 ➡选取要在第一方向上改变的尺寸。，选取图 6.3.11 中的尺寸 5.0。

步骤 04　在出现的增量尺寸文本框中输入 10.0，并按回车键，如图 6.3.11 所示。也可单击阵列操控板中的 尺寸 按钮，在弹出的图 6.3.12 所示的“尺寸”界面中做相应的设置或修改。

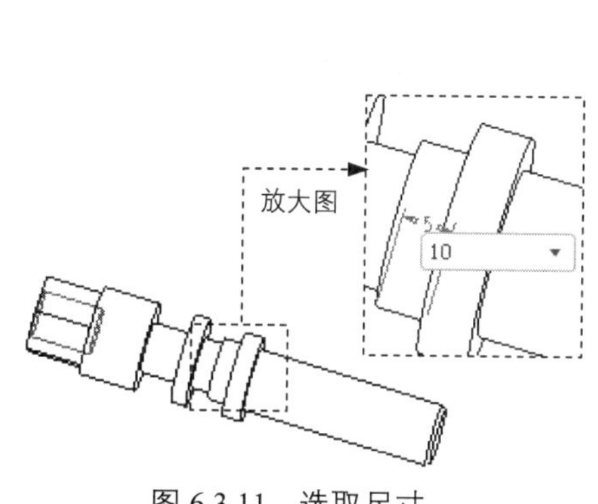

图 6.3.11　选取尺寸

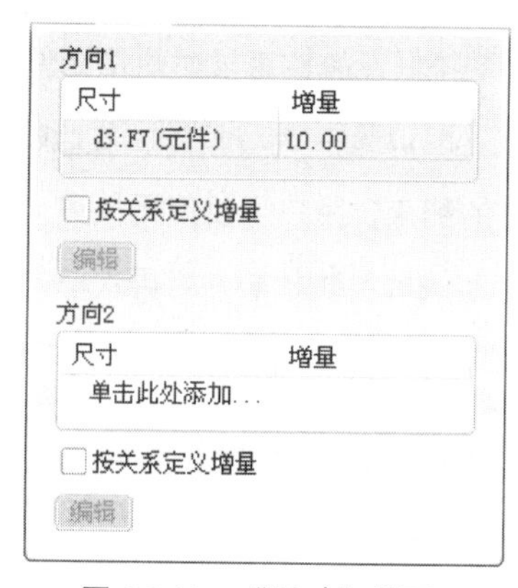

图 6.3.12　“尺寸”界面

步骤 05　在阵列操控板中输入实例总数 5，如图 6.3.13 所示。

步骤 06　单击阵列操控板中的“完成”按钮☑，即得到图 6.3.10b 所示的元件 2 的阵列。

图 6.3.13　阵列操控板

6.3.5 允许假设

在装配过程中，Pro/ENGINEER 会自动启用“允许假设”功能，通过假设存在某个装配约束，使元件自动地被完全约束，从而帮助用户高效率地装配元件。☑ 允许假设 复选框位于操控板中“放置”界面的 状态 选项组，用于切换系统的约束定向假设开关。在装配时，只要能够做出假设，系统将自动选中 ☑ 允许假设 复选框（使之有效）。“允许假设”的设置是针对具体元件的，并与该元件一起保存。

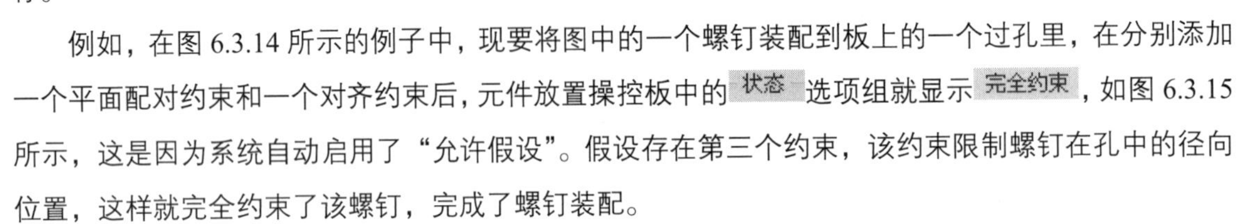

例如，在图 6.3.14 所示的例子中，现要将图中的一个螺钉装配到板上的一个过孔里，在分别添加一个平面配对约束和一个对齐约束后，元件放置操控板中的 状态 选项组就显示 完全约束，如图 6.3.15 所示，这是因为系统自动启用了“允许假设”。假设存在第三个约束，该约束限制螺钉在孔中的径向位置，这样就完全约束了该螺钉，完成了螺钉装配。

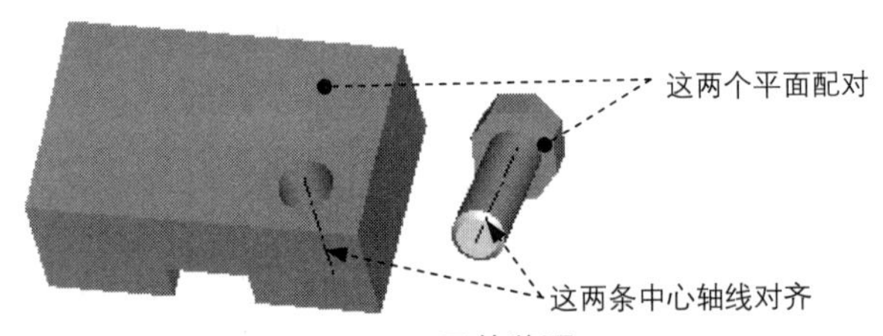

图 6.3.14 元件装配

有时，系统假设的约束虽然能使元件完全约束，但有可能并不符合设计意图，如何处理这种情况呢？可以首先取消选中 ☐ 允许假设 复选框，添加和明确定义另外的约束，使元件重新完全约束；如果不定义另外的约束，用户可以使元件在“假定”位置保持包装状态，也可以将其拖出假定的位置，使其在新位置上保持包装状态（当再次单击 ☑ 允许假设 复选框时，元件会自动回到假设位置）。请看图 6.3.16 所示的例子。

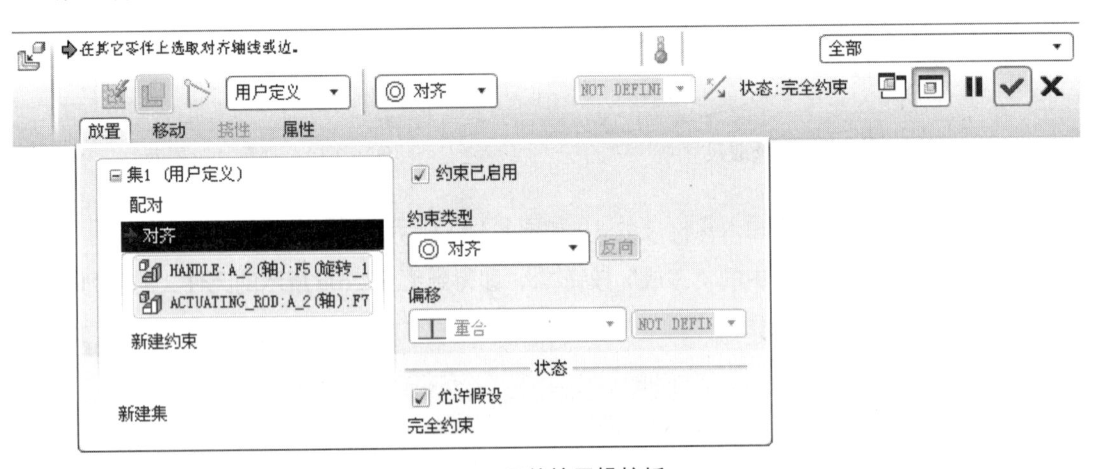

图 6.3.15 元件放置操控板

首先将元件 1 引入装配环境中，并使其完全约束。然后引入元件 2，并分别添加“配对”约束和“对齐”约束。此时，状态选项组下的☑允许假设复选框被自动选中，并且系统在对话框中显示完全约束信息，两个元件的装配效果如图 6.3.17 所示，而本例设计意图如图 6.3.18 所示。

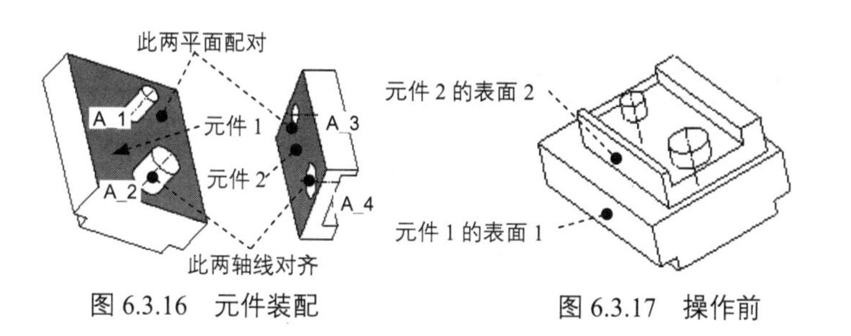

图 6.3.16　元件装配　　图 6.3.17　操作前

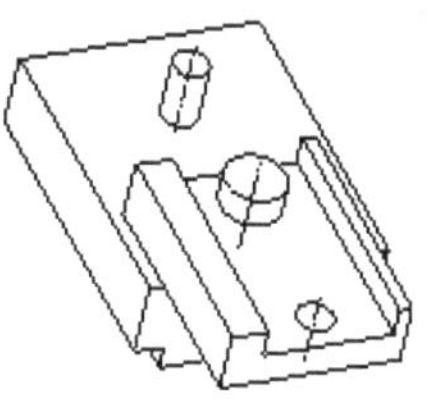

图 6.3.18　操作后

请按下面的操作方法进行练习。

步骤 01 设置工作目录和打开文件。

（1）选择下拉菜单 文件(F) ➡ 设置工作目录(W)... 命令，将工作目录设置至 D:\proesc5\work\ch06.03.05。

（2）选择下拉菜单 文件(F) ➡ 打开(O)... 命令，打开文件 ALLOW_IF_02.ASM。

步骤 02 编辑定义元件 ALLOW_IF_02_02.PRT，在系统弹出的图 6.3.19 所示的元件放置操控板中进行如下操作。

（1）在元件放置操控板中单击 放置 按钮，在弹出的“放置”界面中取消选中 允许假设 复选框。

（2）设置元件的定向。

① 在“放置”界面中单击“新建约束”字符。

② 约束类型 为 配对，在 偏移 下拉列表中选择 定向（如图 6.3.20 所示）。

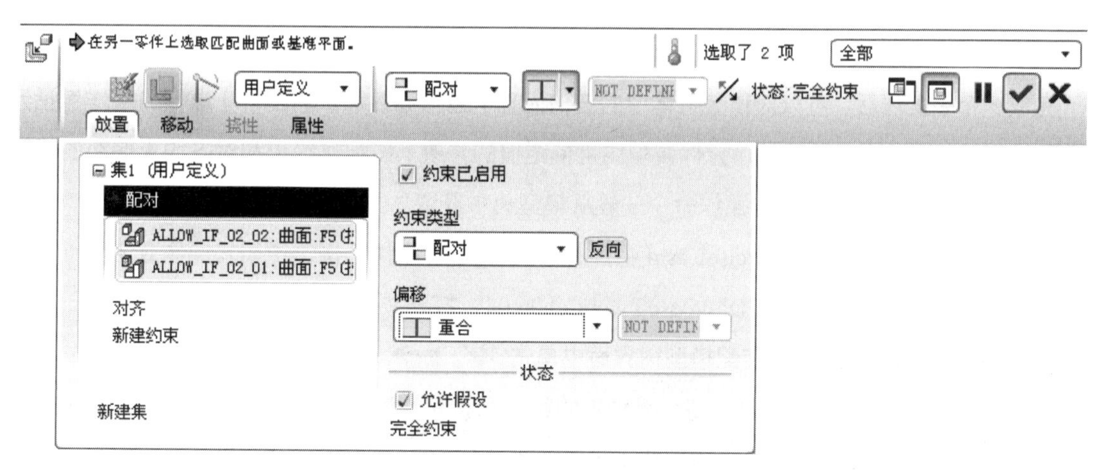

图 6.3.19　元件放置操控板

③ 分别选取元件 1 上的表面 1 及元件 2 上的表面 2。注意：此时，系统可能自动将约束类型设

置为 对齐 类型，如果这样就需要将 对齐 约束类型改为 配对 约束类型，如图 6.3.21 所示。

（3）在元件放置操控板中单击✓按钮。

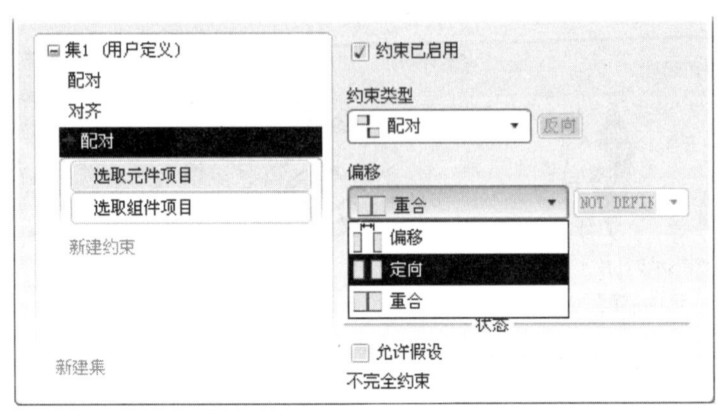

图 6.3.20 “放置”界面（一）

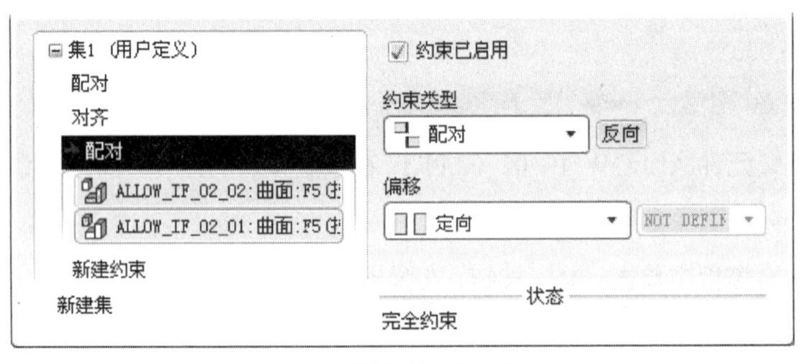

图 6.3.21 “放置”界面（二）

6.4 编辑装配体中的元件

完成一个装配体后，可以对该装配体中的任何元件（包括零件和子装配件）进行的操作包括元件的打开与删除、元件尺寸的修改、元件装配约束偏距值的修改（如配对约束和对齐约束偏距的修改）、元件装配约束的重定义等。这些操作命令一般从模型树中获取。

下面以修改装配体 asm_exercise2.asm 中的 link_flange.prt 零件为例，说明其操作方法。

步骤 01 将工作目录设置至 D:\proesc5\work\ch06.04，打开文件 asm_exercise2.asm。

步骤 02 在图 6.4.1 所示的装配模型树界面中单击 ➡ 树过滤器(F)...，然后选中“显示”选项组下的 ☑特征 复选框。这样，每个零件中的特征都将在模型树中显示。

步骤 03 如图 6.4.2 所示，单击模型树中 LINK_FLANGE.PRT 前面的“+”号。

步骤 04 在模型树中，右击要修改的特征（如 旋转 1），如图 6.4.3 所示，系统弹出图 6.4.4 所示的快捷菜单，从该菜单中即可选取所需的编辑、编辑定义等命令，对所选取的特征进行相应操作。

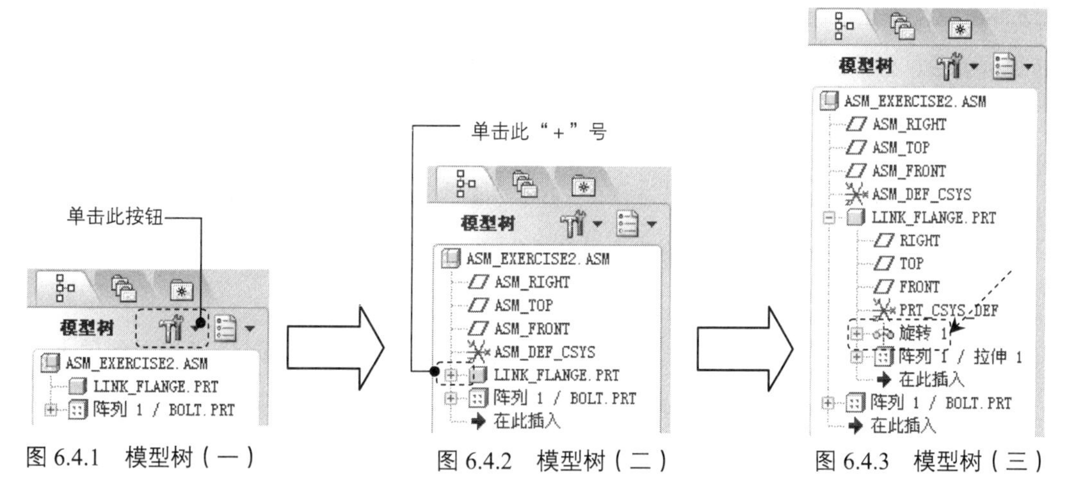

图 6.4.1　模型树（一）　　图 6.4.2　模型树（二）　　图 6.4.3　模型树（三）

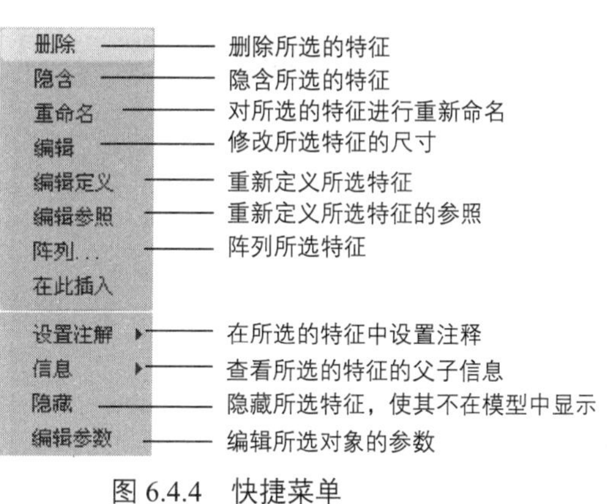

图 6.4.4　快捷菜单

在装配体 asm_exercise2.asm 中，如果要将零件 link_flange.prt 中的尺寸 64 改成 40，如图 6.4.5 所示，操作方法如下。

步骤 01　显示要修改的尺寸。在图 6.4.3 所示的模型树中，右击零件 link_flange.prt 中的“旋转 1”特征，选择 编辑(E) 命令，系统即显示图 6.4.5 所示的该特征的尺寸。

步骤 02　双击要修改的尺寸 64，输入新尺寸 40，然后按回车键。

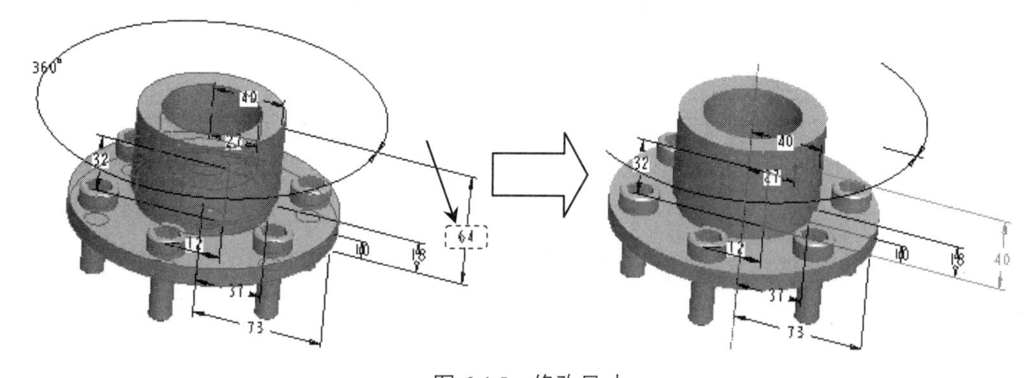

图 6.4.5　修改尺寸

步骤 03 装配模型的再生。右击零件 LINK_FLANGE.PRT，在弹出的菜单中选择 再生 命令。注意：修改装配模型后，必须进行“再生”操作，否则模型不能按修改的要求更新。

装配模型的再生有两种方式。

- 再生：选择下拉菜单 编辑(E) → 再生(G) 命令（或者在模型树中右击要进行再生的元件，然后从弹出的快捷菜单中选取 再生 命令），此方式只再生被选中的对象。
- 定制再生：选择下拉菜单 编辑(E) → 再生管理器(M) 命令，此时系统弹出图 6.4.6 所示的“再生管理器”对话框，通过该对话框可以控制需要再生的元素，默认情况下是全不选中的。

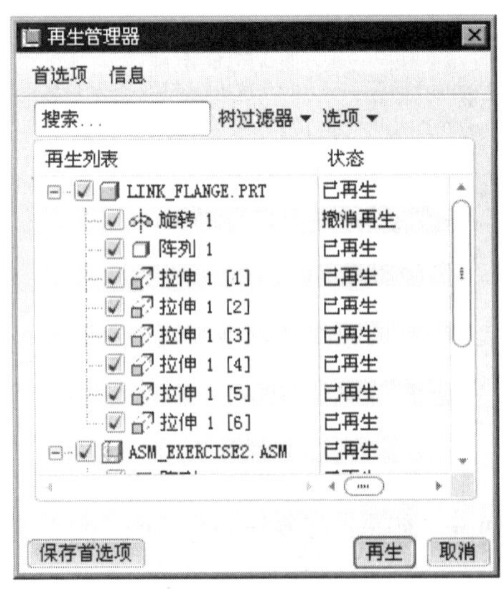

图 6.4.6 “再生管理器”对话框

6.5 装配体的简化

对于复杂的装配体的设计，存在下列问题：重绘、再生和检索的时间太长；在设计局部结构时，图面太复杂、太乱，不利于局部零部件的设计。

为了解决这些问题，可以利用简化表示（Simplfied Rep）功能，将设计中暂时不需要的零部件从装配体的工作区中移除，从而可以减少装配体的重绘、再生和检索的时间，并且简化装配体。例如，在设计轿车的过程中，设计小组在设计车厢里的座椅时，并不需要发动机、油路系统和电气系统，这样就可以用简化表示的方法将这些暂时不需要的零部件从工作区中移除。

图 6.5.1 是装配体 simplified_asm.asm 简化表示的例子，下面说明创建简化表示的操作方法。

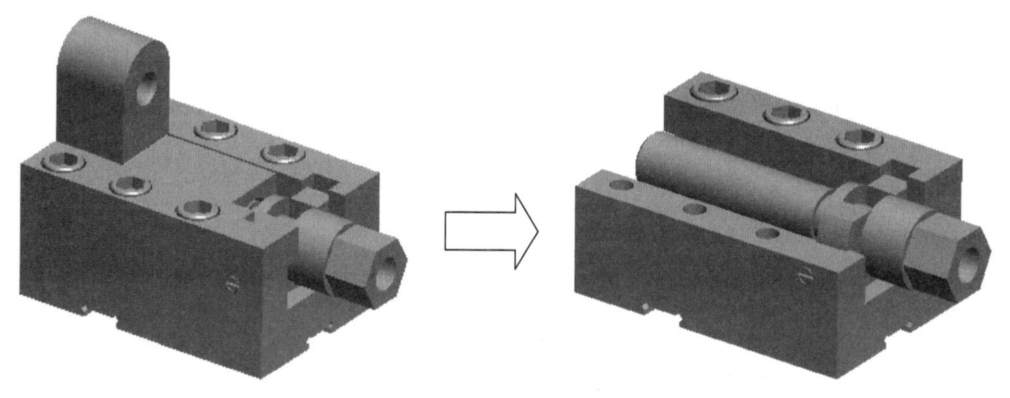

图 6.5.1　简化表示

步骤 01 将工作目录设置至 D:\proesc5\work\ch06.05，打开文件 simplified_asm.asm。

步骤 02 选择 视图(V) ➡ 视图管理器(W) 命令；在“视图管理器”对话框的 简化表示 选项卡中（如图 6.5.2 所示）单击 新建 按钮，输入简化表示的名称 Rep_Course，并按回车键。

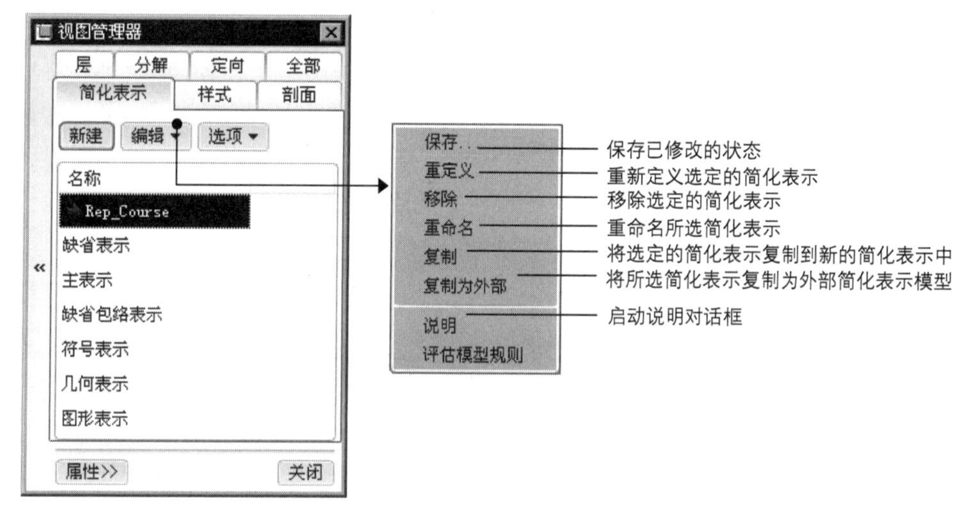

图 6.5.2　“视图管理器”对话框

步骤 03 完成上步操作后，系统弹出图 6.5.3 所示的“编辑”对话框（一），单击图 6.5.3 所示的位置，系统弹出图 6.5.3 所示的下拉列表。

步骤 04 在“编辑”对话框中进行如图 6.5.4 所示的设置。

步骤 05 单击“编辑”对话框中的按钮 确定(O)，完成视图的编辑，然后单击“视图管理器” 对话框中的 关闭 按钮。

用户可以为装配体创建多个简化表示，每一个都对应于装配体的某个局部，在进行不同局部的设计时，可将相应的简化表示设置到当前工作区中。操作方法是：在“视图管理器”对话框中，双击相应的视图名称（或选中视图名称后，选择 选项 ➡ 设置为活动 命令）。此时，在当前视图名称前有一个红色箭头指示，如图 6.5.2 所示。

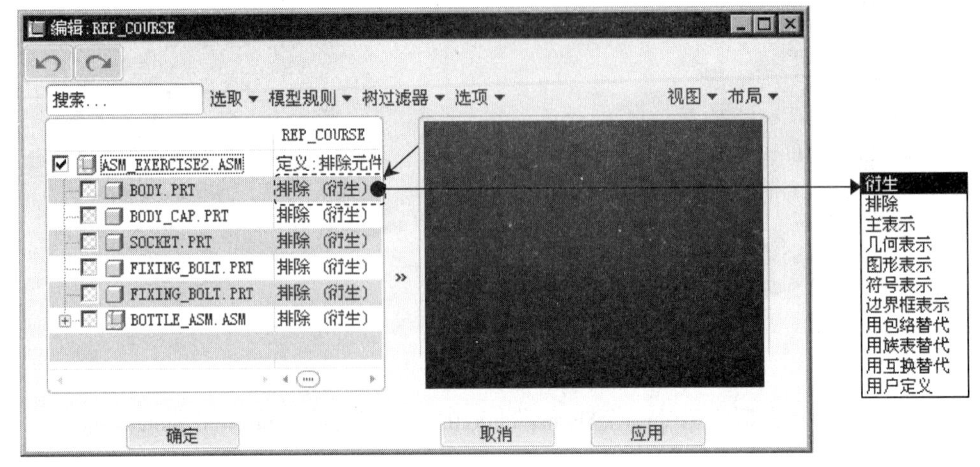

图 6.5.3 “编辑”对话框（一）

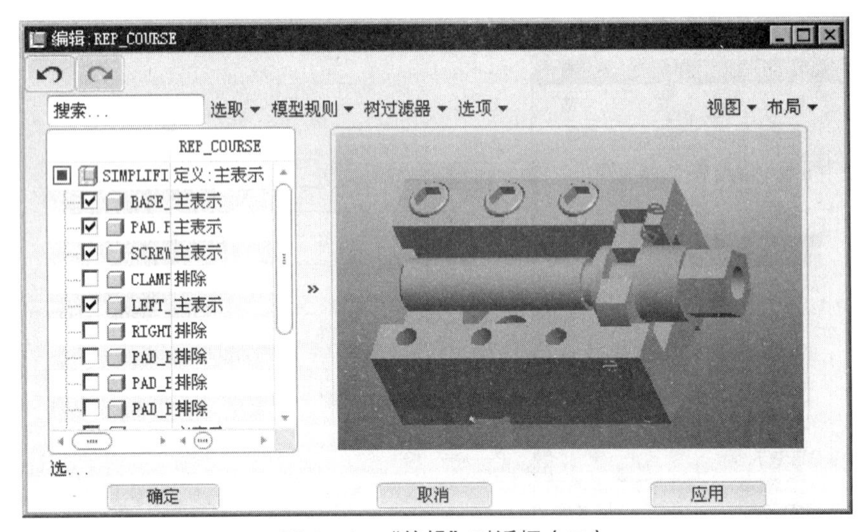

图 6.5.4 “编辑”对话框（二）

6.6 装配体的干涉检查

在实际的产品设计中，当产品中的各个零部件组装完成后，设计人员通常比较关心产品中各个零部件间的干涉情况，包括有没有干涉？哪些零件间有干涉？干涉量是多大？而通过 模型(L) ▸ 子菜单中的 全局干涉 命令可以解决这些问题。下面以一个简单的装配体模型为例，说明干涉分析的一般操作过程。

步骤 01 将工作目录设置至 D:\proesc5\work\ch06.06，打开文件 interference_asm.asm。

步骤 02 在装配模块中，选择下拉菜单 分析(A) ➡ 模型(L) ▸ ➡ 全局干涉 命令。

步骤 03 在弹出的“全局干涉”对话框中，打开 分析 选项卡，如图 6.6.1 所示。

步骤 04 由于 设置 区域中的 ◉ 仅零件 单选按钮已经被选中（采用系统默认的设置），所以此步操作可以省略。

步骤 05 单击 分析 选项卡下部的“计算当前分析以供预览”按钮 。

步骤 06 在图 6.6.1 所示的 分析 选项卡的结果区域中，可看到干涉分析的结果，包括干涉的零件名称和体积大小。同时，在图 6.6.2 所示的模型上可看到干涉的部位以红色加亮的方式显示。如果装配体中没有干涉的元件，则系统在信息区显示 没有干涉零件。。

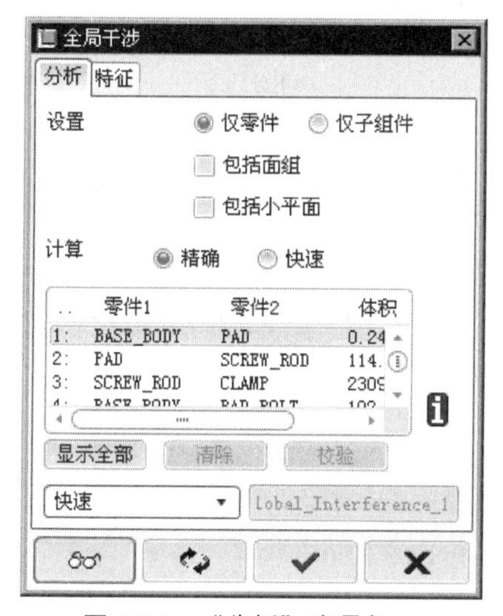

图 6.6.1　“分析”选项卡

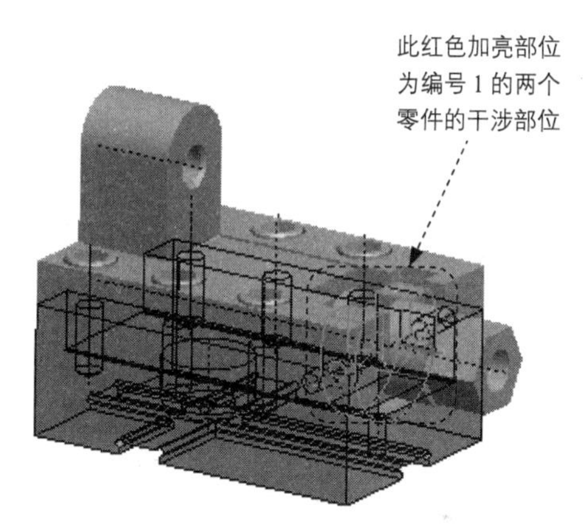

图 6.6.2　装配干涉检查

6.7　装配体的分解

装配体的分解（Explode）状态也称为爆炸状态，就是将装配体中的各零部件沿着直线或坐标轴移动或旋转，使各个零件从装配体中分解出来，如图 6.7.1 所示。分解状态对于表达各元件的相对位置十分有帮助，因此通常用于表达装配体的装配过程及装配体的构成。

6.7.1　创建分解视图

下面以装配体 asm_exercise.asm 为例，说明创建装配体的分解状态的一般操作过程。

步骤 01 将工作目录设置至 D:\proesc5\work\ch06.07.01，打开文件 asm_exercise.asm。

步骤 02 选择下拉菜单 视图(V) ➡ 视图管理器(W) 命令，在“视图管理器”对话框的 分解 选项卡中单击 新建 按钮，输入分解的名称 asm_exp1，并按回车键。

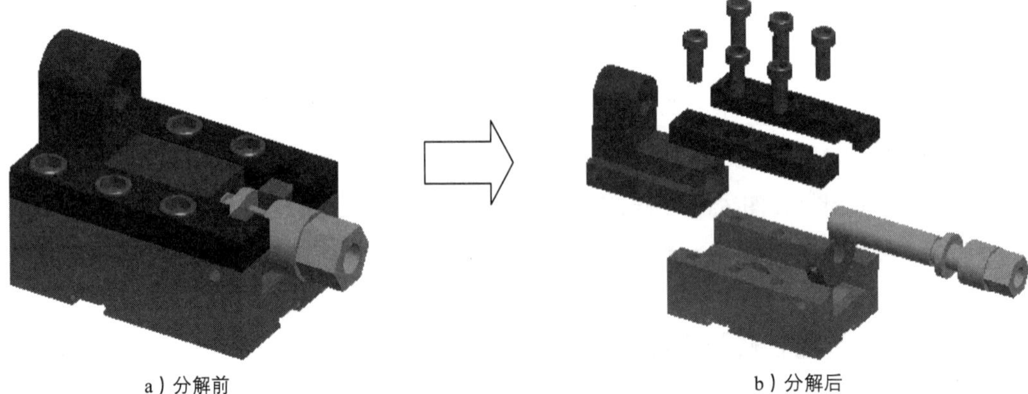

图 6.7.1　装配体分解视图

步骤 03 单击“视图管理器”对话框中的 属性>> 按钮，在“视图管理器”对话框中单击 按钮，系统弹出图 6.7.2 所示的“分解位置”操控板。

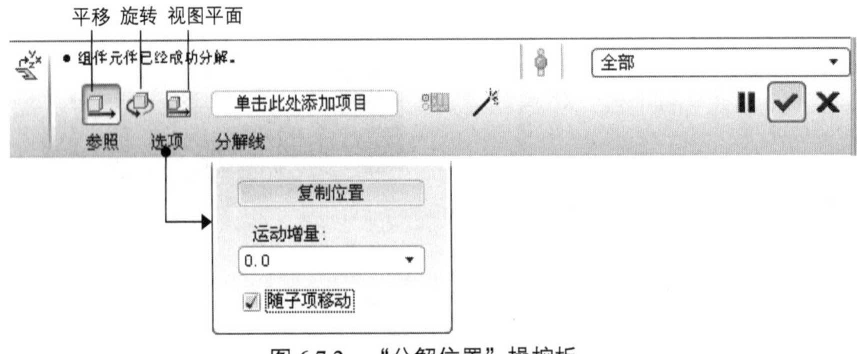

图 6.7.2　“分解位置”操控板

步骤 04 定义运动。

（1）将模型放置方位调整至图 6.7.2 所示的“分解前”的方位，然后在“分解位置”操控板中单击“平移”按钮。

（2）选取 6 个螺钉。此时，系统会在螺钉上显示一个参照坐标系，拖动坐标系的轴，移动鼠标，向上移动零件。

（3）选取 left_pad.prt 及 right_pad.prt 两个零件，向上移动零件。

（4）选择主体零件 base_body，向下移动该零件。

（5）选择 pad.prt，向下移动该零件。

（6）选择 screw_rod.prt，向右侧移动该零件。

（7）选择 clamp.prt，向左侧移动该零件。

步骤 05 完成以上分解移动后，单击”分解位置”操控板中的按钮。

步骤 06 保存分解状态。

（1）在图 6.7.3 所示的“视图管理器”对话框中单击<< ...按钮。

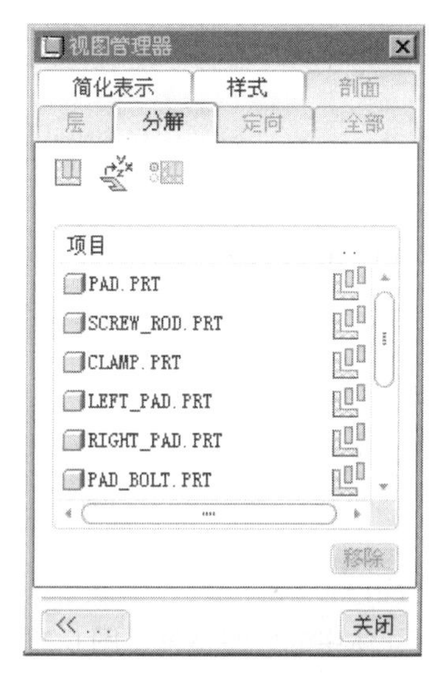

图 6.7.3　“视图管理器”对话框（一）

（2）在图 6.7.4 所示的“视图管理器”对话框中依次选择编辑 ▾ ➡ 保存...命令。

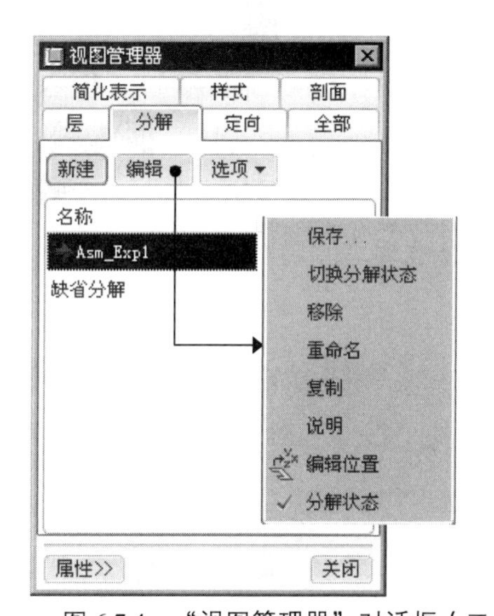

图 6.7.4　“视图管理器”对话框（二）

（3）在图 6.7.5 所示的“保存显示元素”对话框中单击确定按钮。

步骤 07　单击“视图管理器”对话框中的关闭按钮。

6.7.2　设置活动的分解视图

用户可以为装配体创建多个分解状态，并根据需要将某个分解状态设置到当前工作区中。操作方法是：在“视图管理器”对话框的分解选项卡中，双击相应的视图名称，或选中视图名称后，选择

选项 → 设置为活动 命令。此时，在当前视图位置有一个红色箭头指示。

6.7.3 取消分解视图

选择下拉菜单 视图(V) → 分解(X) → 取消分解视图(U) 命令，可以取消分解视图的分解状态，从而回到正常状态。

6.7.4 创建组件的分解线

下面以图 6.7.6 为例，说明创建偏移线的一般操作过程。

步骤 01 将工作目录设置至 D:\proesc5\work\ch06.07.04，打开文件 asm_exercise02.asm。

步骤 02 选择下拉菜单 视图(V) → 视图管理器(W) 命令，在“视图管理器”对话框的 分解 选项卡中单击 新建 按钮，输入分解名称 asm_exp2。

步骤 03 创建装配体的分解状态。将装配体中的各零件移至图 6.7.6 所示的方位。

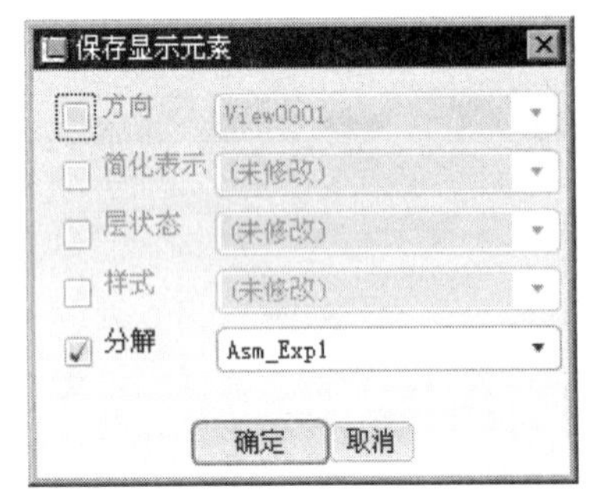

图 6.7.5 “保存显示元素”对话框

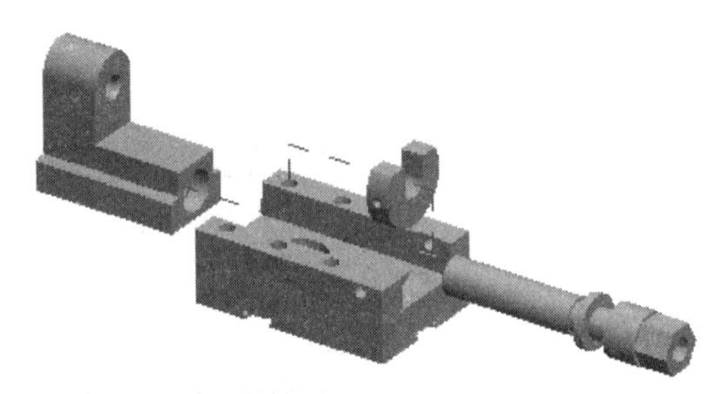

图 6.7.6 创建装配体的分解状态的偏移线

步骤 04 修改偏移线的样式。

（1）单击“分解位置”操控板中的 分解线 按钮，然后再单击 缺省线造型 按钮。

（2）系统弹出图 6.7.7 所示的“线体”对话框，在下拉列表框中选择 短划线 线型，单击

按钮。

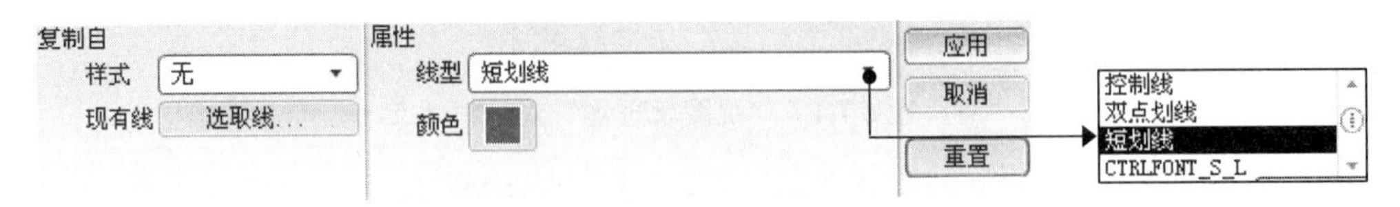

图 6.7.7 “线体”对话框

步骤 05 创建装配体的分解状态的偏移线。

（1）单击“分解位置”操控板中的 分解线 按钮，然后再单击“创建修饰偏移线”按钮，如图 6.7.8 所示。

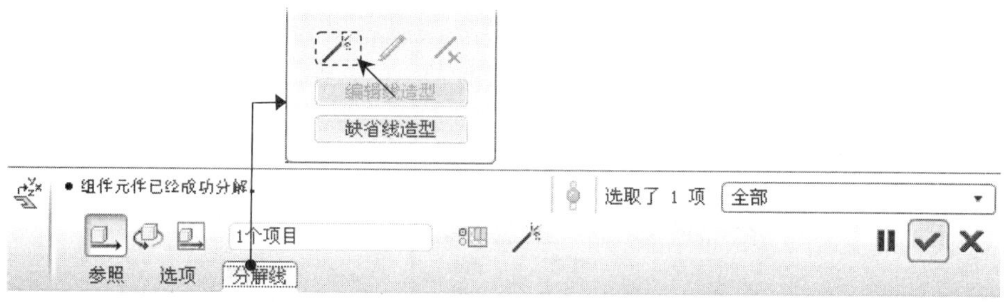

图 6.7.8　“分解位置”操控板

（2）此时，系统弹出图 6.7.9 所示的“修饰偏移线”对话框，在智能选取栏中选择轴。

（3）分别选择图 6.7.10 所示的两条轴线，单击应用按钮。

（4）完成同样的操作后，单击关闭按钮，然后单击操控板中的✔按钮。

图 6.7.9　“修饰偏移线”对话框

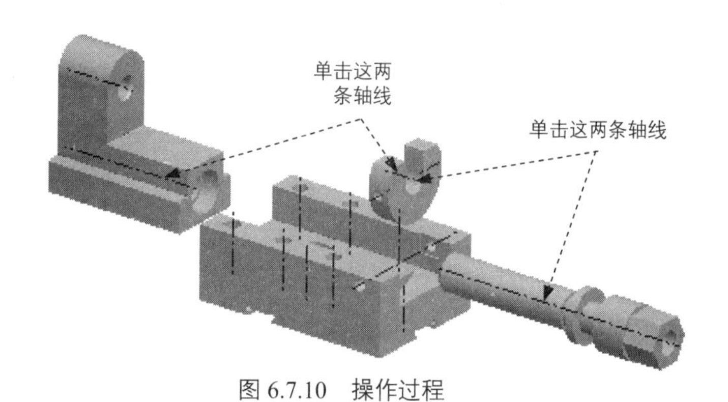

图 6.7.10　操作过程

选取轴线时，在轴线上单击的位置不同，就会出现不同的结果，如图 6.7.11 所示。

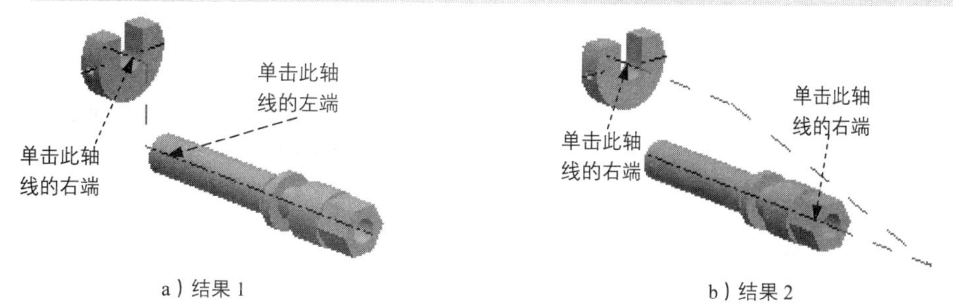

图 6.7.11　不同的结果对比

步骤 06 保存分解状态。

（1）在“视图管理器”对话框中单击 << ... 按钮。

（2）在图 6.7.12 所示的“视图管理器”对话框中依次单击 编辑 ▾ ➡ 保存... 按钮。

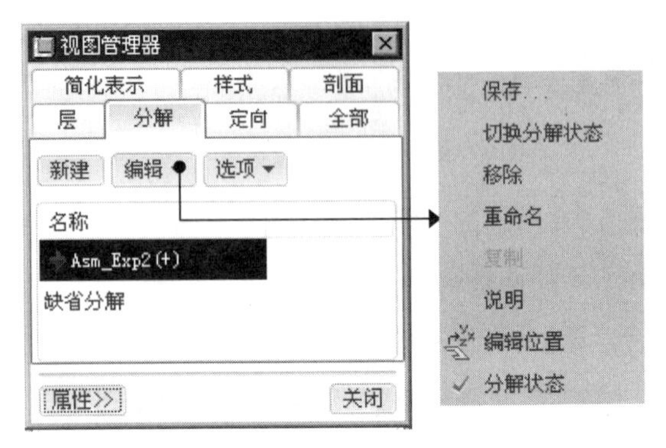

图 6.7.12　“视图管理器”对话框（五）

（3）在图 6.7.13 所示的“保存显示元素”对话框中单击 确定 按钮。

步骤 07 单击“视图管理器”对话框中的 关闭 按钮。

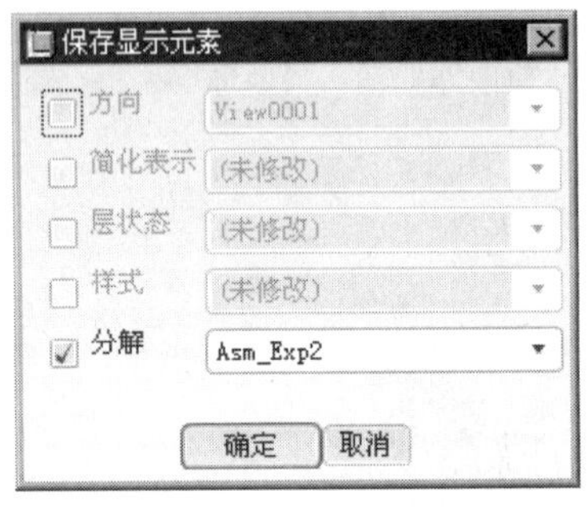

图 6.7.13　“保存显示元素”对话框

6.8　零件设计综合应用

本实例详细讲解了减振器的整个装配过程，零件组装模型如图 6.8.1 所示。

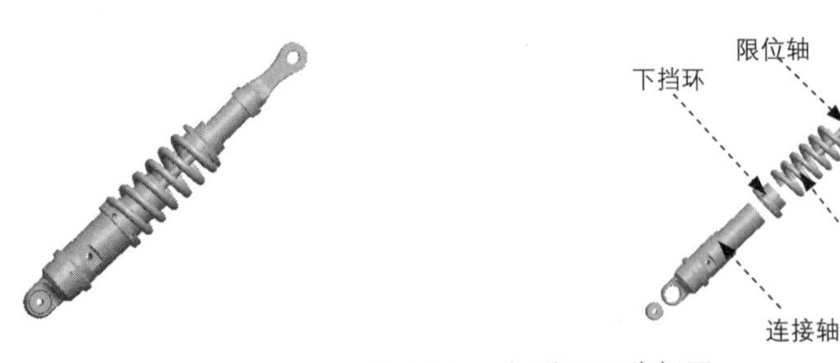

图 6.8.1　组装图及分解图

1. 添加驱动轴、限位轴和上挡环的子装配（如图 6.8.2 所示）

图 6.8.2　组装图和分解图

步骤 01 选择下拉菜单 文件(F) ➡ 设置工作目录(W)... 命令，将工作目录设置至 D:\proesc5\work\ch06.08。

步骤 02 单击“新建文件”按钮 ，在弹出的文件“新建”对话框中，进行下列操作。

（1）选中 类型 选项组下的 ◉ 组件 单选项。

（2）选中 子类型 选项组下的 ◉ 设计 单选项。

（3）在 名称 文本框中输入文件名 sub_asm_01。

（4）通过取消 ☑ 使用缺省模板 复选框中的“√”号，来取消“使用默认模板”。

（5）单击该对话框中的 确定 按钮。

步骤 03 选取适当的装配模板。在系统弹出的“新文件选项”对话框中，进行下列操作。

（1）在模板选项组中，选取 mmns_asm_design 模板命令。

（2）单击该对话框中的 确定 按钮。

步骤 04 装配第一个零件（驱动轴），如图 6.8.3 所示。

（1）选择下拉菜单 插入(I) ➡ 元件(C) ▸ ➡ 装配(A)... 命令。

（2）此时，系统弹出文件“打开”对话框，选择零件 1 模型文件 initiative_shaft.prt，然后单击 打开 按钮。

（3）完全约束放置零件。进入零件装配界面，在操控板中单击 放置 按钮，在 放置 界面的 约束类型 下拉列表中选择 缺省 选项，将元件按默认放置。此时， 状态 区域显示的信息为 完全约束；单击操控板中的 ✔ 按钮。

步骤 05 引入第二个零件（上挡环），如图 6.8.4 所示。

（1）选择下拉菜单 插入(I) ➡ 元件(C) ▸ ➡ 装配(A)... 命令。

（2）此时系统弹出文件“打开”对话框，选择零件 2 模型文件 ringer_top.prt，然后单击 打开 按钮。

（3）完全约束放置零件。

① 在操控板中单击 放置 按钮，在 放置 界面的 约束类型 下拉列表中选择 对齐 选项，选择元件中的 A1 轴（如图 6.8.5 所示），再选择组件中的 A1 轴（如图 6.8.5 所示）。

② 选择约束类型为 对齐，选择元件中的曲面 1（如图 6.8.6 所示），再选择组件中的曲面 2

Note

（如图 6.8.6 所示）。偏移类型为 重合 。此时，状态区域显示的信息为完全约束；单击操控板中的✔按钮。

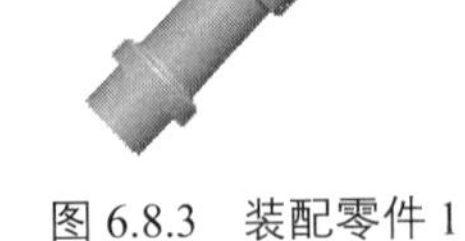

图 6.8.3　装配零件 1

图 6.8.4　装配零件 2

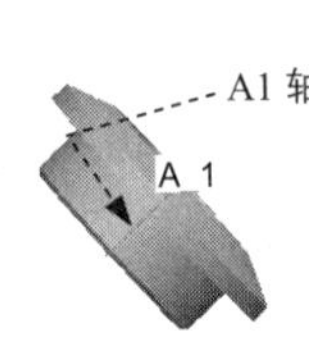

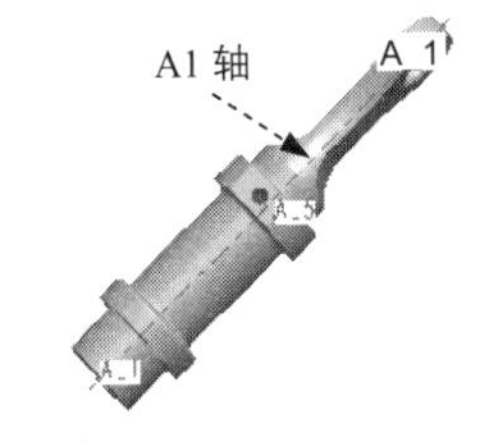

图 6.8.5　轴 1 和轴 2

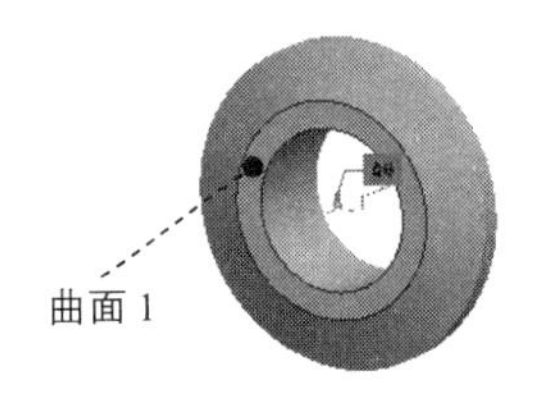

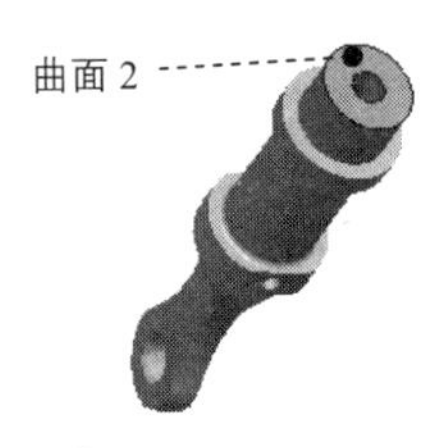

图 6.8.6　曲面 1 和曲面 2

步骤 06 装配第三个零件（限位轴），如图 6.8.7 所示。

（1）选择下拉菜单 插入(I) ➡ 元件(C) ➡ 装配(A)... 命令。

（2）此时，系统弹出 “打开” 对话框，选择零件 3 模型文件 limit_shaft.prt，然后单击 打开 按钮。

（3）完全约束放置零件。

① 进入零件装配界面，在操控板中单击 放置 按钮，在 放置 界面的 约束类型 下拉列表中选择 对齐 选项，选择元件中的 A1 轴（如图 6.8.8 所示），再选择组件中的 A1 轴（如图 6.8.8 所示）。

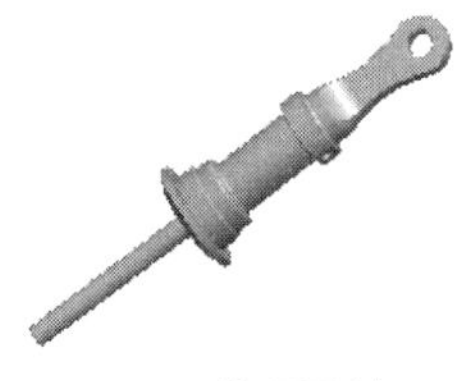

图 6.8.7　装配零件 3

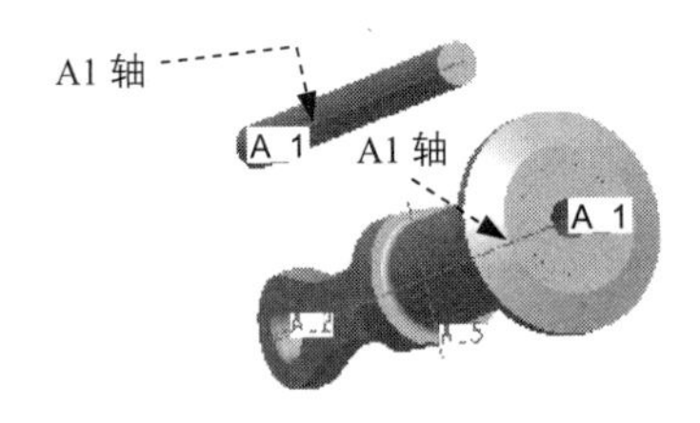

图 6.8.8　对齐轴线

② 选择约束类型为 对齐，选择元件中的曲面 3（如图 6.8.9 所示），再选择组件中的曲面 2（如图 6.8.9 所示）（注：具体参数和操作参见随书光盘）。此时，状态区域显示的信息为完全约束；单击操控板中的✔按钮。

步骤 07 保存装配零件 1。

2. 连接轴和下挡环的子装配（如图 6.8.10 所示）

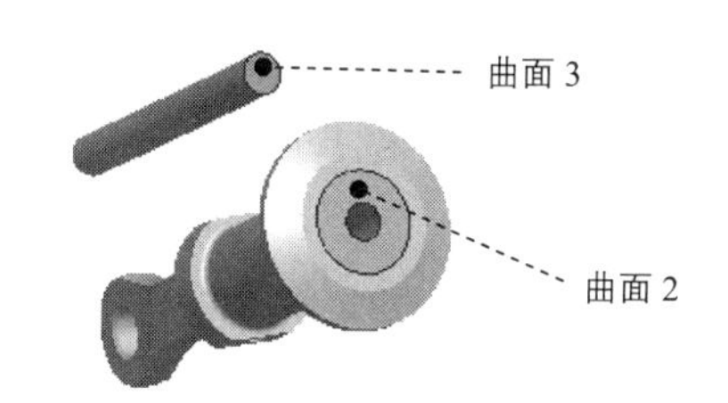

图 6.8.9　曲面 2 和曲面 3

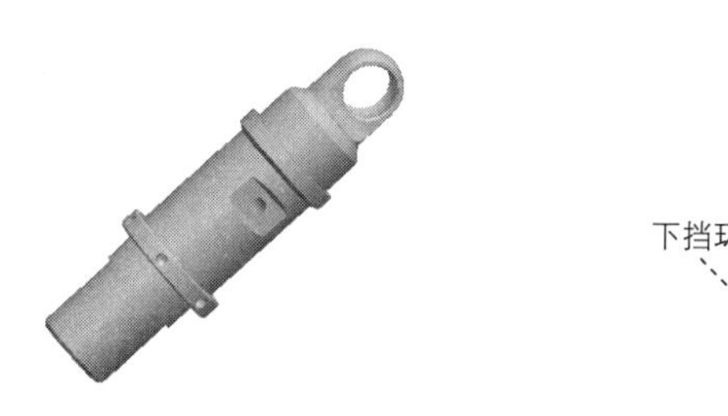

图 6.8.10　组装图和分解图

（注：本实例的详细操作过程请参见随书光盘中 video\ch06.08\reference\文件下的语音视频讲解文件“handle_mold-r01.avi”）。

3. 减振器的总装配过程

步骤 01 单击“新建”按钮，在弹出的文件“新建”对话框中，进行下列操作。

（1）选中 类型 选项组下的 组件 单选项。

（2）选中 子类型 选项组下的 设计 单选项。

（3）在 名称 文本框中输入文件名 DAMPER.ASM。

（4）通过取消 使用缺省模板 复选框中的“√”号，来取消“使用默认模板”。

（5）单击该对话框中的 确定 按钮。

步骤 02 选取适当的装配模板。在系统弹出的“新文件选项”对话框中，进行下列操作。

（1）在模板选项组中，选取 mmns_asm_design 模板命令。

（2）单击该对话框中的 确定 按钮。

步骤 03 装配第一个子装配。

（1）在下拉菜单中选择 插入(I) ➡ 元件(C) ➡ 装配(A)... 命令。

（2）此时，系统弹出文件“打开”对话框，选择装配文件 sub_asm_01.asm，然后单击 打开 按钮。

（3）完全约束放置零件。进入零件装配界面，在操控板中单击 放置 按钮，在 放置 界面的 约束类型 下拉列表中选择 缺省 选项，将元件按默认放置。此时，状态 区域显示的信息为 完全约束；单击操控板中的 ✔ 按钮。

步骤 04 装配零件 damping_spring.prt（弹簧）。

（1）在下拉菜单中选择 插入(I) → 元件(C) ▸ → 装配(A)... 命令。

（2）此时，系统弹出文件“打开”对话框，选择零件模型文件 damping_spring.prt，然后单击 打开 按钮。

（3）完全约束放置零件。

① 进入零件装配界面，在操控板中单击 放置 按钮，在 放置 界面的 约束类型 下拉列表中选择 对齐 选项，选择元件中的轴 1（如图 6.8.11 所示），再选择组件中的轴 2（如图 6.8.11 所示）。

Note

② 选择约束类型为 配对，选择元件中的平面 1（如图 6.8.12 所示），再选择组件中的平面 2（如图 6.8.12 所示）。偏移为 重合，放置元件。此时，状态 区域显示的信息为 完全约束；单击操控板中的 ✓ 按钮。

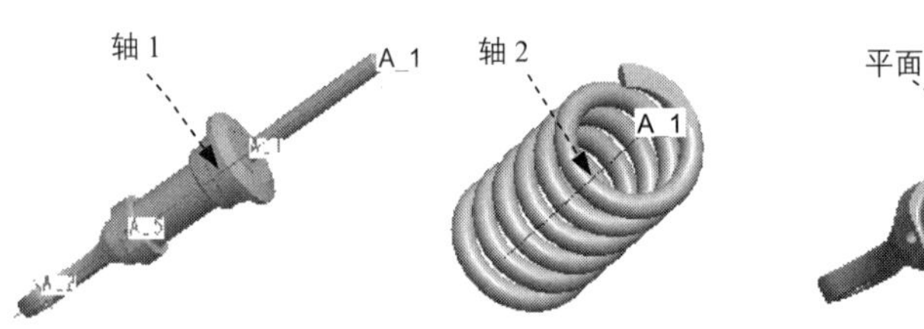

图 6.8.11　选取对齐轴

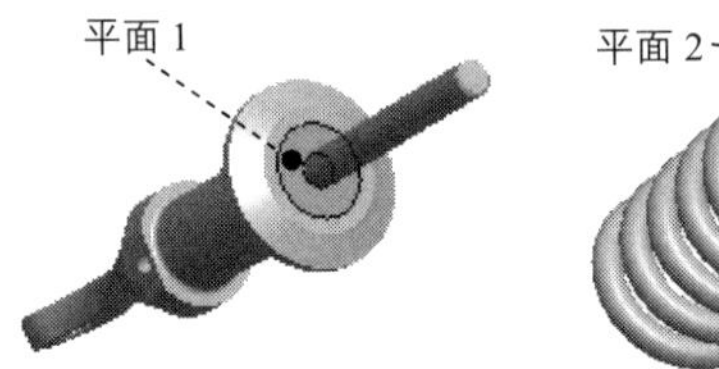

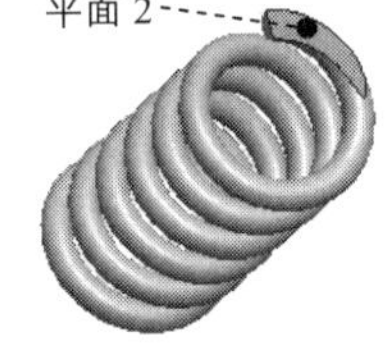

图 6.8.12　选取配对面

步骤 05 装配零件 SUB_ASM_02.ASM。

（1） 在下拉菜单中选择 插入(I) → 元件(C) ▸ → 装配(A)... 命令。

（2） 此时，系统弹出文件“打开”对话框，选择装配模型文件 sub_asm_02.asm，然后单击 打开 按钮。

（3）完全约束放置零件。

① 进入零件装配界面，在操控板中单击 放置 按钮，在 放置 界面的 约束类型 下拉列表中选择 对齐 选项，选择元件中的轴 3（如图 6.8.13 所示），再选择组件中的轴 4（如图 6.8.13 所示）。

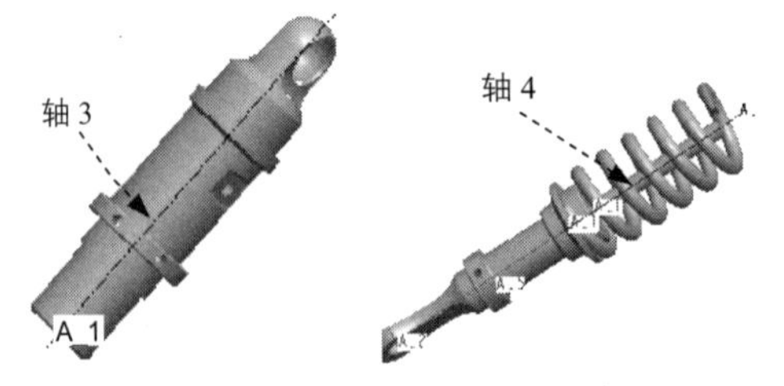

图 6.8.13　选取对齐轴

② 选择约束类型为 配对，选择元件中的平面 3（如图 6.8.14 所示），再选择组件中的平面 4（如图 6.8.14 所示）。偏移为 重合，放置元件。此时，状态 区域显示的信息为 完全约束；单击操控

板中的✔按钮。

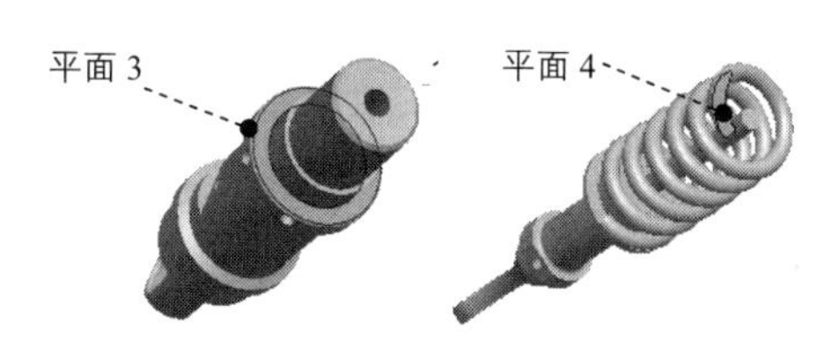

图 6.8.14　选取配对面

步骤 06 在装配零件上创建旋转特征，如图 6.8.15 所示。

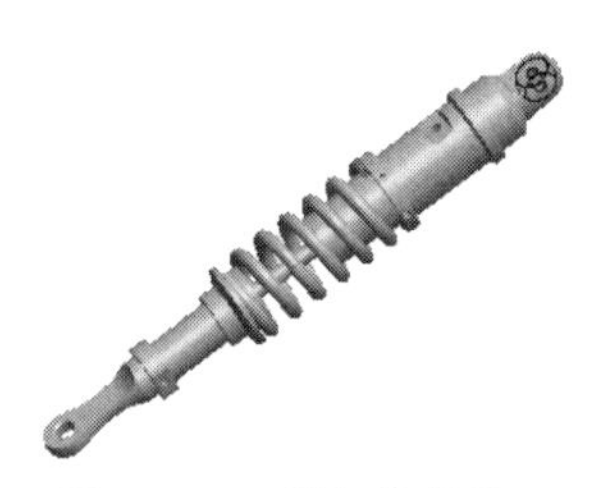

图 6.8.15　增加旋转特征

（注：本步骤的详细操作过程请参见随书光盘中 video\ch06.08\reference\文件下的语音视频讲解文件“handle_mold-r02.avi”）。

步骤 07 保存装配文件。

第 7 章 工程图设计

7.1 Pro/ENGINEER 工程图基础

使用 Pro/ENGINEER 的工程图模块，可创建 Pro/ENGINEER 三维模型的工程图，可以用注解来注释工程图、处理尺寸，以及使用层来管理不同项目的显示。工程图中的所有视图都是相关的。例如，改变一个视图中的尺寸值，系统就相应地更新其他工程图视图。

工程图环境中的菜单说明如下。

（1）“布局”选项区域中的命令主要用于设置绘图模型、模型视图的放置及视图的线型显示等操作，如图 7.1.1 所示。

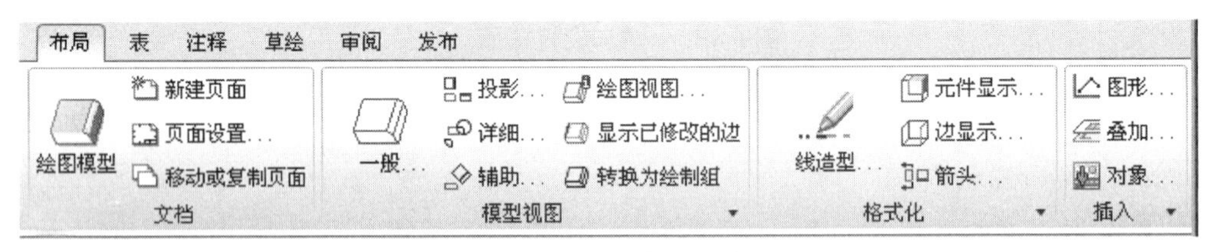

图 7.1.1 “布局”选项区域

（2）“表”选项区域中的命令主要用于创建、编辑表格等操作，如图 7.1.2 所示。

图 7.1.2 “表”选项区域

（3）“注释”选项区域中的命令主要用于添加尺寸及文本注释等操作，如图 7.1.3 所示。

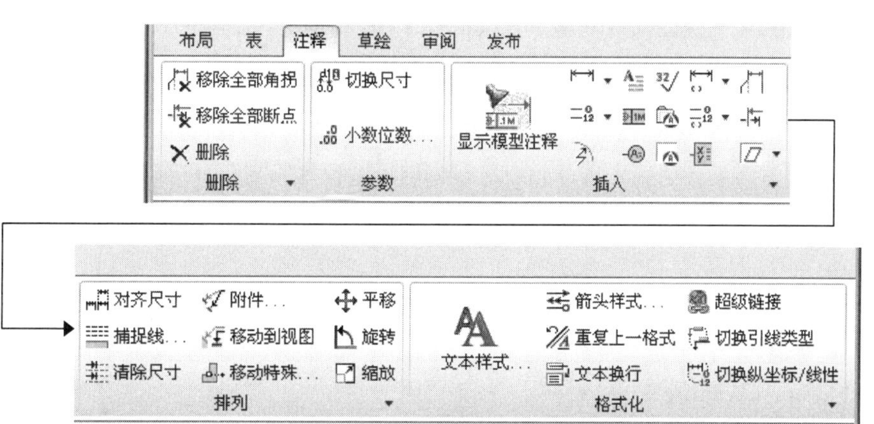

图 7.1.3　“注释”选项区域

（4）“草绘”选项区域中的命令主要用于在工程图中绘制及编辑所需要的视图等操作，如图 7.1.4 所示。

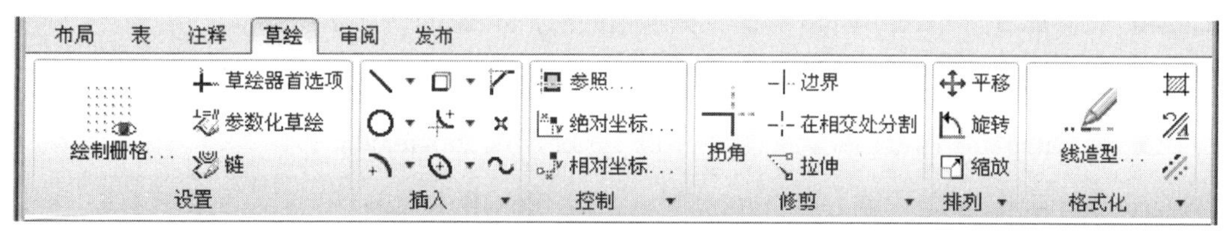

图 7.1.4　“草图”选项区域

（5）“审阅”选项区域中的命令主要用于对所创建的工程图视图进行审阅、检查等操作，如图 7.1.5 所示。

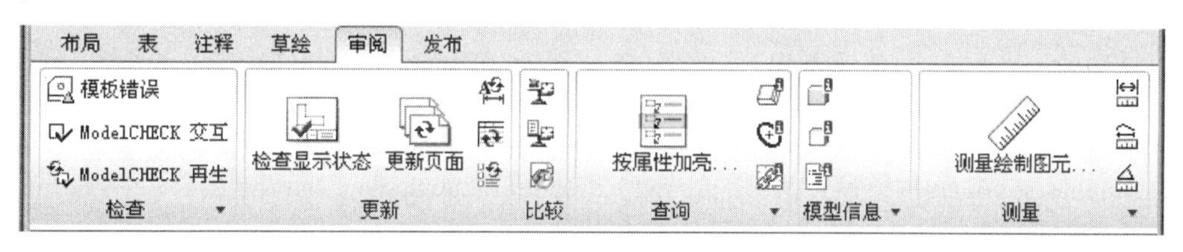

图 7.1.5　“审阅”选项区域

（6）“发布”选项区域中的命令主要用于对工程图进行打印及工程图视图格式的转换等操作，如图 7.1.6 所示。

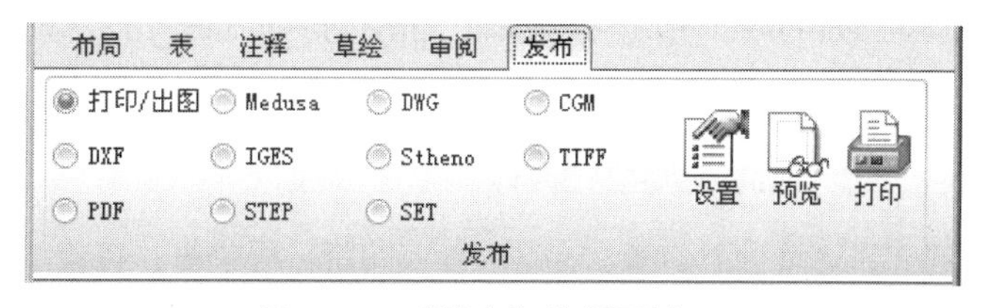

图 7.1.6　“发布”选项区域

◆ Pro/ENGINEER 软件的中文简化汉字版和有些参考书将 Drawing 翻译成“绘图”，本书则翻译成“工程图”。

设置 Pro/ENGINEER 工程图国标环境。我国国标（GB 标准）对工程图作出了许多规定，如尺寸文本的方位与字高、尺寸箭头的大小等都有明确的规定。本书随书光盘中的 proewf5_system_file 文件夹中提供了一些 Pro/ENGINNER 软件的系统文件，这些系统文件中的配置可以使创建的工程图基本符合我国国标。请读者按下面的方法将这些文件复制到指定目录，并对其进行相关设置。

步骤 01 将随书光盘中的 proewf5_system_file 文件夹复制到 C 盘中。

Note

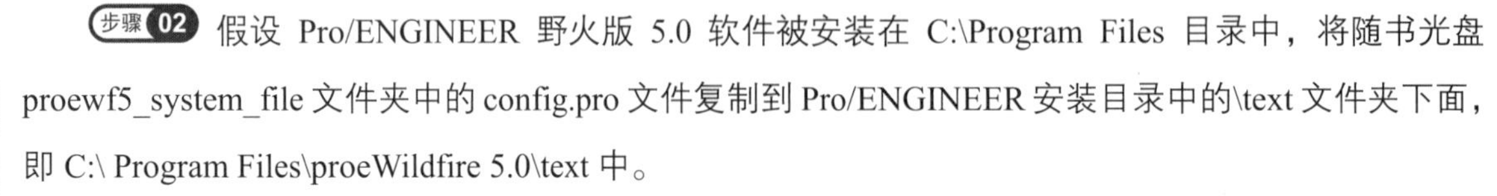

步骤 02 假设 Pro/ENGINEER 野火版 5.0 软件被安装在 C:\Program Files 目录中，将随书光盘 proewf5_system_file 文件夹中的 config.pro 文件复制到 Pro/ENGINEER 安装目录中的\text 文件夹下面，即 C:\ Program Files\proeWildfire 5.0\text 中。

步骤 03 启动 Pro/ENGINEER 野火版 5.0。注意：如果在进行上述操作前，已经启动了 Pro/ENGINEER，应首先退出 Pro/ENGINEER，然后再次启动 Pro/ENGINEER。

步骤 04 选择下拉菜单 工具(T) → 选项(O) 命令，系统弹出如图 7.1.7 所示的对话框。

步骤 05 设置配置文件 config.pro 中的相关选项的值，如图 7.1.7 所示。

（1）drawing_setup_file 的值设置为 C:\ proewf5_system_file\drawing.dtl。

（2）format_setup_file 的值设置为 C:\ proewf5_system_file\format.dtl。

（3）pro_format_dir 的值设置为 C:\ proewf5_system_file\GB_format。

（4）template_designasm 的值设置为 C:\ proewf5_system_file\temeplate\asm_start.asm.2。

（5）template_drawing 的值设置为 C:\ proewf5_system_file\temeplate\draw.drw.2。

（6）template_mfgcast 的值设置为 C:\ proewf5_system_file\temeplate\cast.mfg.2。

（7）template_mfgmold 的值设置为 C:\ proewf5_system_file\temeplate\mold.mfg.2。

（8）template_sheetmetalpart 的值设置为 C:\ proewf5_system_file\temeplate\sheetstart.prt.2。

（9）template_solidpart 的值设置为 C:\ proewf5_system_file\temeplate\start.prt.2。

这些选项值的设置基本相同，下面仅以 drawing_setup_file 为例说明操作方法。

① 在图 7.1.7 所示的“选项”对话框中的选项列表中找到并单击选项 drawing_setup_file 。

② 单击“选项”对话框下部的 浏览... 按钮。

③ 在图 7.1.8 所示的“Select File”对话框中，选取 C:\proewf5_system_file 目录中的文件 drawing.dtl，单击该对话框中的 打开 按钮。

④ 单击“选项”对话框右边的 添加/更改 按钮。

步骤 06 把设置加到工作环境中并存盘。单击 应用 按钮，再单击“存盘”按钮；保存的文件名为 config.pro；单击 Ok 按钮。

步骤 07 退出 Pro/ENGINEER，再次启动 Pro/ENGINEER，系统新的配置即可生效。

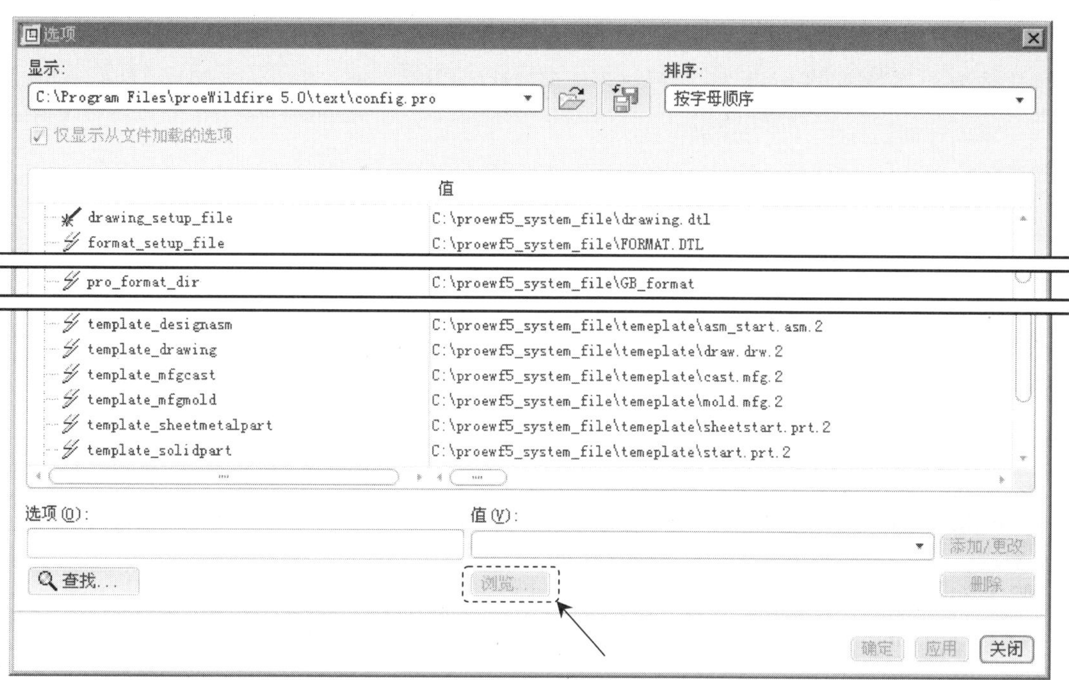

图 7.1.7　“选项”对话框

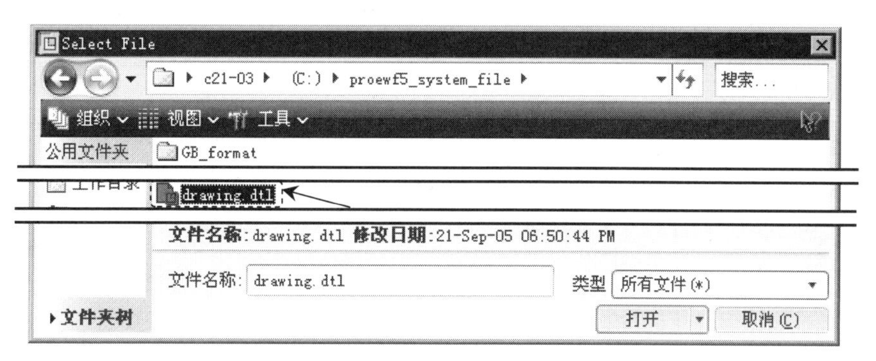

图 7.1.8　“Select File”对话框

7.2　工程图基本操作

7.2.1　新建工程图

步骤 01　在工具栏中单击“新建”按钮。

步骤 02　选取文件类型，输入文件名，取消“使用缺省模板”复选框。在弹出的文件“新建”对话框中，进行下列操作。

（1）选择类型选项组中的 ◉ 绘图单选按钮。

在这里不要将“草绘”和“绘图”两个概念相混淆。

（2）在 名称 文本框中输入工程图的文件名，如 body_drw。

（3）取消 ☑ 使用缺省模板 中的“√”号，不使用默认的模板。

（4）单击该对话框中的 确定 按钮。

步骤 03 选取适当的工程图模板或图框格式。在系统弹出的“新建绘图”对话框中（如图 7.2.1 所示），进行下列操作。

Note

（1）在“缺省模型”选项组中选取要对其生成工程图的零件或装配模型。通常，系统会自动选取当前活动的模型，如果要选取活动模型以外的模型，则单击 浏览... 按钮，然后选取模型文件，并将其打开，如图 7.2.2 所示。

（2）在 指定模板 选项组中选取工程图模板。该区域下有三个选项。

- ◉ 使用模板：创建工程图时，使用某个工程图模板。
- ◉ 格式为空：不使用模板，但使用某个图框格式。
- ◉ 空：既不使用模板，也不使用图框格式。

如果选取其中的 ◉ 空 单选项，则需进行下列操作（如图 7.2.1 和图 7.2.3 所示）。

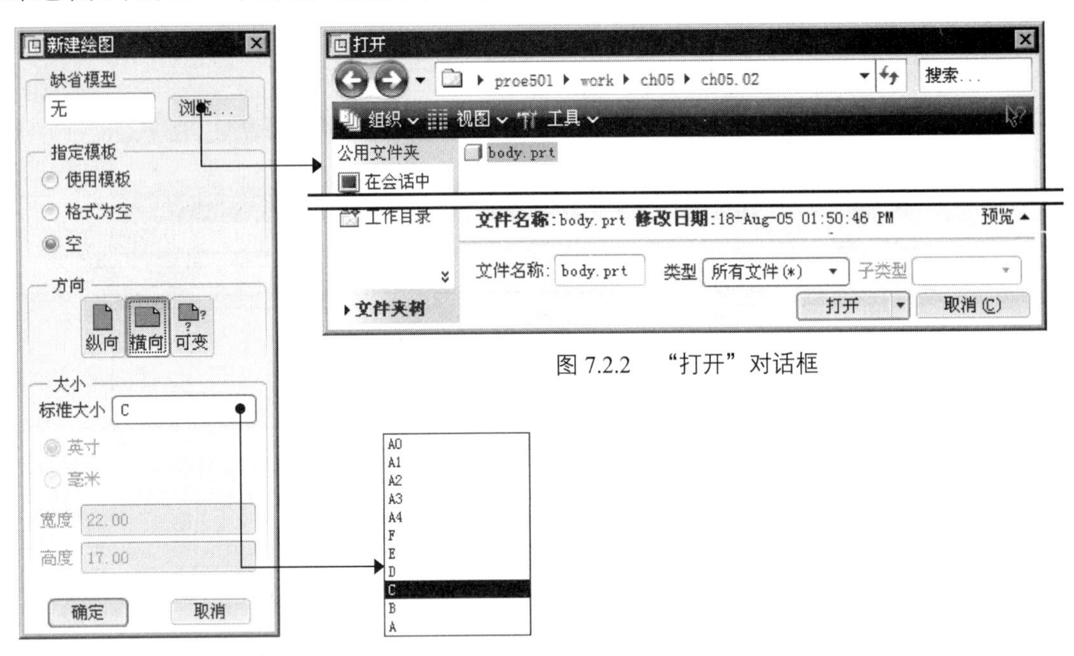

图 7.2.2 “打开”对话框

图 7.2.1 选择图幅大小

图 7.2.3 “大小”选项

如果图纸的幅面尺寸为标准尺寸（如 A2、A0 等），则应首先在 方向 选项组中，单击“纵向”放置按钮或“横向”放置按钮，然后在 大小 选项组中选取图纸的幅面；如果图纸的尺寸为非标准尺寸，则应首先在 方向 选项组中单击“可变”按钮，然后在 大小 选项组中输入图幅的高度、宽度尺寸及采用的单位。

如果选取 ◉ 格式为空 单选项，则需进行下列操作（如图 7.2.1 和图 7.2.4 所示）。

在 格式 选项组中，单击 浏览... 按钮，然后选取某个格式文件，并将其打开。

在实际工作中，经常采用 ◉ 格式为空 单选项。

如果选取 ◉ 使用模板 单选按钮，需进行下列操作（如图 7.2.1 和图 7.2.5 所示）。

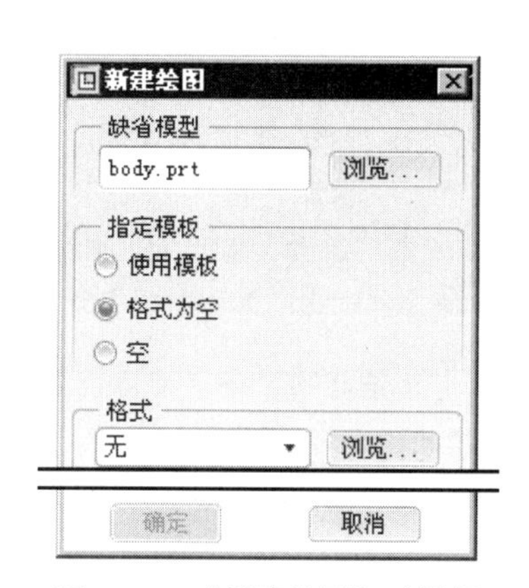

图 7.2.4 "新建绘图"对话框

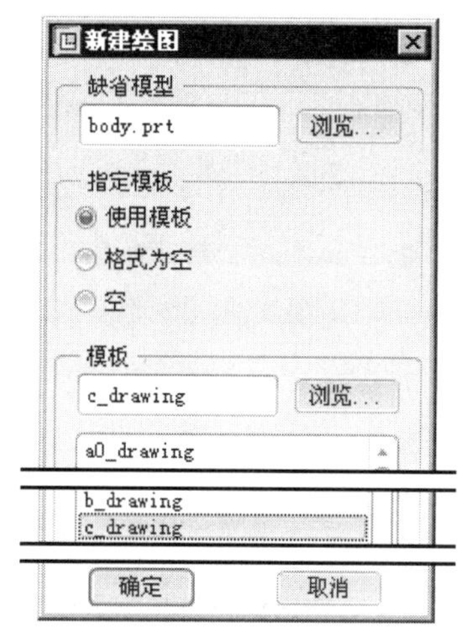

图 7.2.5 指定模板

在 模板 选项组中，从模板文件列表中选择某个模板或单击 浏览... 按钮，然后选取其他某个模板，并将其打开。

（3）单击该对话框中的 确定 按钮。完成这一步操作后，系统即进入工程图模式（环境）。

7.2.2 创建基本工程图视图

视图是按照三维模型的投影关系生成的，主要用来表达部件模型的外部结构及形状。本节首先介绍其中的两个基本视图：主视图和投影侧视图的一般创建过程。

1. 创建主视图

下面介绍如何创建 link_base.prt 零件模型主视图，如图 7.2.6 所示。操作步骤如下。

步骤 01 设置工作目录。选择下拉菜单 文件(F) → 设置工作目录(W)... 命令，将工作目录设置至 proesc5\work\ch07.02.02。

步骤 02 在工具栏中单击"新建"按钮 ，选择三维模型 link_base.prt 作为绘图模型，选取图纸大小为 A4，进入工程图模块。

步骤 03 使用命令。在绘图区中右击，系统弹出图 7.2.7 所示的快捷菜单，在该快捷菜单中选择 插入普通视图... 命令。

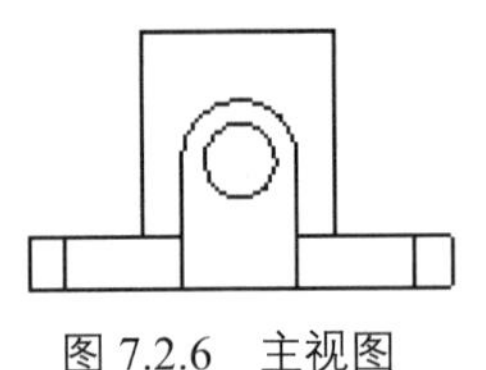

图 7.2.6　主视图

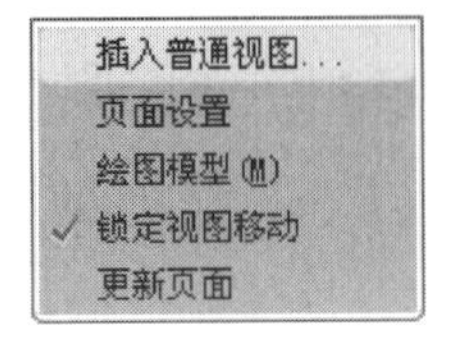

图 7.2.7　快捷菜单

说明

- 还有一种进入“普通视图”（即“一般视图”）命令的方法，就是在工具栏区选择布局 → 一般... 命令。
- 如果在“新建制图”对话框中没有默认模型，也没有选取模型，那么在执行 插入普通视图... 命令后，系统会弹出一个文件“打开”对话框，允许用户选择一个三维模型来创建其工程图。
- 图 7.2.6 中所示的主视图已经被切换到线框显示状态，切换视图的显示方法与在建模环境中的方法相同，还有另一种方法在本书后面会详细介绍。

步骤 04 在系统 ➡选取绘制视图的中心点. 的提示下，在屏幕图形区选择一点，系统弹出“绘图视图”对话框。

步骤 05 定向视图。视图的定向一般采用下面两种方法。

方法一：采用参照进行定向。

（1）定义放置参照 1。

① 在“绘图视图”对话框中，单击“类别”下的“视图类型”选项；在该选项卡界面的视图方向选项组中，选中选取定向方法中的 ◉ 几何参照，如图 7.2.8 所示。

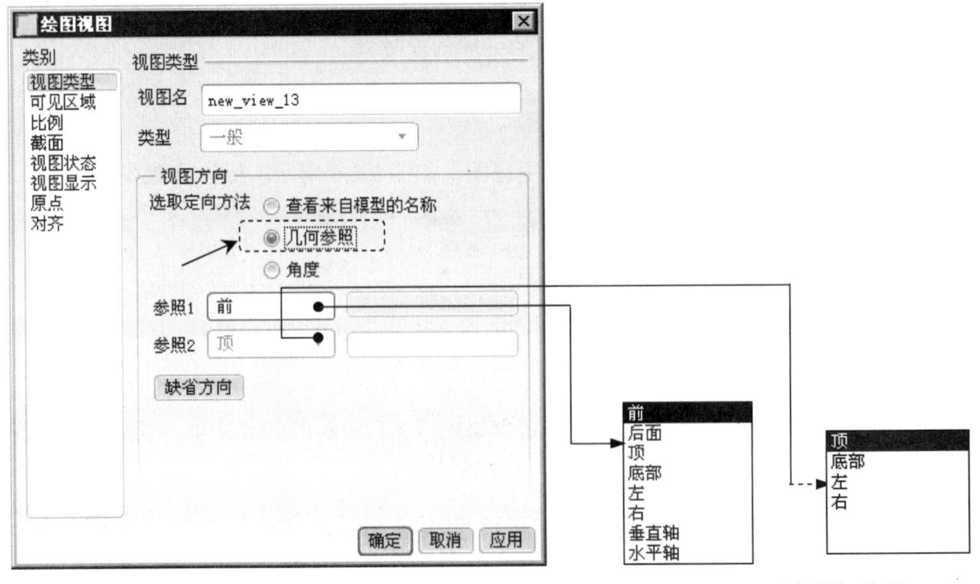

图 7.2.8　“绘图视图”对话框　　　　图 7.2.9　“参照”选项

② 单击对话框中“参照 1”旁的箭头▾，在弹出的方位列表中，选择“前”选项（如图 7.2.9 所示），再选择图 7.2.10 中的模型表面。这一步操作的意义是使所选模型表面朝向前面，即与屏幕平行且面向操作者。

（2）定义放置参照 2。单击对话框中“参照 2”旁的箭头▾，在弹出的方位列表中，选择“顶”，再选取图 7.2.10 中的模型表面。这一步操作的意义是使所选模型表面朝向屏幕的顶部。此时，模型按前面操作的方向要求，以图 7.2.10 所示的方位摆放在屏幕中。

说明：如果此时希望返回以前的默认状态，则单击对话框中的 缺省方向 按钮。

方法二：采用已保存的视图方位进行定向。

（1）选择下拉菜单 视图(V) ➡ 视图管理器(W) 命令，系统弹出图 7.2.11 所示的“视图管理器”对话框，在 定向 选项卡中单击 新建 按钮，并命名新建视图为 V1，然后选择 编辑▾ ➡ 重定义 命令。

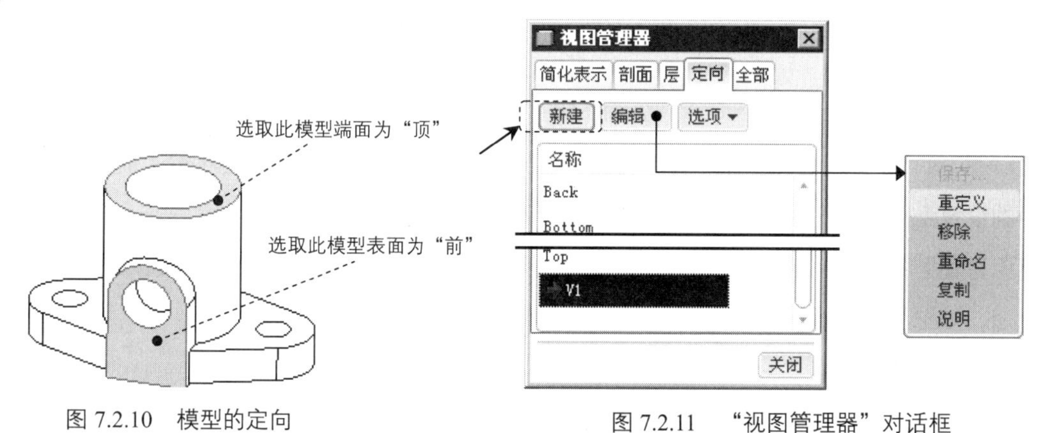

图 7.2.10　模型的定向　　图 7.2.11　“视图管理器”对话框

（2）系统弹出“方向”对话框，可以按照方法一中同样的操作步骤将模型在空间摆放好，然后单击 确定 ➡ 关闭 按钮。

（3）在模型的零件或装配环境中保存了视图 V1 后，就可以在工程图环境中用第二种方法定向视图。操作方法是：在“绘图视图”对话框中，找到视图名称 V1，则系统即按 V1 的方位定向视图。

步骤 06　单击“绘图视图”对话框中的 确定 按钮，关闭对话框。至此，就完成了主视图的创建。

2. 创建投影视图

在 Pro/ENGINEER 中可以创建投影视图，投影视图包括右视图、左视图、俯视图和仰视图。下面以创建左视图为例，说明创建这类视图的一般操作过程。

步骤 01　右击图 7.2.12 所示的主视图，系统弹出图 7.2.13 所示的快捷菜单，然后选择该快捷菜单中的 插入投影视图... 命令。

还有一种进入“投影视图”命令的方法，就是在工具栏区选择 布局 → 投影... 命令。利用这种方法创建投影视图时，必须首先单击其父视图。

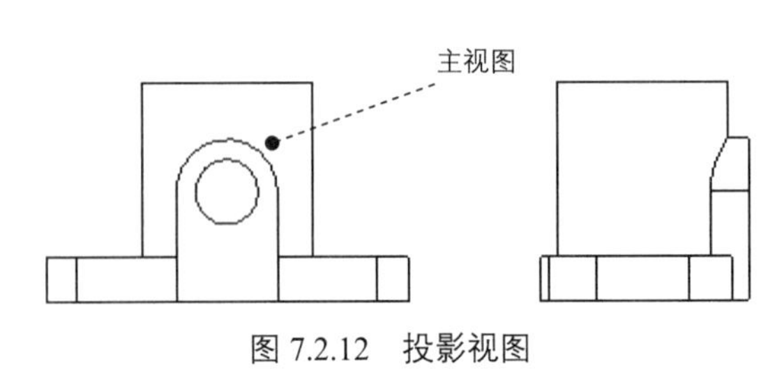

图 7.2.12 投影视图

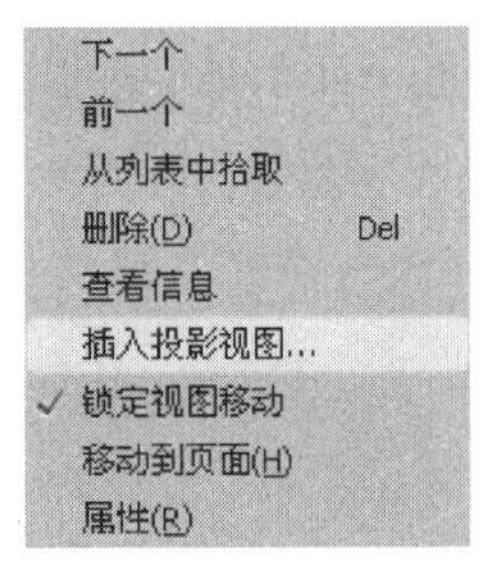

图 7.2.13 快捷菜单

步骤 02 在系统 ➡选取绘制视图的中心点 的提示下，在图形区的主视图的右部任意选择一点，系统自动创建左视图，如图 7.2.12 所示。如果在主视图的左边任意选择一点，则会产生右视图。

7.2.3 视图的显示模式

1. 视图显示

工程图中的视图可以设置为下列几种显示模式，设置完成后，系统保持这种设置而与“环境”对话框中的设置无关，且不受视图显示按钮、和的控制。

下面以模型 link_base 的左视图为例，说明如何通过“视图显示”操作将左视图设置为无隐藏线显示状态，如图 7.2.14 所示。

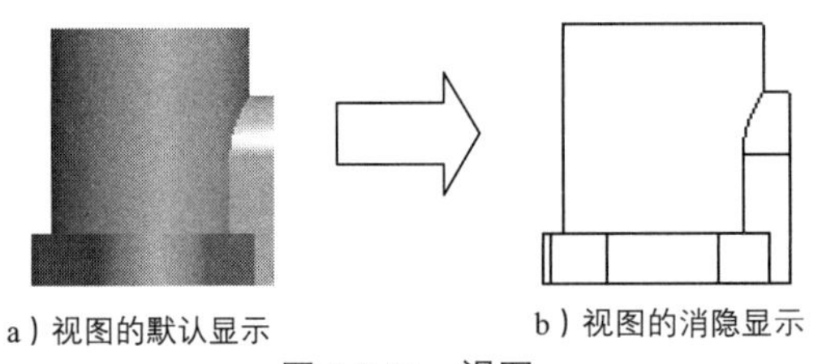

a）视图的默认显示　　b）视图的消隐显示

图 7.2.14 视图

步骤 01 打开文件 D:\proesc5 \work\ch07.02.03\link_base.drw。

步骤 02 双击图 7.2.14a 所示的视图。

还有一种方法是，首先选择图 7.2.14a，再右击，从弹出的快捷菜单中选择 属性(R) 命令。

步骤 03 系统弹出图 7.2.15 所示的“绘图视图”对话框，在该对话框中选择 类别 选项组中的

视图显示 选项。

步骤 04　按照图 7.2.15 所示的对话框进行参数设置，即“显示样式”设置为“消隐”，然后单击对话框中的 确定 按钮，关闭对话框。

步骤 05　如有必要，可单击“重画”命令按钮，查看视图显示的变化。

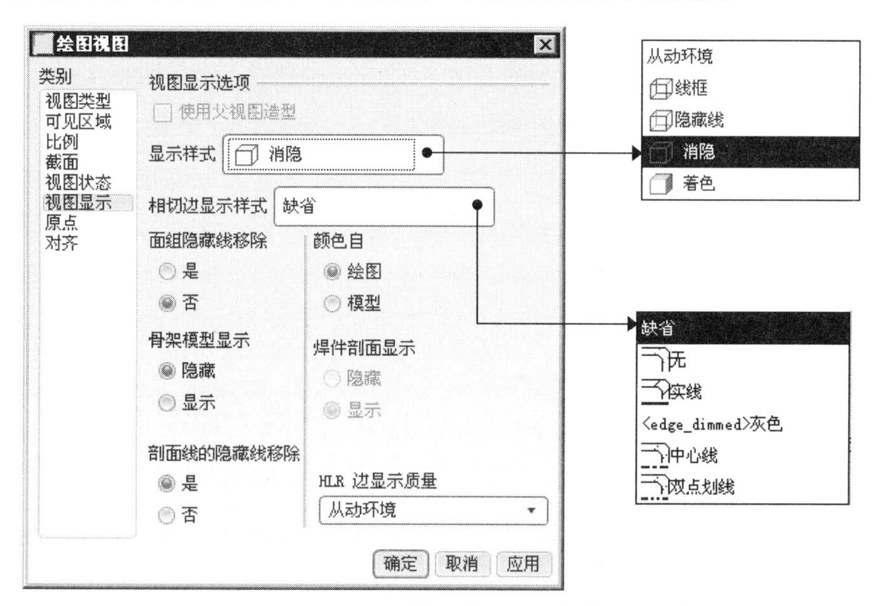

图 7.2.15　“绘图视图”对话框

2. 边显示

可以设置视图中个别边线的显示方式。例如，在图 7.2.16 所示的模型中，箭头所指的边线有隐藏线、拭除直线、消隐和隐藏方式等几种显示方式，分别如图 7.2.17、图 7.2.18、图 7.2.19 和图 7.2.20 所示。

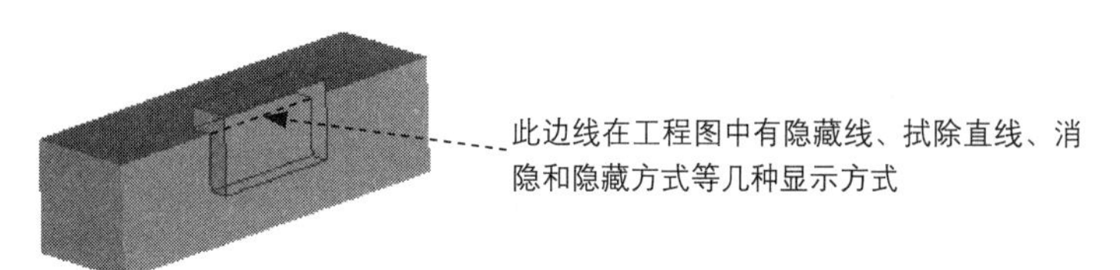

图 7.2.16　三维模型

配置文件 config.pro 中的命令 select_hidden_edges_in_dwg 用于控制工程图中的不可见边线能否被选取。

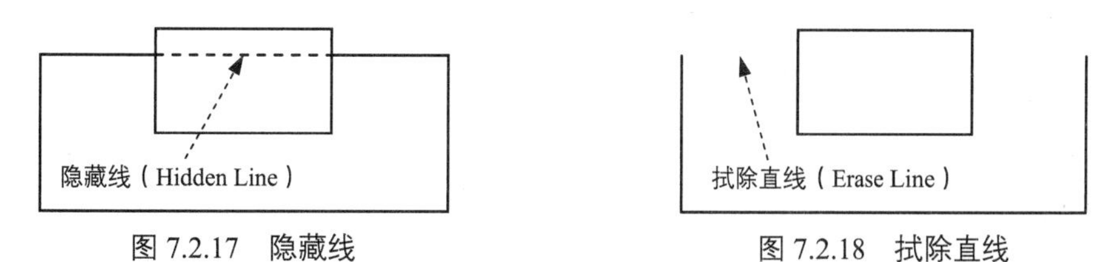

图 7.2.17　隐藏线　　图 7.2.18　拭除直线

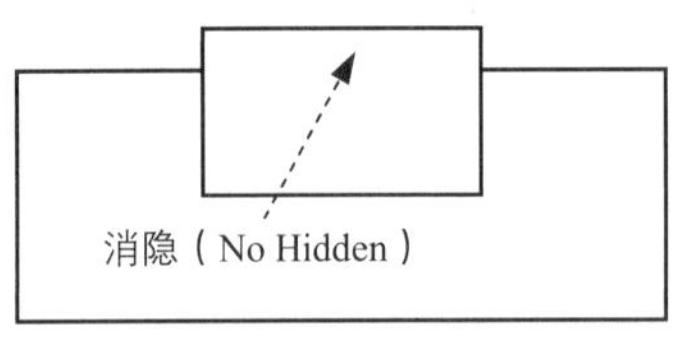

图 7.2.19　消隐

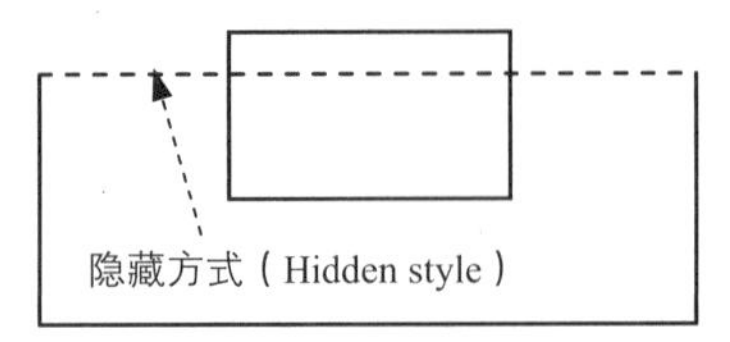

图 7.2.20　隐藏方式

下面以此模型为例，说明边显示的操作过程。

步骤 01 如图 7.2.21 所示，在工程图环境中的工具栏区选择 布局 ➡ 边显示... 命令。

步骤 02 系统此时弹出图 7.2.22 所示的“选取”对话框，以及图 7.2.23 所示的菜单管理器，选取要设置的边线，然后在菜单管理器中分别选取 Hidden Line (隐藏线)、Erase Line (拭除直线)、No Hidden (消隐) 或 Hidden Style (隐藏方式) 命令，以达到图 7.2.17、图 7.2.18、图 7.2.19 和图 7.2.20 所示的效果；选择 Done (完成) 命令。

图 7.2.21　“绘图显示”子菜单

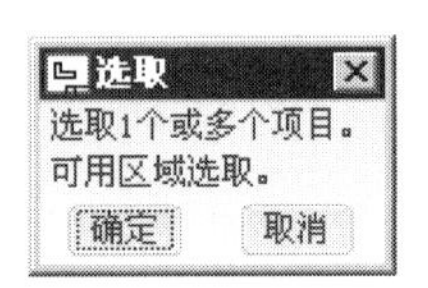

图 7.2.22　“选取”对话框

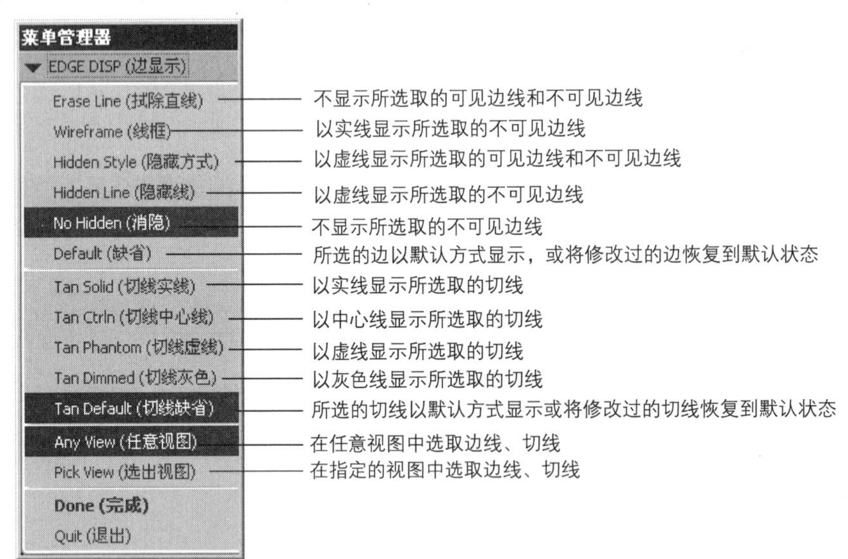

图 7.2.23　菜单管理器

步骤 03 如有必要，可单击“重画”命令按钮，查看视图显示的变化。

7.2.4　视图的移动锁定

在创建完视图后，如果它们在图纸上的位置不合适，或者视图间距太紧或太松，则用户可以移动视图，操作方法如图 7.2.24 所示（如果移动的视图有子视图，则子视图也随着移动）。如果视图被锁

定了，就不能移动视图，只有取消锁定后才能移动。

如果视图位置已经调整好，则可启动“锁定视图移动”功能，禁止视图的移动。操作方法是：在绘图区的空白处右击，系统弹出图 7.2.25 所示的快捷菜单，选择该菜单中的锁定视图移动命令。如果要取消“锁定视图移动”，则可再次选择该命令，去掉该命令前面的✓。

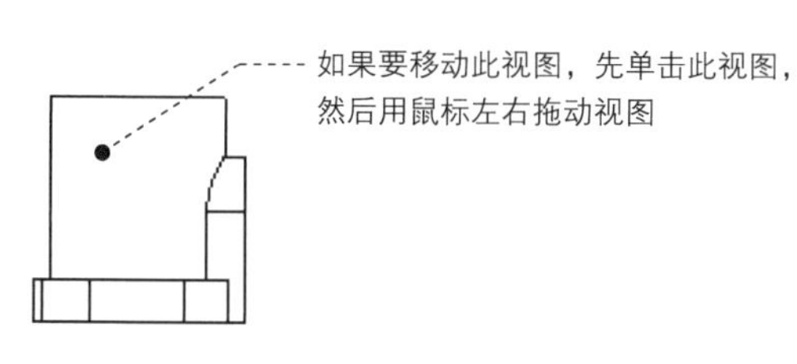

图 7.2.24　移动视图

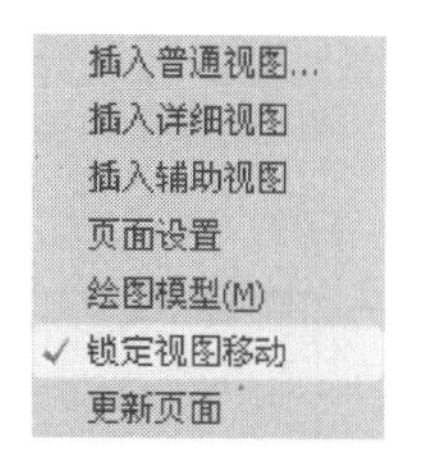

图 7.2.25　快捷菜单

7.2.5　删除视图

若要将某个视图删除，则可首先右击该视图，然后在系统弹出的快捷菜单中选择删除(D)命令。注意：当要删除一个带有子视图的视图时，系统会弹出图 7.2.26 所示的提示窗口，要求确认是否删除该视图，此时若选择“是”，就会将该视图的所有子视图连同该视图一并删除！因此，在删除带有子视图的视图时，务必注意这一点。

图 7.2.26　“确认”对话框

7.3　高级视图

7.3.1　创建“部分”视图

下面创建图 7.3.1 所示的“部分”视图，操作方法如下。

步骤 01　打开文件 D:\proesc5 \work\ch07.03.01\link_base.drw。

步骤 02　首先右击图 7.3.1 所示的主视图，从系统弹出的快捷菜单中选择插入投影视图...命令。

步骤 03　在系统➡选取绘制视图的中心点.的提示下，在图形区主视图的下面选择一点，系统立即产生投影图。

步骤 04　双击步骤 03中创建的投影视图，系统弹出图 7.3.2 所示的“绘图视图”对话框。

步骤 05　在该对话框中选择类别选项组中的可见区域选项，将视图可见性设置为局部视图。

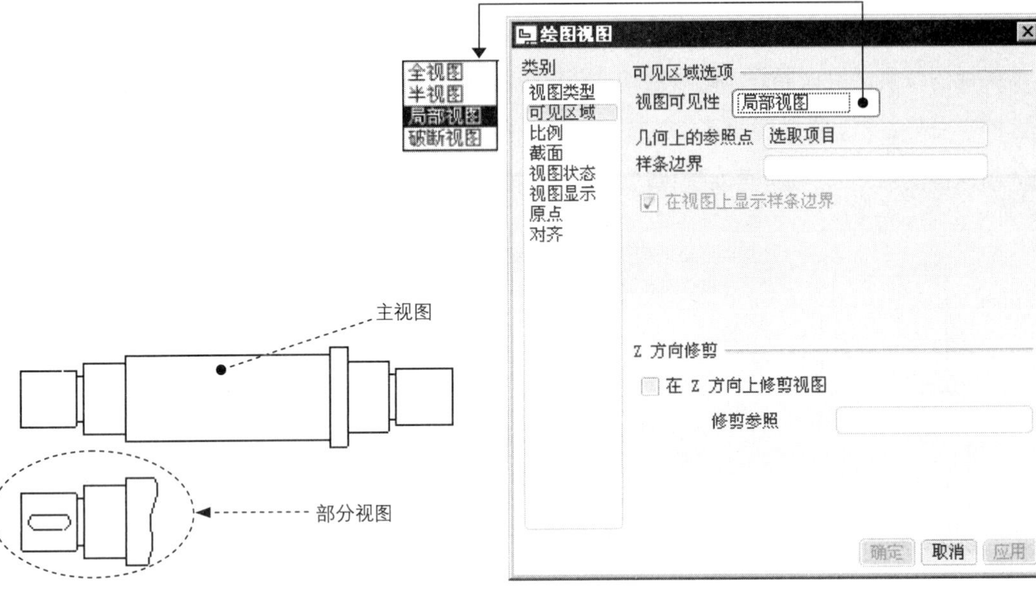

图 7.3.1 “部分”视图

图 7.3.2 “绘图视图”对话框

步骤 06 绘制部分视图的边界线。

（1）系统此时提示◆选取新的参照点。单击"确定"完成。，在投影视图的边线上选择一点，如图 7.3.3 所示。

注意：如果不在模型的边线上选择点，系统则不认可，此时在拾取的点附近出现一个十字线。

（2）在系统◆在当前视图上草绘样条来定义外部边界。的提示下，直接绘制图 7.3.4 所示的样条线来定义部分视图的边界。当绘制到封合时，单击鼠标中键结束绘制（在绘制边界线前，不要选择样条线的绘制命令，而要直接单击进行绘制）。

步骤 07 单击对话框中的 确定 按钮，关闭对话框。

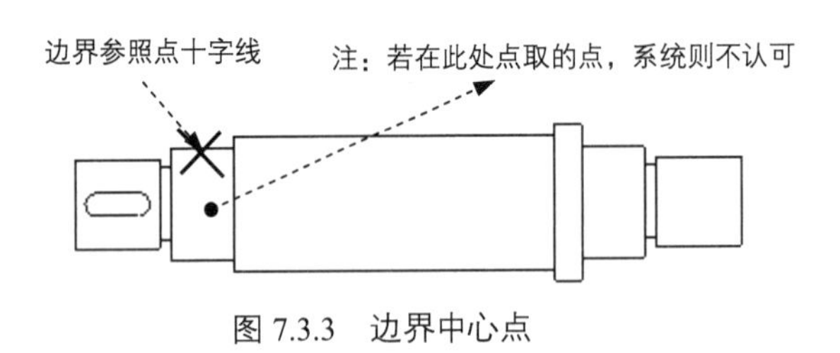

图 7.3.3 边界中心点

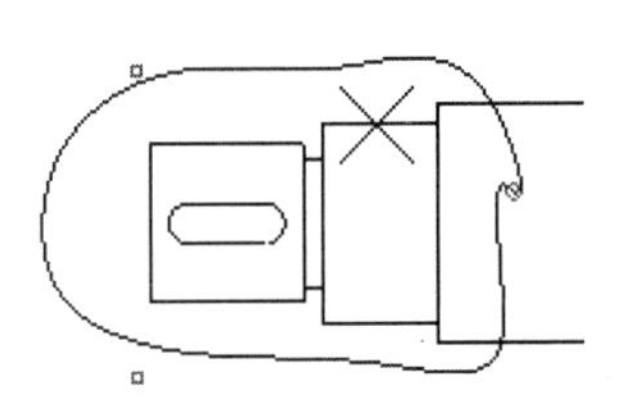

图 7.3.4 草绘轮廓线

7.3.2 创建局部放大视图

下面创建图 7.3.5 所示的“局部放大视图”，操作过程如下。

步骤 01 打开文件 D:\proesc5\work\ch07.03.02\drw_datum.drw。

步骤 02 在工具栏区选择 布局 ➡ 详细... 命令。

步骤 03 在系统在一现有视图上选取要查看细节的中心点。的提示下，在图 7.3.6 所示的位置选择一点（在主视图的非边线的地方选择的点，系统不认可），此时在拾取的点附近出现一个十字线。

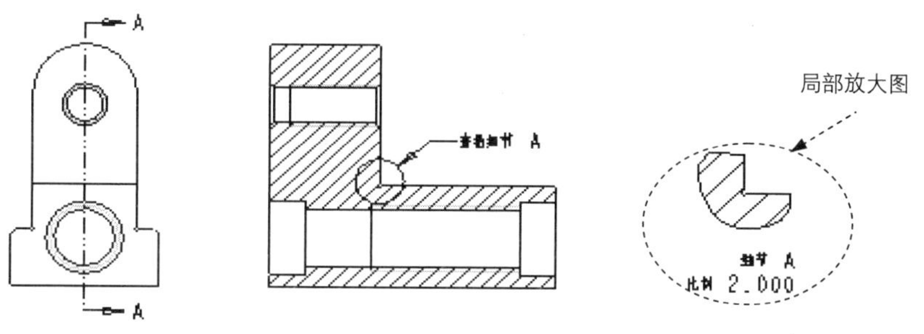

图 7.3.5　局部放大视图

步骤 04 绘制放大视图的轮廓线。在系统草绘样条，不相交其它样条，来定义一轮廓线。的提示下，绘制图 7.3.7 所示的样条线以定义放大视图的轮廓，当绘制到封合时，单击鼠标中键结束绘制（在绘制边界线前，不要选择样条线的绘制命令，而要直接单击进行绘制）。

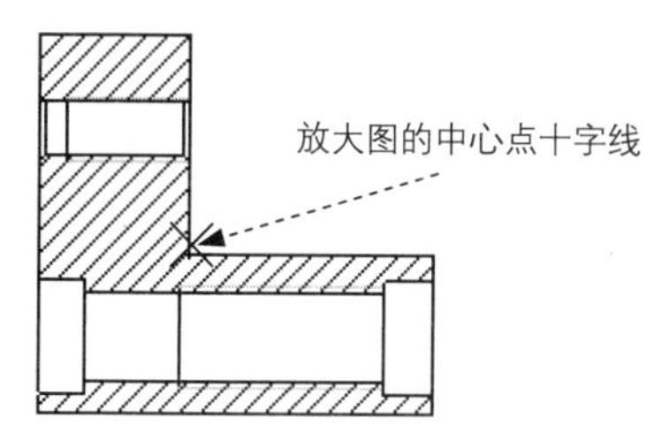

图 7.3.6　放大图的中心点

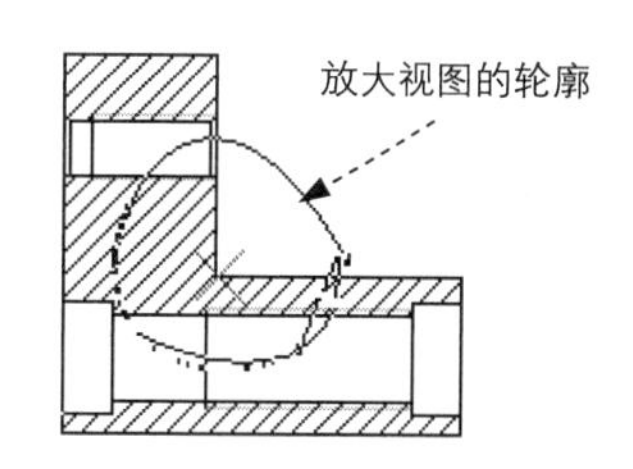

图 7.3.7　放大图的轮廓线

步骤 05 在系统选取绘制视图的中心点。的提示下，在图形区中选择一点用来放置放大图。

步骤 06 设置轮廓线的边界类型。

（1）在创建的局部放大视图上双击，系统弹出图 7.3.8 所示的“绘图视图”对话框。

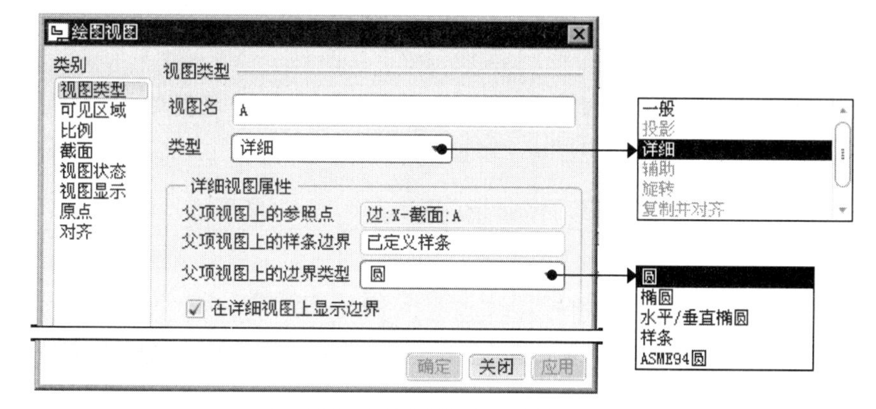

图 7.3.8　“绘图视图”对话框

（2）在视图名文本框中输入放大图的名称 A；在父项视图上的边界类型下拉菜单中选择“圆”选项，然后单击应用按钮。此时，轮廓线变成一个双点画线的圆，如图 7.3.7 所示。

步骤 07 设置局部放大视图的比例。在图 7.3.8 所示的“绘图视图”对话框的类别选项组中选择

比例 选项，在 比例和透视图选项 区域的 ◉ 定制比例 单选项中输入定制比例 2。

步骤 08 单击对话框中的 确定 按钮，关闭对话框。

7.3.3 创建轴测图

在工程图中创建图 7.3.9 所示的轴测图的目的主要是为方便读图，其创建方法与主视图基本相同，它也是作为"一般"视图来创建。通常，轴测图是作为最后一个视图添加到图纸上的。下面说明操作的一般过程。

步骤 01 打开文件 D:\proesc5\work\ch07.03.03\drw_tol.drw。

步骤 02 在绘图区中右击，从弹出的快捷菜单中选择 插入普通视图... 命令。

步骤 03 在系统 ➡ 选取绘制视图的中心点. 的提示下，在图形区选择一点作为轴测图位置点。

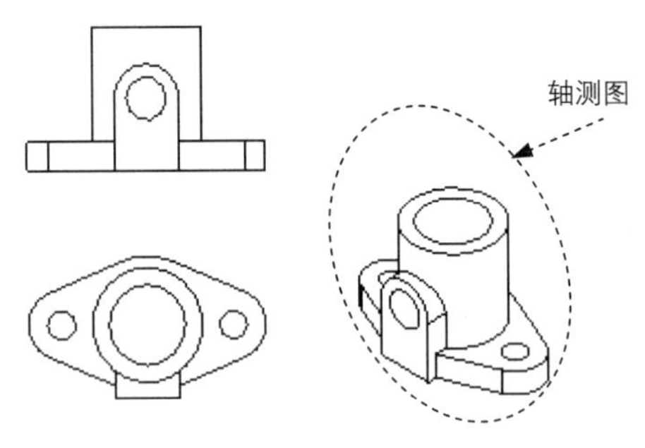

图 7.3.9 轴测图

步骤 04 系统弹出"绘图视图"对话框，找到 V1 视图，则系统按 V1 的方位定向视图，再单击 应用 按钮，则系统按 V1 的方位定向视图；选择 类别 选项组中的 比例 选项，选中 ⊙ 定制比例 单选项，并输入比例值为 1。

步骤 05 单击"绘图视图"对话框中的 确定 按钮，关闭对话框。

轴测图的定位方法一般是首先在零件或装配模块中，将模型在空间摆放到合适的视角方位，并将这个方位保存一个视图名称（如 V2）；然后在工程图中，在添加轴测图时，选取已保存的视图方位名称（如 V2），即可进行视图定位。

7.3.4 创建"全"剖视图

"全"剖视图如图 7.3.10 所示。

步骤 01 打开文件 D:\proesc5\work\ch07.03.04\ surface_finish_symbol.drw。

步骤 02 右击图 7.3.10 所示的主视图，从弹出的快捷菜单中选择 插入投影视图... 命令。

步骤 03 在系统 ➡ 选取绘制视图的中心点. 的提示下，在图形区的主视图的上方选择一点。

步骤 04 双击步骤 03创建的投影视图，系统弹出图 7.3.11 所示的“绘图视图”对话框。

步骤 05 设置剖视图选项。

（1）在图 7.3.11 所示的“绘图视图”对话框中，选择类别选项组中的截面选项。

（2）将剖面选项设置为 2D 剖面，在模型边可见性后选择 全部 单选项。

（3）单击+按钮，在“名称”下拉列表框中选取剖截面A（A 剖截面在零件模块中已提前创建），在“剖切区域”下拉列表框中选择完全选项。

（4）单击对话框中的确定按钮，关闭对话框。

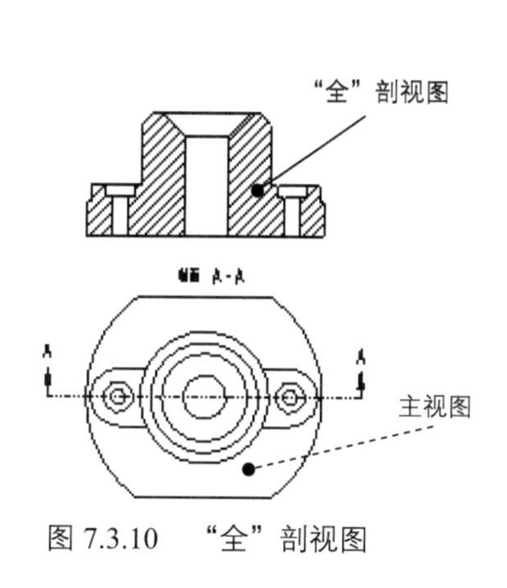

图 7.3.10　“全”剖视图

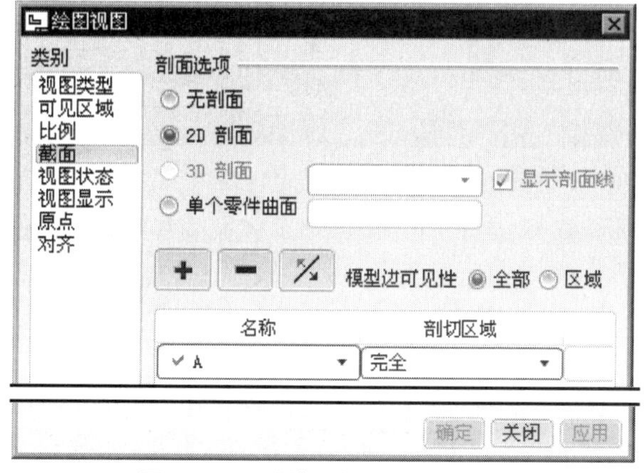

图 7.3.11　“绘图视图”对话框

7.4 工程图标注

7.4.1　尺寸标注

（一）驱动尺寸

被驱动尺寸来源于零件模块中的三维模型的尺寸，它们源于统一的内部数据库。在工程图模式下，可以利用注释工具栏下的“显示模型注释”命令将被驱动尺寸在工程图中自动地显现出来。在三维模型上修改模型的尺寸，这些尺寸在工程图中随之变化，反之亦然。这里有一点要注意：在工程图中可以修改被驱动尺寸值的小数位数，但是舍入之后的尺寸值不驱动模型几何。

下面以图 7.4.1 所示的零件 link_base 为例，说明创建被驱动尺寸的一般操作过程。

步骤 01 打开文件 D:\proesc5\work\ch07.04.01\link_base.drw。

步骤 02 选择注释 ➡ 显示模型注释命令，系统弹出图 7.4.2 所示的“显示模型注释”对话框；按住 Ctrl 键，在图形区选择图 7.4.1 所示的主视图和投影视图。

步骤 03 在系统弹出的图 7.4.2 所示的“显示模型注释”对话框中，进行下列操作。

（1）单击对话框顶部的|↔|选项卡。

（2）选取显示类型。在对话框的类型下拉列表中选择全部选项，单击按钮，如果还想显示轴线，则在对话框中单击选项卡，然后单击按钮。

（3）单击对话框底部的确定按钮。

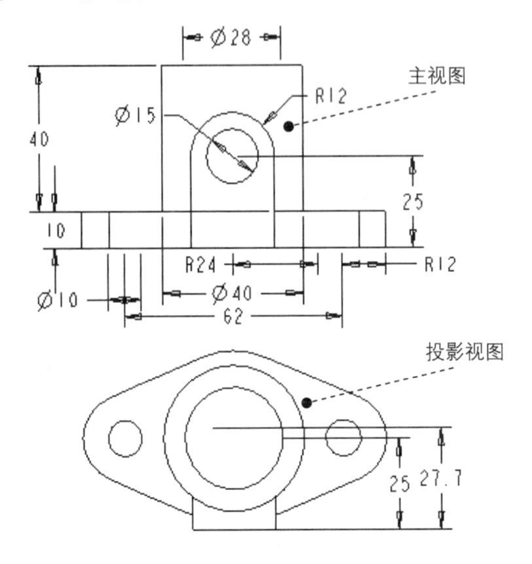

图 7.4.1　创建被驱动尺寸

图 7.4.2　“显示模型注释”对话框

（二）草绘尺寸

在工程图模式下利用注释工具栏下的命令，可以手动标注两个草绘图元间，草绘图元与模型对象间，以及模型对象本身的尺寸，这类尺寸称为“草绘尺寸”，均可以被删除。注意：在模型对象上创建的“草绘尺寸”不能驱动模型。

由于草绘图可以与某个视图相关，也可以不与任何视图相关，所以“草绘尺寸”的值有两种情况。

（1）当草绘图元不与任何视图相关时，草绘尺寸的值与草绘比例（由绘图设置文件 drawing.dtl 中的选项 draft_scale 指定）有关。例如，假设某个草绘圆的半径为 5 时，有以下几种情况。

- 如果草绘比例为 1.0，该草绘圆半径尺寸显示为 5。
- 如果草绘比例为 2.0，该草绘圆半径尺寸显示为 10。
- 如果草绘比例为 0.5，在绘图中出现的图元就为 2.5。

- 改变选项 draft_scale 的值后，应该进行更新。方法为选择下拉菜单 视图(V) → 更新(U) ▸ → 绘制(D) 命令。
- 虽然草绘图的草绘尺寸的值随草绘比例变化而变化，但草绘图的显示大小不受草绘比例的影响。
- 配置文件 config.pro 中的选项 create_drawing_dims_only，用于控制系统保存被驱动尺寸和草绘尺寸。该选项设置为 no（默认）时，系统将被驱动尺寸保存在相关的零件模型（或装配模型）中；设置为 yes 时，仅将草绘尺寸保存在绘图中。因此，用户正在使用 Intralink 时，如果尺寸被保存在模型中，则在修改时要对此模型进行标记，并且必须将其重新提交给 intralink，为避免绘图中每次参照模型时都进行此操作，可将选项设置为 yes。

（2）当草绘图元与某个视图相关时，草绘图的草绘尺寸的值不随草绘比例而变化，草绘图的显示大小也不受草绘比例的影响，但草绘图的显示大小随着与其相关的视图的比例变化而变化。

在 Pro/ENGINEER 中，草绘尺寸分为一般的草绘尺寸、草绘参照尺寸和草绘坐标尺寸三种类型，它们主要用于手动标注工程图中两个草绘图元间，草绘图元与模型对象间，以及模型对象本身的尺寸，坐标尺寸是一般草绘尺寸的坐标表达形式。

从下拉菜单 注释 工具栏中，“尺寸”和“参照尺寸”菜单中都有如下几个选项。

- “新参照”：每次选取新的参照进行标注。
- “公共参照”：使用某个参照进行标注后，可以用这个参照作为公共参照，连续进行多个尺寸的标注。
- “纵坐标尺寸”：创建单一方向的坐标表示的尺寸标注。
- “自动标注纵坐标”：在模具设计和钣金件平整形态零件上自动创建纵坐标尺寸。

所有的草绘参照尺寸通常都带有符号 REF，从而与其他尺寸相区别；如果配置文件选项 parenthesize_ref_dim 设置为 yes，系统则将参照尺寸放置在括号中。当标注草绘图元与模型对象间的参照尺寸时，应提前将它们关联起来。

由于草绘尺寸和草绘参照尺寸的创建方法一样，所以下面仅以一般的草绘尺寸为例，说明“新参照”和“公共参照”这两种类型尺寸的创建方法。

Note

1. “新参照”尺寸标注

下面以图 7.4.3 所示的零件模型 link_base 为例，说明在模型上创建草绘“新参照”尺寸的一般操作过程。

步骤 01 在工具栏中选择 注释 ➡ [图标] 命令。

步骤 02 在图 7.4.4 所示的 ▼ ATTACH TYPE (依附类型) 菜单中，选择 Midpoint (中点) 命令，然后在图 7.4.3 所示的点 1 处单击（点 1 在模型的边线上），以选取该边线的中点。

步骤 03 在图 7.4.4 所示的“依附类型”菜单中，选择 Center (中心) 命令，然后在图 7.4.3 所示的点 2 处单击（点 2 在圆的弧线上），以选取该圆的圆心。

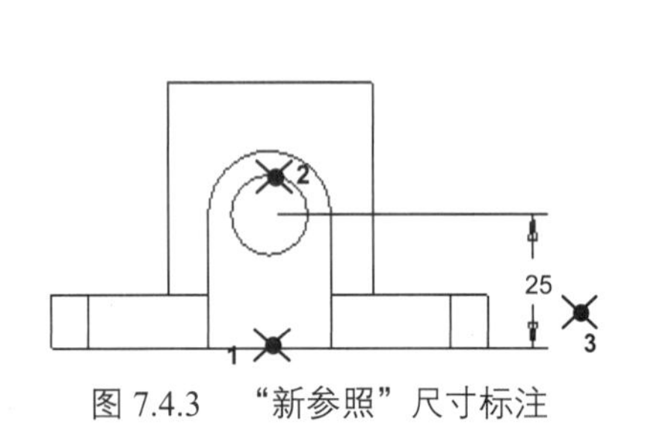

图 7.4.3 “新参照”尺寸标注

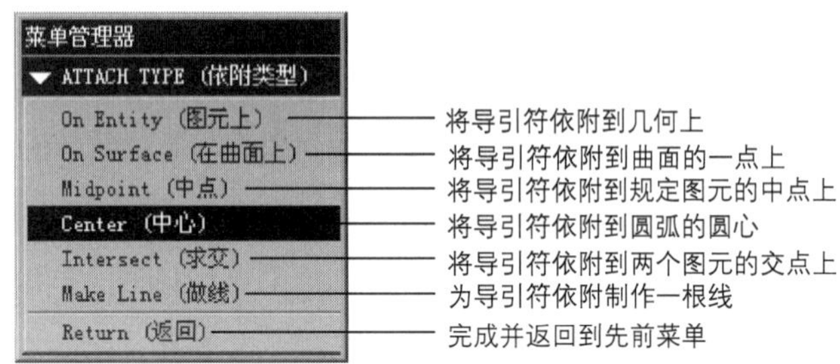

图 7.4.4 “依附类型”菜单

步骤 04 在图 7.4.3 所示的点 3 处单击鼠标中键，确定尺寸文本的位置。

步骤 05 在图 7.4.5 所示的 ▼ DIM ORIENT (尺寸方向) 菜单中，选择 Vertical (垂直) 命令，创建水平方向的尺寸（在标注点到点的距离时，图 7.4.5 所示的菜单才可见）。

步骤 06 如果继续标注，重复 步骤 02 ~ 步骤 05；如果要结束标注，则在 ▼ ATTACH TYPE (依附类型) 菜单中选择 Return (返回) 命令。

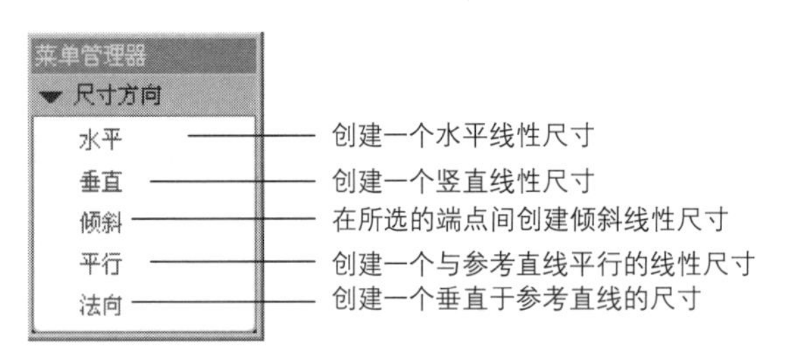

图 7.4.5 “尺寸方向”菜单

2. “公共参照”尺寸标注

下面以图 7.4.6 所示的零件模型 link_base 为例，说明在模型上创建草绘“公共参照”尺寸的一般操作过程。

步骤 01 在工具栏中选择 注释 ➡ [图标] 命令。

步骤 02 在 ▼ ATTACH TYPE (依附类型) 菜单中选择 Midpoint (中点) 命令，单击图 7.4.6 所示的点 1 处。

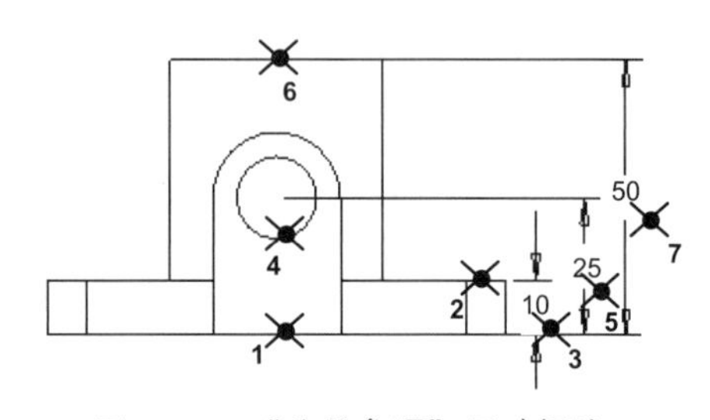

图 7.4.6 “公共参照”尺寸标注

步骤 03 在▼ ATTACH TYPE (依附类型) 菜单中选择 On Entity (图元上) 命令，单击图 7.4.6 所示的点 2 处（点 2 在圆的弧线上）。

步骤 04 用鼠标中键单击图 7.4.6 所示的点 3 处，确定尺寸文本的位置。

步骤 05 在▼ DIM ORIENT (尺寸方向) 菜单中选择 Horizontal (水平) 命令，创建水平尺寸 10。

步骤 06 在▼ ATTACH TYPE (依附类型) 菜单中选择 Center (中心) 命令，单击图 7.4.6 所示的点 4 处（点 4 在圆的弧线上）。

步骤 07 用鼠标中键单击图 7.4.6 所示的点 5 处，确定尺寸文本的位置。

步骤 08 在▼ DIM ORIENT (尺寸方向) 菜单中选择 Vertical (垂直) 命令，创建水平尺寸 25。

步骤 09 在▼ ATTACH TYPE (依附类型) 菜单中选择 Midpoint (中点) 命令，单击图 7.4.6 所示的点 6 处（点 6 在圆的弧线上）。

步骤 10 用鼠标中键单击图 7.4.6 所示的点 7 处，确定尺寸文本的位置。

步骤 11 在▼ DIM ORIENT (尺寸方向) 菜单中选择 Vertical (垂直) 命令，创建水平尺寸 50。

步骤 12 如果要结束标注，选择▼ ATTACH TYPE (依附类型) 菜单中的 Return (返回) 命令。

（三）尺寸的操作

尺寸的操作包括尺寸的移动、拭除和删除（仅对草绘尺寸），尺寸的切换视图，修改尺寸的数值和属性等。下面分别对它们进行介绍。

1. 移动尺寸及其尺寸文本

移动尺寸及其尺寸文本的方法是：选择要移动的尺寸，当尺寸加亮后，将鼠标指针放到要移动的尺寸文本上单击（要移动的尺寸的各个顶点处会出现小圆圈），然后按住鼠标左键，并移动鼠标，尺寸及尺寸文本会随着鼠标移动，移到所需的位置后，松开鼠标的左键。

当在要移动的尺寸文本上单击后，可能会没有小圆圈出现，此时可以在尺寸文本上换一个位置单击，直到出现小圆圈为止。

2. 尺寸编辑的快捷菜单

选择要编辑的尺寸，当尺寸加亮后，将鼠标指针放到要移动的尺寸文本上右击（要移动的尺寸的各个顶点处会出现小圆圈）。此时，系统会依照鼠标位置的不同弹出不同的快捷菜单，如果在尺寸标注位置线或尺寸文本上右击，则弹出图 7.4.7 所示的快捷菜单，其各主要选项的说明如下。

下一个
前一个
从列表中拾取
拭除
删除(D)
编辑连接
修剪尺寸界线
将项目移动到视图
切换纵坐标/线性(L)
反向箭头
属性(R)

图 7.4.7　快捷菜单

（1） 拭除 选项。

选择该选项后，系统会拭除选取的尺寸（包括尺寸文本和尺寸界线），

也就是使该尺寸在工程图中不显示。

尺寸“拭除”操作完成后，如果要恢复它的显示，操作方法如下。

步骤 01 在绘图树中单击⊞注释前的节点。

步骤 02 右击被拭除的尺寸，在弹出的快捷菜单中选择取消拭除命令。

（2）编辑连接选项。

该选项的功能是修改对象的附件（修改附件）。

Note

（3）将项目移动到视图选项。

该选项的功能是将尺寸从一个视图移动到另一个视图，操作方法是：选择该选项后，接着选择要移动到的目的视图。

3. 尺寸界线的破断

尺寸界线的破断是将尺寸界线的一部分断开，如图 7.4.8 所示；而删除破断的作用是将尺寸线断开的部分恢复。其操作方法是：在工具栏中选择注释 ➡ 命令，在要破断的尺寸界线上选择两点，“破断”即可形成；如果选择该尺寸，然后在破断的尺寸界线上右击，在弹出的图 7.4.9 所示的快捷菜单中选取“删除”命令，即可将断开的部分恢复。

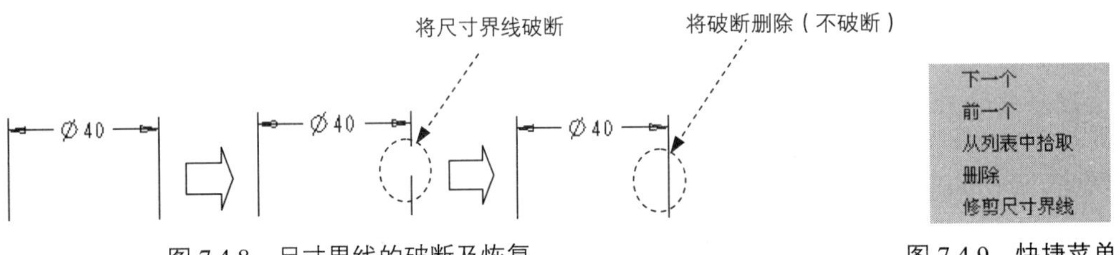

图 7.4.8　尺寸界线的破断及恢复

图 7.4.9　快捷菜单

4. 清除尺寸（整理尺寸）

对于杂乱无章的尺寸，Pro/ENGINEER 系统提供了一个强有力的整理工具，这就是“清除尺寸”。下面以零件模型 link_base 为例，说明“清除尺寸”的一般操作过程。

步骤 01 在工具栏中选择注释 ➡ 清除尺寸命令。

步骤 02 此时，系统提示➡选取要清除的视图或独立尺寸。，如图 7.4.10 所示，选择模型 link_base 的主视图并单击鼠标中键。

步骤 03 完成上步操作后，图 7.4.11 所示的“清除尺寸”对话框被激活，用户可根据需要进行更多参数的控制。

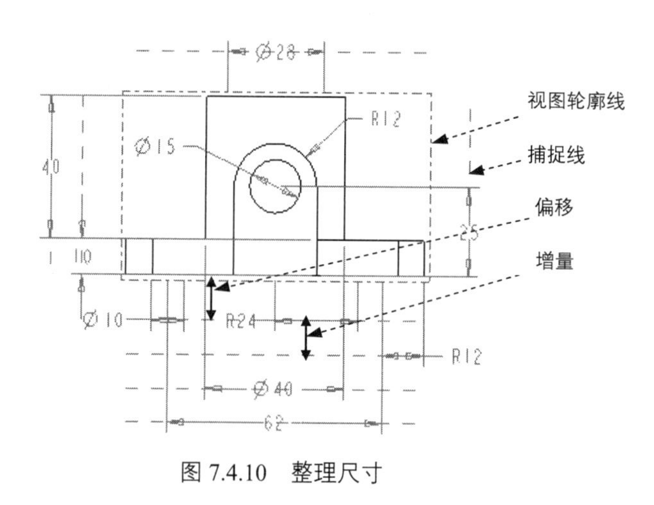

图 7.4.10　整理尺寸

图 7.4.11　“清除尺寸”对话框

7.4.2　基准标注

1. 在工程图模块中创建基准轴

下面将在模型 drw_datum 的工程图中创建图 7.4.12 所示的基准轴 D，以说明在工程图模块中创建基准轴的一般操作过程。

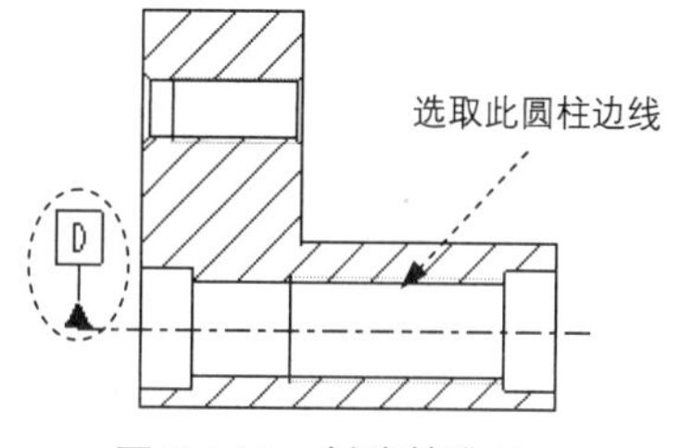

图 7.4.12　创建基准轴

步骤 01 将工作目录设置至 D:\proesc5 \work\ch07.04.02\，打开文件 drw_datum.drw。

步骤 02 在工具栏中选择 注释 → 插入 ▾ → 模型基准平面 ▾ → 模型基准轴 命令。

步骤 03 系统弹出“基准”对话框，在此对话框中进行下列操作。

（1）在“轴”对话框的“名称”文本框中输入基准名 D。

（2）单击该对话框中的 定义... 按钮，在弹出的“基准轴”菜单中选取 Thru Cyl (过柱面) 命令，然后选择图 7.4.12 所示的圆柱的边线。

（3）在“轴”对话框的 类型 选项组中单击 A◀ 按钮。

（4）在“轴”对话框的 放置 选项组中选择 ◉ 在基准上 单选项。

（5）在“轴”对话框中单击 确定 按钮，系统即在每个视图中创建基准符号。

步骤 04 分别将基准符号移至合适的位置，基准的移动操作与尺寸的移动操作方法一样。

步骤 05 视情况将某个视图中不需要的基准符号拭除。

2. 在工程图模块中创建基准面

下面将在模型 drw_datum 的工程图中创建图 7.4.13 所示的基准 E，以说明在工程图模块中创建基准面的一般操作过程。

步骤 01 在工具栏中选择 注释 ➡ 插入 ▾ ➡ 模型基准平面 命令。

步骤 02 系统弹出“基准”对话框，在此对话框进行下列操作。

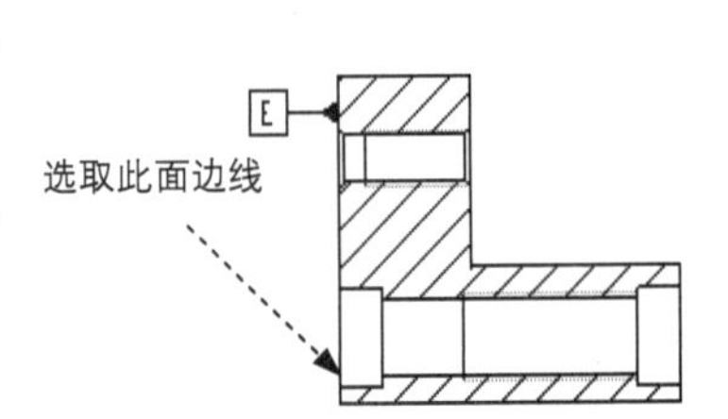

图 7.4.13 创建基准面

(1) 在“基准”对话框的“名称”文本栏中输入基准名 E。

(2) 单击该对话框的 在曲面上... 按钮，然后选择图 7.4.13 所示的端面边线。

(3) 在“基准”对话框的 类型 选项组中单击 A◂ 按钮。

(4) 在“基准”对话框的 放置 选项组中选择 ◉ 在基准上 单选项。

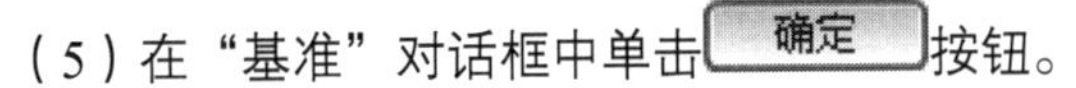
(5) 在“基准”对话框中单击 确定 按钮。

步骤 03 将基准符号移至合适的位置。

步骤 04 视情况将某个视图中不需要的基准符号拭除。

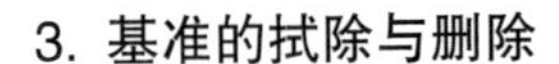
3. 基准的拭除与删除

拭除基准的真正含义是在工程图环境中不显示基准符号，同尺寸的拭除一样；而基准的删除是将其从模型中真正完全地去除，所以基准的删除要切换到零件模块中进行，其操作方法如下。

(1) 切换到模型窗口。

(2) 从模型树中找到基准名称，并右击该名称，从弹出的快捷菜单中选择“删除”命令。

- 一个基准被拭除后，系统还不允许重名，只有切换到零件模块中，将其从模型中删除后才能给出同样的基准名。
- 如果一个基准被某个几何公差所使用，则只有首先删除该几何公差，才能删除该基准。

7.4.3 形位公差标注

下面将在模型 drw_datum 的工程图中创建图 7.4.14 所示的几何公差（形位公差），以说明在工程图模块中创建几何公差的一般操作过程。

步骤 01 首先将工作目录设置至 D:\proesc5\work\ch07.04.03\，打开文件 drw_tol.drw。

步骤 02 在工具栏中选择 注释 ➡ 命令。

步骤 03 系统弹出图 7.4.14 所示的“几何公差”对话框， 在此对话框中进行下列操作。

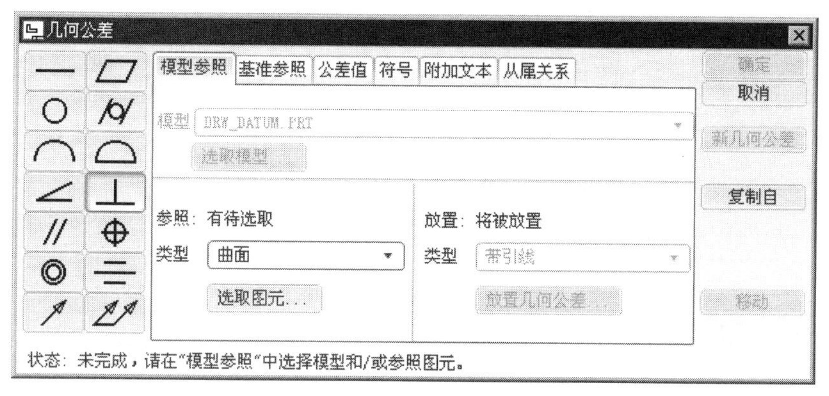

图 7.4.14　“几何公差”对话框

（1）在左边的公差符号区域中，单击位置公差符号⊥。

（2）在模型参照选项卡中进行下列操作。

① 定义公差参照。单击“参照”选项组中的“类型”箭头▼，从下拉列表中选取曲面选项，选取图 7.4.15 中所指的面。

② 定义公差的放置。单击“放置”选项组中的“类型”箭头▼，从下拉列表中选取带引线选项。此时，系统弹出“依附类型”菜单管理器，首先选择图 7.4.15 中所指的面，然后在合适的位置单击中键放置几何公差。

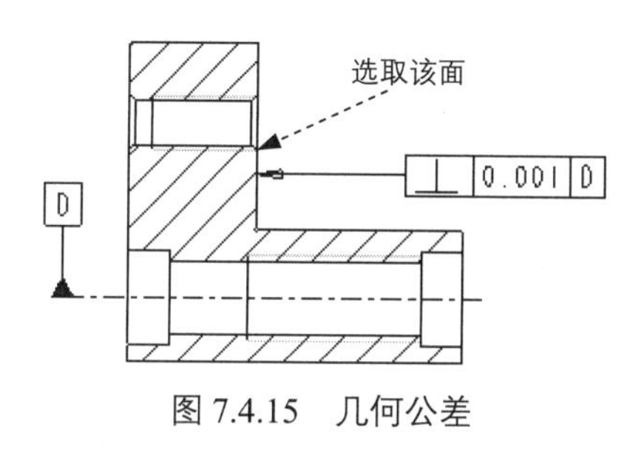

图 7.4.15　几何公差

由于当前所标注的是一个面相对于一个孔轴线的位置公差，它实质上是指这个面相对于基准轴 D 的位置公差，所以其公差参照要选取孔的轴线。

（3）在基准参照选项卡中进行下列操作。

① 选择“几何公差”对话框顶部的基准参照选项卡，如图 7.4.16 所示。

②单击首要子选项卡中的“基本”选项组中的箭头▼，从下拉列表中选取基准 D。

（4）在公差值选项卡中采用系统默认的总公差值 0.001，按回车键。

（5）单击“几何公差”对话框中的确定按钮。

Note

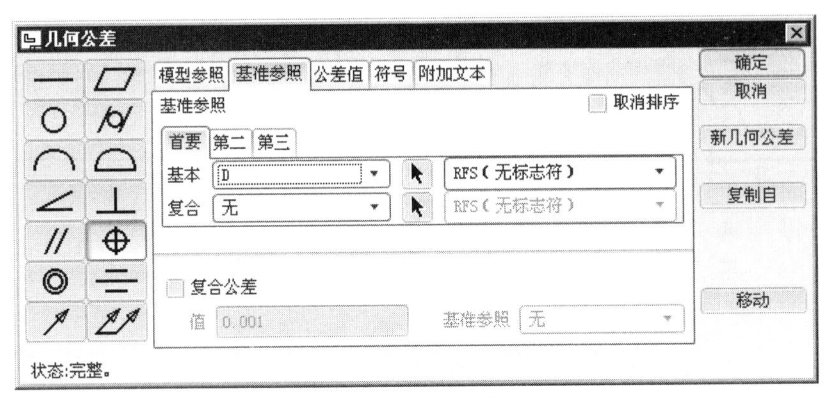

图 7.4.16 “基准参照”选项卡

7.4.4 表面粗糙度标注

下面将在模型 surface_finish_symbol 的工程图中创建图 7.4.17 所示的表面粗糙度（表面光洁度），以说明在工程图模块中创建表面粗糙度的一般操作过程。

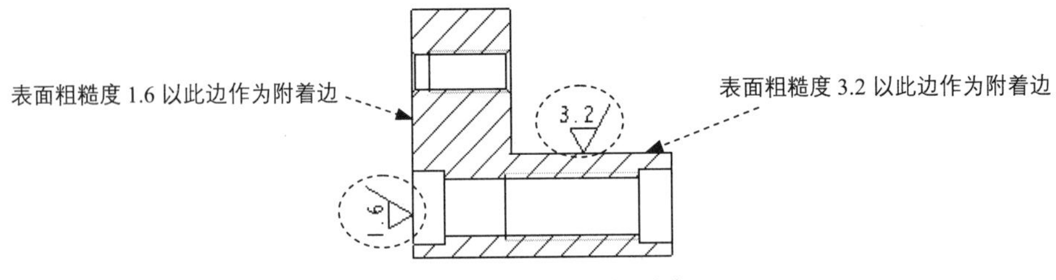

图 7.4.17 创建表面粗糙度

步骤 01 将工作目录设置至 D:\proesc5\work\ch07.04.04\，打开文件 surface_finish_symbol.drw。

步骤 02 在工具栏中选择 注释 ➡ 命令。

步骤 03 检索表面粗糙度。

（1）从系统弹出的图 7.4.18 所示的▼ GET SYMBOL (得到符号)菜单中，选择 Retrieve (检索)命令。

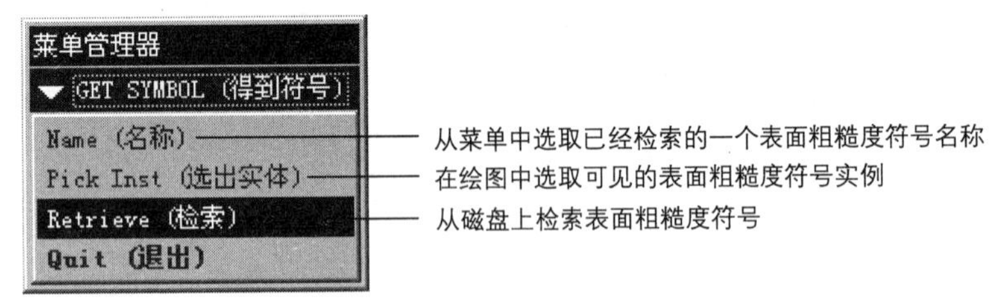

图 7.4.18 “得到符号”菜单

注意

如果首次标注表面粗糙度，则需进行检索，在以后需要再标注表面粗糙度时，便可直接在▼ GET SYMBOL (得到符号)菜单中选择 Name (名称)命令，然后从“符号名称”列表中选取一个表面粗糙度符号名称。

（2）从“打开”对话框中选取 machined，单击 打开 按钮，选取 standard1.sym，单击 打开 按钮。

步骤04 选取附着类型。从系统弹出的图 7.4.19 所示的 ▼ INST ATTACH (实例依附) 菜单中，选择 Normal (法向) 命令。

步骤05 定义放置参照。在 ➡选取一个边，一个图元，一个尺寸，一曲线，曲面上的一点或一顶点。的提示下，选取图 7.4.17 所示的边线，然后在 输入roughness_height的值 文本框中输入数值 3.2，单击 ✓ 按钮；单击鼠标中键，然后在 ▼ INST ATTACH (实例依附) 菜单中选择 Done/Return (完成/返回) 命令。

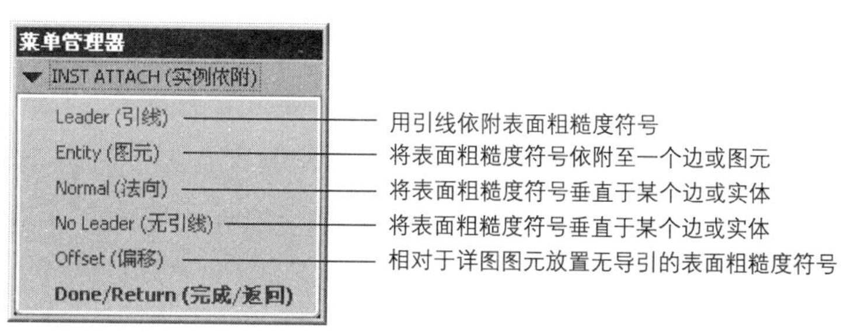

图 7.4.19 “实例依附”菜单

7.4.5 注释文本

在工具栏中选择 注释 ➡ A 命令，系统弹出 ▼ NOTE TYPES (注解类型) 菜单（如图 7.4.20 所示）。在该菜单下，可以创建用户所要求的属性的注释。例如，注释既可以连接到模型的一个或多个边上，也可以是“自由的”。创建第一个注释后，Pro/ENGINEER 使用先前指定的属性要求来创建后面的注释。

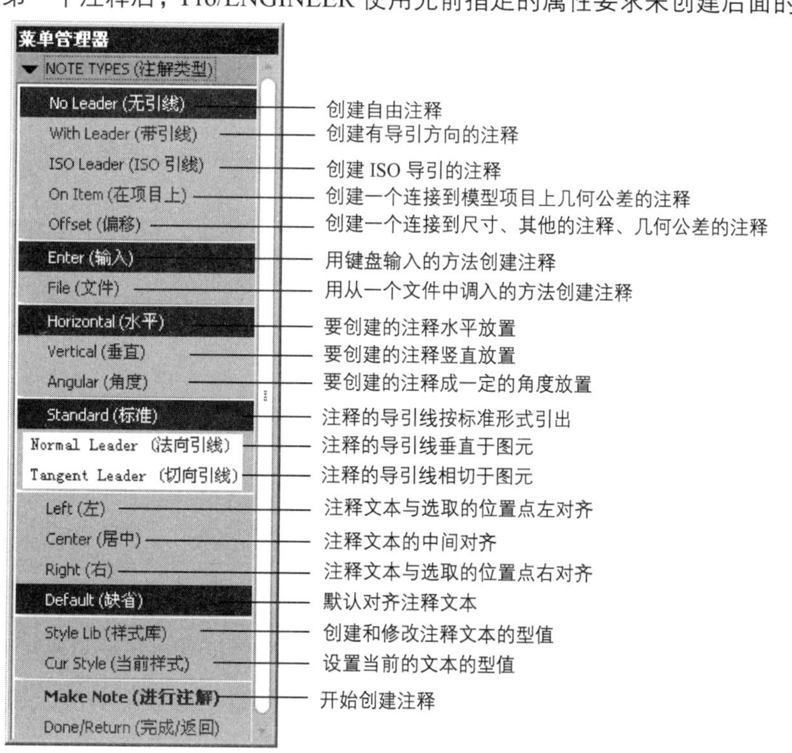

图 7.4.20 “注释类型”菜单

Note

1. 创建无方向指引注释

下面以图 7.4.21 中所示的注释为例，说明创建无方向指引注释的一般操作过程。

步骤 01 将工作目录设置至 D:\proesc5\work\ch07.04.05\，打开文件 text.drw。

步骤 02 在工具栏中选择 注释 ➡ 命令。

步骤 03 在图 7.4.20 所示的菜单中，选择 No Leader (无引线) ➡ Enter (输入) ➡ Horizontal (水平) ➡ Standard (标准) ➡ Default (缺省) ➡ Make Note (进行注解) 命令。

步骤 04 在弹出的图 7.4.22 所示的"获得点"菜单中选取 Pick Pnt (选出点) 命令，并在屏幕选择一点作为注释的放置点。

步骤 05 在系统 输入注解: 的提示下，输入"技术要求"，按两次回车键。

步骤 06 选择 Make Note (进行注解) 命令，在注释"技术要求"下面选择一点。

步骤 07 在系统 输入注解: 的提示下，输入"1. 未注倒角 C1"，按回车键，输入"2. 未注圆角 R1"，按两次回车键。

步骤 08 选择 Done/Return (完成/返回) 命令。

步骤 09 调整注释中的文本——"技术要求"的位置和大小。

技术要求

1. 未注倒角C1.

2. 未注圆角R1.

图 7.4.21 无方向指引的注释

2. 创建有方向指引注释

下面以图 7.4.23 中的注释为例，说明创建有方向指引注释的一般操作过程。

步骤 01 在工具栏中选择 注释 ➡ 命令。

步骤 02 在图 7.4.20 所示的"注释类型"菜单中，选择 With Leader (带引线) ➡ Enter (输入) ➡ Horizontal (水平) ➡ Standard (标准) ➡ Default (缺省) ➡ Make Note (进行注解) 命令。

步骤 03 定义注释导引线的起始点。此时，系统弹出"依附类型"菜单，在该菜单中选择 On Entity (图元上) ➡ Arrow Head (箭头) 命令，然后选择注释指引线的起始点，如图 7.4.23 所示，再单击"依附类型"对话框中的 Done (完成) 按钮。

步骤 04 定义注释文本的位置点。在屏幕选择一点作为注释的放置点，如图 7.4.23 所示。

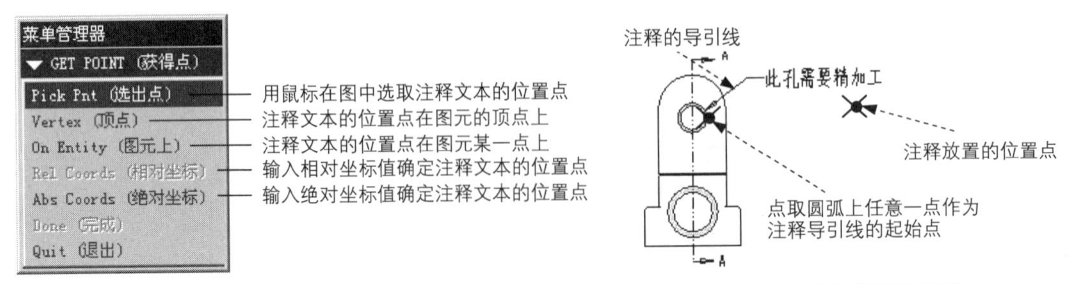

图 7.4.22 "获得点"菜单

图 7.4.23 有方向指引的注释

步骤 05 在系统 输入注解: 的提示下，输入"此孔需铰削加工"，按两次回车键。

步骤 06 选择 Done/Return (完成/返回) 命令。

3. 注释的编辑

与尺寸的编辑操作一样，单击要编辑的注释，再右击，在弹出的快捷菜单中选择 属性(R) 命令，系统弹出图 7.4.24 所示的“注释属性”对话框，在该对话框的 文本 选项卡中可以修改注释文本，在 文本样式 选项卡中可以修改文本的字型、字高及字的粗细等造型属性。

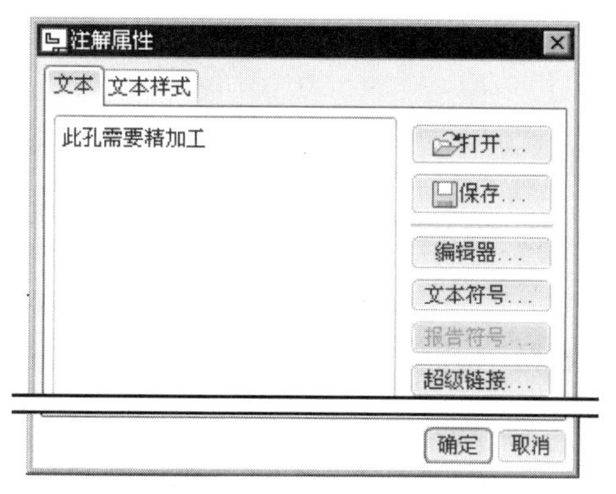

图 7.4.24 “注释属性”对话框

7.5 工程图设计综合应用

按照下面的操作要求，创建图 7.5.1 所示的零件工程图。

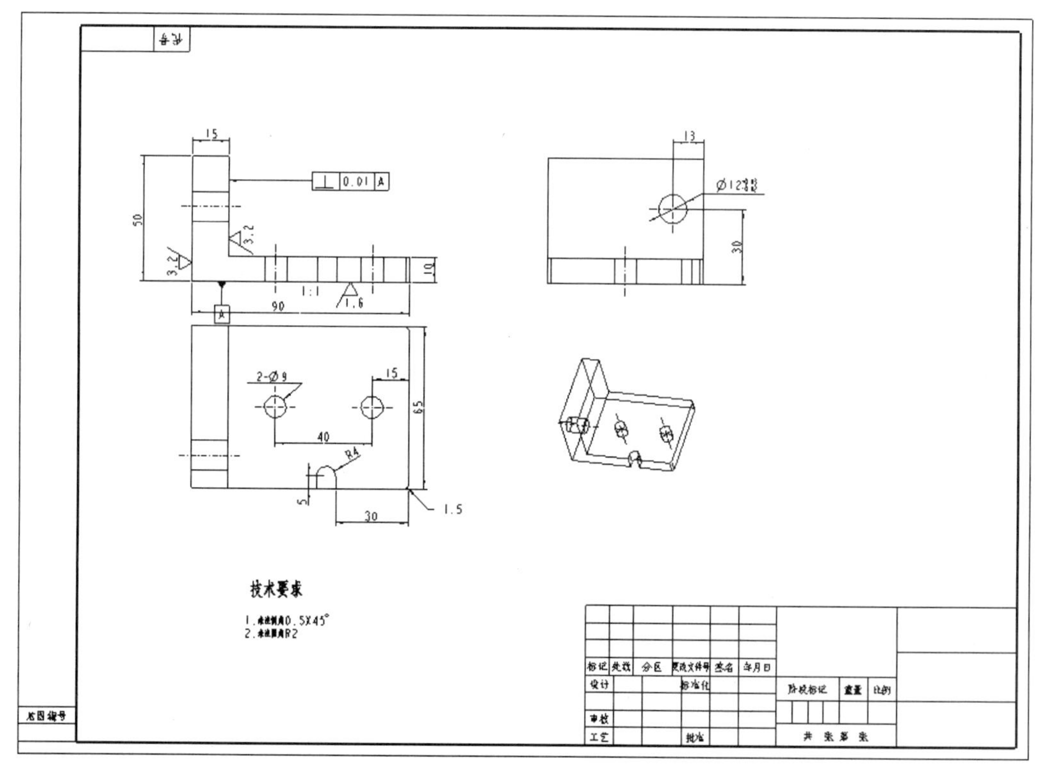

图 7.5.1 零件工程图范例

1. 设置工作目录和打开三维零件模型

将工作目录设置至 D:\proesc5\work\ch07.05，打开文件 spd1.prt。

2. 新建工程图

步骤 01 选取“新建”命令。在工具栏中单击“新建”按钮。

步骤 02 在系统弹出的“新建”对话框中，选择类型选项组中的 绘图单选项，在名称文本框中输入工程图的文件名 spd1，取消使用缺省模板复选框中的“√”号，单击该对话框中的确定按钮。

Note

步骤 03 在系统弹出的“新建绘图”对话框中，在指定模板选项组中选中格式为空单选项，在格式选项组中单击浏览...按钮，在“打开”对话框中，选取 gb_a3.frm 格式文件，并将其打开；单击确定按钮，系统立即进入工程图模式（环境）。

3. 创建图 7.5.1 所示的主视图

步骤 01 在零件模式下，确定主视图方位。

（1）选择下拉菜单窗口(W) ➡ 1 SPD1.PRT命令。

（2）选择下拉菜单视图(V) ➡ 方向(O) ➡ 重定向(O)...命令（或单击工具栏中的按钮），系统弹出图 7.5.2 所示的“方向”对话框。

（3）在“方向”对话框的类型下拉列表中选择按参照定向。

（4）确定参照 1 的放置方位。

① 采用默认的方位前作为参照 1 的方位。

② 选取图 7.5.3 所示的模型的表面 1 作为参照 1。

（5）确定参照 2 的放置方位。

① 在下拉列表中选择上作为参照 2 的方位。

② 选取图 7.5.3 所示的模型上的表面 2 作为参照 2。此时，系统立即按照两个参照所定义的方位重新对模型进行定向。

（6）完成模型的定向后，将其保存起来以便下次能够方便地调用。保存视图的方法是，首先在名称文本框中输入视图名称 V1，然后单击对话框中的保存按钮。

（7）在“方向”对话框中单击确定按钮。

步骤 02 在工程图模式下，创建主视图。

（1）选择下拉菜单窗口(W) ➡ 2 DRW0001.DRW:1命令。

（2）使用命令。在绘图区中右击，在系统弹出的快捷菜单中选择插入普通视图...命令。

（3）在系统➡选取绘制视图的中心点.的提示下，在屏幕图形区选择一点，系统弹出图 7.5.4 所示的“绘图视图”对话框。

（4）选择“类别”选项组中的“视图类型”选项，在图 7.5.4 所示的对话框中找到视图名称 V1，然后单击 应用 按钮，则系统即按 V1 的方位定向视图。

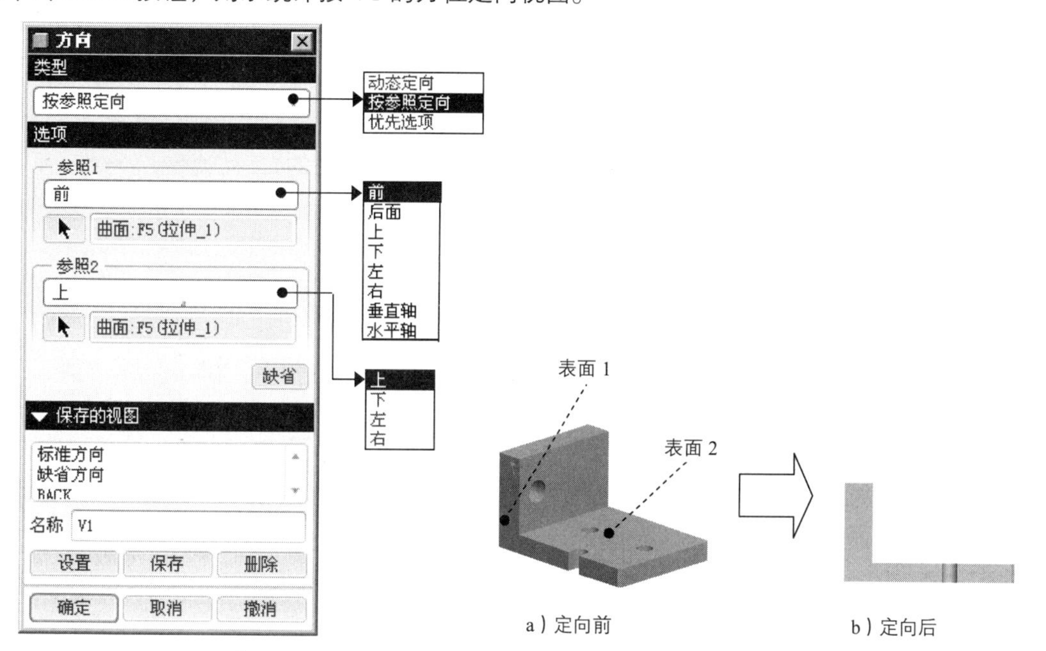

图 7.5.2　“方向”对话框

图 7.5.3　模型的定向

（5）选择“类别”选项组中的“比例”选项，在图 7.5.5 所示的对话框中选中 定制比例 单选项，然后在后面的文本框中输入比例值 1.000，最后单击 应用 → 关闭 按钮。

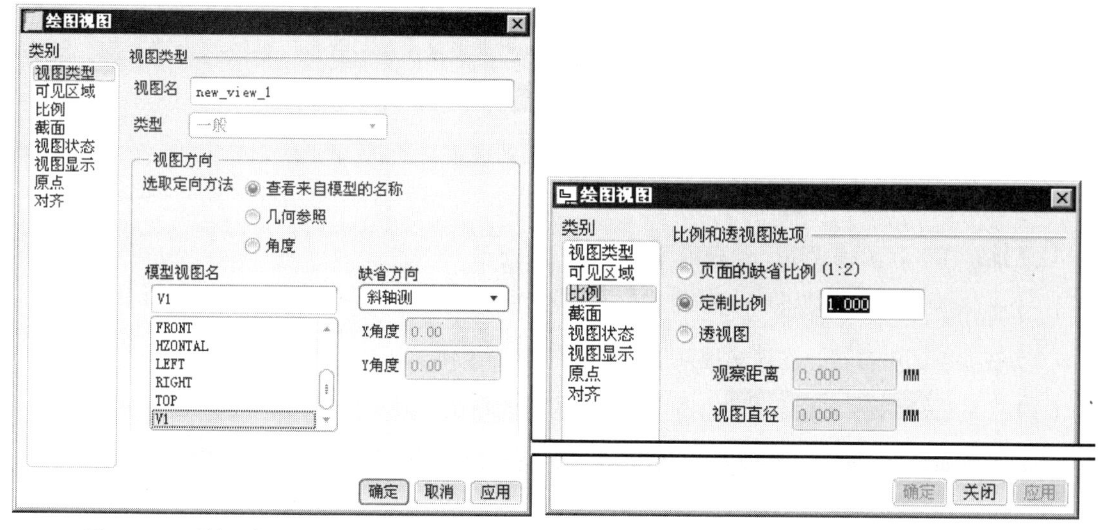

图 7.5.4　“绘图视图”对话框（一）

图 7.5.5　“绘图视图”对话框（二）

4. 创建俯视图

步骤 01 在工具栏中单击 按钮，将模型的显示状态切换到虚线线框显示方式。

步骤 02 选择图 7.5.6 所示的主视图，然后右击，在弹出的快捷菜单中选择 插入投影视图... 命令。

步骤03 在系统➡选取绘制视图的中心点.的提示下，在图形区的主视图的下部任意选择一点，系统自动创建俯视图，如图 7.5.6 所示。

5. 创建左视图

步骤01 右击图 7.5.7 中的主视图，在弹出的快捷菜单中选择插入投影视图...命令。

Note

步骤02 在系统➡选取绘制视图的中心点.的提示下，在图形区的主视图的右部任意选择一点，系统自动创建左视图。

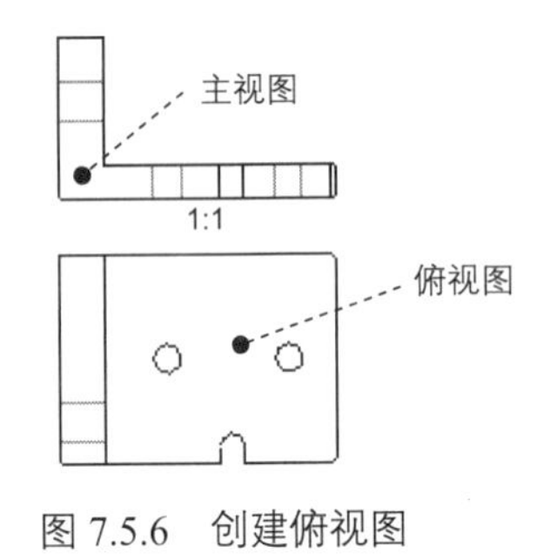

图 7.5.6 创建俯视图

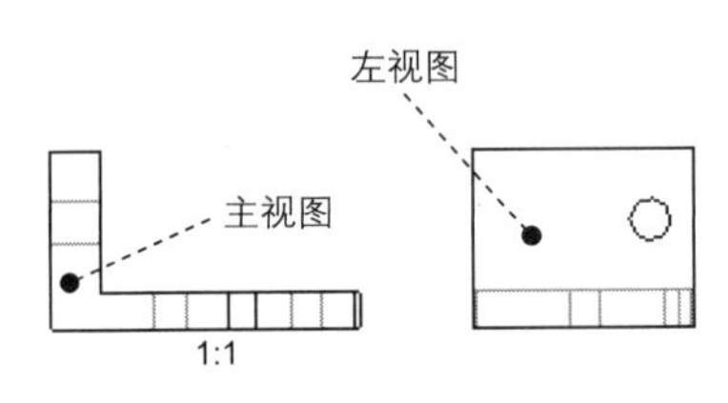

图 7.5.7 创建左视图

6. 创建轴测图

步骤01 在零件模式下，确定轴测图方位。

（1）选择下拉菜单 窗口(W) ➡ 1 SPD1.PRT 命令。

（2）按下鼠标中键，拖动鼠标，将模型调整到图 7.5.8 所示的视图方位。

（3）选择下拉菜单 视图(V) ➡ 方向(O) ➡ 重定向(O)... 命令，系统弹出“方向”对话框。

（4）在“方向”对话框的 类型 下拉列表中选择 按参照定向。

（5）在“方向”对话框的 名称 文本框中输入视图名称 V2，然后单击对话框中的 保存 按钮。

（6）在对话框中单击 确定 按钮。

步骤02 在工程图模式下，创建轴测图。

（1）选择下拉菜单 窗口(W) ➡ 2 DRW0001.DRW:1 命令。

（2）在绘图区中右击，在该快捷菜单中选择 插入普通视图... 命令。

（3）在系统➡选取绘制视图的中心点.的提示下，在屏幕图形区选择一点。在系统弹出的“绘图视图”对话框中，选择视图名称 V2，然后单击 确定 按钮，则系统按照 V2 的方位定向视图。

7. 调整视图的位置

在创建完视图后，如果它们在图纸上的位置不合适、视图间距太紧或太松，则用户可以移动视图，操作方法如下。

步骤01 取消“锁定视图移动”功能。在绘图区的空白处右击，系统弹出图 7.5.9 所示的快捷菜

单，选择该菜单中的锁定视图移动命令，去掉该命令前面的✓。

步骤 02 移动视图的位置。

（1）移动主视图的位置。首先单击图 7.5.10 所示的主视图，然后拖动鼠标将主视图移动到合适的位置，子视图（俯视图和左视图）同时也随着移动。

（2）移动左视图的位置。单击图 7.5.10 所示的左视图，然后用鼠标左右拖动视图。

（3）移动俯视图的位置。单击图 7.5.10 所示的俯视图，然后用鼠标上下拖动视图。

（4）移动轴测图的位置。单击图 7.5.10 所示的轴测图，然后拖动鼠标将轴测图移动到合适的位置。

图 7.5.8　V2 视图方位

去掉前面的√号
插入普通视图...
插入详细视图
插入辅助视图
页面设置
绘图模型(M)
锁定视图移动
更新页面

图 7.5.9　快捷菜单

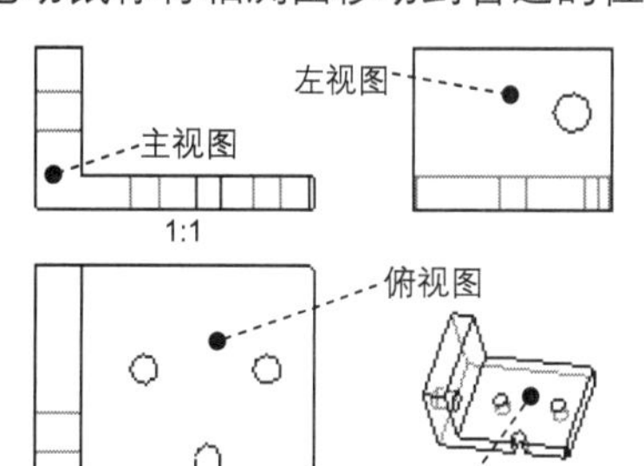

图 7.5.10　调整视图的位置

8. 显示尺寸及中心线

步骤 01 在快捷菜单中单击注释选项卡，然后选中图 7.5.10 中所示的主视图并右击，在弹出图 7.5.11 所示的的快捷菜单中选择显示模型注释命令，系统弹出图 7.5.12 所示的“显示模型注释”对话框。

步骤 02 在“显示模型注释”对话框中进行下列操作。

（1）单击对话框顶部的⟼选项卡。

（2）选取显示类型。在对话框的类型下拉列表中选择全部选项，然后单击☑按钮；在对话框中单击选项卡，然后单击☑按钮。

（3）单击对话框底部的确定按钮，结果如图 7.5.13 所示。

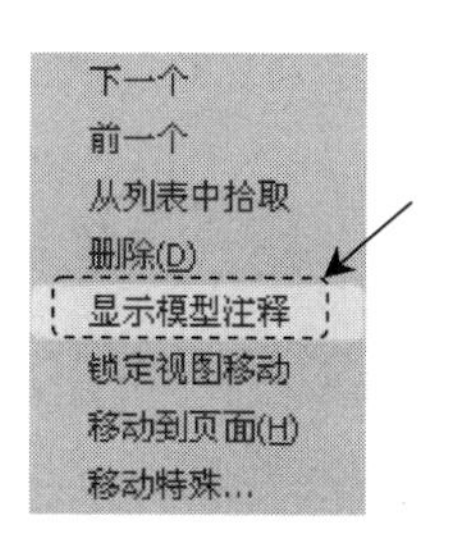

图 7.5.11　快捷菜单

图 7.5.12　“显示模型注释”对话框

9. 调整尺寸的位置

步骤01 清除尺寸（如图 7.5.14 所示）。

（1）在工具栏中选择注释 ➡ 清除尺寸命令。

（2）系统提示➜选取要清除的视图或独立尺寸。，选择主视图并单击鼠标中键一次。

（3）完成上步操作后，“清除尺寸”对话框被激活，该对话框有放置选项卡和修饰选项卡，这两个选项卡的内容设置分别如图 7.5.15 和图 7.5.16 所示，取消选中☐创建捕捉线复选框。

Note

（4）在“清除尺寸”对话框中单击应用按钮，然后单击关闭按钮，结果如图 7.5.14 所示。

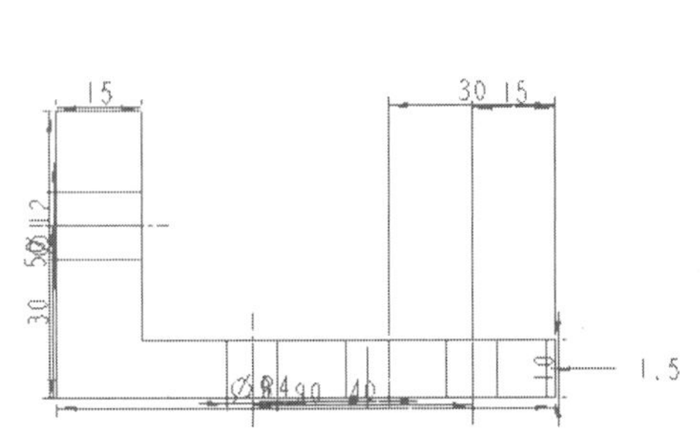

图 7.5.13　显示尺寸及中心线

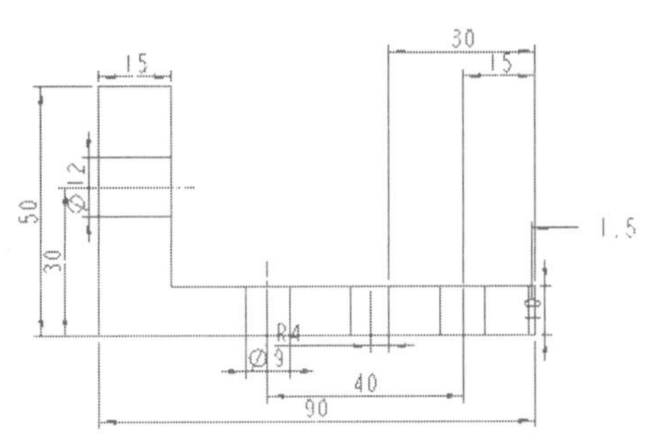

图 7.5.14　清除尺寸

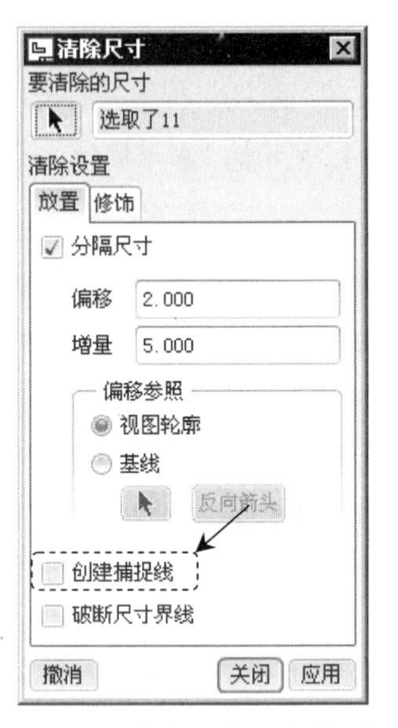

图 7.5.15　“清除尺寸”对话框（一）

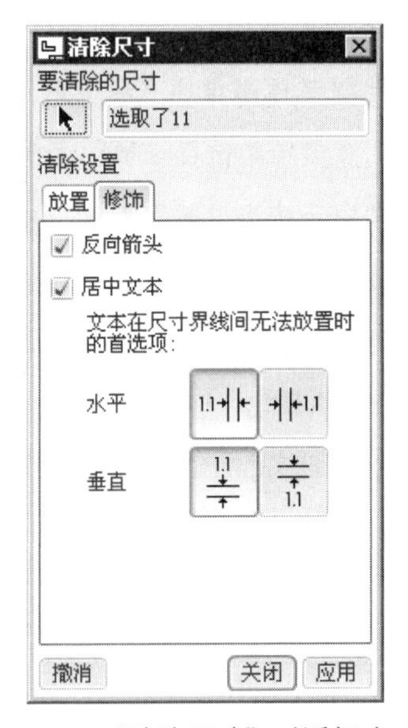

图 7.5.16　“清除尺寸”对话框（二）

步骤02 按照同样的方法在俯视图和左视图上创建的模型注释注释如图 7.5.17 和图 7.5.18 所示。

步骤03 将尺寸移动到其他视图。

（1）按住 Ctrl 键，在主视图中依次选取尺寸 30（水平尺寸）、ø9、R4、40、1.5 和 15，然后在任意一个选中的尺寸上右击。

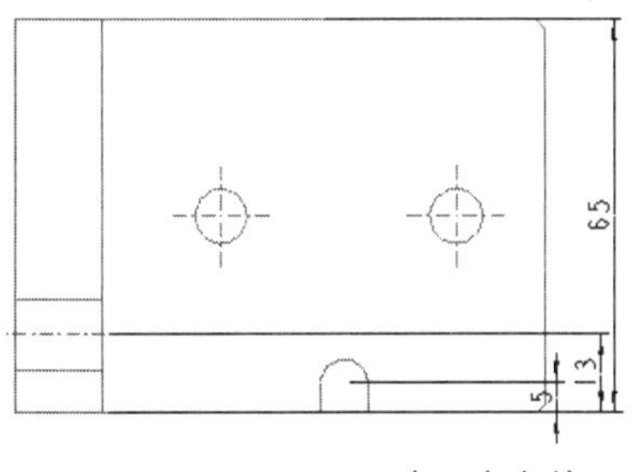

图 7.5.17 显示尺寸及中心线

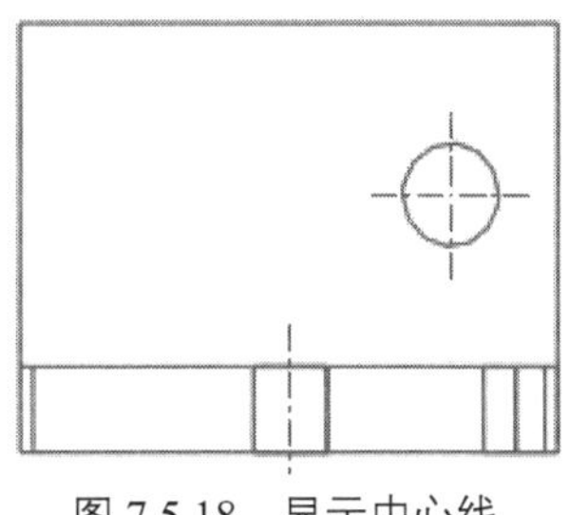

图 7.5.18 显示中心线

（2）在弹出的图 7.5.19 所示的快捷菜单中选择 将项目移动到视图 命令。

（3）选择俯视图作为放置视图，结果如图 7.5.20 所示。

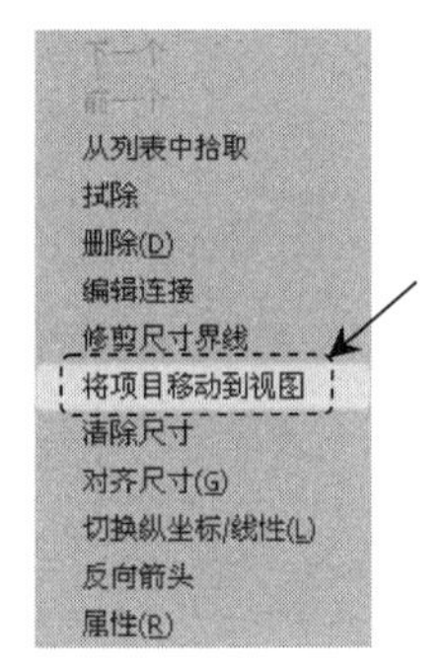

图 7.5.19 快捷菜单

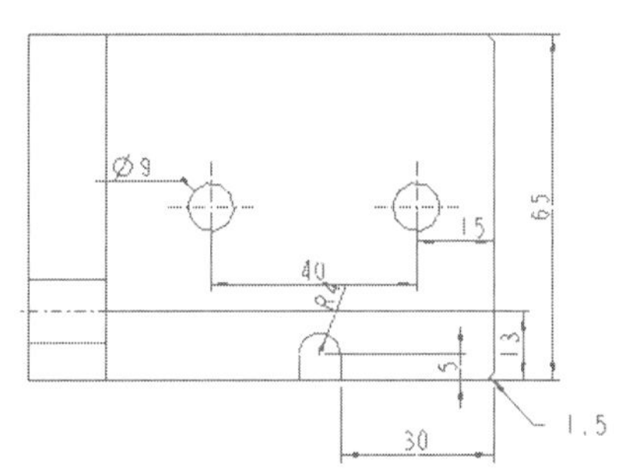

图 7.5.20 移动尺寸

步骤 04 参照步骤 02 的方法和步骤，将主视图中的尺寸 30、ø12 和俯视图上的尺寸 13 移动到左视图，结果如图 7.5.21 所示。

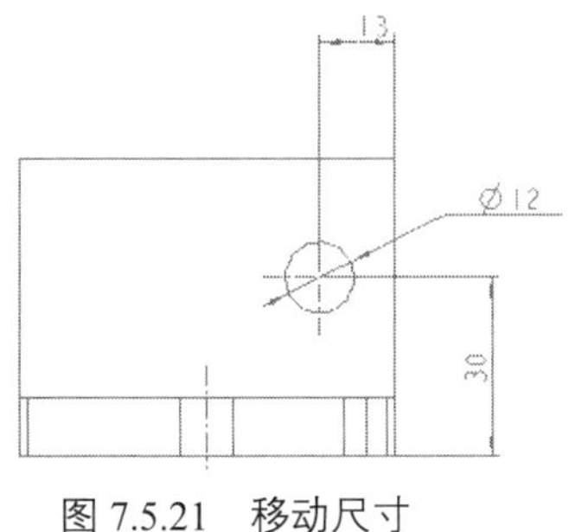

图 7.5.21 移动尺寸

步骤 05 调整主视图中各尺寸的位置。

（1）在图 7.5.22a 所示的图形中单击尺寸“10”，然后拖动鼠标将该尺寸拖到位置 A，松开鼠标。

（2）用相同的方法调整其余尺寸的位置。

步骤 02 调整俯视图中各尺寸的位置（如图 7.5.23 所示）。

步骤 03 调整左视图中各尺寸的位置（如图 7.5.24 所示）。

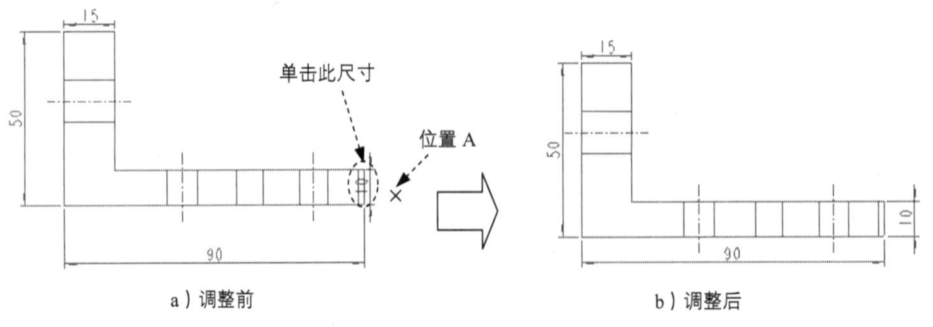

a）调整前　　b）调整后

图 7.5.22　调整主视图中各尺寸的位置

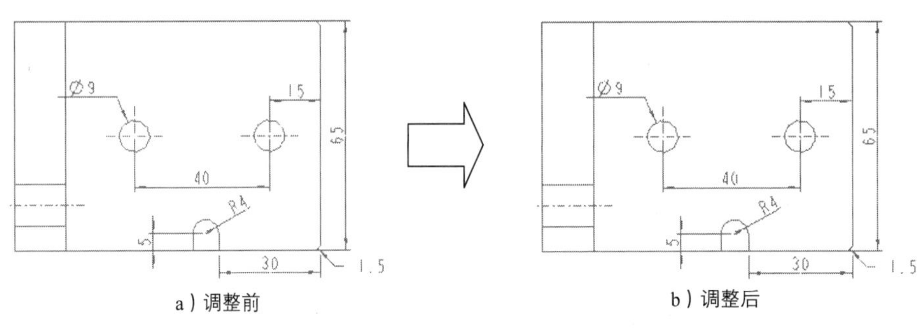

a）调整前　　b）调整后

图 7.5.23　调整俯视图中各尺寸的位置

10. 反向尺寸箭头

步骤 01 在图 7.5.25a 所示的图形中单击要切换箭头的尺寸，然后右击，在系统弹出的图 7.5.26 所示的快捷菜单中选择 反向箭头 命令。此时，图形中的尺寸箭头如图 7.5.25b 所示。

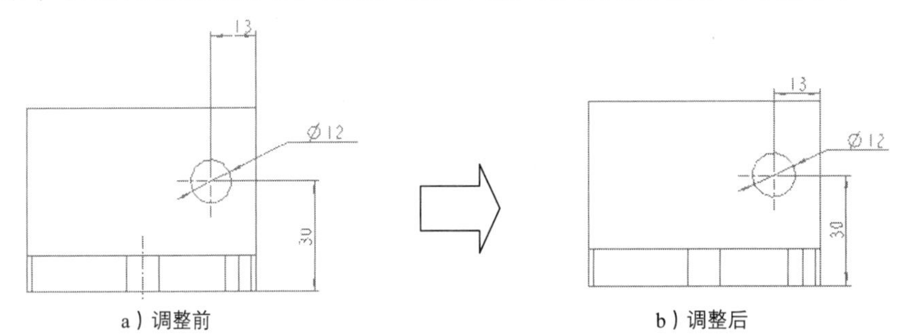

a）调整前　　b）调整后

图 7.5.24　调整左视图中各尺寸的位置

步骤 02 用相同的方法切换图 7.5.27a 所示的箭头。

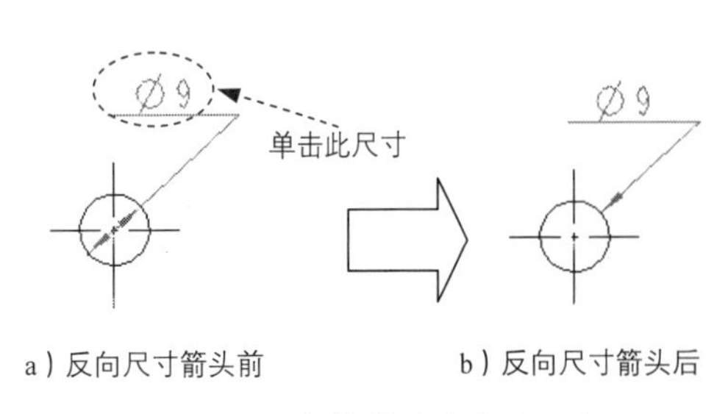

a）反向尺寸箭头前　　b）反向尺寸箭头后

图 7.5.25　切换箭头方向（一）

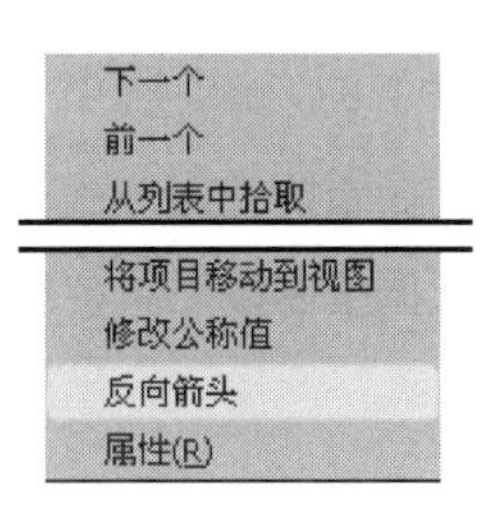

图 7.5.26　快捷菜单

11. 编辑尺寸

步骤 01 在图 7.5.28a 所示的图形中单击要编辑的尺寸，然后右击，在系统弹出的快捷菜单中选择 属性(R) 命令。

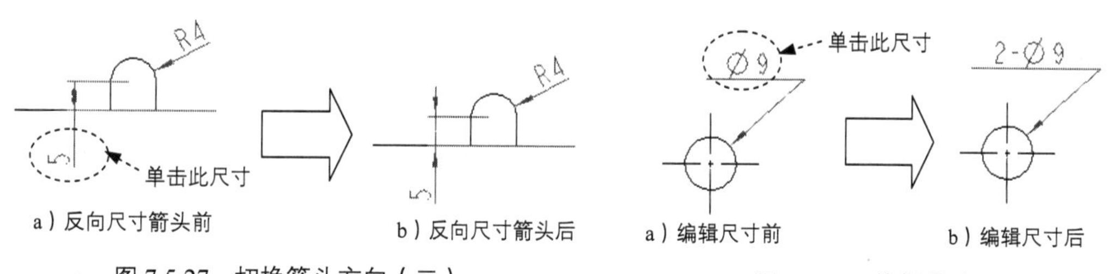

图 7.5.27　切换箭头方向（二）

图 7.5.28　编辑尺寸

步骤 02 在“尺寸属性”对话框中选择 显示 选项卡，然后在“前缀”文本框中输入尺寸的前缀“2-”，再单击 确定 按钮。

12. 后面的详细操作过程请参见随书光盘中 video\ch07.05\reference\文件下的语音讲解文件 spd101.avi。

Note

Note

第 8 章 曲面设计

8.1 曲面的网格显示

选择下拉菜单 视图(V) → 模型设置(E) ▸ → 网格曲面(S)... 命令，系统弹出图 8.1.1 所示的“网格”对话框，利用该对话框可对曲面进行网格显示设置，如图 8.1.2 所示。

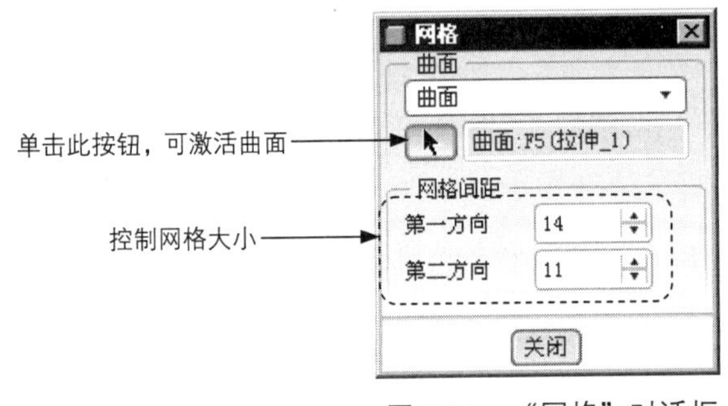

图 8.1.1 “网格”对话框

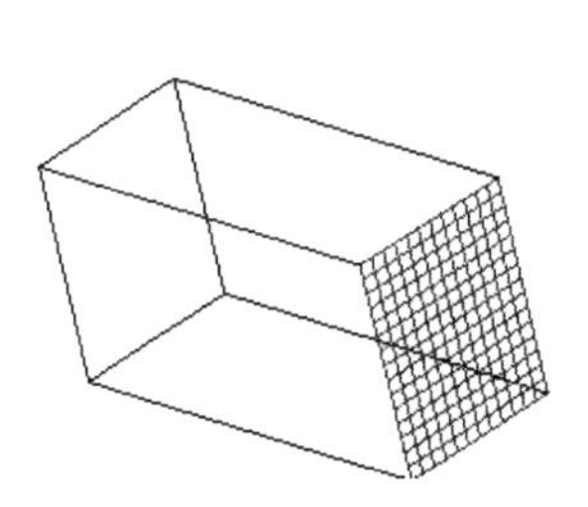

图 8.1.2 曲面网格显示

8.2 曲面的创建

8.2.1 拉伸曲面

1. 创建拉伸曲面

图 8.2.1 所示的曲面特征为拉伸曲面，创建过程如下。

步骤 01 选择 插入(I) → 拉伸(E)... 命令，系统弹出拉伸操控板。

步骤 02 按下操控板中的“曲面类型”按钮。

步骤 03 定义草绘截面放置属性。右击，从弹出的菜单中选择 定义内部草绘... 命令；指定 FRONT 基准平面作为草绘平面，采用模型中默认的黄色箭头的方向作为草绘视图方向，指定 RIGHT 基准平面为参照平面，方向为 右。

步骤 04 创建特征截面。进入草绘环境后，首先采用默认参照，然后绘制图 8.2.2 所示的截面草图，完成后单击按钮✓。

步骤 05 定义曲面特征的“开放”或“闭合”。单击操控板中的 选项，在其界面中可进行如下操作。

- 选中☑ 封闭端 复选框，使曲面特征的两端部封闭。注意：对于封闭的截面草图才可选择该项，如图 8.2.3 所示。
- 取消选中☐ 封闭端 复选框，可以使曲面特征的两端部开放（不封闭），如图 8.2.1 所示。

步骤 06 选取深度类型及其深度。单击深度类型按钮，输入深度值 80.0。

步骤 07 在操控板中，单击“完成”按钮，完成曲面特征的创建。

图 8.2.1　不封闭曲面

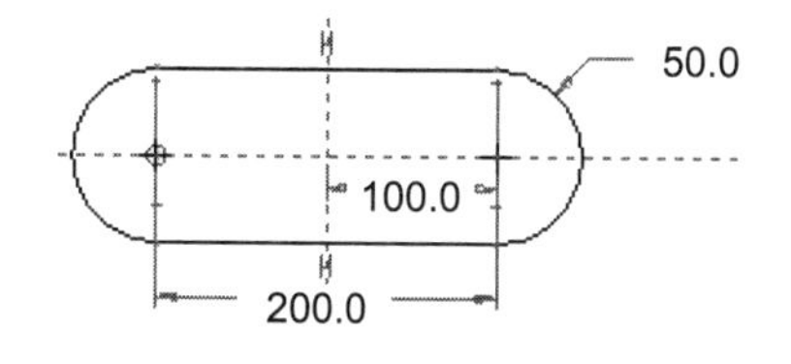

图 8.2.2　截面草图

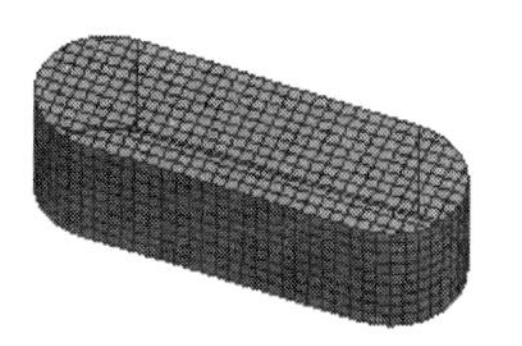

图 8.2.3　封闭曲面

8.2.2　旋转曲面

图 8.2.4 所示的曲面特征为旋转曲面，创建的操作步骤如下。

步骤 01 选择下拉菜单 插入(I) → 旋转(R)... 命令，单击操控板中的“曲面类型”按钮。

步骤 02 定义草绘截面放置属性。指定 FRONT 基准平面作为草绘平面；RIGHT 基准平面作为参照平面，方向为 右。

步骤 03 创建特征截面。采用默认参照；绘制图 8.2.5 所示的特征截面（截面可以不封闭）。注意：必须有一条中心线作为旋转轴。完成后单击按钮。

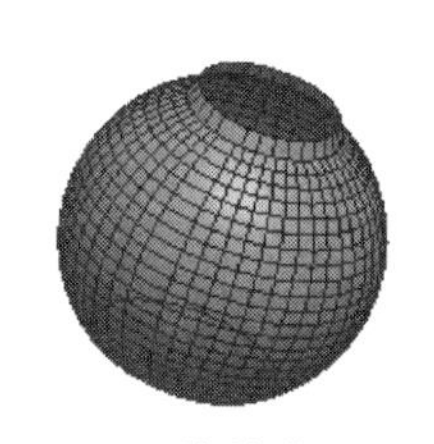

图 8.2.4　旋转曲面

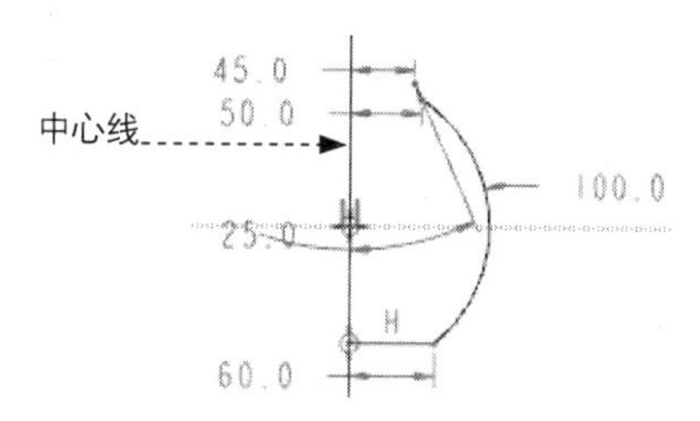

图 8.2.5　截面图形

步骤 04 定义旋转类型及角度。单击旋转类型按钮（草绘平面以指定角度值旋转），角度值为 360.0。

步骤 05 在操控板中单击“完成”按钮，完成曲面特征的创建。

8.2.3　填充曲面

编辑(E) 下拉菜单中的 填充(L)... 命令用于创建平整曲面——填充特征，它创建的是一个二维平面特征。利用 拉伸(E)... 命令也可创建某些平整曲面，不过 拉伸(E)... 有深度参数而 填充(L)... 无深度参数（如图 8.2.6 所示）。

注意：填充特征的截面草图必须是封闭的。

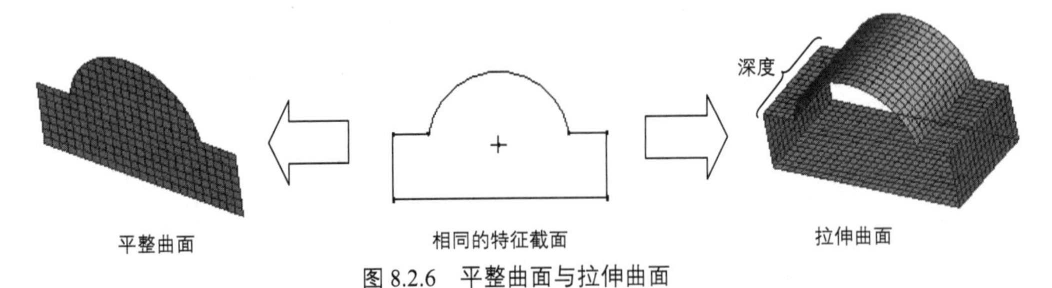

图 8.2.6　平整曲面与拉伸曲面

创建平整曲面的一般操作步骤如下。

步骤 01 新建一个零件模型，将其命名为 surface_fill。

步骤 02 选择下拉菜单 编辑(E) → 填充(L)... 命令。此时，屏幕上方出现图 8.2.7 所示的填充操控板。

图 8.2.7　填充操控板

步骤 03 在绘图区中右击，从弹出的快捷菜单中选择 定义内部草绘... 命令；进入草绘环境后，创建一个封闭的截面草图，完成后单击✓按钮。

步骤 04 在操控板中单击“完成”按钮✓，完成平整曲面特征的创建。

8.2.4　边界混合曲面

边界混合曲面是由若干参照图元（它们在一个或两个方向上定义曲面）所确定的混合曲面。在每个方向上选定的第一个和最后一个图元定义曲面的边界。如果添加更多的参照图元（如控制点和边界），则能更精确、更完整地定义曲面形状。

选取参照图元的规则如下。

- 曲线、模型边、基准点、曲线或边的端点可作为参照图元使用。
- 在每个方向上，都必须按连续的顺序选择参照图元。
- 对于在两个方向上定义的混合曲面来说，其外部边界必须形成一个封闭的环，这意味着外部边界必须相交。

1. 创建边界混合曲面的一般过程

下面以图 8.2.8 为例介绍创建边界混合曲面的一般过程。

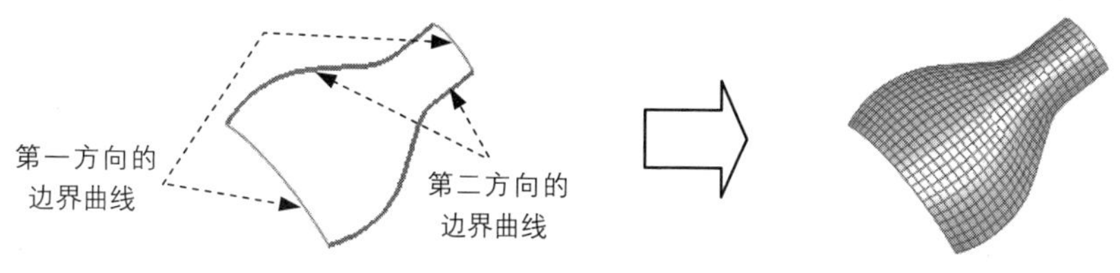

图 8.2.8　创建边界曲面

步骤 01 设置工作目录和打开文件。

（1）选择下拉菜单 文件(F) ➡ 设置工作目录(W)... 命令，将工作目录设置至 D:\proesc5\work\ch08.02.04。

（2）选择下拉菜单 文件(F) ➡ 打开(O)... 命令，打开文件 surface_boundary_blended.prt。

步骤 02 选择 插入(I) ➡ 边界混合(B)... 命令，屏幕上方出现图 8.2.9 所示的操控板。

步骤 03 定义第一方向的边界曲线。按住 Ctrl 键，分别选取图 8.2.9 所示的第一方向的两条边界曲线。

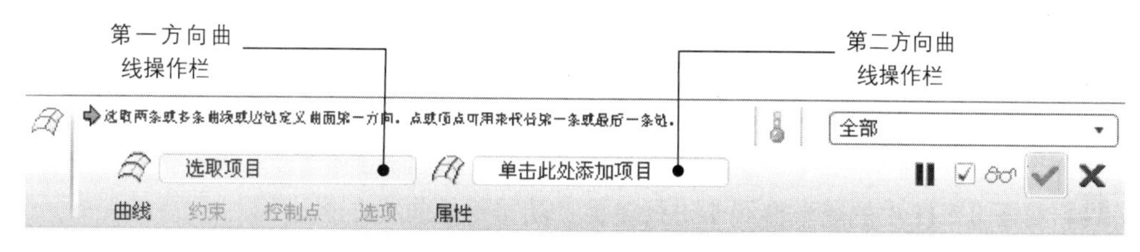

图 8.2.9　操控板

步骤 04 定义第二方向的边界曲线。在操控板中单击 图标后面的第二方向曲线操作栏中的“单击此处添加项目”字符，按住 Ctrl 键，分别选取第二方向的两条边界曲线。

步骤 05 在操控板中单击“完成”按钮，完成边界曲面的创建。

2. 边界曲面的练习

本练习将介绍用“边界混合曲面”的方法，创建图 8.2.10 所示的鼠标盖曲面的详细操作流程。

任务 01 创建基准曲线。

步骤 01 新建一个零件的三维模型，将其命名为 cellphone_cover。

步骤 02 创建图 8.2.11 所示的基准曲线 1，相关操作如下。

（1）单击“草绘基准曲线”按钮。

（2）设置 TOP 基准平面作为草绘平面，RIGHT 基准平面作为参照平面，方向为 右，如图 8.2.12 所示；采用系统默认参照 FRONT 和 RIGHT 基准平面；特征的截面草图如图 8.2.13 所示。

图 8.2.10　鼠标盖曲面

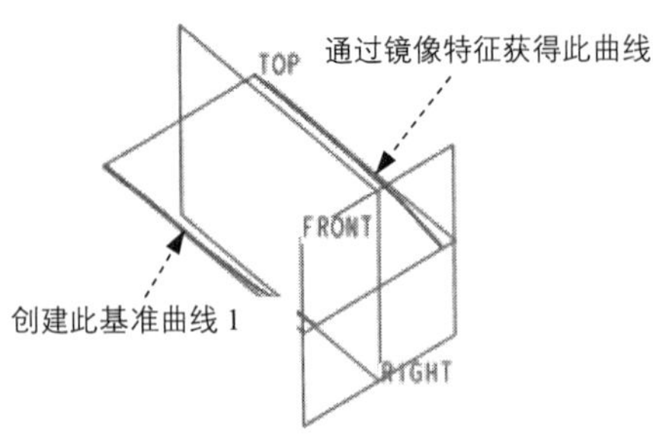

图 8.2.11　创建基准曲线 1

Note

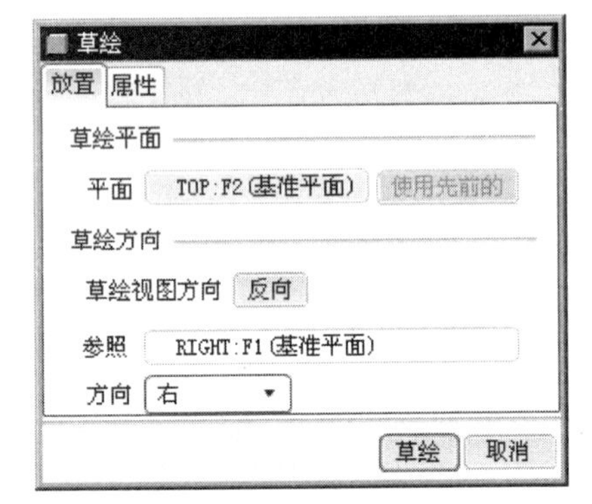

图 8.2.12　“草绘”对话框

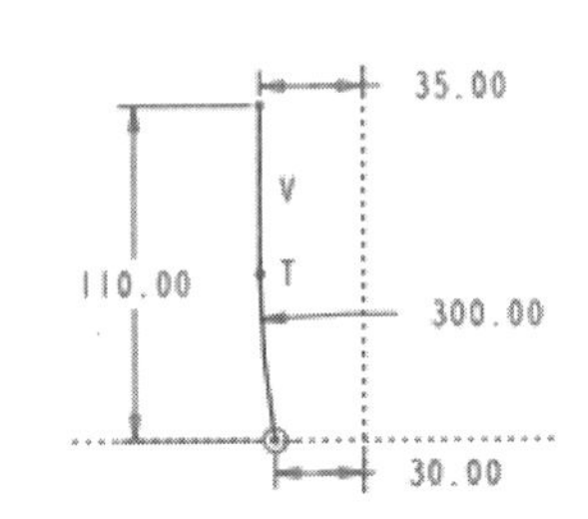

图 8.2.13　截面草图

步骤 03 将图 8.2.11 中的基准曲线 1 进行镜像，获得镜像曲线。

（1）在图形区中选取基准曲线 1，然后选择下拉菜单 编辑(E) ➡ 镜像(I) 命令。

（2）选取 RIGHT 基准平面作为镜像中心平面，在操控板中单击“完成”按钮，完成镜像曲线的创建。

步骤 04 创建图 8.2.14 所示的基准曲线 2，相关提示如下：单击“草绘基准曲线”命令按钮；设置 FRONT 基准平面为草绘平面，RIGHT 基准平面为参照平面，方向为 右；特征的截面草图如图 8.2.15 所示（为了便于将基准曲线 2 的顶点与基准曲线 1 及镜像曲线的顶点重合，有必要选取基准曲线 1 和镜像曲线的顶点为草绘参照）。

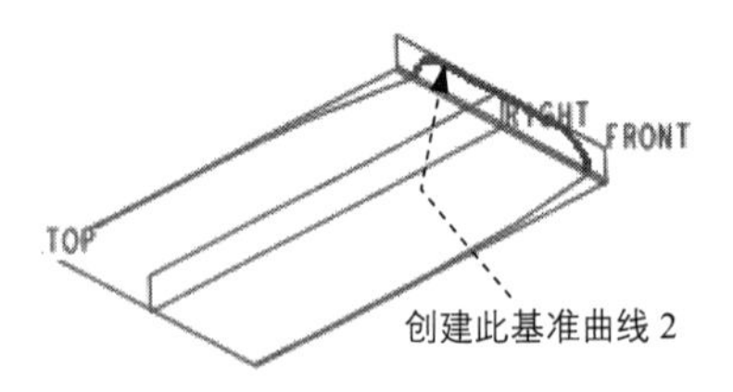

图 8.2.14　创建基准曲线 2

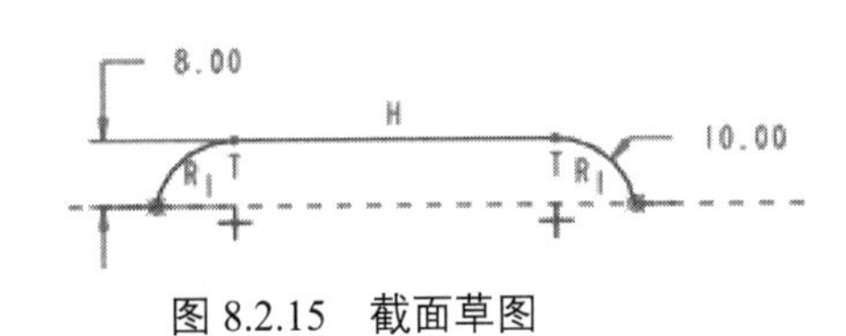

图 8.2.15　截面草图

步骤 05 创建图 8.2.16 所示的基准曲线 2。

（1）创建基准平面 DTM1，使其平行于 FRONT 基准平面并且过基准曲线 1 的顶点，“基准平面”对话框中的设置如图 8.2.17 所示。

（2）单击“草绘基准曲线”命令按钮。设置 DTM1 基准平面为草绘平面，RIGHT 基准平面为

参照平面，方向为**右**；特征的截面草图如图 8.2.18a 所示。

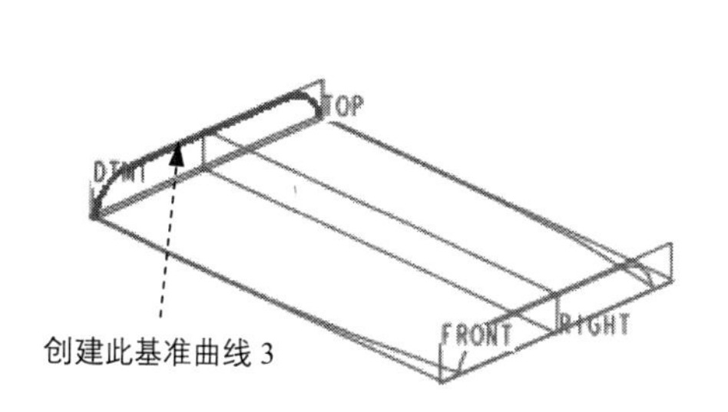

图 8.2.16　创建基准曲线 3

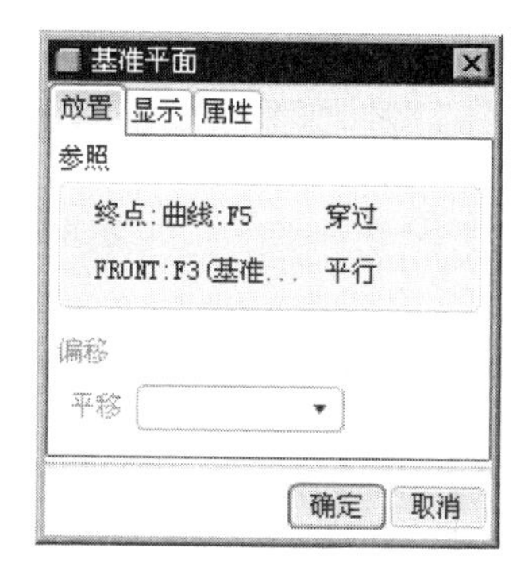

图 8.2.17　"基准平面"对话框

> 注意：草绘时，为了绘制方便，可将草绘平面旋转、调整到图 8.2.18b 所示的空间状态。另外，要将基准曲线 2 的顶点与基准曲线 1 和镜像曲线的顶点对齐。为了确保对齐，应该选取基准曲线 1 和镜像曲线的顶点作为草绘参照，如图 8.2.19 所示。

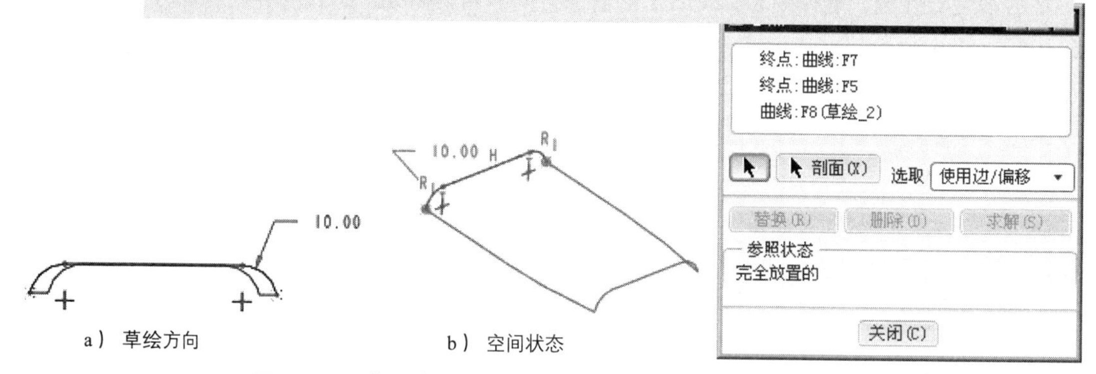

图 8.2.18　截面草图

图 8.2.19　"参照"对话框

步骤 06 创建图 8.2.20 所示的基准曲线 4。单击"草绘基准曲线"命令按钮；设置 TOP 基准平面为草绘平面，RIGHT 基准平面为参照平面，方向为**顶**；特征的截面草图如图 8.2.21 所示（为了便于将基准曲线 4 的顶点与基准曲线 1 和镜像曲线的顶点对齐，并有必要选取基准曲线 1 和镜像曲线的顶点作为草绘参照）。

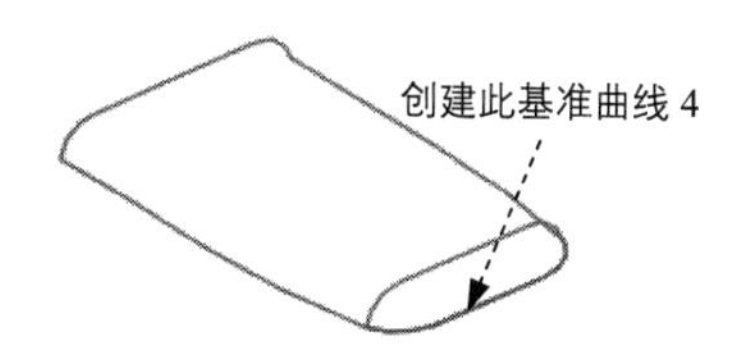

图 8.2.20　创建基准曲线 4

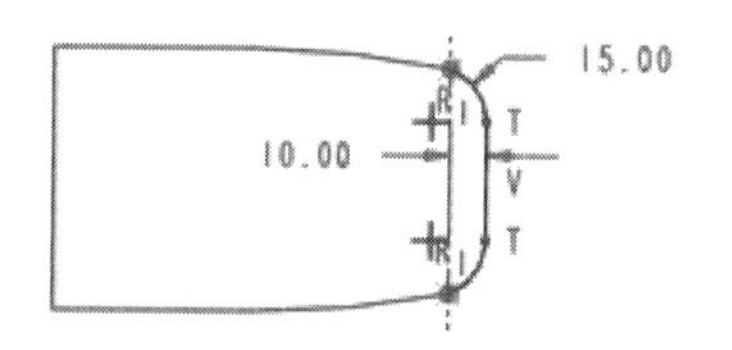

图 8.2.21　截面草图

任务 02 创建边界曲面 1。

如图 8.2.22 所示，该鼠标盖零件模型包括两个边界曲面，下面是创建边界曲面 1 的操作步骤。

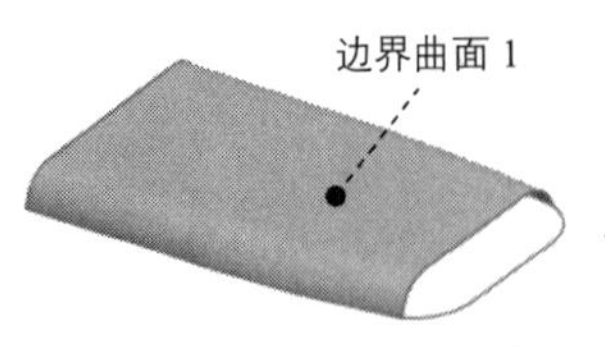

图 8.2.22　两个边界曲面

步骤 01 选择下拉菜单 插入(I) → 边界混合(B)... 命令。此时，在屏幕上方出现图 8.2.23 所示的操控板。

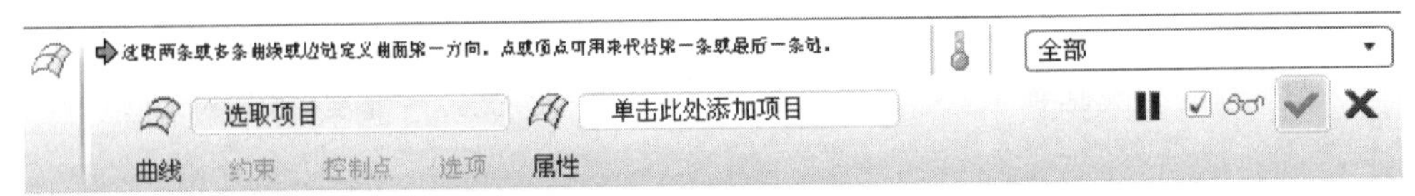

图 8.2.23　操控板

步骤 02 选取边界曲线。在操控板中单击 曲线 按钮，系统弹出图 8.2.24 所示的"曲线"界面，按住 Ctrl 键，选择图 8.2.25 所示的第一方向的两条曲线；单击"第二方向"区域中的"单击此处..."字符，然后按住 Ctrl 键，选择图 8.2.25 所示的第二方向的两条曲线，此时的界面如图 8.2.26 所示。

步骤 03 在操控板中单击 按钮，预览所创建的曲面，确认无误后，再单击"完成"按钮 。

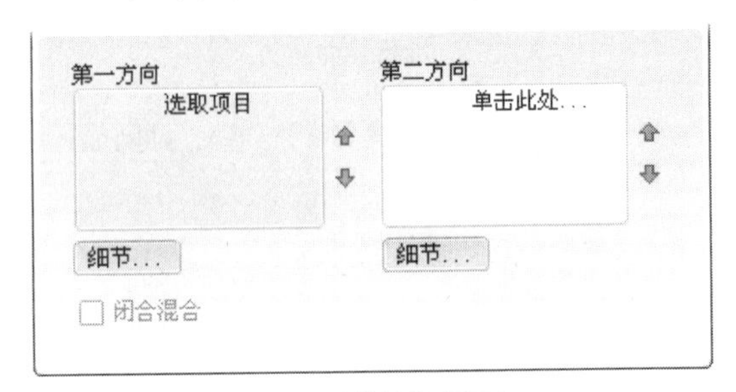

图 8.2.24　"曲线"界面

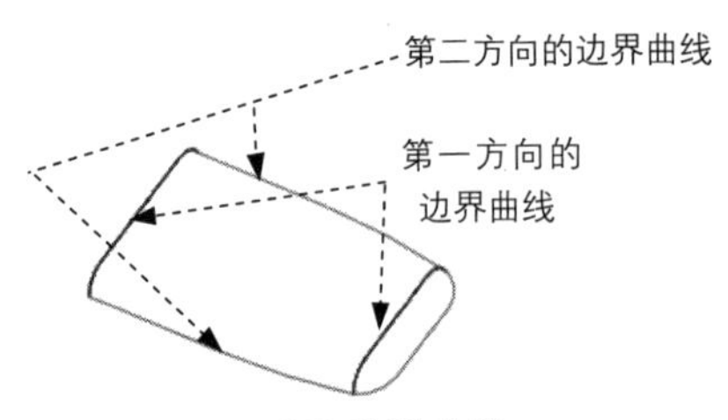

图 8.2. 25　选取边界曲线

任务 03 创建图 8.2.27 所示的边界曲面 2。

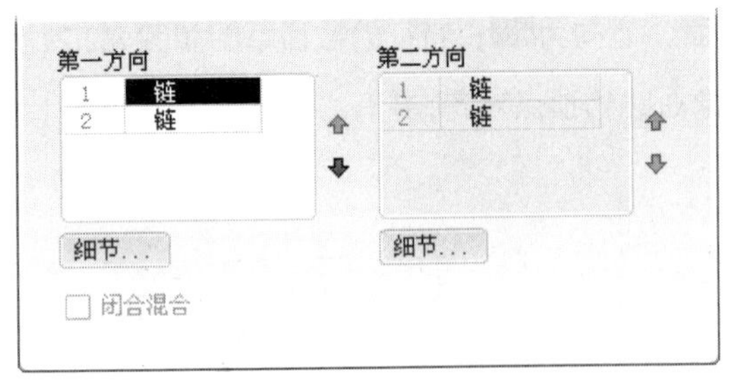

图 8.2.26　"曲线"界面

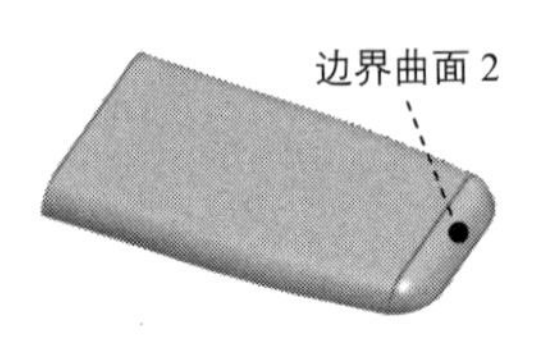

图 8.2.27　选取边界曲线

步骤 01 选择下拉菜单 插入(I) → 边界混合(B)... 命令。

步骤 02 按住 Ctrl 键，依次选择图 8.2.28 所示的基准曲线 4 和基准曲线 2 作为方向 1 的边界曲线。

步骤 03 设置边界条件。在操控板中单击 约束 按钮，在图 8.2.29 所示的"约束"界面中将"方

向 1”的“最后一条链”的“条件”设置为“垂直”；采用系统默认的垂直对象。

步骤 04 单击操控板中的“完成”按钮✓。

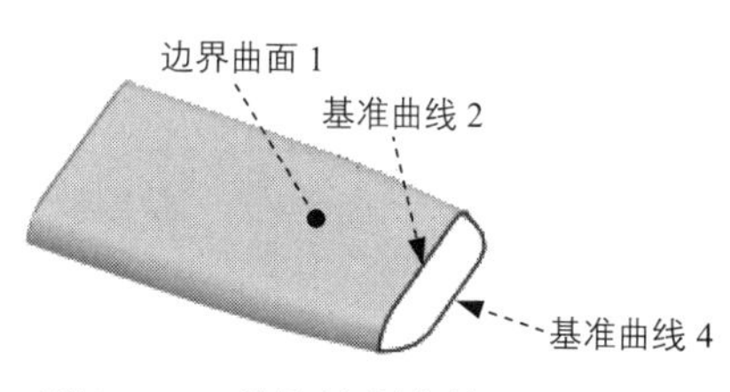

图 8.2.28　选取边界曲线

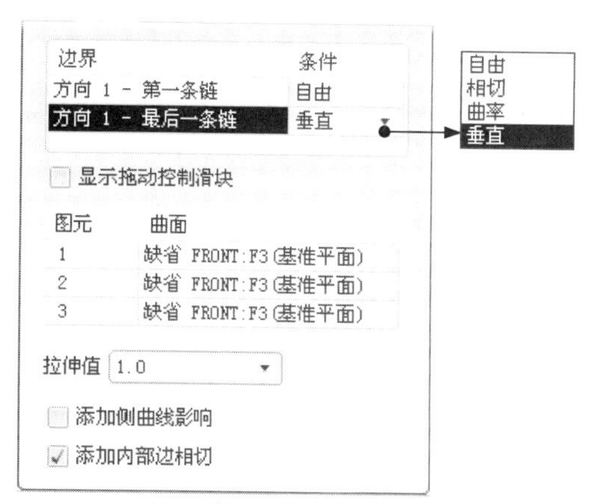

图 8.2.29　“约束”界面

8.3　曲面的编辑

8.3.1　复制曲面

编辑(E) 下拉菜单中的 复制(C) 命令用于曲面的复制，复制的曲面与源曲面形状和大小相同。曲面的复制功能在模具设计中定义分型面时特别有用。注意：要激活 复制(C) 工具，首先必须选取一个曲面。

1. 曲面复制的一般过程

在 Pro/ENGINNER 野火版 5.0 中，曲面复制的操作过程如下。

步骤 01 在屏幕上方的“智能选取”栏中选择“几何”或“面组”选项，然后在模型中选取某个要复制的曲面。

步骤 02 选择下拉菜单 编辑(E) → 复制(C) 命令。

步骤 03 选择下拉菜单 编辑(E) → 粘贴(P) 命令，系统弹出图 8.3.1 所示的操控板，在该操控板中选择合适的选项（按住 Ctrl 键，可选取其他要复制的曲面）。

步骤 04 在操控板中单击“完成”按钮✓，则完成曲面的复制操作。

图 8.3.1 所示操控板中各按钮和选项的说明如下。

参照 按钮：设定复制参照。操作界面如图 8.3.2 所示。

选项 按钮。

◆ 按原样复制所有曲面 单选项：按照原来样子复制所有曲面。

◆ 排除曲面并填充孔 单选项：复制某些曲面，可以选择填充曲面内的孔。操作界面如图 8.3.3 所示。

- 排除轮廓：选取要从当前复制特征中排除的曲面。
- 填充孔/曲面：在选定曲面上选取要填充的孔。

◆ 复制内部边界单选项：仅复制边界内的曲面。操作界面如图 8.3.4 所示。

- 边界曲线：定义包含要复制的曲面的边界。

Note

图 8.3.1 操控板

图 8.3.2 “复制参照”界面

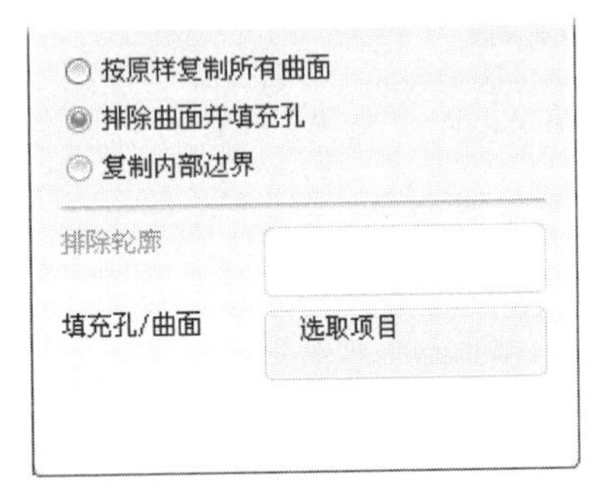

图 8.3.3 排除曲面并填充孔

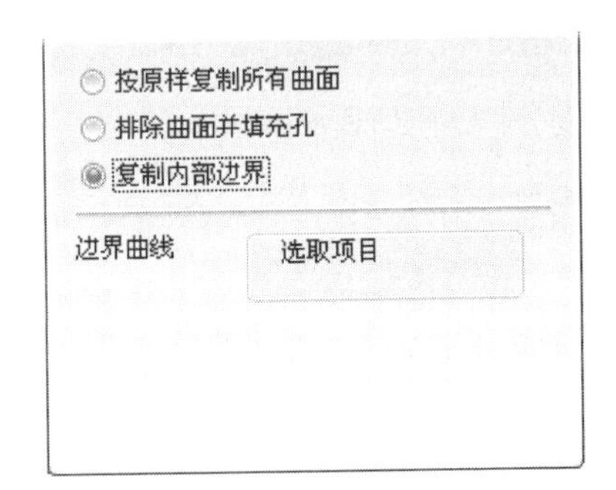

图 8.3.4 复制内部边界

2. 曲面选取的方法介绍

读者可打开文件 D:\proesc5\work\ch08.03\surface_copy.prt 进行练习曲面选取的方法。

◆ 选取独立曲面。在曲面复制状态下，选取图 8.3.5 所示的“智能选取”栏中的曲面，再选取要复制的曲面。选取多个独立曲面需按 Ctrl 键；要去除已选的曲面，只需单击此面即可，如图 8.3.6 所示。

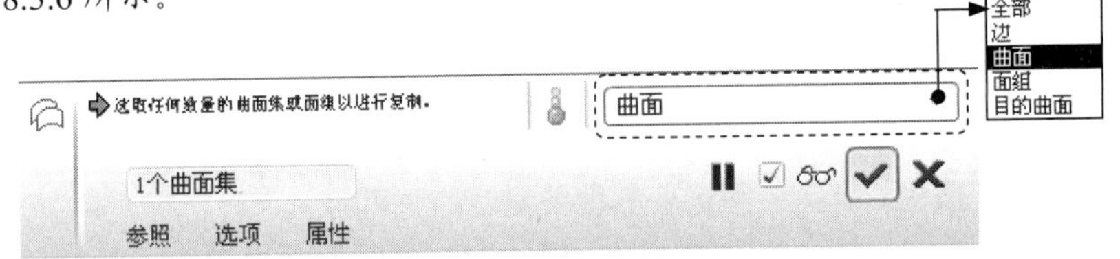

图 8.3.5 “智能选取”栏

◆ 通过定义种子曲面和边界曲面来选择曲面。这种方法将选取从种子曲面开始向四周延伸直到边界曲面的所有曲面（其中包括种子曲面，但不包括边界曲面）。如图 8.3.7 所示，左击模型的内部平面，使该曲面成为种子曲面，然后按住键盘上的 Shift 键，同时左击模型的顶部平面，使该曲面成为边界曲面，完成这两个操作后，则从种子曲面到边界曲面间的所有曲面都将被选取（不包括模型的顶部平面），如图 8.3.8 所示。

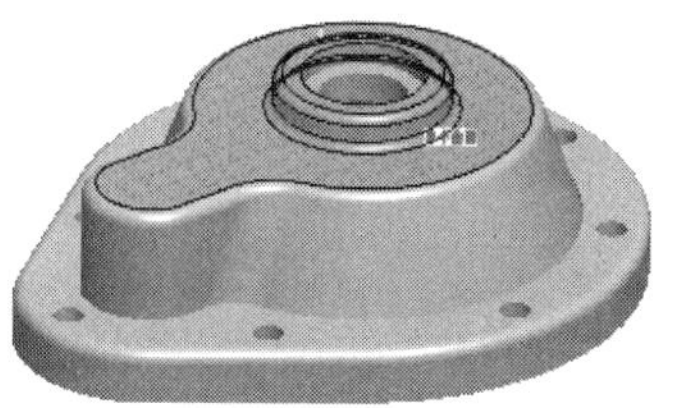

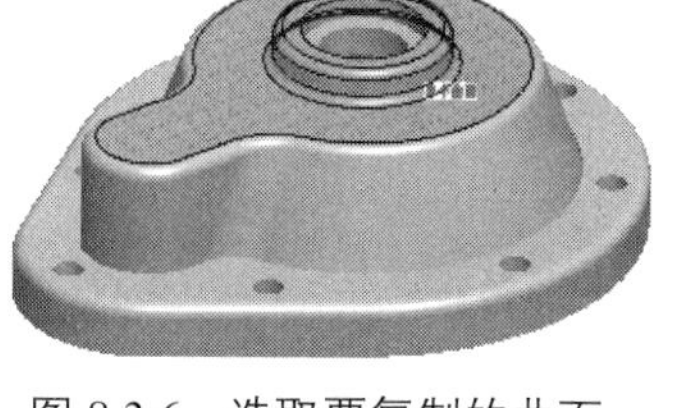

图 8.3.6　选取要复制的曲面

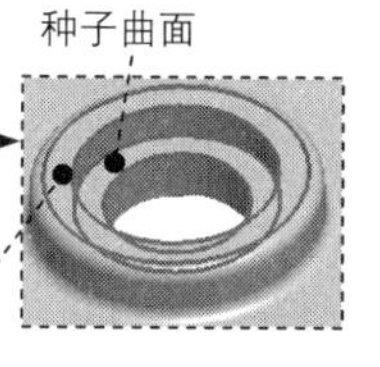

图 8.3.7　定义“种子”面

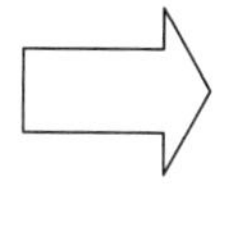

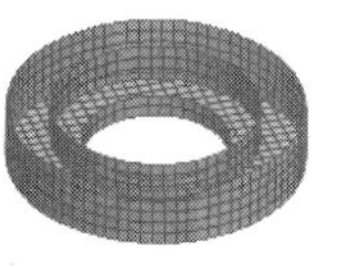

图 8.3.8　完成曲面的复制

- 选取面组曲面。在如图 8.3.5 所示的“智能选取栏”中，选择“面组”选项，再在模型上选择一个面组，面组中的所有曲面都将被选取。
- 选取实体曲面。在图形区右击，系统弹出图 8.3.9 所示的快捷菜单，选择 实体曲面 命令，实体中的所有曲面都将被选取。
- 选取目的曲面。在模型中的多个相关联的曲面组成目的曲面。首先选取图 8.3.5 所示的“智能选取栏”中的“目的曲面”，然后再选取某一曲面。如选取图 8.3.10 所示的曲面，可形成图 8.3.11 所示的目的曲面；如选取图 8.3.12 所示的曲面，可形成图 8.3.13 所示的目的曲面。

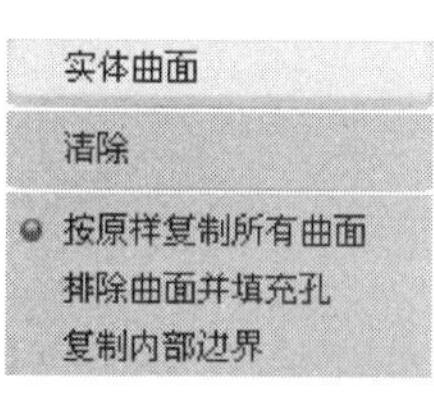

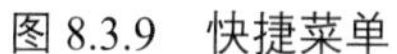

图 8.3.9　快捷菜单

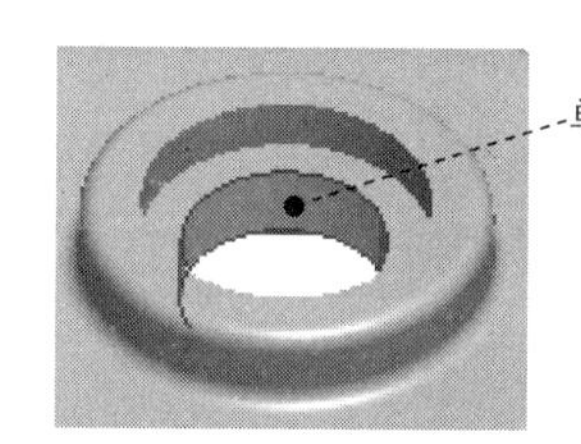

图 8.3.10　操作过程 1

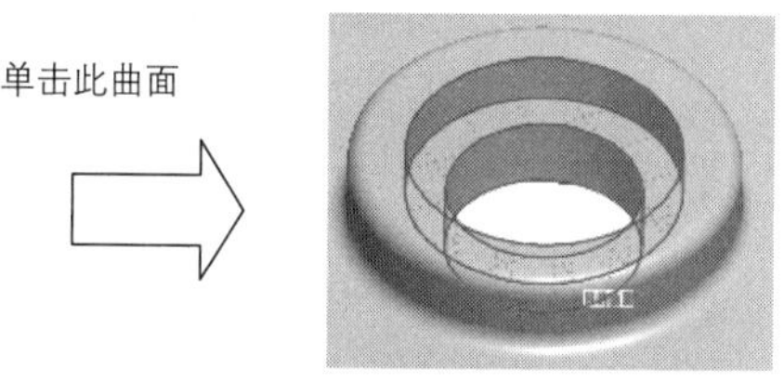

图 8.3.11　操作过程 2

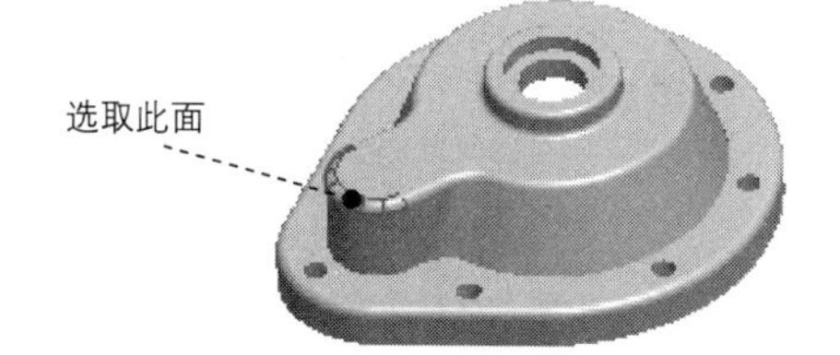

图 8.3.12　操作过程 3

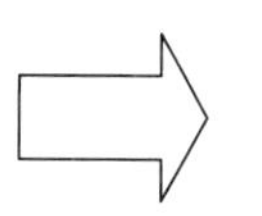

图 8.3.13　操作过程 4

8.3.2　偏移曲面

编辑(E) 下拉菜单中的 偏移(O)... 命令用于创建偏移的曲面。注意：要激活 偏移(O)... 工具，首先必须选取一个曲面。偏移操作可通过图 8.3.14 所示的操控板完成。

Note

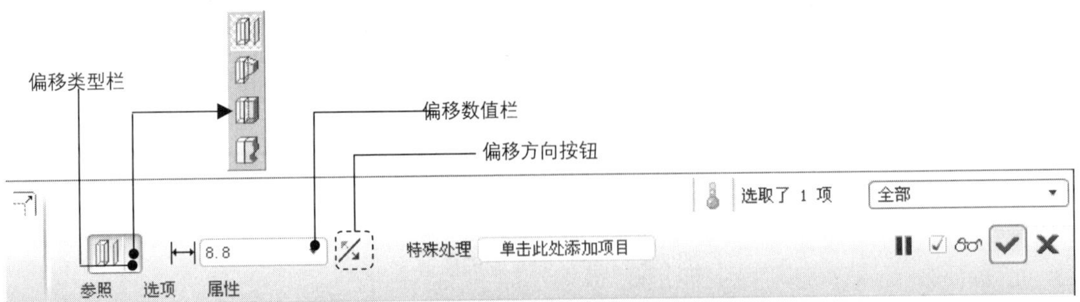

图 8.3.14　操控板

曲面“偏移”操控板中各选项的说明如下。

- 参照：用于指定要偏移的曲面，操作界面如图 8.3.15 所示。
- 选项：用于指定要排除的曲面等，操作界面如图 8.3.16 所示。
  - 垂直于曲面：偏距方向将垂直于原始曲面（默认项）。
  - 自动拟合：系统自动将原始曲面进行缩放，并在需要时平移它们。不需要用户输入其他的内容。
  - 控制拟合：在指定坐标系下将原始曲面进行缩放并沿指定轴移动，以创建“最佳拟合”偏移。若要定义该元素，则需选择一个坐标系，并通过在“X 轴”、“Y 轴”和“Z 轴”选项之前放置检查标记，选择缩放的允许方向（如图 8.3.17 所示）。

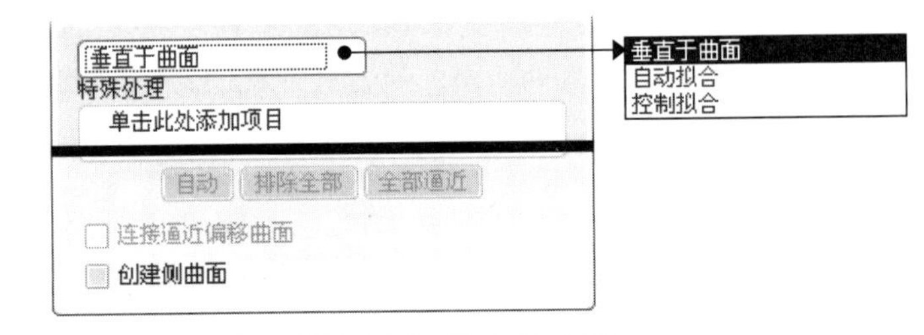

偏移曲面
曲面:F5(拉伸_1)

图 8.3.15　“参照”界面

图 8.3.16　“选项”界面

- 偏移类型：偏移类型的各选项如图 8.3.18 所示。

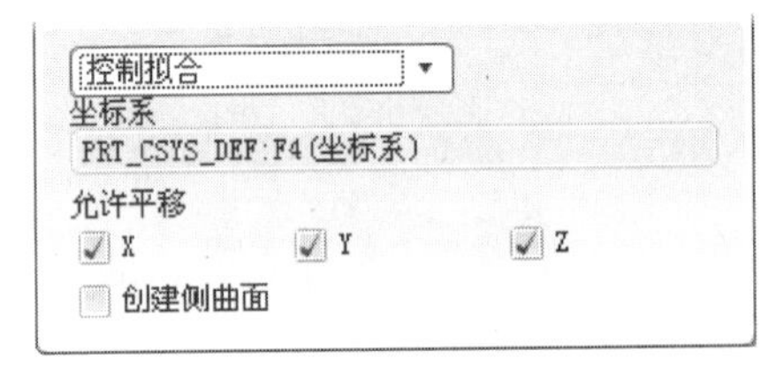

图 8.3.17　选择“控制拟合”

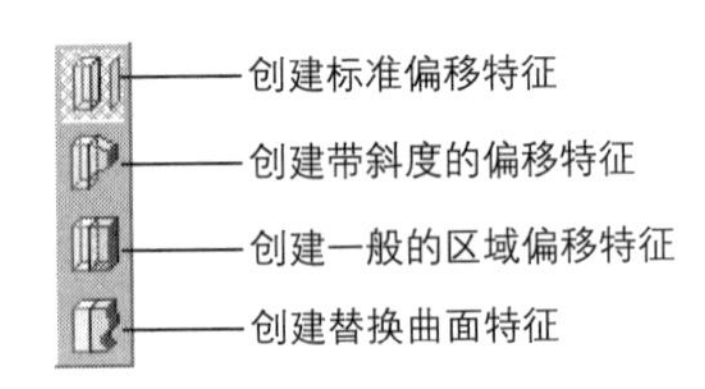

图 8.3.18　偏移类型

1. 标准偏移

标准偏移是从一个实体的表面创建偏移的曲面（如图 8.3.19 所示），或者从一个曲面创建偏移的曲面（如图 8.3.20 所示）。操作步骤如下。

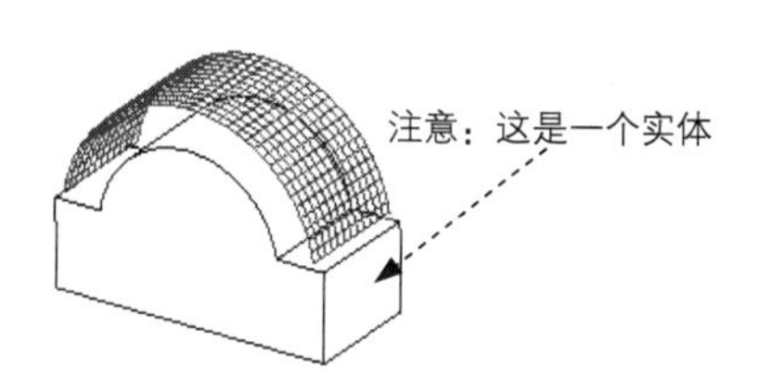

图 8.3.19　实体表面偏移

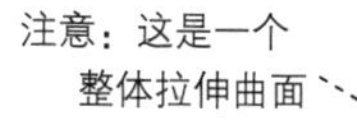

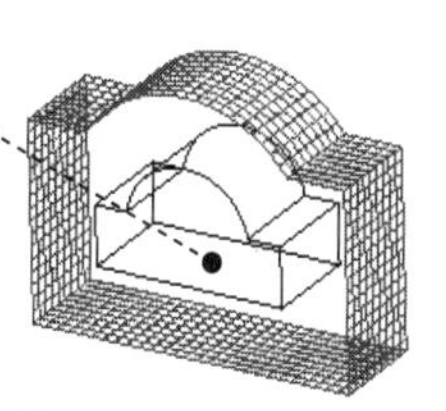

图 8.3.20　曲面面组偏移

步骤 01　将工作目录设置至 D:\proesc5\work\ch08.03，打开文件 surface_offset.prt。

步骤 02　选取要偏移的对象。选取图 8.3.19 所示的实体的圆弧面作为要偏移的曲面。

步骤 03　选择下拉菜单 编辑(E) → 偏移(O)... 命令。

步骤 04　定义偏移类型。在操控板的偏移类型栏中选取（标准）。

步骤 05　定义偏移值。在操控板的偏移数值栏中输入偏移距离。

步骤 06　在操控板中单击按钮，预览所创建的偏移曲面，然后单击按钮，完成操作。

2. 拔模偏移

曲面的拔模偏移就是指在曲面上创建带斜度侧面的区域偏移。拔模偏移特征可用于实体表面或面组。下面介绍在图 8.3.21 所示的面组上创建拔摸偏移的操作过程。

步骤 01　将工作目录设置至 D:\proesc5\work\ch08.03，打开 surface_draft_offset.prt。

步骤 02　选取图 8.3.21 所示的要拔模偏移的面组。

步骤 03　选择下拉菜单 编辑(E) → 偏移(O)... 命令。

步骤 04　定义偏移类型。在操控板的偏移类型栏中选取（即带有斜度的偏移）。

步骤 05　定义偏移控制属性。单击操控板中的 选项，选取 垂直于曲面。

步骤 06　定义偏移选项属性。在操控板中选取 侧曲面垂直于 为 ◉ 曲面，选取 侧面轮廓 为 ◉ 直 。

步骤 07　草绘拔模区域。在绘图区右击，选择 定义内部草绘... 命令；设置 FRONT 基准平面为草绘平面，RIGHT 基准平面为参照平面，方向为 左；采用系统给出的默认参照；创建图 8.3.22 所示的封闭草绘几何（可以绘制多个封闭草绘几何）。

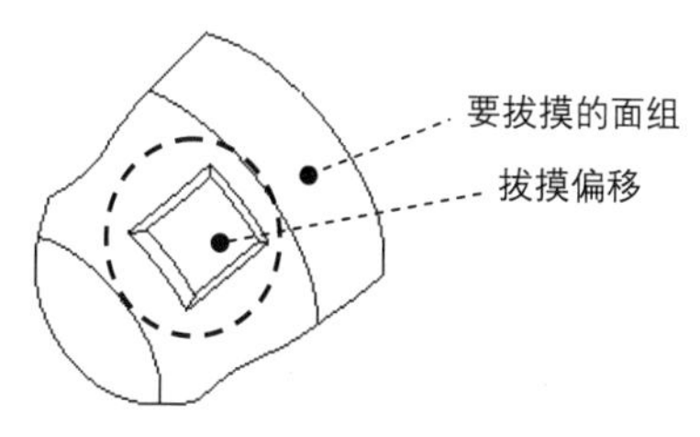

图 8.3.21　拔模偏移

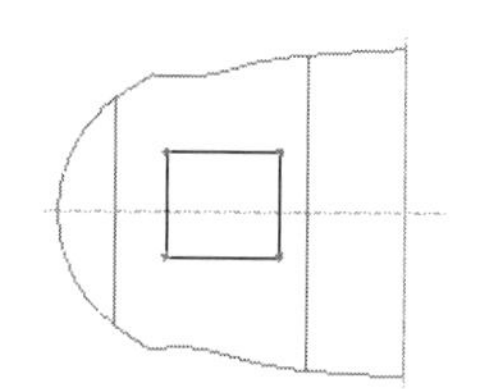

图 8.3.22　截面图形

步骤 08　输入偏移值 6.0；输入侧面的拔模角度值 10.0，并单击按钮，系统使用该角度相对于它们的默认位置对所有侧面进行拔模。此时的操控板界面如图 8.3.23 所示。

步骤 09 在操控板中单击 按钮，预览所创建的偏移曲面，然后单击按钮，至此完成操作。

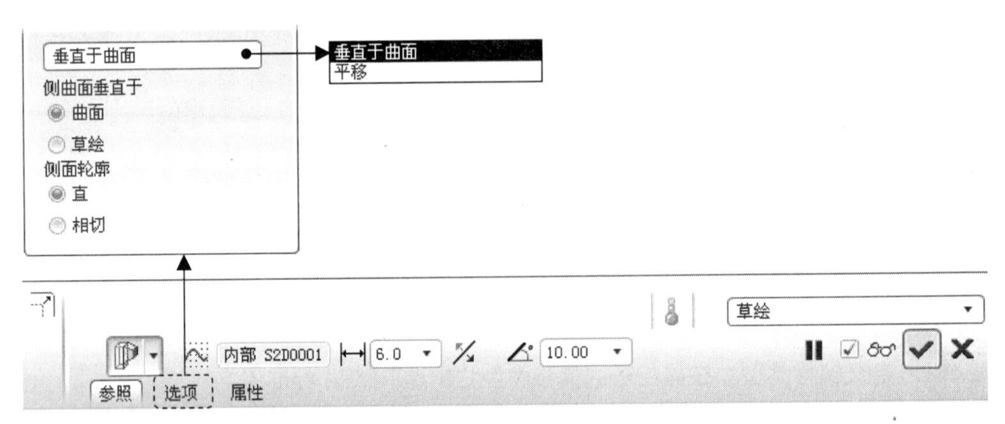

图 8.3.23　操控板界面

8.3.3　修剪曲面

曲面的修剪（Trim）就是将选定曲面上的某一部分剪裁掉，它类似于实体的切削（Cut）功能。曲面的修剪有许多方法，下面将分别介绍。

1. 一般的曲面修剪

在 拉伸(E)...、 旋转(R)...、 扫描混合(S)...和 可变截面扫描(V)...命令操控板中按下 “曲面类型”按钮 及“切削特征”按钮，或选择扫描(S)、混合(B)、螺旋扫描(H)命令下的曲面修剪(S)...命令，可产生一个“修剪”曲面，用这个“修剪”曲面可将选定曲面上的某一部分剪裁掉。注意：产生的“修剪”曲面只用于修剪，而不会出现在模型中。

下面以对图 8.3.24 中的鼠标盖进行修剪为例，说明基本形式的曲面修剪的一般操作过程。

a）修剪前　　b）修剪后

图 8.3.24　曲面的修剪

步骤 01 将工作目录设置至 D:\proesc5\work\ch08.03，打开文件 surface_trim.prt。

步骤 02 单击“拉伸”命令按钮，系统弹出拉伸特征操控板，如图 8.3.25 所示。

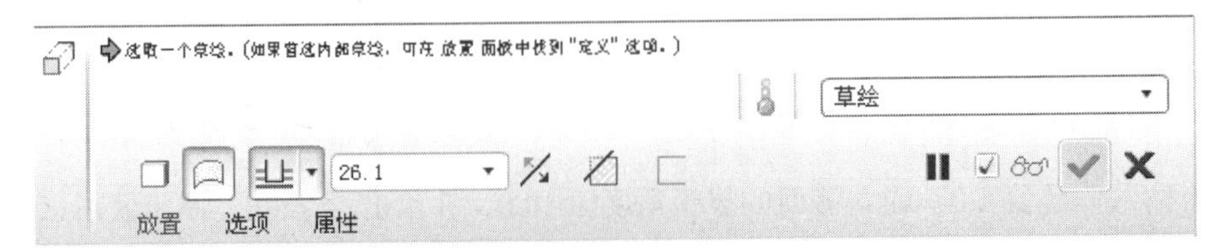

图 8.3.25　拉伸特征操控板

步骤 03 按下操控板中的“曲面类型”按钮及“切削”按钮。

步骤 04 选择要修剪的曲面，如图 8.3.26 所示。

步骤 05 定义修剪曲面特征的截面要素：在操控板中单击 放置 选项卡，然后单击 定义... 按钮，设置 TOP 基准平面为草绘平面，RIGHT 基准平面为参照平面，方向为 底部；特征截面如图 8.3.27 所示。

步骤 06 在操控板中单击深度类型按钮（穿过所有）；切削方向如图 8.3.28 所示。

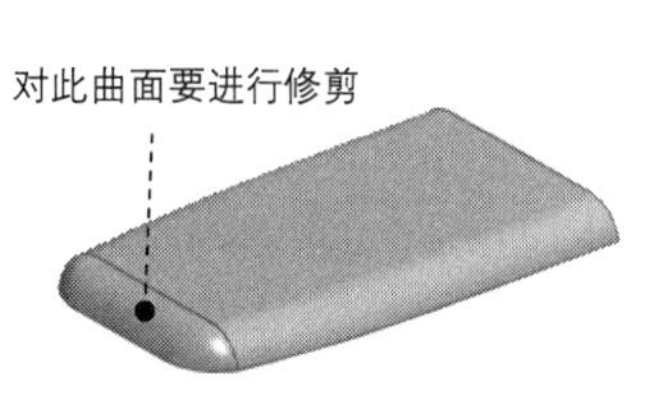

图 8.3.26　选择要修剪的曲面

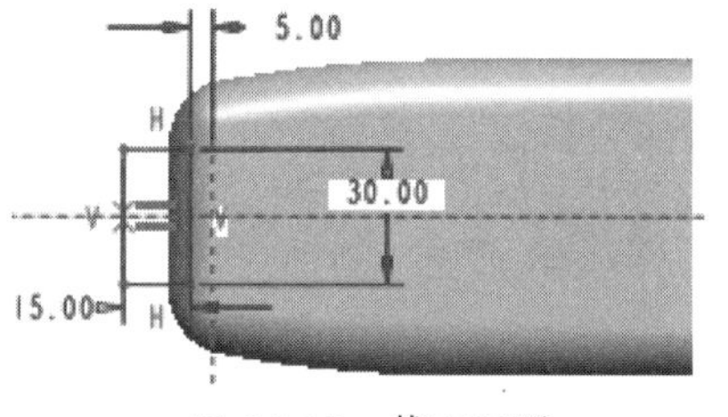

图 8.3.27　截面图形

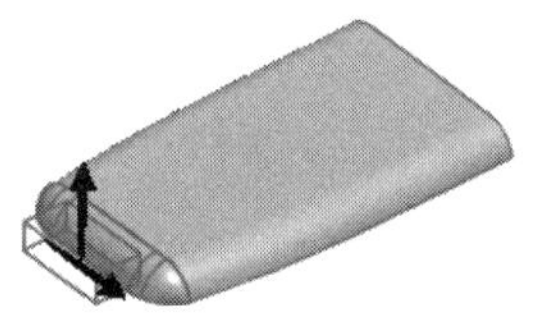

图 8.3.28　切削方向

步骤 07 在操控板中单击“预览”按钮，查看所创建的特征，然后单击按钮，完成操作。

2. 用面组或曲线修剪面组

通过选择下拉菜单 编辑(E) → 修剪(T)... 命令，可以用另一个面组、基准平面或沿一个选定的曲线链来修剪面组。其操控板界面如图 8.3.29 所示。

图 8.3.29　操控板

下面以图 8.3.30 为例，说明其操作过程。

步骤 01 将工作目录设置至 D:\proesc5\work\ch08.03，打开 surface_sweep_trim.prt。

步骤 02 选取要修剪的曲面，如图 8.3.30 所示。

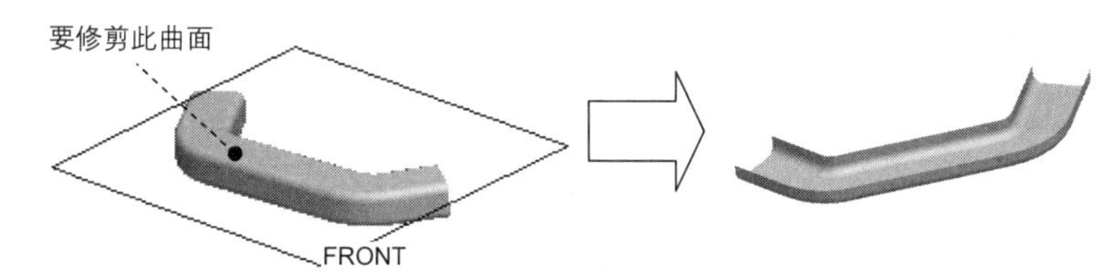

图 8.3.30　修剪面组

步骤 03 选择下拉菜单 编辑(E) → 修剪(T)... 命令，系统弹出修剪操控板。

步骤 04 在系统 选取任意平面、曲线链或曲面以用作修剪对象。 的提示下，选取修剪对象，此例中选取 FRONT 基准平面作为修剪对象。

步骤 05 确定要保留的部分。一般采用默认的箭头方向。

步骤 06 在操控板中单击☑ 60 按钮，预览修剪的结果；单击按钮✔，则完成修剪。

如果用曲线进行曲面的修剪，要注意如下几点。

Note

- 修剪面组的曲线可以是基准曲线、模型内部曲面的边线或者是实体模型边的连续链。
- 用于修剪的基准曲线应该位于要修剪的面组上。
- 如果曲线未延伸到面组的边界，系统将计算其到面组边界的最短距离，并在该最短距离方向继续修剪。

3. 用“顶点倒圆角”选项修剪面组

选择下拉菜单 插入(I) ➡ 高级(V) ➡ 顶点倒圆角(X)... 命令，可以创建一个圆角来修剪面组，如图 8.3.31 所示。

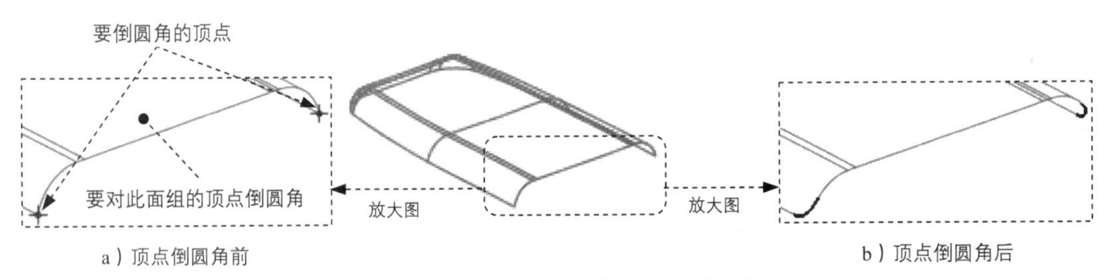

图 8.3.31 用“顶点倒圆角”选项修剪面组

操作步骤如下。

步骤 01 将工作目录设置至 D:\proesc5\work\ch08.03，然后打开文件 surface_ sweep_adv.prt。

步骤 02 选择下拉菜单 插入(I) ➡ 高级(V) ➡ 顶点倒圆角(X)... 命令，系统弹出图 8.3.32 所示的特征信息对话框及图 8.3.33 所示的“选取”对话框。

步骤 03 在系统 ➡ 选取求交的基准面组. 的提示下，选取图 8.3.30 中要修剪的面组。

步骤 04 此时系统提示 ➡ 选取要倒圆角/圆角的拐角顶点. ，按住 Ctrl 键不放，选取图 8.3.31 中的两个顶点并单击“选取”对话框中的 确定 按钮。

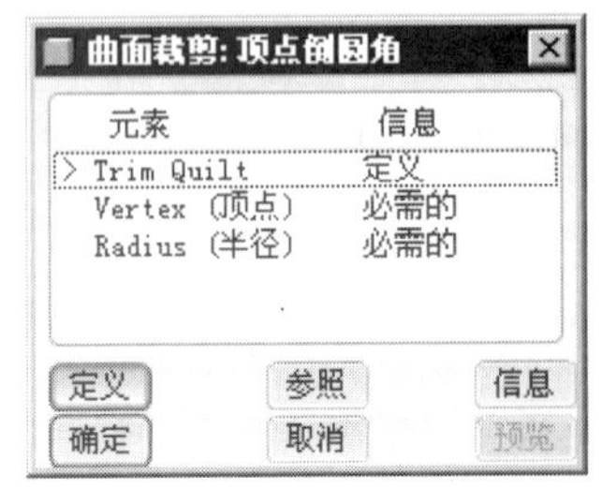

图 8.3.32 特征信息对话框

图 8.3.33 “选取”对话框

步骤 05　在系统 输入修整半径 的提示下，输入半径值 5.0，并按回车键。

步骤 06　单击对话框的 预览 按钮，预览所创建的顶点圆角，然后单击 确定 按钮完成操作。

8.3.4　曲面的合并

选择下拉菜单 编辑(E) → 合并(G)... 命令，可以对两个相邻或相交的曲面（或者面组）进行合并（Merge）。

合并后的面组是一个单独的特征，“主面组”将变成“合并”特征的父项。如果删除“合并”特征，原始面组仍保留。在“组件”模式中，只有属于相同元件的曲面，才可用曲面合并。

1. 合并两个面组

下面以一个例子来说明合并两个面组的操作过程。

步骤 01　将工作目录设置至 D:\proesc5\work\ch08.03，打开文件 surface_merge_01.prt。

步骤 02　按住 Ctrl 键，选取要合并的两个面组（曲面）。

步骤 03　选择下拉菜单 编辑(E) → 合并(G)... 命令，系统弹出“曲面合并”操控板，如图 8.3.34 所示。

图 8.3.34 中操控板各命令和按钮的说明如下。

A：合并两个相交的面组，可有选择性地保留原始面组的各部分。

B：合并两个相邻的面组，一个面组的一侧边必须在另一个面组上。

C：改变要保留的第一面组的侧。

D：改变要保留的第二面组的侧。

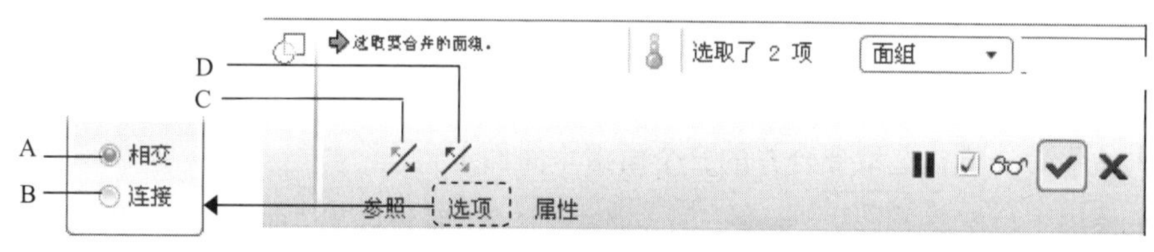

图 8.3.34　操控板

步骤 04　选择合适的按钮，定义合并类型。默认时，系统使用 相交 合并类型。

- 相交 单选项：即交截类型，合并两个相交的面组。通过单击图 8.3.34 中的 C 按钮或 D 按钮，可指定面组的相应的部分包括在合并特征中，如图 8.3.35 所示。
- 连接 单选项：即连接类型，合并两个相邻面组，其中一个面组的边完全落在另一个面组上。如果一个面组超出另一个，则通过单击图 8.3.34 中的 C 按钮或 D 按钮，可指定面组的哪一部分包括在合并特征中，如图 8.3.36 所示。

Note

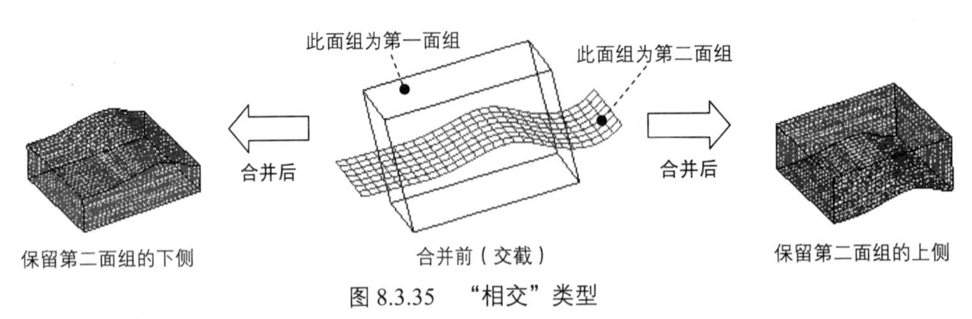

图 8.3.35 “相交”类型

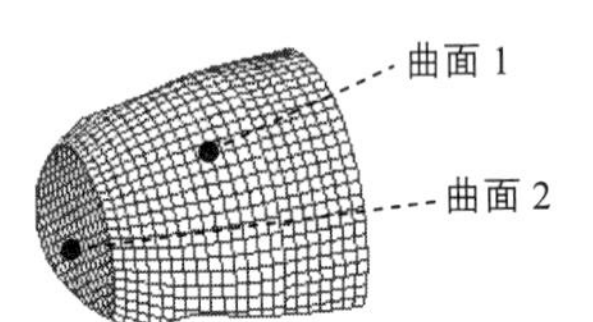

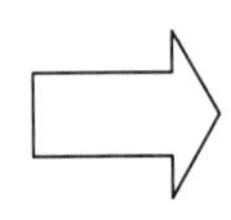
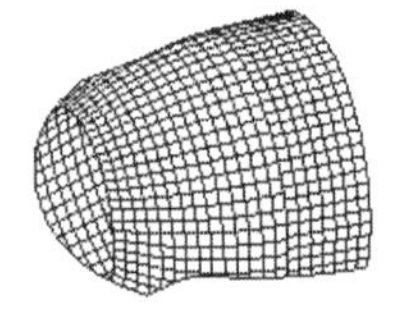

图 8.3.36 “连接”类型

步骤 05 单击按钮，预览合并后的面组，确认无误后，单击“完成”按钮。

2. 合并多个面组

下面以图 8.3.37 所示的模型为例，说明合并多个面组的操作过程。

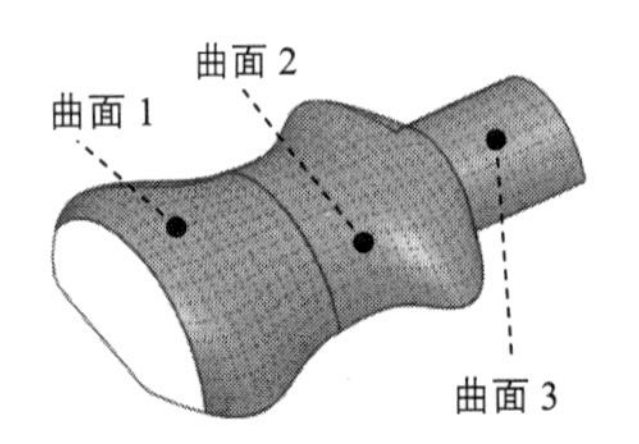

图 8.3.37 合并多个面组

步骤 01 将工作目录设置至 D:\proesc5\work\ch08.03，打开文件 surface_merge_02.prt。

步骤 02 按住 Ctrl 键，选取要合并的三个面组（曲面）。

步骤 03 选择下拉菜单 编辑(E) ➡ 合并(G)... 命令，系统弹出“曲面合并”操控板，如图 8.3.38 所示。

步骤 04 单击按钮，预览合并后的面组，确认无误后，单击“完成”按钮。

注意

- 如果多个面组相交，将无法合并。
- 所选面组的所有边不得重叠，而且必须彼此邻接。
- 面组会以选取时的顺序放在 面组 列表框中。不过，如果使用区域选取，面组 列表框中的面组会根据它们在“模型树”上的特征编号加以排序。

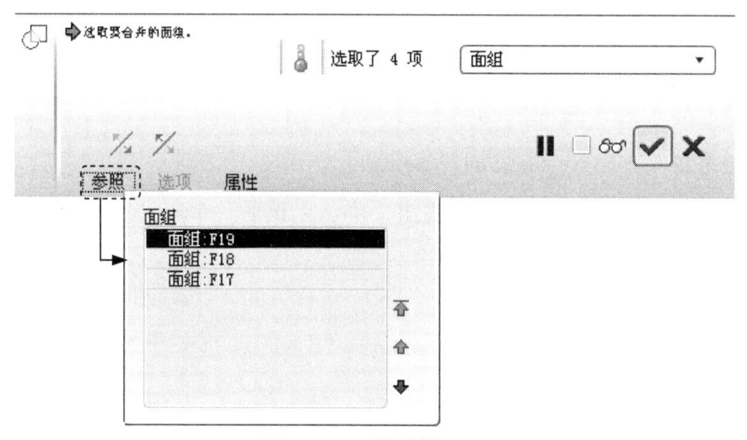

图 8.3.38　操控板

8.3.5　曲面的延伸

曲面的延伸（Extend）就是将曲面延长某一距离或延伸到某一平面，延伸部分曲面与原始曲面类型既可以相同，也可以不同。下面以图 8.3.39 所示为例，说明曲面延伸的一般操作过程。

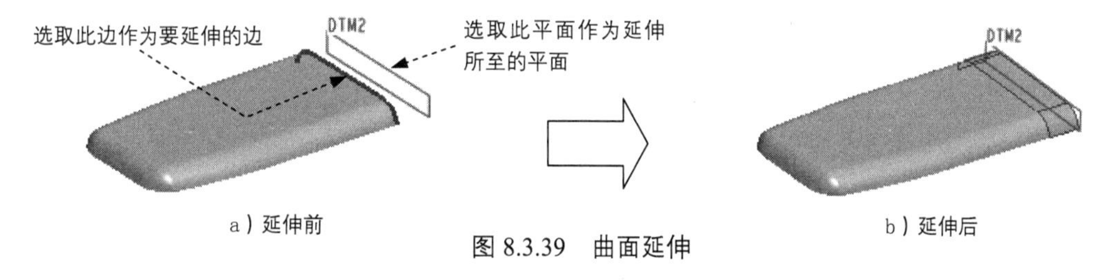

图 8.3.39　曲面延伸

步骤 01 将工作目录设置至 D:\proesc5\work\ch08.03，打开文件 surface_extend.prt。

步骤 02 在“智能选取”栏中选取 几何 选项（如图 8.3.40 所示），然后选取图 8.3.39a 中的边作为要延伸的边。

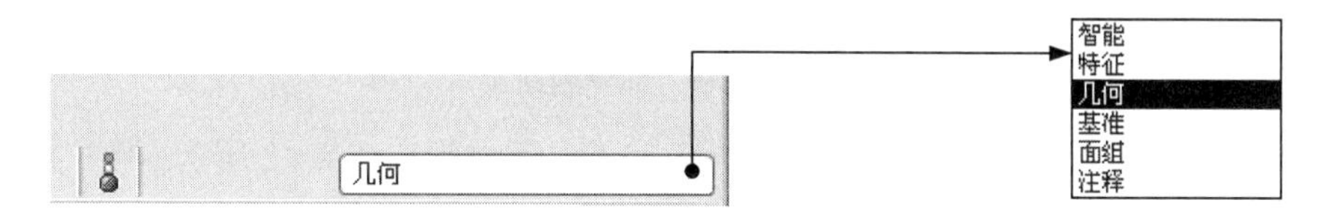

图 8.3.40　“智能选取”栏

步骤 03 选择下拉菜单 编辑(E) → 延伸(X)... 命令，系统弹出图 8.3.41 所示的操控板。

步骤 04 在操控板中按下按钮（延伸类型为“至平面”）。

步骤 05 选取延伸中止面，如图 8.3.39b 所示。

延伸类型说明如下。

◆ ：沿原始曲面延伸曲面，包括下列三种方式，如图 8.3.42 所示。

- 相同：创建与原始曲面相同类型的延伸曲面（如平面、圆柱、圆锥或样条曲面）。

将按指定距离并经过其选定的原始边界延伸原始曲面。

- 相切：创建与原始曲面相切的延伸曲面。
- 逼近：延伸曲面与原始曲面形状逼近。

◆ ：将曲面边延伸到一个指定的终止平面。

步骤 06 单击 按钮，预览延伸后的面组，确认无误后，单击“完成”按钮。

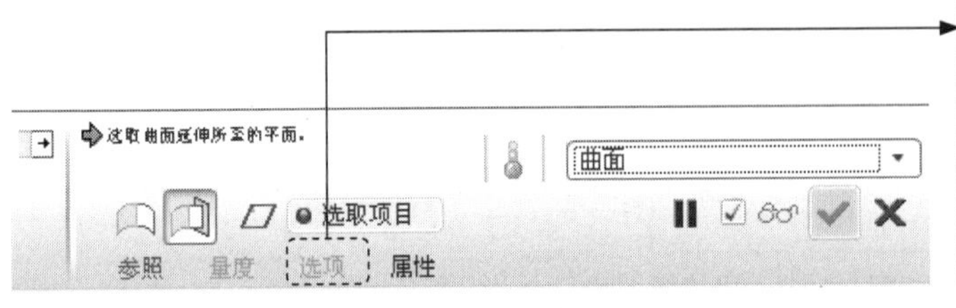

图 8.3.41 操控板

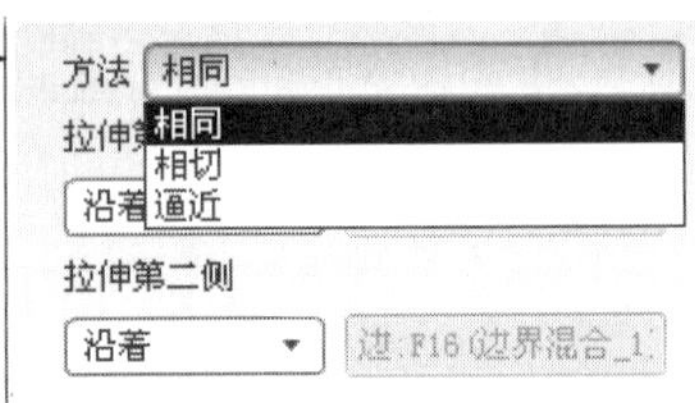

图 8.3.42 “选项”界面

8.4 曲面的实体化

8.4.1 使用“偏移”命令实体化

在 Pro/ENGINEER 中，可以用一个面组替换实体零件的某一整个表面，如图 8.4.1 所示。其操作过程如下。

步骤 01 将工作目录设置至 D:\proesc5\work\ch08.04，打开文件 surface_ surface_patch.prt。

步骤 02 选取要被替换的一个实体表面，如图 8.4.1a 所示。

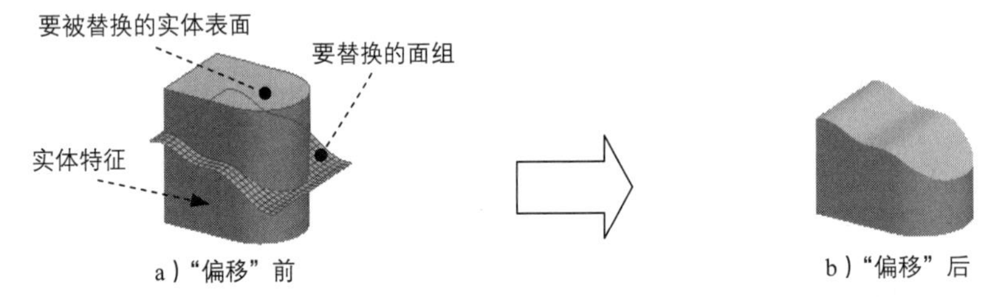

图 8.4.1 用“偏移”命令创建实体

步骤 03 选择下拉菜单 编辑(E) → 偏移(O)... 命令，系统弹出图 8.4.2 所示的操控板。

步骤 04 定义偏移特征类型。在操控板中选取（替换曲面）类型。

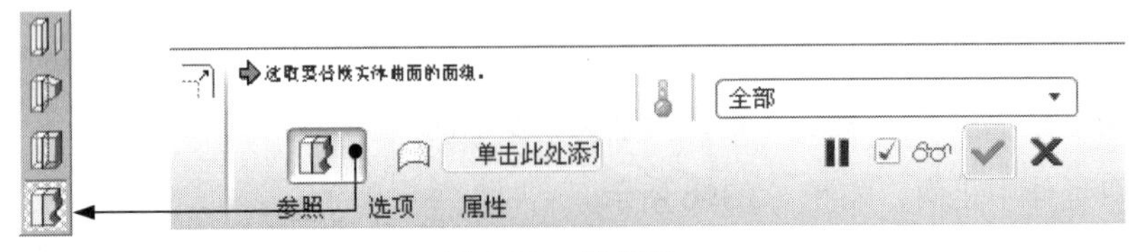

图 8.4.2 操控板

步骤 05 在系统 选取要偏移的面组或曲面。 的提示下，选取要替换的面组，如图 8.4.1a 所示。

步骤 06 单击按钮，完成替换操作，如图 8.4.1b 所示。

8.4.2　使用“加厚”命令实体化

Pro/ENGINEER 软件可以将开放的曲面（或面组）转化为薄板实体特征，图 8.4.3 所示即为一个转化的例子，其操作过程如下。

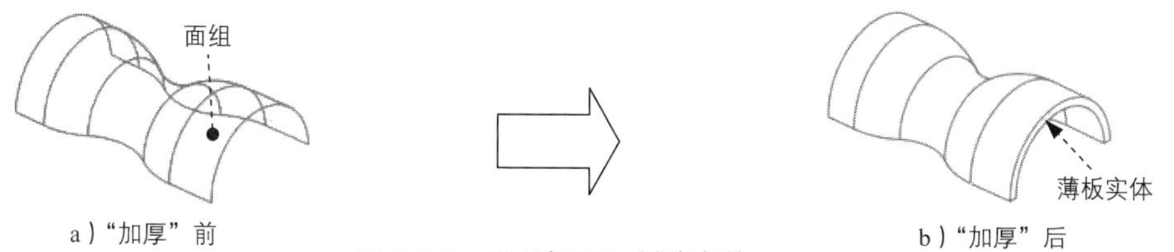

图 8.4.3　用“加厚”创建实体

步骤 01　将工作目录设置至 D:\proesc5\work\ch08.04，打开文件 surface_solid.prt。

步骤 02　选取要将其变成实体的面组。

步骤 03　选择下拉菜单 编辑(E) → 加厚(K)... 命令，系统弹出图 8.4.4 所示的特征操控板。

步骤 04　选取加材料的侧，输入薄板实体的厚度 5.0，选取偏移类型为 垂直于曲面。

步骤 05　单击按钮 ✓，完成加厚操作。

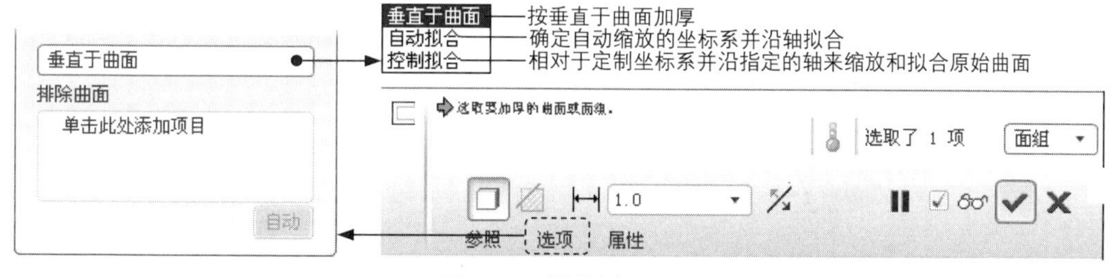

图 8.4.4　操控板

8.4.3　使用“实体化”命令实体化

选择下拉菜单 编辑(E) → 实体化(Y)... 命令，可将面组用作实体边界来创建实体。

1. 用封闭的面组创建实体

如图 8.4.5 所示，将把一个封闭的面组转化为实体特征，操作过程如下。

步骤 01　将工作目录设置至 D:\proesc5\work\ch08.04，打开文件 surface_solid-1.prt。

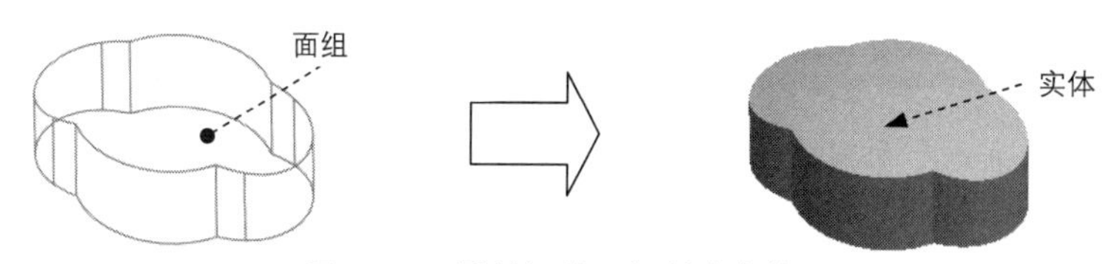

图 8.4.5　用封闭的面组创建实体

步骤 02　选取要将其变成实体的面组。

步骤 03　选择下拉菜单 编辑(E) → 实体化(Y)... 命令，系统弹出图 8.4.6 所示的操控板。

步骤 04 单击按钮✓，完成实体化操作。完成后的模型树如图 8.4.7 所示。

注意

使用该命令前，需将模型中所有分离的曲面"合并"成一个封闭的整体面组。

图 8.4.6 操控板

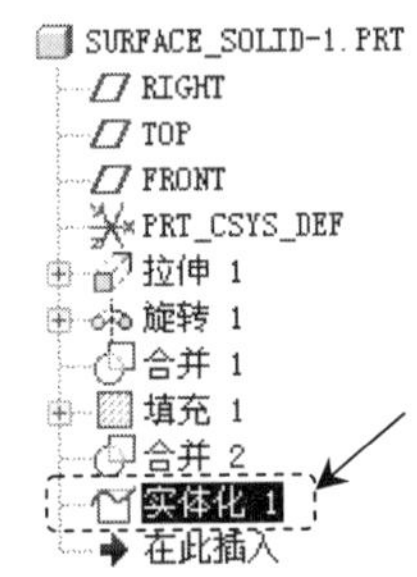

图 8.4.7 模型树

2. 用"曲面"创建实体表面

如图 8.4.8 所示，可以用一个面组替代实体表面的一部分，替换面组的所有边界都必须位于实体表面上，操作过程如下。

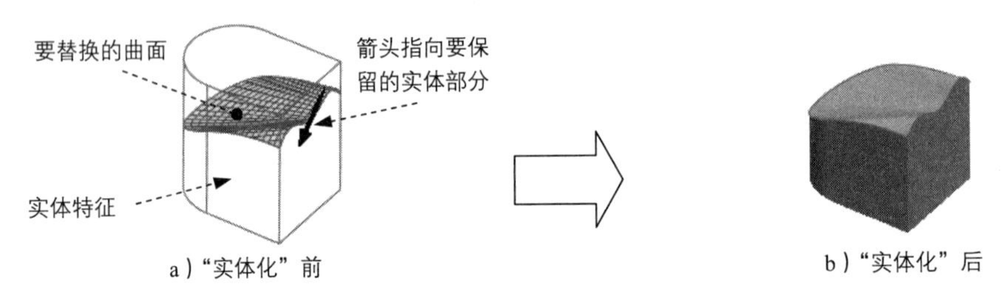

图 8.4.8 用"曲面"创建实体表面

步骤 01 将工作目录设置至 D:\proesc5\work\ch08.04，打开 surface_solid_replace.prt。

步骤 02 选取要将其变成实体的曲面。

步骤 03 选择下拉菜单 编辑(E) → 实体化(Y)... 命令，系统弹出图 8.4.9 所示的操控板。

步骤 04 在操控板中按下按钮，调整方向至图 8.4.8a 所示的方向。

图 8.4.9 操控板

步骤 05 单击"完成"按钮✓，完成实体化操作。

8.5　曲线与曲面的曲率分析

8.5.1　曲线的曲率分析

曲线的曲率分析是指在使用曲线创建曲面之前，首先检查曲线的质量，在曲率图中观察是否有不规则的“回折”和“尖峰”现象，从而对以后创建高质量的曲面有很大的帮助；同时，也有助于验证曲线间的连续性。下面简要说明曲线的曲率分析的操作过程。

步骤 01 将工作目录设置至 D:\proesc5\work\ch08.05 打开文件 curve.prt。

步骤 02 选择下拉菜单 分析(A) → 几何(G) ▸ → 曲率(C) 命令。

步骤 03 在“曲率”对话框的“分析”选项卡中进行下列操作。

（1）单击 几何 文本框中的“选取项目”字符，然后选取要分析的曲线。

（2）在 质量 文本框中输入质量值 9.00。

（3）在 比例 文本框中输入比例值 50.00。

（4）其余均采用默认设置，此时在绘图区中显示曲率图，通过显示的曲率图可以查看该曲线的曲率走向。

步骤 04 在 分析 选项卡中，可查看曲线的最大曲率和最小曲率。

8.5.2　曲面的曲率分析

下面简要说明曲面的曲率分析的操作过程。

步骤 01 将工作目录设置至 D:\proesc5\work\ch08.05，打开文件 surface.prt。

步骤 02 选择下拉菜单 分析(A) → 几何(G) ▸ → 着色曲率(H) 命令。

步骤 03 在图 8.5.1 所示的“着色曲率”对话框中，打开 分析 选项卡，单击 曲面 文本框中的“选取项目”字符，然后选取要分析的曲面，此时曲面上呈现出一个彩色分布图（如图 8.5.2 所示），同时系统弹出“颜色比例”对话框（如图 8.5.3 所示）。彩色分布图中的不同颜色代表不同的曲率大小，颜色与曲率大小的对应关系可以从“颜色比例”对话框中查阅。

图 8.5.1　“着色曲率”对话框

步骤 04 在 分析 选项卡的结果区域中，可查看曲面的最大高斯曲率和最小高斯曲率。

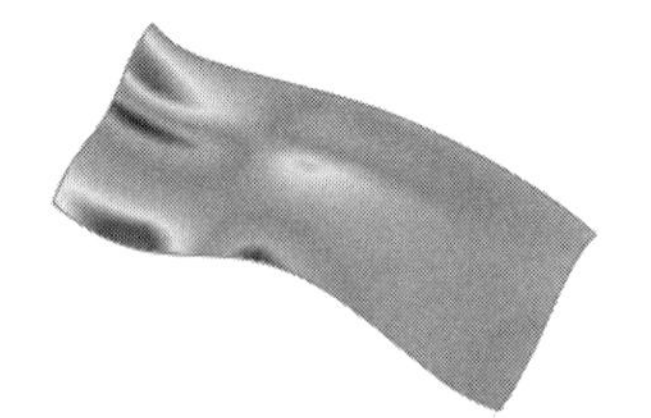

图 8.5.2 要分析的曲面

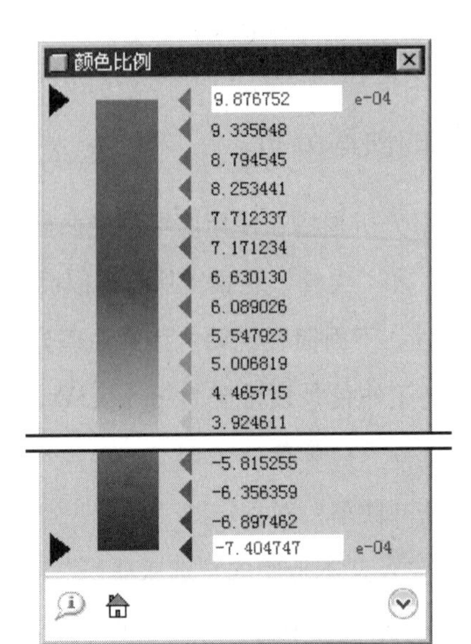

图 8.5.3 “颜色比例”对话框

8.6 曲面设计综合应用

8.6.1 曲面设计综合应用一

实例概述

本实例是日常生活中常见的微波炉调温旋钮。首先创建实体旋转特征和基准曲线，通过镜像命令得到基准曲线，构建出边界混合曲面，再利用边界混合曲面来塑造实体，然后进行倒圆角、抽壳，从而得到最终模型。零件模型及模型树如图 8.6.1 所示。

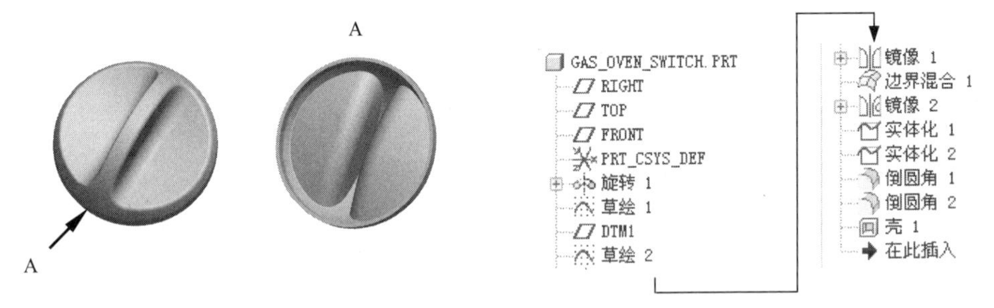

图 8.6.1 零件模型及模型树

本实例前面的详细操作过程请参见随书光盘中 video\ch08.06.01\reference\文件下的语音视频讲解文件 GAS_OVEN_SWITCH-r01.avi。

步骤 01 打开文件 D:\proesc5\work\ch08.06\GAS_OVEN_SWITCH_ex.prt。

步骤 02 创建图 8.6.2 所示的基准曲线——草绘 1。

（1）单击工具栏上的“草绘”按钮，系统弹出“草绘”对话框。

（2）定义草绘截面放置属性。选取 FRONT 基准平面为草绘平面；采用默认的草绘视图方向；RIGHT 基准平面为参照平面；方向为 右；单击 草绘 按钮，进入草绘环境。

（3）进入草绘环境后，绘制图 8.6.3 所示的截面草图，完成后单击按钮。

步骤 03 创建图 8.6.4 所示的基准平面——DTM1。选择下拉菜单 插入(I) → 模型基准(D) ▸ → 平面(L)... 命令；系统弹出“基准平面”对话框，选取 FRONT 基准平面为参照，定义约束类型为 偏移，在 平移 文本框中输入 35.0，单击“基准平面”对话框中的 确定 按钮。

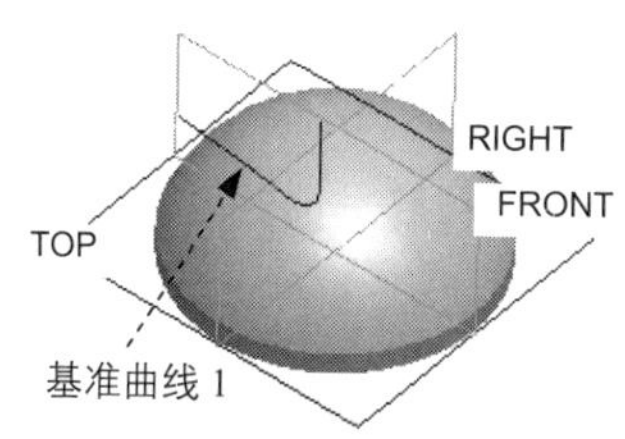

图 8.6.2　草绘 1（建模环境）

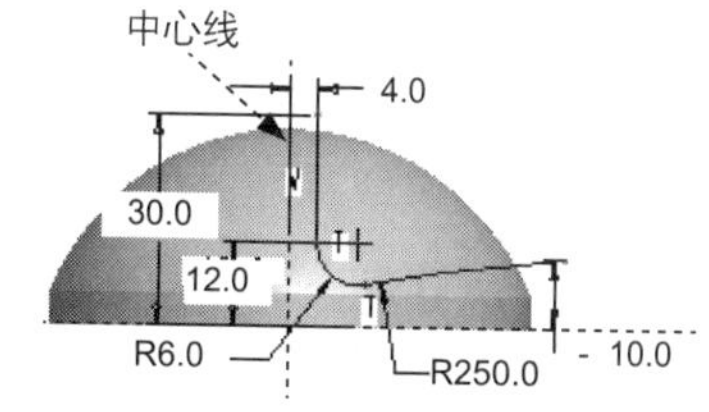

图 8.6.3　截面草图（草绘环境）

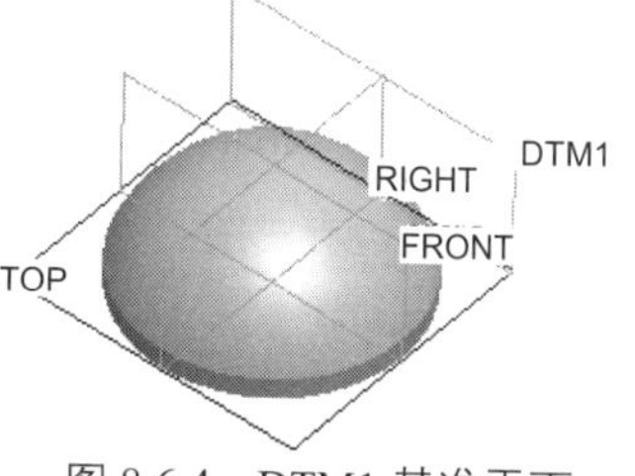

图 8.6.4　DTM1 基准平面

步骤 04 创建图 8.6.5 所示的基准曲线——草绘 2。单击工具栏上的“草绘”按钮；选取 DTM1 基准平面为草绘平面，采用系统默认的草绘视图方向，选取 RIGHT 基准平面为参照平面，方向为 右，单击 草绘 按钮；进入草绘环境后，选取图 8.6.2 所示的基准曲线 1 作为草绘参照，然后绘制图 8.6.6 所示的截面草图，完成后单击按钮。

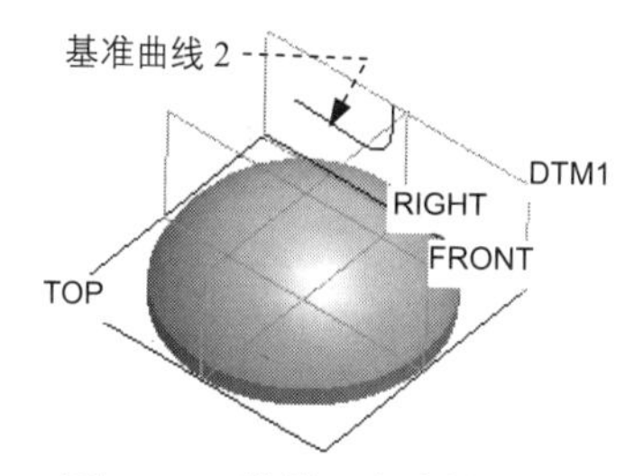

图 8.6.5　草绘 2（建模环境）

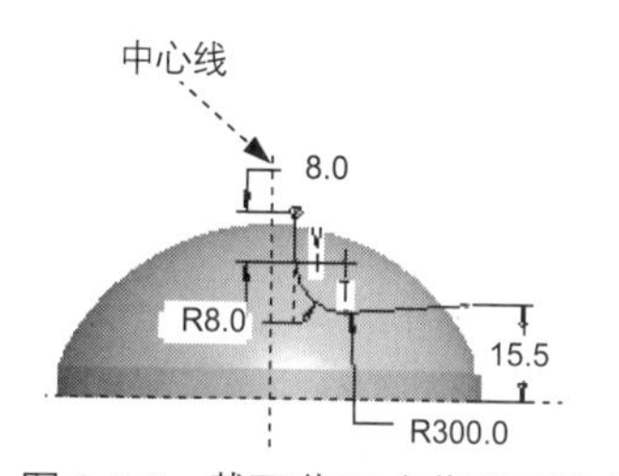

图 8.6.6　截面草图（草绘环境）

步骤 05 用镜像的方法创建图 8.6.7b 所示的基准曲线——镜像 1。选取图 8.6.7a 所示的曲线，然后选择下拉菜单 编辑(E) → 镜像(I)... 命令；在系统 ➡选取要镜像的平面或目的基准平面。的提示下，选取 FRONT 基准平面为镜像平面，最后单击操控板中的按钮。镜像结果如图 8.6.7b 所示。

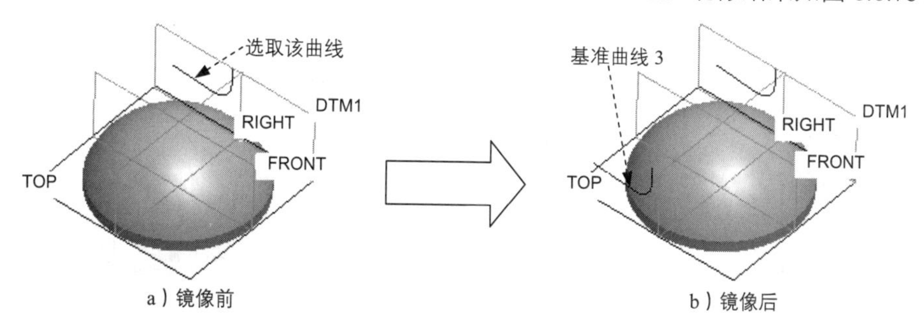

图 8.6.7　镜像 1

步骤 06 创建图 8.6.8b 所示的边界曲面——边界混合 1。

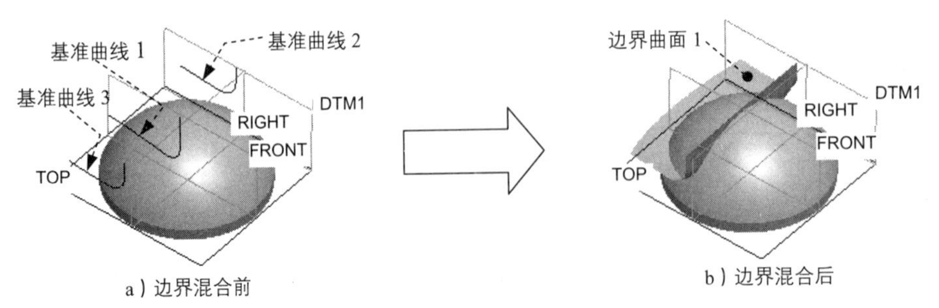

a）边界混合前　　b）边界混合后

图 8.6.8　边界混合 1

Note

（1）选择下拉菜单 插入(I) ➡ 边界混合(B)... 命令，系统弹出“边界混合”操控板。

（2）定义边界曲线。按住 Ctrl 键，依次选取基准曲线 3、基准曲线 1 和基准曲线 2（如图 8.6.8a 所示）为边界曲线，选取完成后，单击“边界混合”操控板中的“完成”按钮✔。

步骤 07 用镜像的方法创建图 8.6.9 所示的边界曲面——镜像 2。选取图 8.6.9a 所示的边界曲面 1；然后选择下拉菜单 编辑(E) ➡ 镜像(I)... 命令；系统弹出“镜像”操控板，在系统 ➡选取要镜像的平面或目的基准平面。 的提示下，选取 RIGHT 基准平面为镜像平面；单击操控板中的✔按钮。

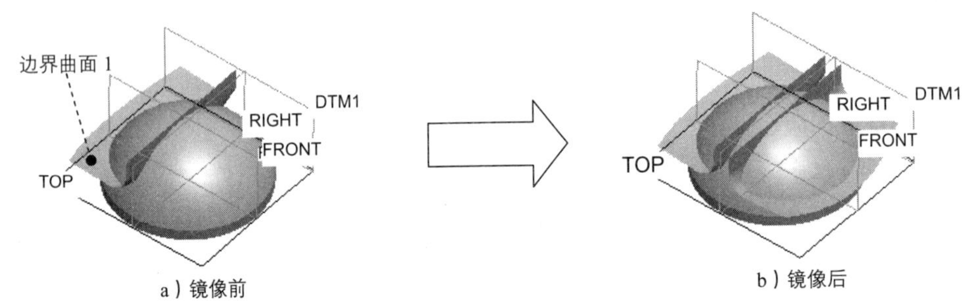

a）镜像前　　b）镜像后

图 8.6.9　镜像 2

步骤 08 创建实体化特征——实体化 1。

（1）选取图 8.6.10a 所示的边界混合 1。

（2）选择下拉菜单 编辑(E) ➡ 实体化(Y)... 命令；在系统弹出的操控板中确认“移除材料”按钮被按下，移除材料的箭头指示方向如图 8.6.11 所示，可在操控板中单击按钮来切换切削的方向；单击“完成”按钮✔，完成实体化操作。

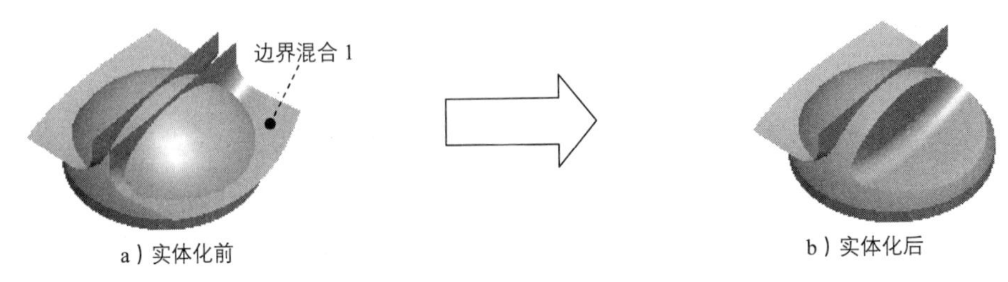

a）实体化前　　b）实体化后

图 8.6.10　实体化 1

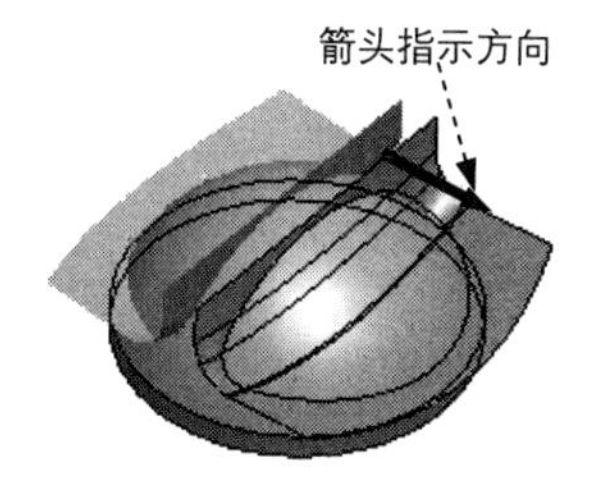

图 8.6.11　定义箭头指示方向

步骤 09 创建实体化特征——实体化 2。选取图 8.6.12a 所示的边界混合 2；移除材料侧的箭头指示方向如图 8.6.13 所示。详细操作过程请参见步骤 08。

步骤 10 后面的详细操作过程请参见随书光盘中 video\ch08.06.01\reference\文件下的语音视频讲解文件 GAS_OVEN_SWITCH-r02.avi。

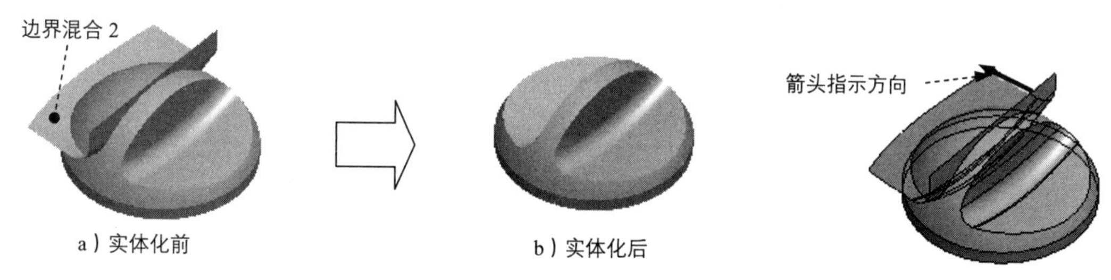

图 8.6.12　实体化 2　　图 8.6.13　定义箭头指示方向

8.6.2　曲面设计综合应用二

实例概述

本实例模型较复杂，在其设计过程中充分运用了边界曲面、曲面投影、曲面复制、曲面实体化、阵列和螺旋扫描等命令。在螺旋扫描过程中，读者应注意扫描轨迹和扫描截面绘制的草绘参照。零件模型如图 8.6.14 所示。

本实例的详细操作过程请参见随书光盘中 video\ch08.06.02\文件下的语音视频讲解文件。模型文件为 D:\proesc5\work\ch08.06\BOTTLE。

8.6.3　曲面设计综合应用三

实例概述

本实例主要讲述了一款洗发水瓶的设计过程，是一个使用一般曲面和 ISDX 曲面综合建模的实例。通过本实例的学习，读者可以认识到 ISDX 曲面造型的关键是 ISDX 曲线，只有高质量的 ISDX 曲线才能获得高质量的 ISDX 曲面。零件模型如图 8.6.15 所示。

本案例的详细操作过程请参见随书光盘中 video\ch08.06\文件下的语音视频讲解文件。模型文件为 D:\proesc5\work\ch08.06\ SHAMPOO_BOTTLE.prt。

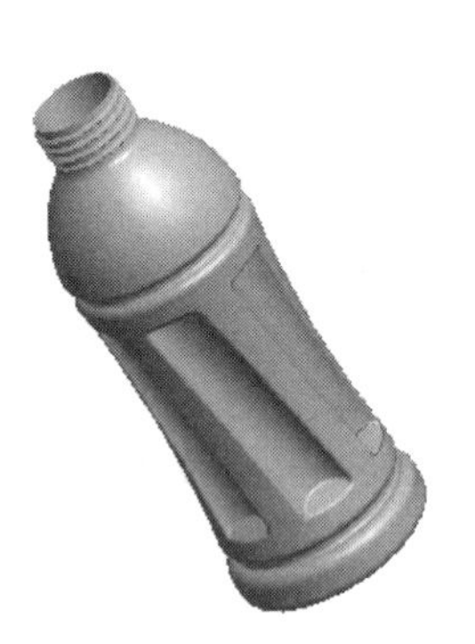

图 8.6.14　零件模型二

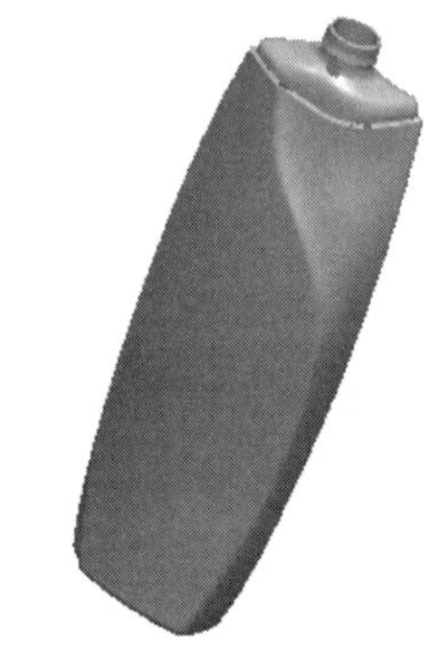

图 8.6.15　模型三

8.6.4　曲面设计综合应用四

实例概述

本实例是一个典型的运用一般曲面和 ISDX 曲面综合建模的实例。其建模思路是：首先用一般的曲面创建咖啡壶的壶体，然后用 ISDX 曲面创建咖啡壶的手柄；进入 ISDX 模块后，首先创建 ISDX 曲线并对其进行编辑，然后再用这些 ISDX 曲线构建 ISDX 曲面。通过本实例的学习，读者可认识到 ISDX 曲面造型的关键是 ISDX 曲线，只有创建高质量的 ISDX 曲线才能获得高质量的 ISDX 曲面。零件模型如图 8.6.16 所示。

本实例的详细操作过程请参见随书光盘中 video\ch08.06\文件下的语音视频讲解文件。模型文件为 D:\proesc5\work\ch08.06\ coffeepot.prt。

8.6.5　曲面设计综合应用五

实例概述

本实例的建模思路是首先创建几条草图曲线，然后通过绘制的草图曲线构建曲面，最后将构建的曲面加厚并添加圆角等特征。其中，用到的有边界混合、填充、修剪、合并以及加厚等特征命令。零件模型如图 8.6.17 所示。

本案例的详细操作过程请参见随书光盘中 video\ch08.06\文件下的语音视频讲解文件。模型文件为 D:\proesc5\work\ch08.06\ MOUSE_SURFACE。

图 8.6.16　零件模型四

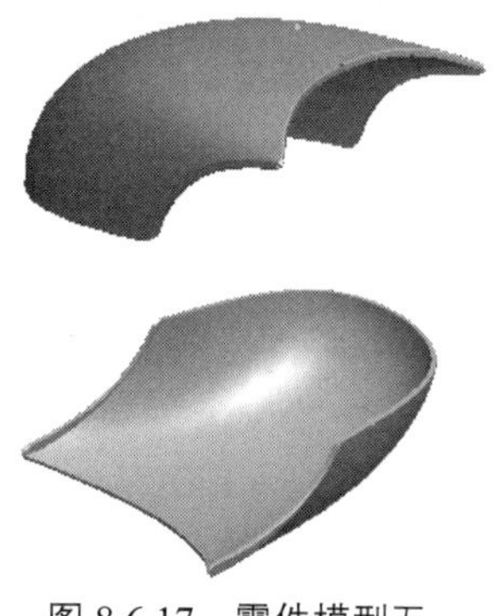

图 8.6.17　零件模型五

8.6.6　曲面设计综合应用六

实例概述

本实例主要讲述了一款电话机面板的设计过程。本实例中没有用到复杂的命令，却创建出了相对比较复杂的曲面形状，其中的创建方法值得读者借鉴。读者在创建模型时，由于绘制的样条曲线会与本实例有差异，导致有些草图的尺寸不能保证与本例中的一致，建议读者自行定义。零件模型如图 8.6.18 所示。

本实例的详细操作过程请参见随书光盘中 video\ch08.06\文件下的语音视频讲解文件。模型文件为 D:\proesc5\work\ch08.06\ FACEPLATE.prt。

8.6.7　曲面设计综合应用七

实例概述

本实例主要讲述一款微波炉面板的设计过程，该设计过程是首先用曲面创建面板，然后再将曲面转变为实体面板。通过使用基准面、基准曲线、拉伸曲面、边界混合、曲面合并、加厚和倒圆角命令将面板完成。零件模型如图 8.6.19 所示。

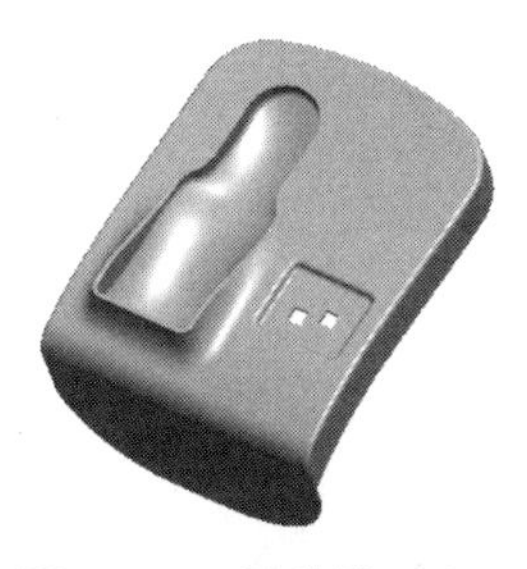

图 8.6.18　零件模型六

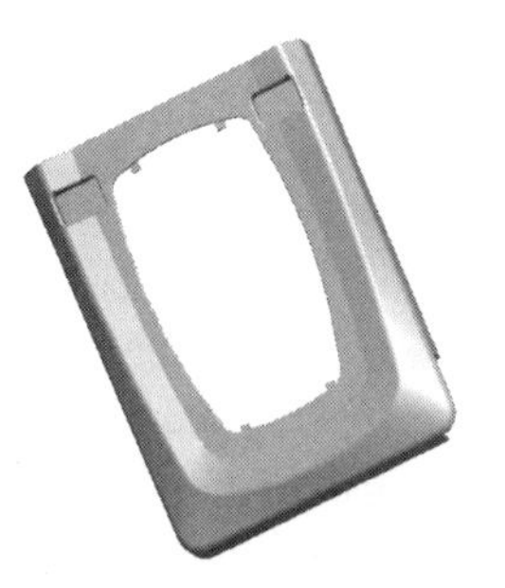

图 8.6.19　零件模型七

本实例的详细操作过程请参见随书光盘中 video\ch08.06\文件下的语音视频讲解文件。模型文件为 D:\proesc5\work\ch08.06\ MICROWAVE_OVEN_COVER.prt。

Note

第 9 章　钣 金 设 计

9.1　钣金设计概述

钣金件一般是指具有均一厚度的金属薄板零件，机电设备的支撑结构（如电器控制柜）、护盖（如机床的外围护罩）等一般都是钣金件。与实体零件模型一样，钣金件模型的各种结构也是以特征的形式创建的，但钣金件的设计也有自己独特的规律。使用 Pro/ENGINEER 软件创建钣金件的过程大致如下。

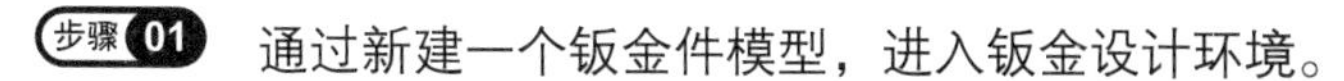

步骤 01　通过新建一个钣金件模型，进入钣金设计环境。

步骤 02　以钣金件所支持或保护的内部零部件尺寸和形状为基础，创建第一钣金壁（主要钣金壁）。例如，设计机床床身护罩时，首先要按床身的形状和尺寸创建第一钣金壁。

步骤 03　添加附加钣金壁。在第一钣金壁创建之后，通常需要在其基础上添加其他的钣金壁，即附加钣金壁。

步骤 04　在钣金模型中，还可以随时添加一些实体特征，如实体切削特征、孔特征、圆角特征和倒角特征等。

步骤 05　创建钣金冲孔（Punch）和切口（Notch）特征，为钣金的折弯做准备。

步骤 06　进行钣金的折弯（Bend）。

步骤 07　进行钣金的展平（Unbend）。

步骤 08　创建钣金件的工程图。

9.2　创建钣金壁

9.2.1　钣金壁概述

钣金壁（Wall）是指厚度一致的薄板，它是一个钣金零件的“基础”，其他的钣金特征（如冲孔、成形、折弯、切割等）都要在这个“基础”上构建，因此钣金壁是钣金件最重要的部分。钣金壁操作的相关命令位于 插入(I) 下拉菜单的 钣金件壁(W) 子菜单中。在 Pro/ENGINEER 系统中，用户创建的第一个钣金壁特征称为第一钣金壁（First Wall），之后在第一钣金壁外部创建的其他钣金壁均称为分离的钣金壁（Unattached Wall）。

9.2.2 创建第一钣金壁

创建第一钣金壁的命令主要位于下拉菜单 插入(I) → 钣金件壁(W) → 分离的(U) 子菜单中（如图 9.2.1 所示），使用这些命令创建第一钣金壁的原理和方法与创建相应类型的曲面特征极为相似。另外，选择下拉菜单 插入(I) → 拉伸(E)... 命令可创建拉伸类型的第一钣金壁。

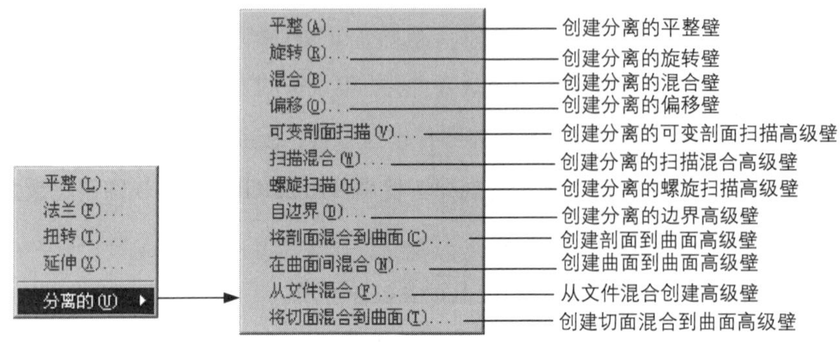

图 9.2.1 “分离的”子菜单

1. 拉伸类型的第一钣金壁

在以拉伸（Extrude）的方式创建第一钣金壁时，需要首先绘制钣金壁的侧面轮廓草图，然后给定钣金厚度值和拉伸深度值，系统将轮廓草图延伸至指定的深度，形成薄壁实体，如图 9.2.2 所示，其详细操作步骤说明如下。

图 9.2.2 第一钣金壁

步骤 01 新建一个钣金件模型。单击新建文件按钮；选取文件的类型为 零件，子类型为 钣金件；文件名为 extrude_wall；选用 mmns_part_sheetmetal 模板。

步骤 02 选取钣金壁特征创建命令。选择下拉菜单 插入(I) → 拉伸(E)... 命令，屏幕下方会出现拉伸操控板。

步骤 03 选取拉伸特征的类型。在操控板中，单击实体特征类型按钮（默认情况下，此按钮为按下状态）。

步骤 04 定义草绘截面放置属性。

（1）在绘图区中右击，从弹出的快捷菜单中选择 定义内部草绘... 命令，此时系统弹出“草绘”对话框。

（2）定义草绘平面。选取 RIGHT 基准平面作为草绘平面。

（3）草绘平面的定向。在“草绘”对话框的“参照”文本框中单击，再选取图形区中的 FRONT 基准平面，单击对话框中方向后面的▼按钮，在弹出的列表中选择底部。

（4）单击对话框中的草绘按钮，系统就进入了截面的草绘环境。

步骤 05 创建如图 9.2.3 所示的截面草绘图形，完成绘制后，单击“草绘”工具栏中的“完成”按钮✔。

步骤 06 定义拉伸深度及厚度并完成基础特征。

（1）选取深度类型并输入其深度值。在操控板中，单击深度类型按钮（按指定的深度值拉伸），再在深度文本框216.5中输入深度值 30，并按回车键。

（2）选择加厚方向（钣金材料侧）并输入其厚度值。采用图 9.2.4 中的箭头方向为钣金加厚的方向。在薄壁特征类型图标后面的文本框中输入钣金壁的厚度值 1.0，并按回车键。

（3）特征的所有要素定义完毕后，可以单击操控板中的预览按钮。

（4）预览完成后，单击操控板中的“完成”按钮✔，才能最终完成特征的创建。

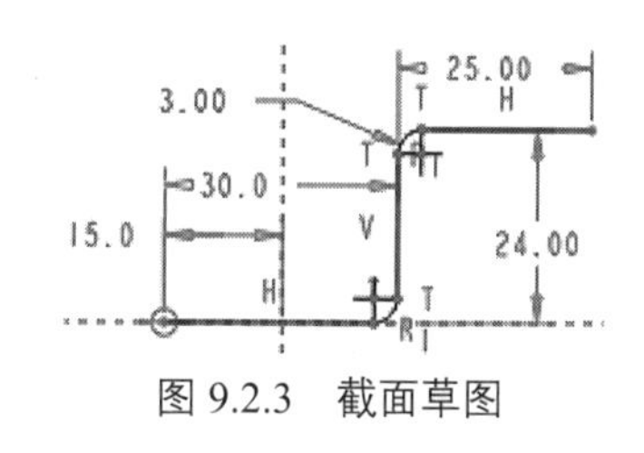

图 9.2.3 截面草图

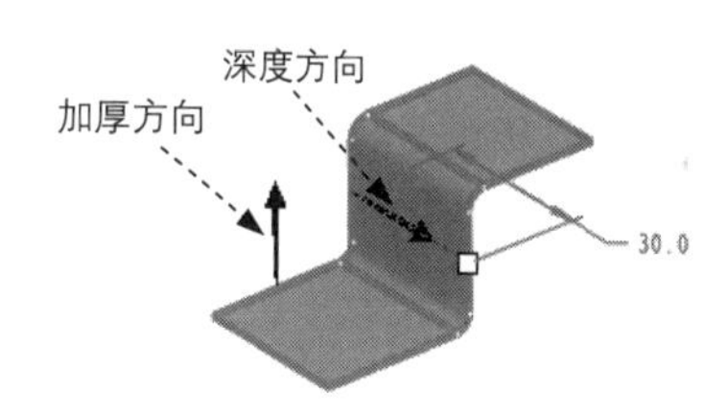

图 9.2.4 深度方向和加厚方向

切换材料侧按钮

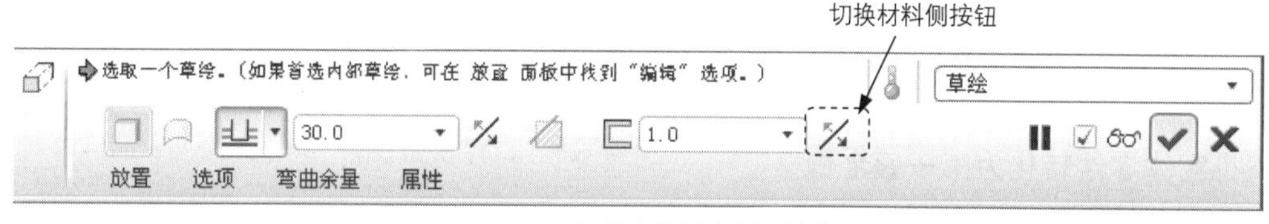

图 9.2.5 切换材料侧按钮的位置

将模型切换到线框显示状态（按下工具栏按钮、或按钮），可看到钣金件的两个表面的边线分别显示为白色和绿色。在操控板中单击“切换材料侧”按钮（如图 9.2.5 所示），可改变白色面和绿色面的朝向。由于钣金都较薄，这种颜色的区分有利于用户查看和操作。

2. 平整类型的第一钣金壁

平整（Flat）钣金壁是指一个平整的薄板。在创建这类钣金壁时，需要首先绘制钣金壁的正面轮廓草图（必须为封闭的线条），然后给定钣金厚度值即可。详细操作步骤说明如下。

步骤 01 新建一个钣金件模型，将其命名为 sm_flat1.prt，选用mmns_part_sheetmetal模板。

步骤02 选择下拉菜单 插入(I) ➡ 钣金件壁(W) ➡ 分离的(U) ➡ 平整(A)... 命令或单击工具栏按钮，系统弹出图9.2.6所示的“平整”操控板。

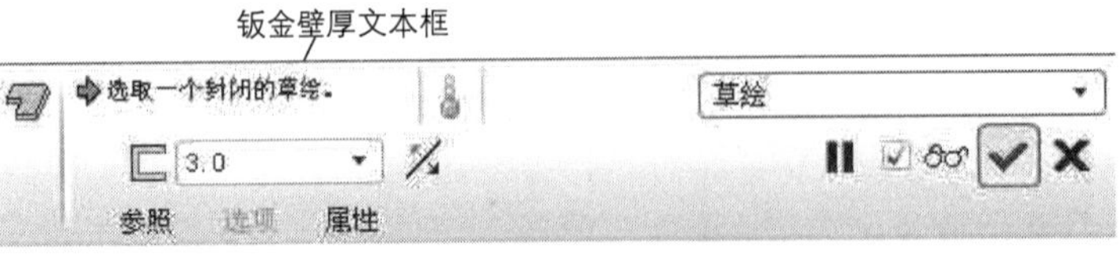

图9.2.6　“平整”操控板

步骤03 定义草绘平面。右击，选择 定义内部草绘... 命令；选择TOP基准平面作为草绘平面；选取RIGHT基准平面作为参照平面；方向为 右；单击 草绘 按钮。

步骤04 绘制截面草图。进入草绘环境后，绘制图9.2.7所示的截面草图，完成绘制后，单击“完成”按钮。

步骤05 在操控板的钣金壁厚文本框中，输入钣金壁厚度值3.0，并按回车键。

步骤06 单击操控板中的“预览”按钮，预览所创建的平整钣金壁特征，然后单击操控板中的“完成”按钮，完成图9.2.8的创建。

步骤07 保存零件模型文件。

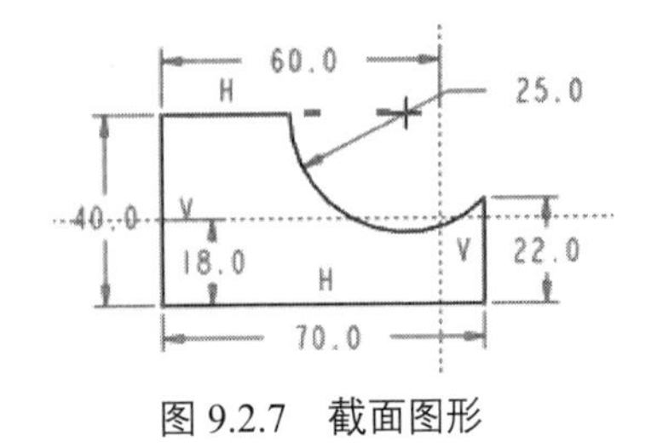

图9.2.7　截面图形

图9.2.8　平整类型的第一钣金壁

3. 将实体零件转化为第一钣金壁

创建钣金零件还有另外一种方式，就是首先创建实体零件，然后将实体零件转化为钣金件。在设计复杂钣金护罩时，使用这种方法可简化设计过程，提高工作效率。

例如，在设计一个零部件（或产品）的护盖时，首先在装配环境中根据钣金件将要保护的内部零部件尺寸和形状，创建一个实体零件，然后将该实体零件转变成第一钣金壁，完成转变后系统便自动进入钣金环境，继续添加其他钣金特征，如附加钣金壁、冲孔、印贴等。

当打开（或新创建）的零件为实体零件时，打开 应用程序(P) 下拉菜单，可见其当前为 ● 标准(S) 模式。选择 应用程序(P) ➡ 钣金件(H) 命令，然后通过弹出的菜单管理器可将实体零件转换成钣金零件，转换方式有两种，分别介绍如下。

◆ Driving Srf (驱动曲面)：选择该选项，可将材料厚度均一的实体零件转化为钣金零件。其操作方法是首先在实体零件上选取某一个曲面作为驱动曲面，然后输入钣金厚度值，即可产

生钣金零件。完成转换后，驱动曲面所在的一侧表面为钣金零件的绿色面。注意：以这种方式转换时，实体上与驱动曲面不垂直的特征，在转换成钣金零件后，与驱动曲面垂直，如图 9.2.9 所示。

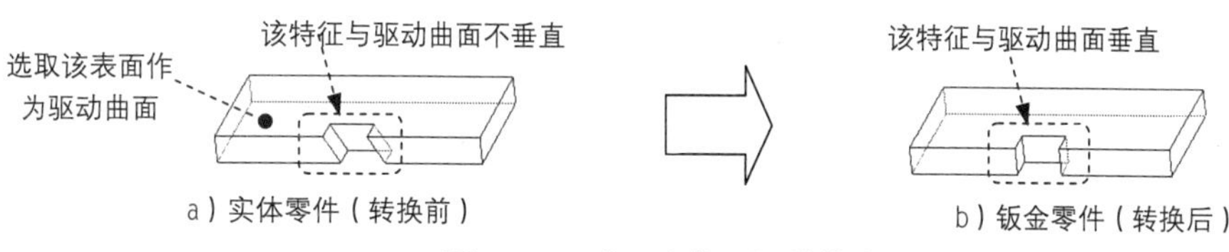

图 9.2.9　“驱动曲面”转换方式举例

◆ Shell (壳)：选择该选项，可将材料厚度为非均一的实体零件转化为“壳”式钣金零件，操作方法与抽壳特征相同。

这里介绍以 Shell (壳) 的方式将实体零件转化为钣金件的例子，操作过程如下。

任务 01 创建一个实体零件。

创建一个图 9.2.10 所示实体零件模型，将其命名为 solid_1_wall。该零件模型中仅包含一个实体拉伸特征。单击“拉伸”命令按钮，选取 TOP 基准平面作为草绘平面，RIGHT 基准平面为参照平面，方向为右；截面草绘图形如图 9.2.11 所示，单击深度类型按钮，深度值为 50。

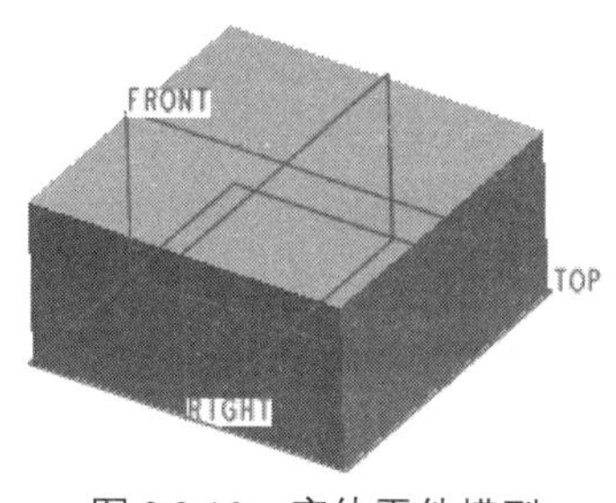

图 9.2.10　实体零件模型

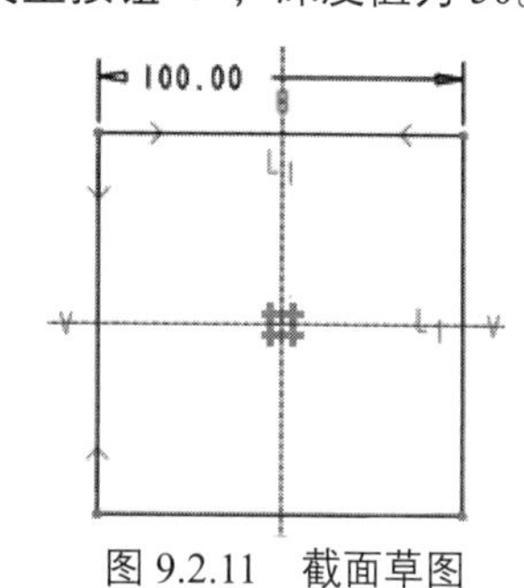

图 9.2.11　截面草图

任务 02 将实体零件转换成第一钣金壁。

步骤 01 选择下拉菜单 应用程序(P) → 钣金件(H) 命令。

步骤 02 在系统弹出的 ▼ SMT CONVERT (钣金件转换) 菜单中，选择 Shell (壳) 命令。此时，系统弹出“特征参考”菜单。

步骤 03 在系统的 ◇选取一或多个要删除的曲面。提示下，选取图 9.2.12 所示的表面作为壳体的删除面，然后选择 Done Refs (完成参考) 命令。

选择此模型表面

图 9.2.12　选择模型表面

步骤 04 输入钣金壁厚 3，并按回车键。

步骤 05 创建边缘。经过前几步的操作，已经将实体零件转换成钣金件，这一步是在转换后的封闭壳体钣金件中创建边缝（如图 9.2.13 所示），以便于后期进行钣金展平操作。

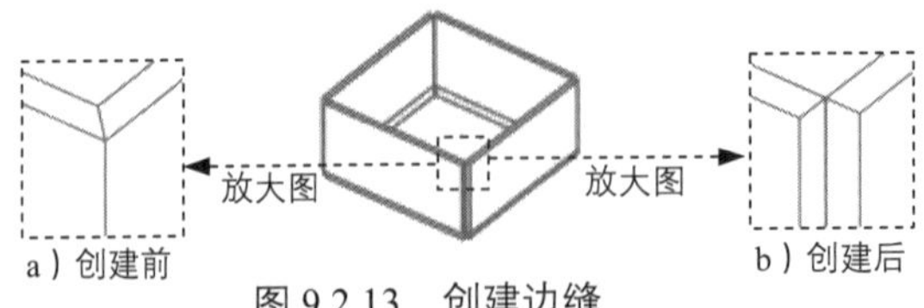

图 9.2.13 创建边缝

Note

（1）选择下拉菜单 插入(I) → 转换(V)... 命令。

（2）在“钣金件转换”信息对话框中，双击 Edge Rip (边缝) 元素；此时，系统弹出 ▼ RIP PIECES (割裂工件) 菜单，选择模型上图 9.2.14 所示的 4 条边线作为边缝，然后选择 Done Sets (完成集合) 命令。

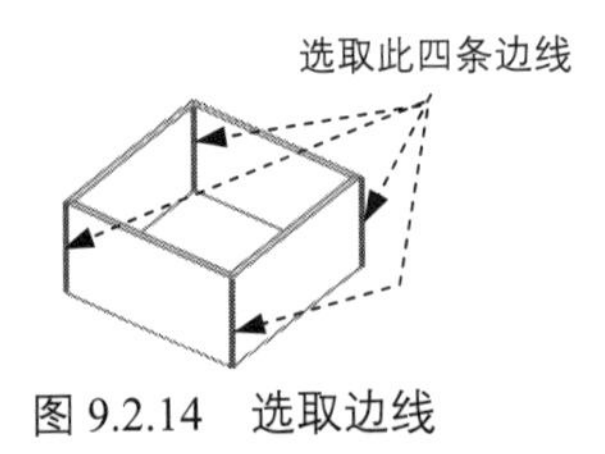

图 9.2.14 选取边线

（3）单击“钣金件转换”信息对话框下部的 预览 按钮，预览所创建的边缝，然后单击 确定 按钮。

步骤 06 保存零件模型文件。

9.2.3 创建附加钣金壁

在创建了第一钣金壁后，选择下拉菜单 插入(I) → 钣金件壁(W) ▸ 命令。系统在弹出的菜单中提供了 平整(L)...、法兰(F)... 两种创建附加钣金壁的方法。

平整（Flat）附加钣金壁是一种正面平整的钣金薄壁，其壁厚与主钣金壁相同。

在创建平整类型的附加钣金壁时，需首先在现有的钣金壁（主钣金壁）上选取某条边线作为附加钣金壁的附着边，然后需要定义平整壁的正面形状和尺寸，给出平整壁与主钣金壁间的夹角。下面以图 9.2.15 为例，说明平整附加钣金壁的一般创建过程。

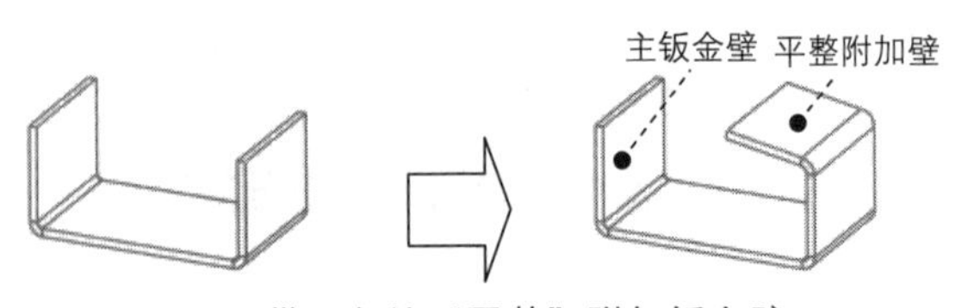

图 9.2.15 带圆角的“平整”附加钣金壁

步骤 01 将工作目录设置为 D:\proesc5\work\ch09.02.03，打开文件 add_flat1_wall.prt。

步骤 02 选择下拉菜单 插入(I) ⟶ 钣金件壁(W) ▸ ⟶ 平整(L)... 命令，系统弹出图 9.2.16 所示的操控板。

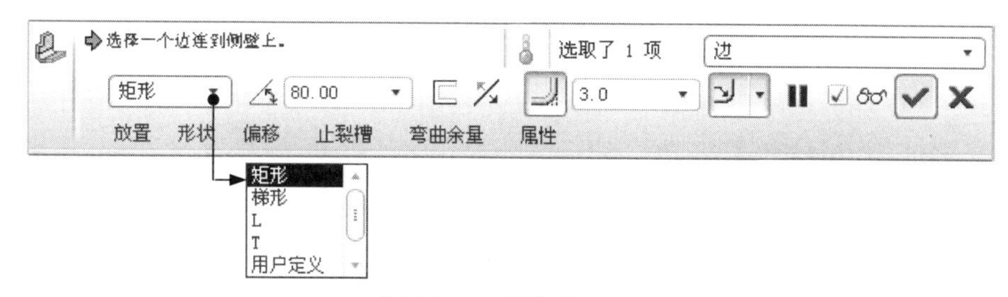

图 9.2.16 操控板

步骤 03 选取附着边。在系统的 ⇨选择一个边连到侧壁上。提示下，选取图 9.2.17 所示的模型边线作为附着边。

步骤 04 定义平整壁的形状。在图 9.2.16 所示的操控板中，选取形状类型为 矩形 。

步骤 05 定义平整壁与主钣金壁间的夹角。在操控板的 图标后面的文本框中输入角度值 80.00。

步骤 06 定义折弯半径。确认按钮 （在附着边上使用或取消折弯圆角）被按下，然后在后面的文本框中输入折弯半径值 3.0；折弯半径所在侧为 （内侧，即标注折弯的内侧曲面的半径）。此时，模型如图 9.2.18 所示。

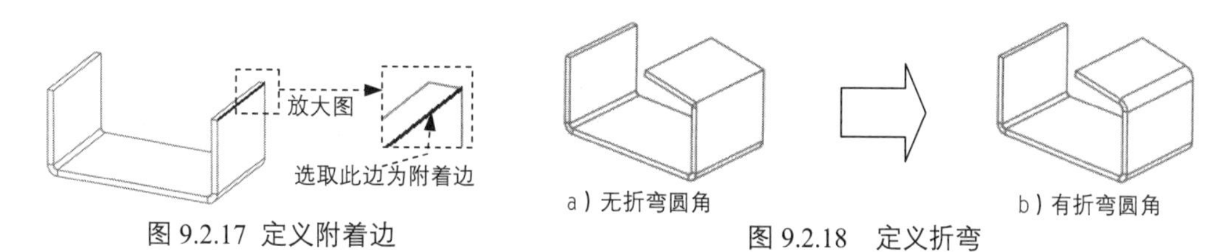

图 9.2.17 定义附着边　　图 9.2.18 定义折弯

步骤 07 定义平整壁正面形状的尺寸。单击操控板中的 形状 按钮，在弹出的界面中，双击平整壁高度尺寸，然后将其改为 35.0，其他尺寸均为系统默认设置的 0.0，0.0。

步骤 08 在操控板中单击 按钮，预览所创建的特征；确认无误后，单击“完成”按钮 。

在平整操控板的“形状”下拉列表中，可设置平整壁的正面形状，如图 9.2.19 所示。

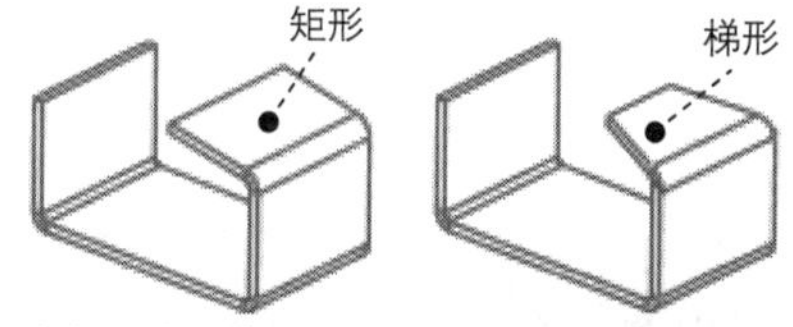

a）矩形的平整附加壁　b）梯形的平整附加壁

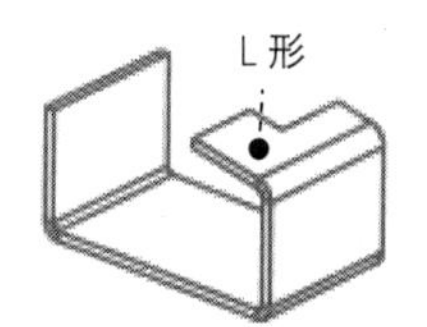

c）L 形的平整附加壁

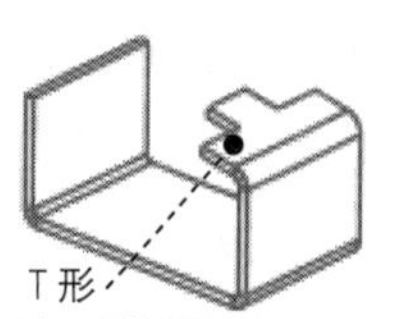

d）T 形的平整附加壁

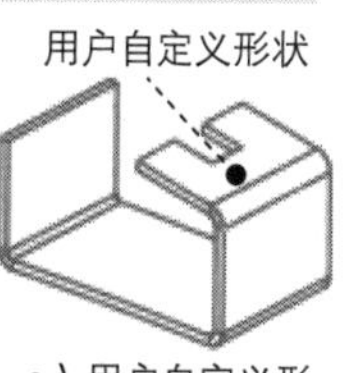

e）用户自定义形状的平整附加壁

图 9.2.19 平整附加壁的正面形状

9.2.4 钣金止裂槽

当附加钣金壁部分地与附着边相连，并且弯曲角度不为 0 时，需要在连接处的两端创建止裂槽（Relief），如图 9.2.20 所示。

a）源模型

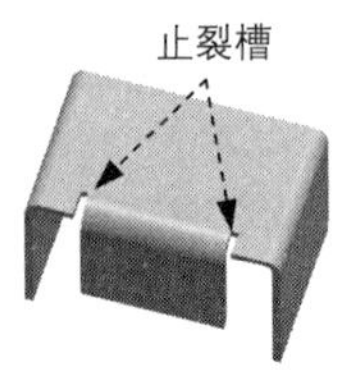

b）添加部分附着钣金壁

图 9.2.20 止裂槽

PRO/ENGINEER 系统提供的止裂槽分为 4 种，下面分别予以介绍。

第一种止裂槽——拉伸止裂槽（Stretch Relief）：在附加钣金壁的连接处用材料拉伸折弯构建止裂槽，如图 9.2.21 所示。当创建该类止裂槽时，需要定义止裂槽的宽度及角度。

第二种止裂槽——扯裂止裂槽（Rip Relief）：在附加钣金壁的连接处，通过垂直切割主壁材料至折弯线处来构建止裂槽，如图 9.2.22 所示。当创建该类止裂槽时，无须定义止裂槽的尺寸。

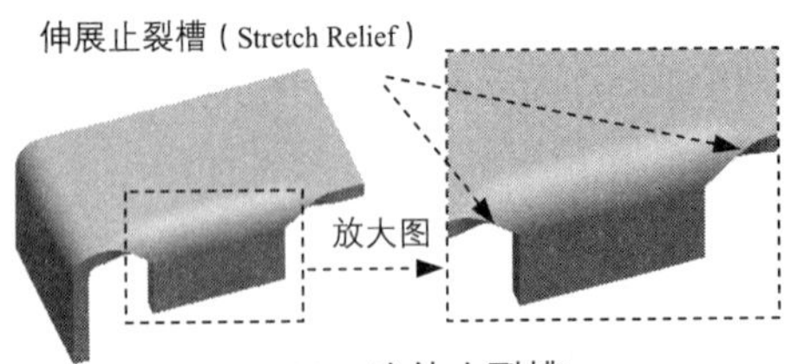

图 9.2.21 拉伸止裂槽

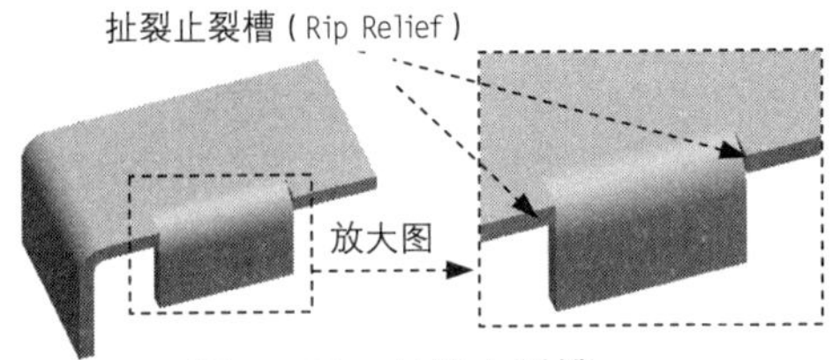

图 9.2.22 扯裂止裂槽

第三种止裂槽——矩形止裂槽（Rect Relief）：在附加钣金壁的连接处，将主壁材料切割成矩形缺口来构建止裂槽，如图 9.2.23 所示。当创建该类止裂槽时，需要定义矩形的宽度及深度。

第四种止裂槽——长圆弧形止裂槽（Obrnd Relief）：在附加钣金壁的连接处，将主壁材料切割成长圆弧形缺口来构建止裂槽，如图 9.2.24 所示。当创建该类止裂槽时，需要定义圆弧的直径及深度。

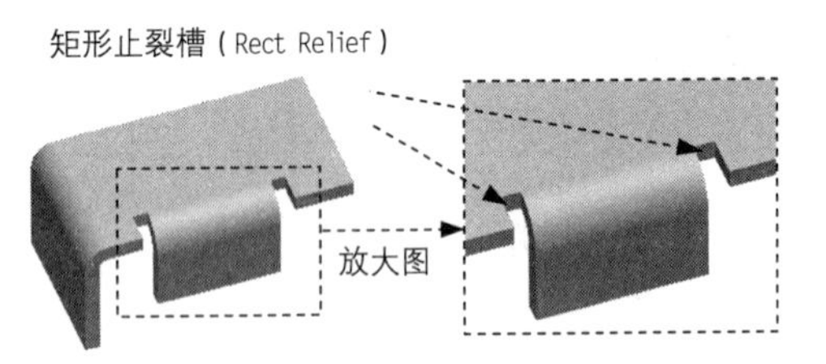

图 9.2.23 矩形止裂槽

圆弧形止裂槽（Obrnd Relief）

放大图

图 9.2.24 圆弧形止裂槽

下面介绍图 9.2.25 所示的止裂槽的创建过程。

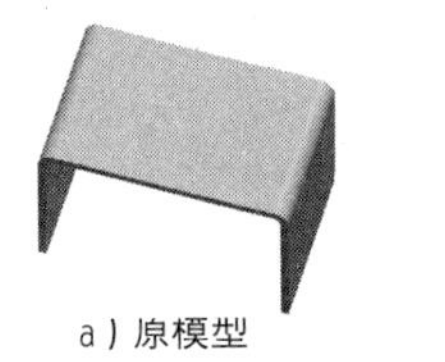
a）原模型

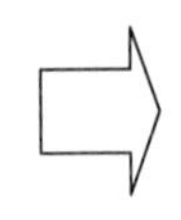

止裂槽

b）添加部分附着钣金壁

图 9.2.25 止裂槽创建范例

步骤 01　将工作目录设置为 D:\proesc5\work\ch09.02.04，打开文件 relief.prt。

步骤 02　选择下拉菜单 插入(I) → 钣金件壁(W) → 法兰(F)... 命令，系统弹出操控板。

步骤 03　选取附着边。在系统的 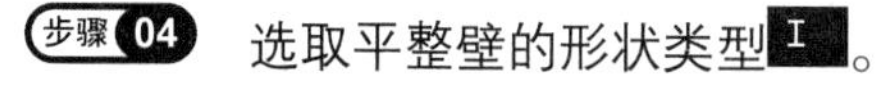 提示下，选取图 9.2.26 所示的模型边线。

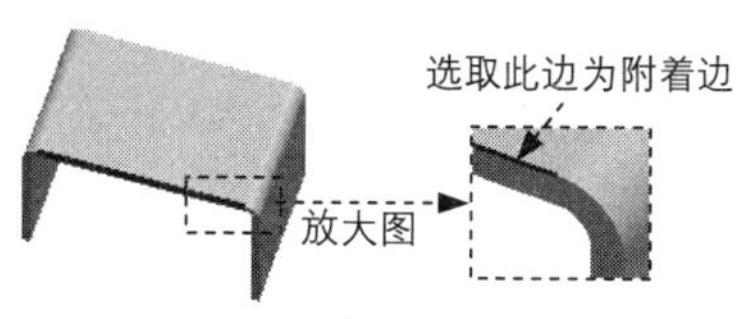

图 9.2.26　定义附着边

步骤 04　选取平整壁的形状类型 I 。

步骤 05　定义法兰壁的侧面轮廓尺寸。单击 形状 按钮，在系统弹出的界面中，分别输入 16.0，90.0（角度值），并分别按回车键。

步骤 06　定义长度。单击 长度 按钮，在下拉列表框中均选择 盲 选项，然后在文本框中均输入−5.0 和−5.0（注意：在文本框中输入负值，回车后，则显示为正值）。

步骤 07　定义折弯半径。确认按钮 （在连接边上添加折弯）被按下，然后在后面的文本框中输入折弯半径 2.0；折弯半径所在侧为 （内侧）。

步骤 08　定义止裂槽。

（1）在操控板中单击 止裂槽 按钮，在系统弹出的界面中，采用系统默认的 止裂槽类别 为 折弯止裂槽，选中 ☑ 单独定义每侧 复选框。

（2）定义侧 1 止裂槽。选中 ◉ 侧 1 单选项，在 类型 下拉列表框中选择 矩形 选项，止裂槽的深度及宽度尺寸采用默认值（如图 9.2.27 所示）。注意：深度选项 至折弯 表示止裂槽的深度至折弯线处，如图 9.2.28 所示。

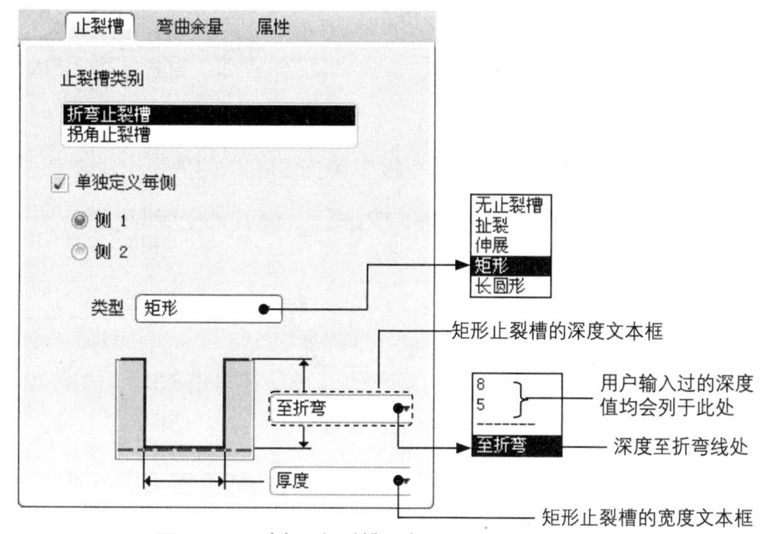

图 9.2.27　侧 1 止裂槽：矩形

（3）定义侧 2 止裂槽。选中◉侧 2 单选项，在类型下拉列表框中选择长圆形选项，止裂槽尺寸采用默认值（如图 9.2.29 所示）。注意：深度选项与折弯相切表示止裂槽矩形部分的深度至折弯线处，如图 9.2.28 所示。

步骤 09　在操控板中单击☑ 60 按钮，预览所创建的特征；确认无误后，单击“完成”按钮✔。

说明　在模型上双击所创建的止裂槽，可修改其尺寸。

Note

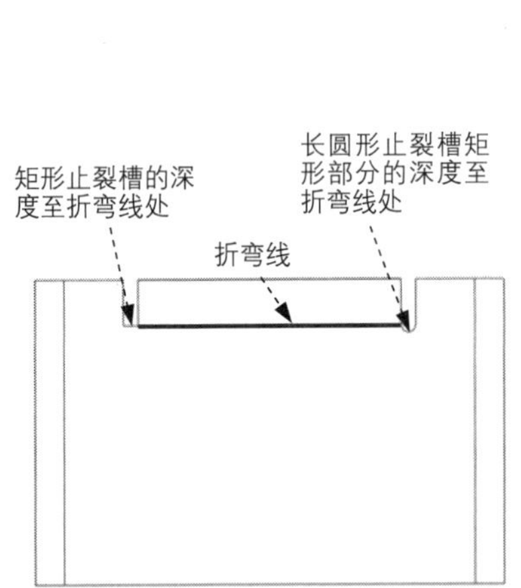

图 9.2.28　止裂槽的深度说明

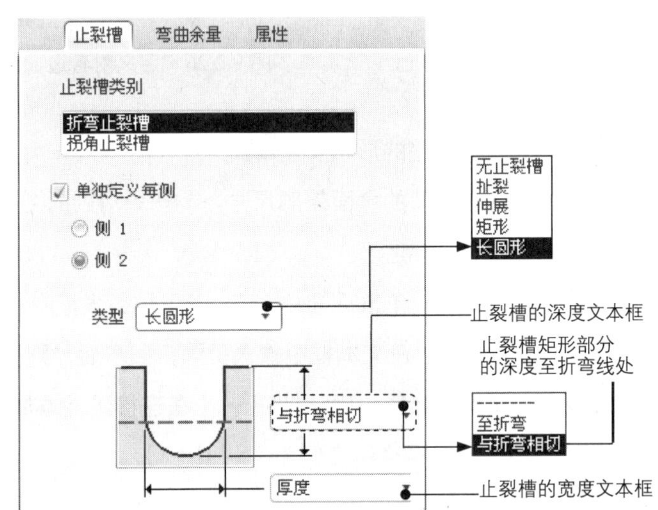

图 9.2.29　侧 2 止裂槽：长圆形

9.3　钣金的切削

9.3.1　钣金切削与实体切削的区别

选择下拉菜单插入(I) ➡ 拉伸(E)...命令后，屏幕下方会出现图 9.3.1 所示的操控板，可看到当操控板中的切削按钮被按下时，同时出现钣金切削按钮。钣金切削（Sheetmetal Cut）与实体切削（Solid Cut）都是在钣金件上切除材料。

若要使用钣金切削，则在图 9.3.1 所示的操控板中单击 SMT 按钮。

若要使用实体切削（Solid Cut），则单击 SMT 按钮，使其处于弹起状态。

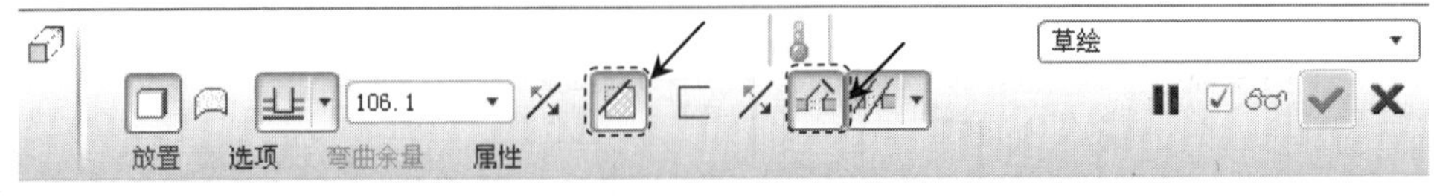

图 9.3.1　操控板

当草绘平面与钣金面平行时，二者没有区别；当草绘平面与钣金面不平行时，二者有很大的不同。

钣金切削是将截面草图投影至模型的绿色或白色面，然后垂直于该表面去除材料，形成的垂直孔，如图 9.3.2 所示；实体切削的孔是垂直于草绘平面去除材料，形成的斜孔，如图 9.3.3 所示。

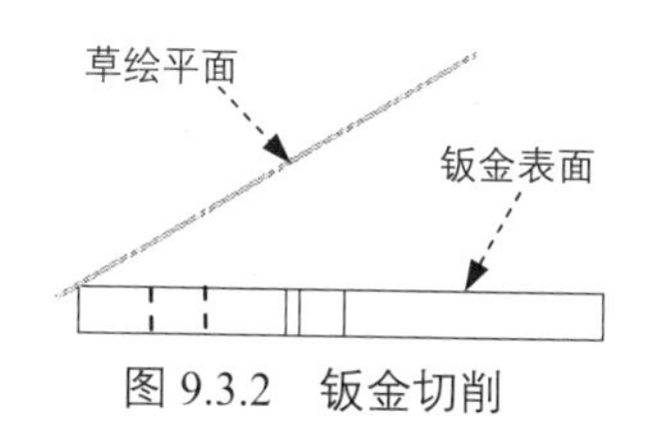

图 9.3.2　钣金切削

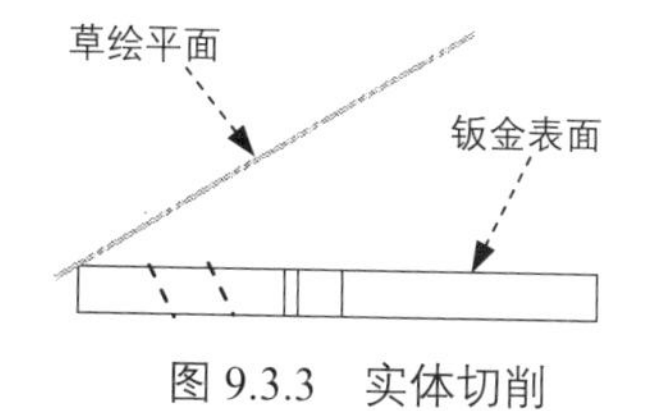

图 9.3.3　实体切削

9.3.2　钣金切削的一般过程

步骤 01　将工作目录设置为 D:\proesc5\work\ch09.03，打开文件 sm_cut.prt。

步骤 02　选择下拉菜单 插入(I) → 拉伸(E)... 命令，系统弹出图 9.3.1 所示的操控板。

步骤 03　首先确认“实体”类型按钮被按下，然后确认操控板中的切削按钮和 SMT 切削选项按钮被按下。

步骤 04　定义草绘平面。右击，选择 定义内部草绘... 命令；选取图 9.3.4 所示的 DTM1 基准面作为草绘平面，确认图中箭头指向为特征的创建方向；然后选取 RIGHT 基准平面作为参照平面，方向为 左。

步骤 05　绘制截面草图。进入草绘环境后，绘制图 9.3.5 所示的截面草图，完成绘制后，单击“草绘完成”按钮。

步骤 06　选择切除材料的方向。确认切除材料的方向如图 9.3.6 所示。

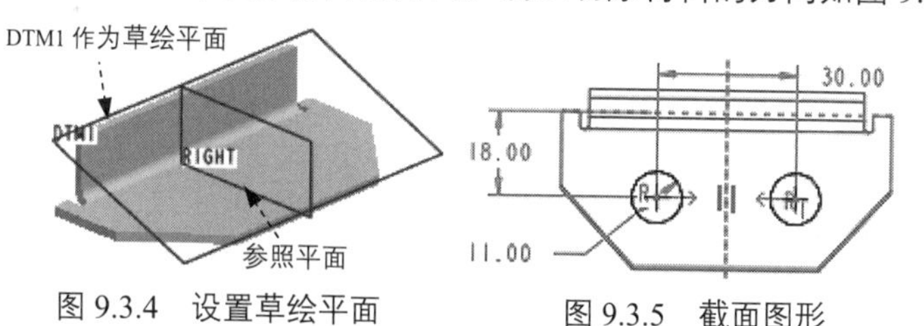

图 9.3.4　设置草绘平面　　图 9.3.5　截面图形

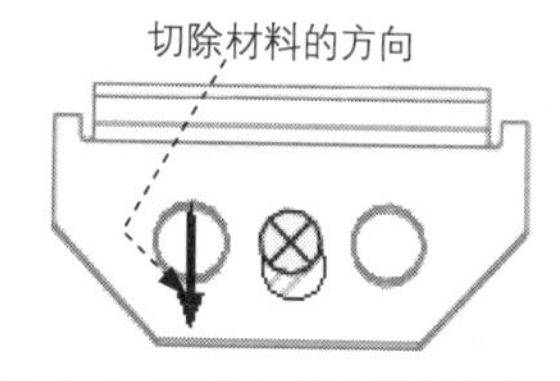

图 9.3.6　确定切除材料的方向

步骤 07　定义切削深度。在操控板中，单击深度类型按钮（穿过所有），并选择材料移除的方向类型（将特征切削至钣金件绿色面所在的侧），如图 9.3.7 所示。

步骤 08　单击操控板中的按钮预览所创建的特征，确认无误后单击按钮。

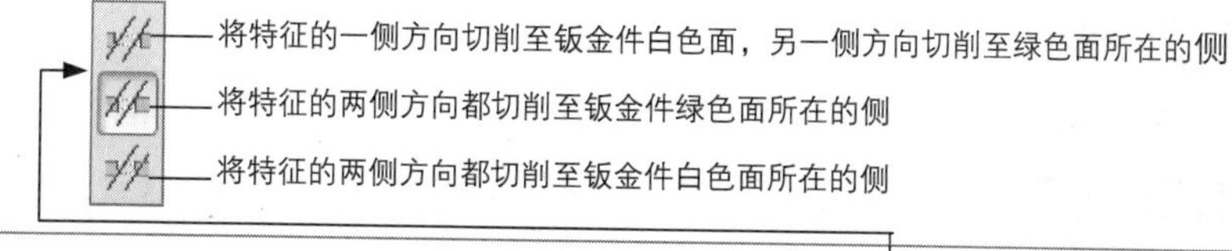

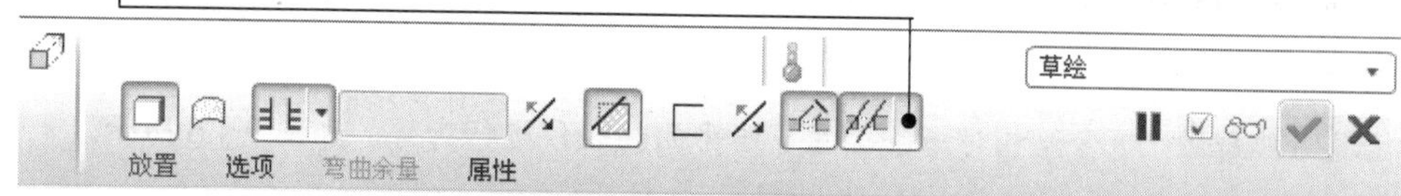

图 9.3.7　操控板

在操控板中，如果选取 按钮，则切削效果如图 9.3.8 所示；如果选取 按钮，切削效果如图 9.3.9 所示；如果选取 按钮，则切削效果如图 9.3.10 所示。

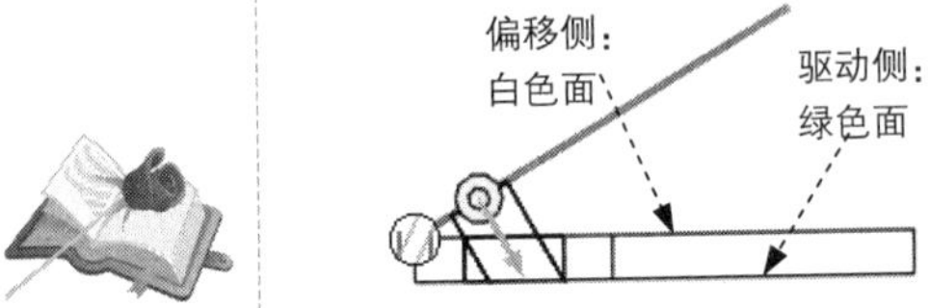

图 9.3.8 切削到驱动侧（绿色面）和偏移侧（白色面）

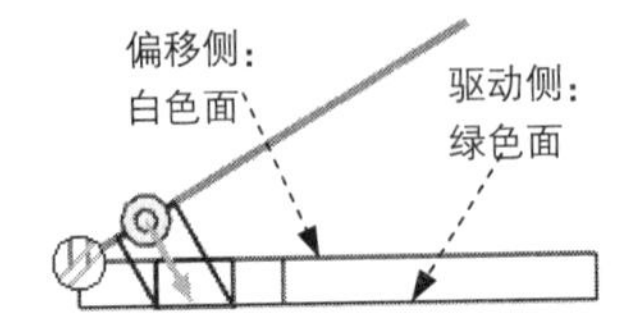

图 9.3.9 切削到驱动侧（绿色面）

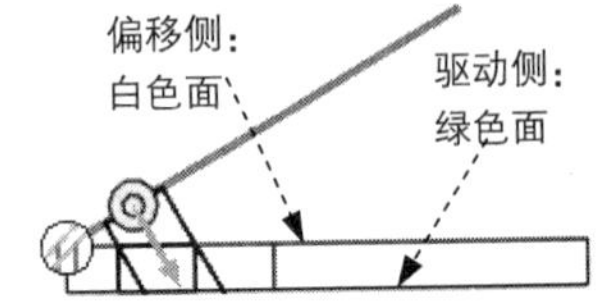

图 9.3.10 切削到偏移侧（白色面）

9.4 钣金的折弯

1. 钣金折弯概述

钣金折弯（Bend）是指将钣金的平面区域弯曲某个角度或弯成圆弧状。例如，图 9.4.1 所示的是一个典型的折弯特征。在进行折弯操作时，应注意折弯特征仅能在钣金的平面区域建立，不能跨越另一个折弯特征。

钣金折弯特征包括三个要素（如图 9.4.1 所示）。

- 折弯线（Bend Line）：确定折弯位置和折弯形状的几何线。
- 折弯角度（Bend Angle）：控制折弯的弯曲程度。
- 折弯半径（Bend Radius）：折弯处的内侧或外侧半径。

2. 选取钣金折弯命令

选取钣金折弯命令有如下两种方法。

方法一：在工具栏中单击 按钮。

方法二：选择下拉菜单 插入(I) ➡ 折弯操作(B) ➡ 折弯(B)... 命令。

3. 钣金折弯的类型

在如图 9.4.2 所示的菜单管理器中，可以选择折弯类型。

- Angle (角度) 类型：将钣金的平面区域折弯一定的角度，如图 9.4.3 所示。
- Roll (轧) 类型：将钣金的平面区域折为卷曲形状，如图 9.4.4 所示。

无论是选择 Angle (角度) 还是 Roll (轧) 类型，下面都会出现三个选项。

- Regular (常规)：一般形式的折弯。
- w/Transition (带有转接)：带有转接区的折弯，所谓的转接区是指平面区域及折弯区域之间的缓冲区，如图 9.4.5 所示。
- Planar (平面)：钣金壁相对一条垂直草绘平面的轴线进行折弯，如图 9.4.6 所示。

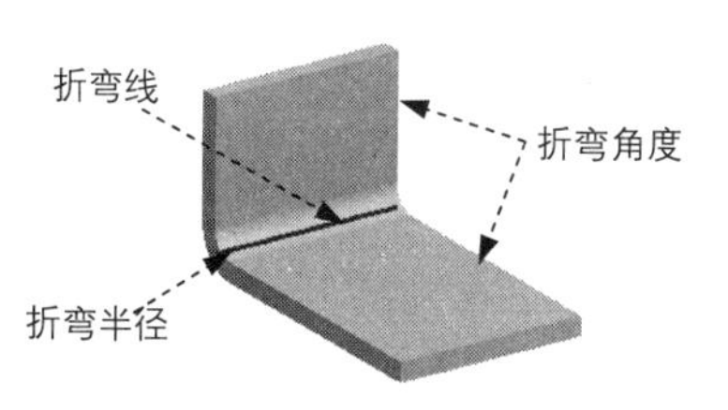

图 9.4.1 折弯特征的三个要素

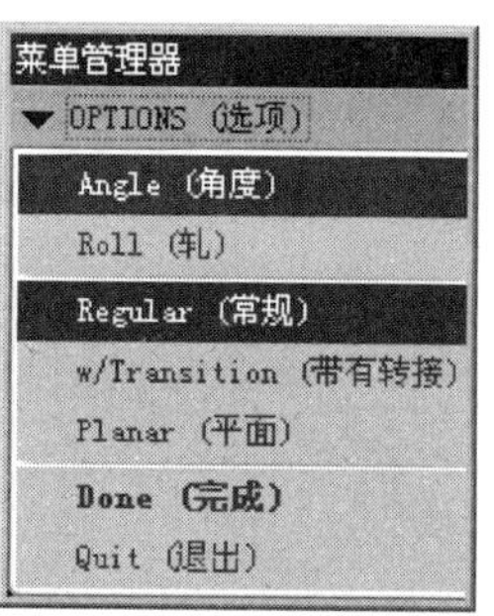

图 9.4.2 菜单管理器

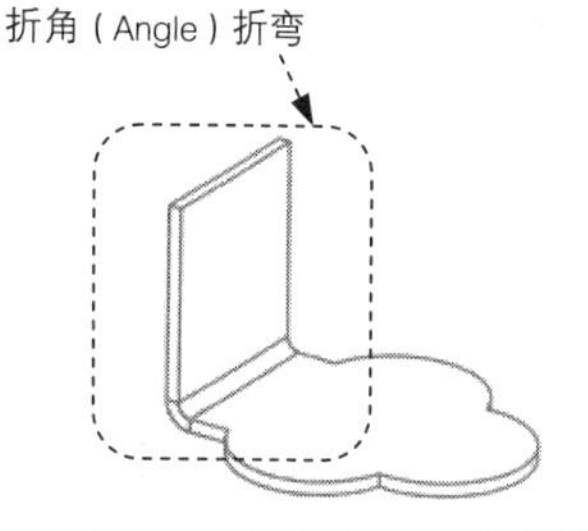

图 9.4.3 “角度”类型的折弯

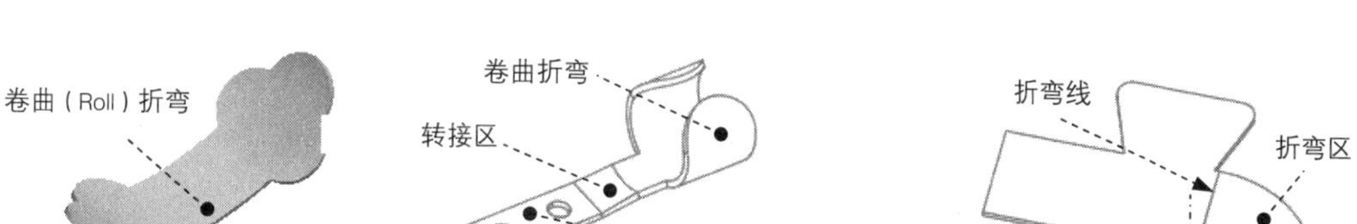

图 9.4.4 “轧”类型的折弯　图 9.4.5 “带有转接”类型的折弯　图 9.4.6 “平面”类型的折弯

4. 角度折弯

本小节将介绍图 9.4.7 所示的折弯的操作过程。

步骤 01 将工作目录设置为 D:\proesc5\work\ch09.04，打开文件 bend_angle_2.prt。

图 9.4.7 折弯范例

步骤 02 选择下拉菜单 插入(I) → 折弯操作(B) ▸ → 折弯(B)... 命令，或单击按钮。

步骤 03 选择折弯方式。在 ▼ OPTIONS（选项）菜单中，选择 Angle（角度） → Regular（常规） → Done（完成）命令。

步骤 04 在系统弹出的 ▼ USE TABLE（使用表）菜单中，选择 Part Bend Tbl（零件折弯表） → Done/Return（完成/返回）命令（表明使用默认的折弯表来计算此特征的展开长度）。

步骤 05 在系统弹出的 ▼ RADIUS SIDE（半径所在的侧）菜单中，选择 Inside Rad（内侧半径） → Done/Return（完成/返回）命令。

步骤 06 定义草绘平面。选取图 9.4.8 所示的模型表面作为草绘平面，再选择 Okay（确定）命令，采用默认的特征创建方向；选择 Right（右）命令，然后选取 TOP 基准平面作为参照平面。

步骤 07 绘制折弯线。进入草绘环境后，首先选取适当的边线为参照，然后绘制如图 9.4.9 所示

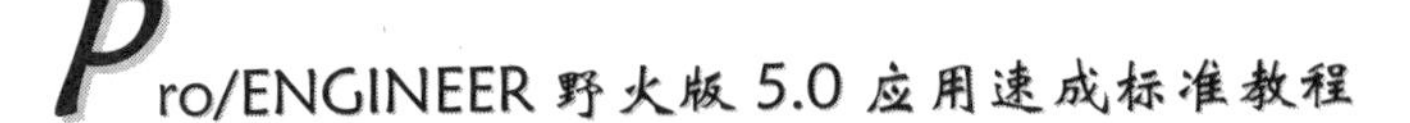

的折弯线。完成绘制后，单击“草绘完成”按钮✔。

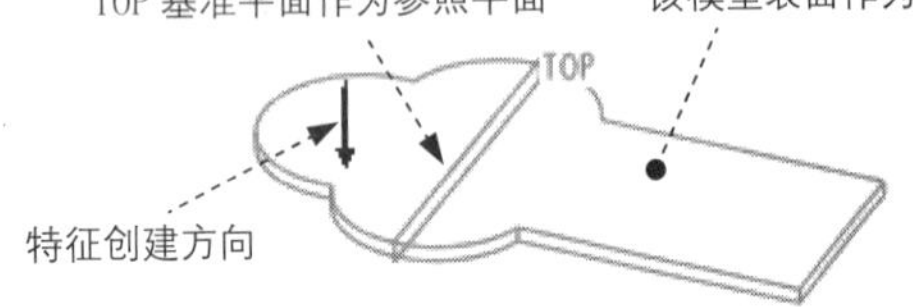

图 9.4.8　定义草绘平面

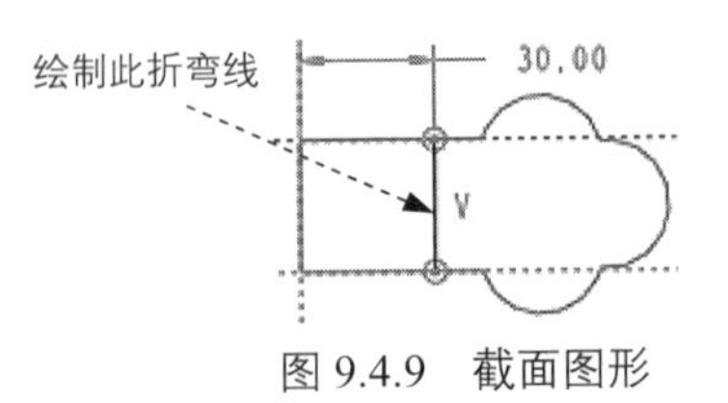

图 9.4.9　截面图形

步骤 08　选择折弯侧。此时系统提示◆指明在图元的哪一侧创建特征.，在▼ BEND SIDE（折弯侧）菜单中选择Flip（反向）命令，采用图 9.4.10 所示的箭头指向，选择Okay（确定）命令。

步骤 09　选择固定侧。此时系统提示◆箭头指示着要固定的区域。拾取反向或确定。，其固定侧如图 9.4.11 所示，选择Okay（确定）命令。

步骤 10　在▼ RELIEF（止裂槽）菜单中，选择No Relief（无止裂槽）➡ Done（完成）命令。

步骤 11　在▼ DEF BEND ANGLE菜单中，选取折弯角度为 90.00，再选择该菜单中的☑ Flip（反向）命令，将折弯的创建方向反向（如图 9.4.12 所示），选择Done（完成）命令。

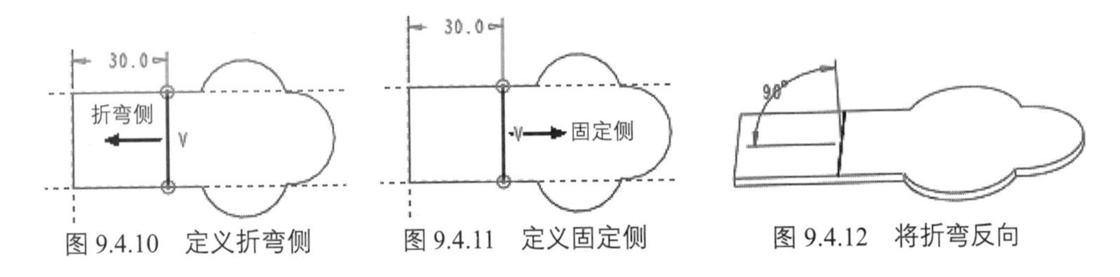

图 9.4.10　定义折弯侧　　图 9.4.11　定义固定侧　　图 9.4.12　将折弯反向

步骤 12　在▼ SEL RADIUS（选取半径）菜单中，选择Thickness（厚度）命令。

步骤 13　单击信息对话框中的预览按钮，预览所创建的折弯特征；单击确定按钮，完成创建。

5.　轧折弯

下面以图 9.4.13 所示为例，介绍轧折弯的操作过程。

步骤 01　将工作目录设置为 D:\proesc5\work\ch09.04，打开文件 bend_roll_1.prt。

步骤 02　选择下拉菜单插入(I) ➡ 折弯操作(B) ▸ ➡ 折弯(B)...命令。

步骤 03　选择折弯方式。在如图 9.4.14 所示的▼ OPTIONS（选项）菜单中，选择 Roll（轧）➡ Regular（常规）➡ Done（完成）命令。

步骤 04　在▼ USE TABLE（使用表）菜单中，选择Part Bend Tbl（零件折弯表）➡ Done/Return（完成/返回）命令（表明使用默认的折弯表来计算折弯的展开长度）。

步骤 05　在系统弹出的▼ RADIUS SIDE（半径所在的侧）菜单中，选择Inside Rad（内侧半径）➡ Done/Return（完成/返回）命令。

图 9.4.13　钣金折弯

图 9.4.14　“选项”菜单

步骤 06　定义草绘平面。在系统的◆选取一钣金件曲面在上面进行草绘。提示下，选取图 9.4.15 所示的模型表面作为草绘平面，再选择 Okay (确定) 命令，采用默认的特征创建方向；选择 Left (左) 命令，然后选取 TOP 基准平面作为参照平面。

步骤 07　绘制折弯线。进入草绘环境后，绘制图 9.4.16 所示的一条折弯线。完成绘制后，单击“草绘完成”按钮✓。

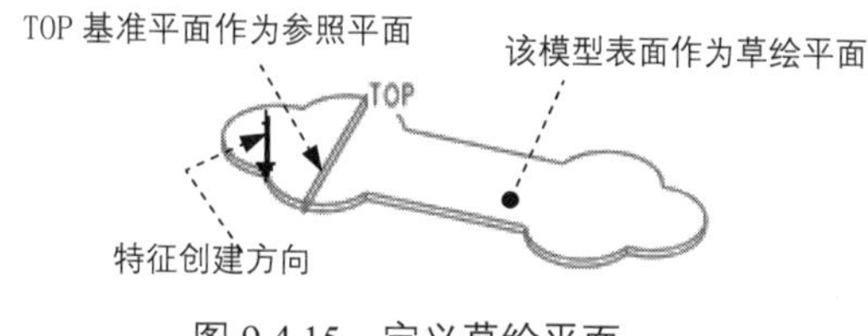

图 9.4.15　定义草绘平面

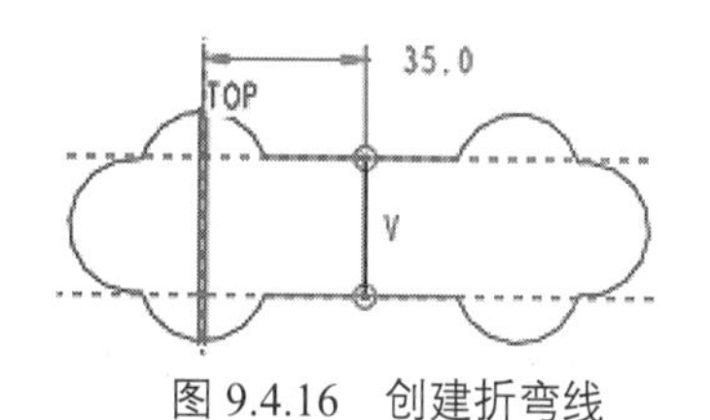

图 9.4.16　创建折弯线

步骤 08　选择折弯侧。此时，系统提示◆指明在图元的哪一侧创建特征。，选择 Both (两者) 命令，使折弯侧为两侧（如图 9.4.17 所示）。

步骤 09　选择固定侧。此时，系统提示◆箭头指示着要固定的区域。拾取反向或确定。，选择 Flip (反向) 命令，使固定侧如图 9.4.18 所示，然后选择 Okay (确定) 命令。

步骤 10　在 ▼ RELIEF (止裂槽) 菜单中，选择 No Relief (无止裂槽) ➡ Done (完成) 命令。

步骤 11　在 ▼ SEL RADIUS (选取半径) 菜单中，选择 Enter Value (输入值) 命令，然后输入折弯半径值 70。

步骤 12　单击信息对话框中的 预览 按钮，预览所创建的折弯特征，然后单击 确定 按钮。

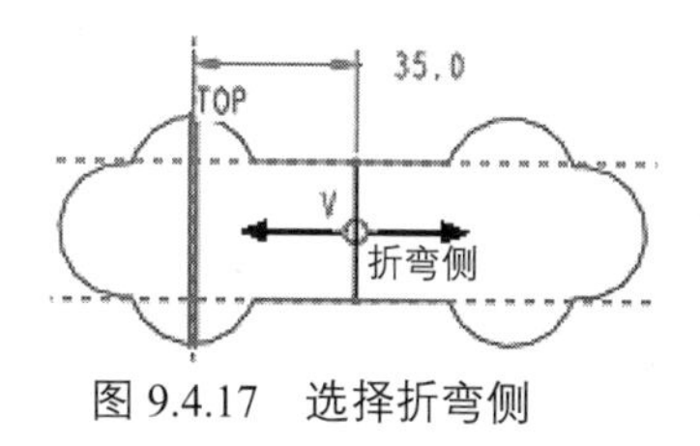

图 9.4.17　选择折弯侧

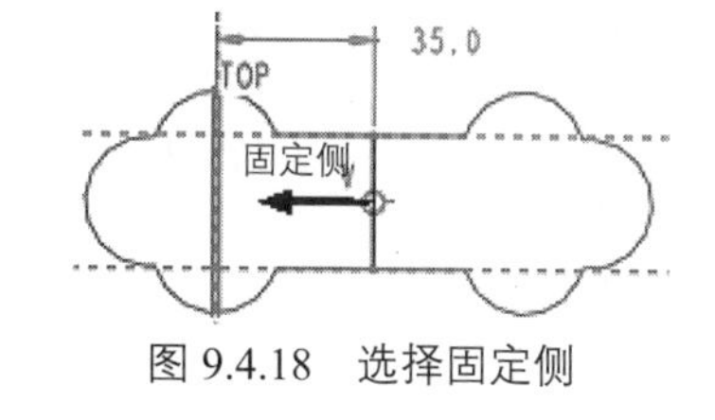

图 9.4.18　选择固定侧

Note

9.5 钣金展平

9.5.1 钣金展平概述

在钣金设计中，可以用展平命令（Unbend）将三维的折弯钣金件展平为二维的平面薄板（如图 9.5.1 所示），钣金展平的作用如下。

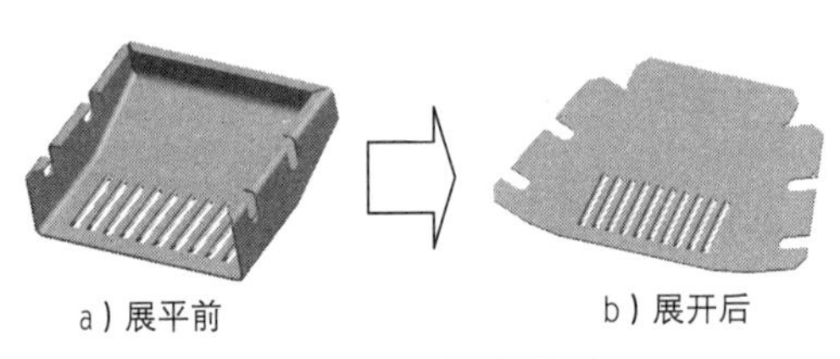

图 9.5.1 钣金展平

◆ 钣金展平后，可更容易了解如何剪裁薄板及其各部分的尺寸、大小。

◆ 有些钣金特征（如止裂切口）需要在钣金展平后创建。

◆ 钣金展平对于钣金的下料和创建钣金的工程图十分有用。

1. 选取钣金展平命令

选取钣金展平命令有如下两种方法。

方法一：选择下拉菜单 插入(I) → 折弯操作(B) ▸ → 展平(U)... 命令。

方法二：在工具栏中单击按钮。

2. 一般的钣金展平方式

在图 9.5.2 所示的 ▼ UNBEND OPT (展平选项) 菜单中，系统列出了三种展平方式，分别是常规展平方式、过渡展平方式和剖截面驱动展平方式，后面小节将主要介绍常用钣金的展平方式（即常规方式展平）的操作方法。

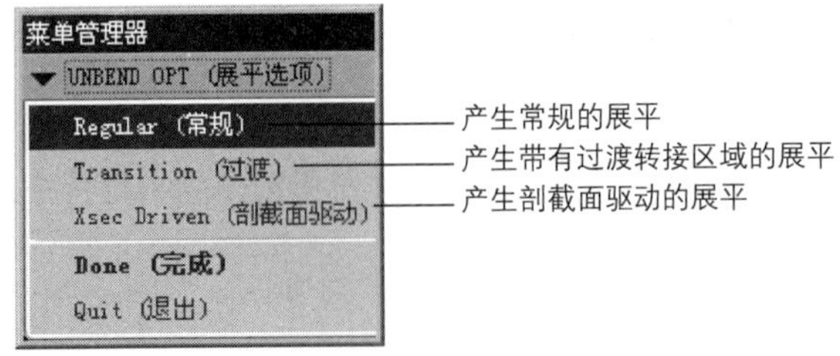

图 9.5.2 “展平选项”菜单

9.5.2 常规展平方式

常规展平（Regular Unbend）是一种最为常用、限制最少的钣金展平方式。利用这种展平方式既

可以对一般的弯曲钣金壁进行展平，也可以对由折弯（Bend）命令创建的钣金折弯进行展平，但它不能展平不常规的曲面。

下面以图 9.5.3 所示的例子介绍常规展平命令的操作方法如下。

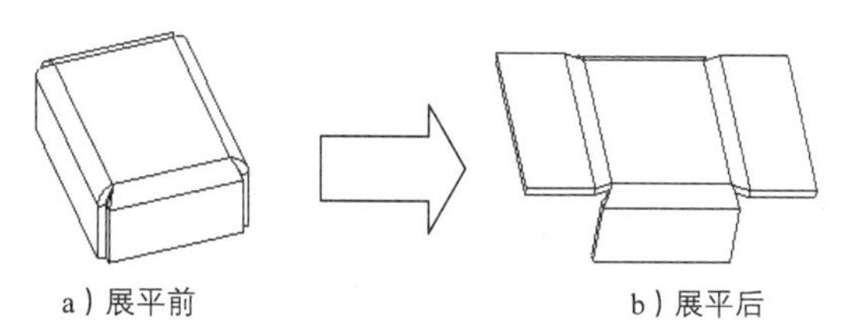

图 9.5.3　钣金的部分展平

步骤 01　将工作目录设置至 D:\proesc5\work\ch09.05，打开文件 unbend_g1.prt。

步骤 02　选择下拉菜单 插入(I) → 折弯操作(B) ▸ → 展平(U)... 命令。

步骤 03　定义钣金展平选项。在弹出的 ▼ UNBEND OPT (展平选项) 菜单中，选择 Regular (常规) → Done (完成) 命令，系统弹出图 9.5.4 所示的特征信息对话框。

图 9.5.4　“规则类型”特征信息对话框

图 9.5.4 所示的特征信息对话框中各元素的说明如下。

- Fixed Geom (固定几何形状)：选取模型的一个面或边线为固定几何，此面或边线在展平时仍会固定在原处。
- Unbend Geom (展平几何形状)：选取欲展平的折弯区域。
- Deformation (变形)：若折弯区域有变形区不能延伸至钣金件的边缘时，系统会出现红色光亮提示。此时，用户必须再另外选取变形区域与零件的边缘连接。

步骤 04　选取固定面（边）。在系统 ➪选取当展平/折弯回去时保持固定的平面或边。的提示下，选取如图 9.5.5 所示的表面作为固定面。

步骤 05　确定要展平的折弯区域。在 ▼ UNBENDSEL (展平选取) 菜单中，选择 UnbendSelect (展平选取) → Done (完成) 命令，然后在系统 ➪选取要展平的曲面或边。的提示下，按住 Ctrl 键，选取图 9.5.6 中的两个曲面作为展平面；再在 ▼ FEATURE REFS (特征参考) 菜单中选择 Done Refs (完成参考) 命令。

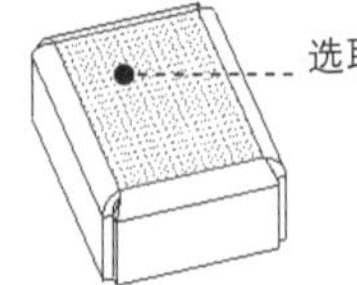
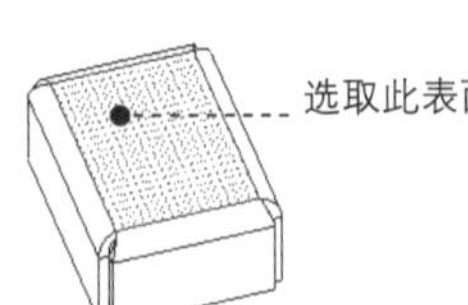

图 9.5.5 选取固定面

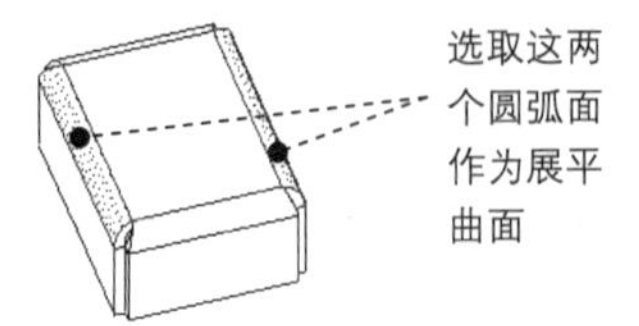

图 9.5.6 选取展平曲面

Note

步骤 06 单击信息对话框中的 预览 按钮，预览所创建的展平特征；然后单击对话框中的 确定 按钮。

步骤 07 保存零件模型文件。

说明：如果在 ▼ UNBENDSEL (展平选取) 菜单中，选取 Unbend All (展平全部) → Done (完成) 命令，则所有的钣金壁都将展平，如图 9.5.7 所示。

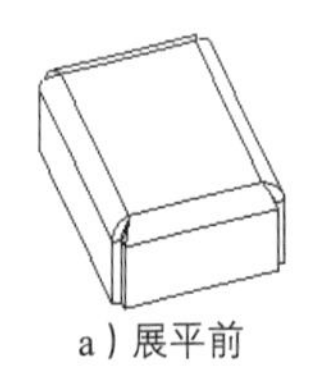
a）展平前

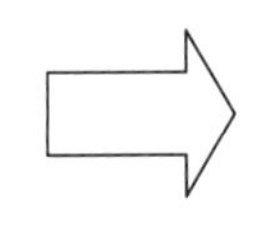

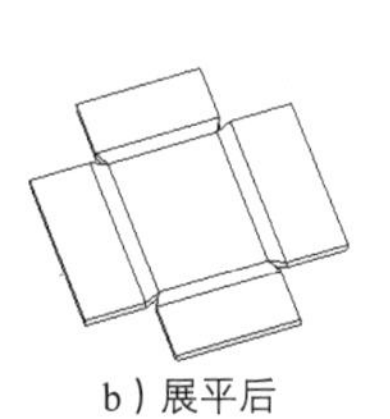
b）展平后

图 9.5.7 钣金的全部展平

9.6 钣金折弯回去

9.6.1 关于钣金折弯回去

可以将展平后的钣金壁部分或全部地折弯回去（BendBack），简称为钣金的折回，如图 9.6.1 所示。

1. 选取钣金折弯回去命令

选取钣金折弯回去命令有如下两种方法：

方法一：选择菜单 插入(I) → 折弯操作(B) ▸ → 折弯回去(E)... 命令。

方法二：在工具栏中单击按钮。

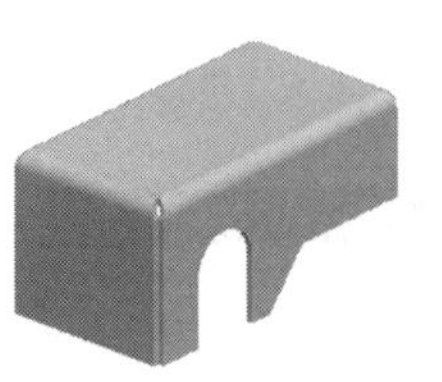
a）原钣金件

b）展开钣金件

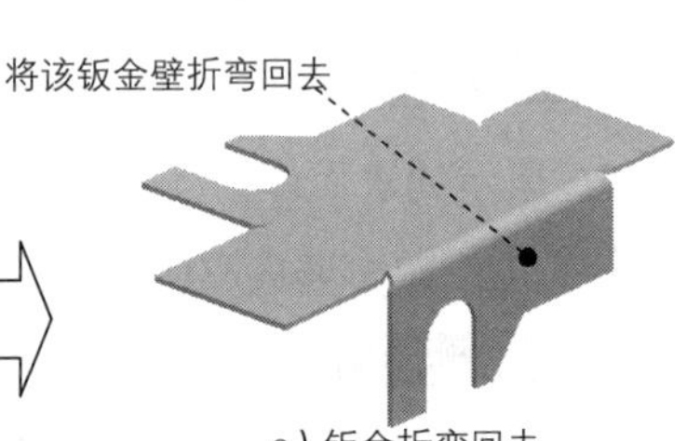

c）钣金折弯回去

图 9.6.1 钣金折弯回去

2. 使用折弯回去的注意事项

虽然删除一个展平（Unbend）特征也可以使部分或全部钣金壁折弯回去，但要注意的是，增加一个折弯回去（BendBack）特征与删除展平特征具有不同的操作意义。

◆ 如果进行展平操作（增加一个展平特征），只是为了查看钣金件在二维（平面）状态下的外观，那么在执行下一个操作之前请记得将前面的展平特征删除。

◆ 不要增加不必要的展平／折回特征对，否则会增大零件尺寸，并可能导致再生失败。

◆ 如果需要在二维平整状态下建立某些特征，则可首先增加一个展平特征，再在二维平整状态下进行某些特征的创建，然后增加一个折弯回去特征恢复钣金件原来的三维状态。注意：在此情况下，不要删除展平特征，否则参照它的特征再生时会失败。

9.6.2 钣金折弯回去的一般操作过程

图 9.6.1 所示是一个一般形式的钣金折弯回去，操作步骤说明如下。

步骤 01 将工作目录设置为 D:\proesc5\work\ch09.06，打开文件 bendback.prt。

步骤 02 选择下拉菜单 插入(I) → 折弯操作(B) ▸ → 折弯回去(E)... 命令，系统弹出“折弯回去”信息对话框。

步骤 03 选取固定面（边）。在系统的 ➪选取当展平/折弯回去时保持固定的平面或边。提示下，选取图 9.6.2 所示的表面作为固定面。

步骤 04 在 ▼ BENDBACKSEL (折弯回去选取) 菜单中选择 BendBack Sel (折弯回去选取) → Done (完成) 命令，则系统提示 ➪选取要折弯回去的曲面或边。，选取图 9.6.3 中的曲面作为要折弯回去的曲面，然后选择 Done Refs (完成参考) 命令。

如果选择 BendBack All (折弯回去全部) 命令，则钣金全部展平的面都将折弯回去。

步骤 05 单击信息对话框中的 确定 按钮，完成折弯回去特征的创建。

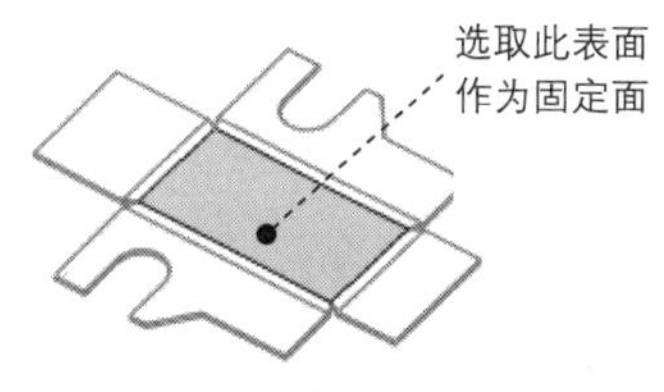

图 9.6.2 选取固定面

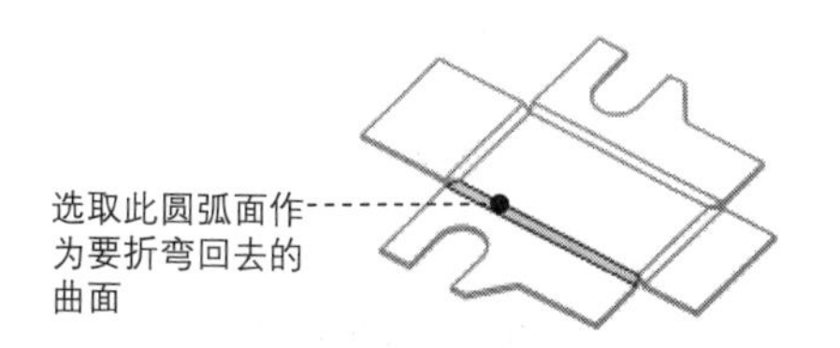

图 9.6.3 选取折弯回去的曲面

Note

9.7 钣金成形特征

9.7.1 成形特征概述

把一个实体零件（冲模）上的某个形状印贴在钣金件上，这就是钣金成形（Form）特征，成形特征也称为印贴特征。例如，图 9.7.1a 所示的实体零件为成形冲模，该冲模中的凸起形状可以印贴在一个钣金件上而产生成形特征（如图 9.7.1b 所示）。

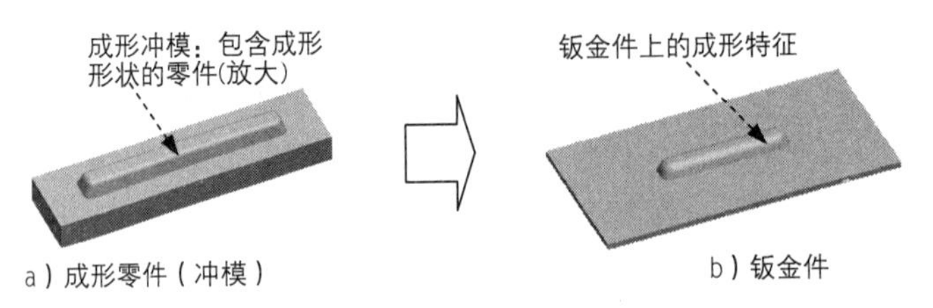

图 9.7.1　钣金成形特征

模具成形和冲压成形的区别主要在于这两种成形所使用的冲模的不同，在模具成形冲模零件中，必须有一个基础平面作为边界面（如图 9.7.2 所示），而在冲压成形的冲模零件中，则没有此基础平面（如图 9.7.3 所示）。

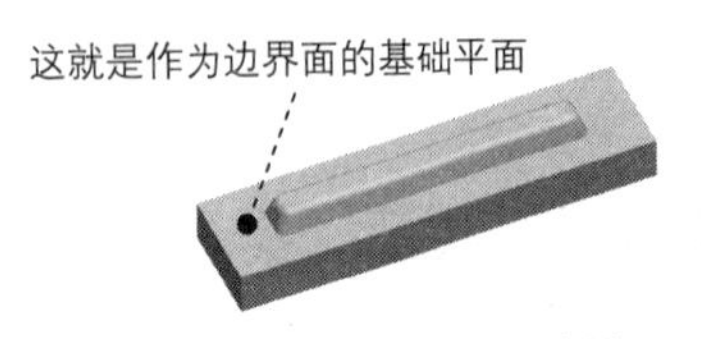

图 9.7.2　模具成形的冲模

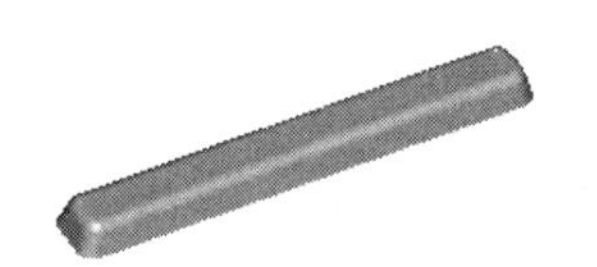

图 9.7.3　冲压成形的冲模

冲压成形的冲模的所有表面必须都是凸起的，所以冲压成形只能冲出凸起的成形特征；而模具成形的冲模的表面可以是凸起的，也可以是凹陷的（如图 9.7.4a 所示），所以模具成形可以冲出既有凸起又有凹陷的成形特征（如图 9.7.4b 所示）。

图 9.7.4　模具成形特征

9.7.2 以模具方式创建成形特征

下面举例说明以模具方式创建成形特征的一般创建过程。在本例中将使用一个在零件（Part）模

式下创建的零件作为 Die 冲模，在一个钣金件上创建成形特征，操作步骤说明如下。

任务 01 创建如图 9.7.5 所示的成形特征。

步骤 01 将工作目录设置为 D:\proesc5\work\ch09.07，打开文件 sm_form2.prt。

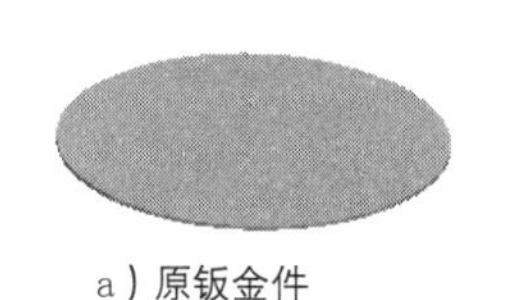

a）原钣金件

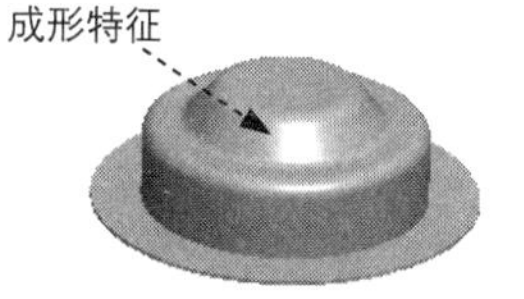

b）添加成形特征

图 9.7.5 创建成形

步骤 02 选择下拉菜单 插入(I) → 形状(S) → 凹模(D)... 命令。

步骤 03 在系统弹出的 ▼ OPTIONS (选项) 菜单中选择 Reference (参照) → Done (完成) 命令。

步骤 04 在系统弹出的文件“打开”对话框中，选择 sm_die.prt 文件，并将其打开。此时，系统弹出图 9.7.6 所示的“模板”信息对话框和图 9.7.7 所示的“模板”对话框。

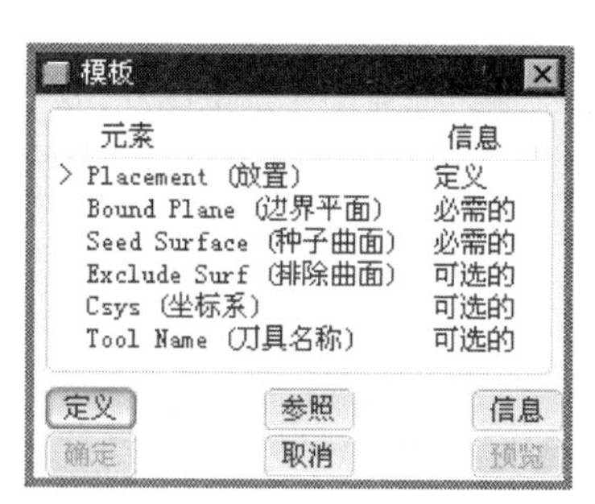

图 9.7.6 “模板”信息对话框

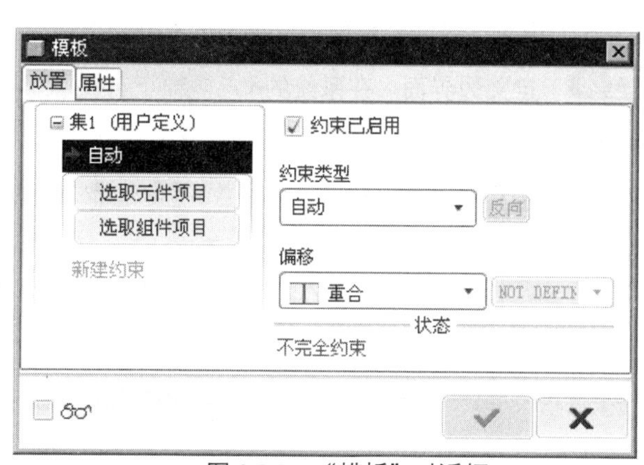

图 9.7.7 “模板”对话框

图 9.7.6 所示的“模板”信息对话框中各元素的说明如下。

- Placement (放置)：定义钣金件和冲压模型的装配约束条件。
- Bound Plane (边界平面)：定义边界曲面。
- Seed Surface (种子曲面)：定义种子曲面。
- Exclude Surf (排除曲面)：定义将移除的曲面。
- Tool Name (刀具名称)：可给定此成形冲模（刀具）的名称。

步骤 05 定义成形模具的放置。如果成形模具显示为整屏，则可调整其窗口大小。

（1）定义匹配约束。在如图 9.7.6 所示的“模板”对话框中，选择约束类型 对齐，然后分别在模具模型和钣金件中选取图 9.7.8 中所示的对齐面（模具上的 FRONT 基准面与钣金件上的 FRONT 基准面）。

Note

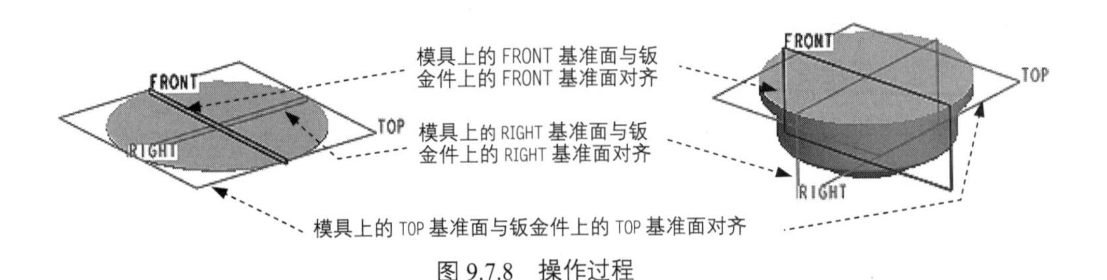

图 9.7.8 操作过程

（2）定义对齐约束。在“模板”对话框中，单击 ➔新建约束 字符，选择新增加的约束类型 对齐，分别选取图 9.7.8 中所示的对齐面（模具上的 RIGHT 基准面与钣金件上的 RIGHT 基准面）。

（3）定义对齐约束。在“模板” 对话框中，单击 ➔新建约束 字符，选择新增加的约束类型 对齐，分别选取图 9.7.8 中所示的对齐面（模具上的 TOP 基准面与钣金件上的 TOP 基准面），此时“模板”对话框显示“完全约束”。

（4）在“模板”对话框中单击“完成”按钮 ✔。

步骤 06 定义边界面。在系统的 ◆从参照零件选取边界平面。提示下，在模型中选取图 9.7.9 中所示的面作为边界面。

步骤 07 定义种子面。在系统的 ◆从参照零件选取种子曲面。提示下，在模型中选取图 9.7.9 中所示的面作为种子面。

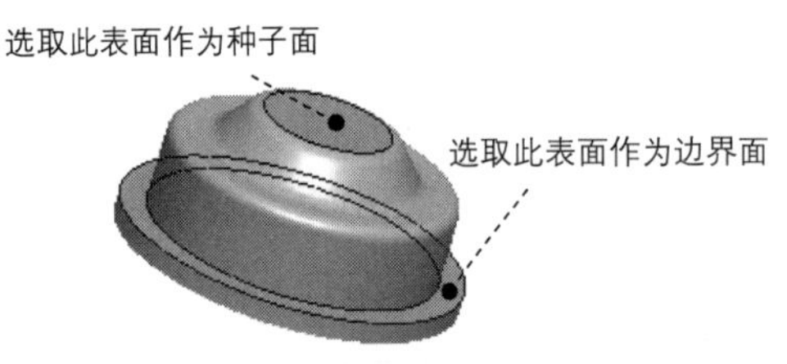

图 9.7.9 定义边界面和种子面

在 Die 冲模零件上指定边界面（Boundary Sruface）及种子面（Seed Surface）后，其成形范围则由种子面往外扩张，直到碰到边界面为止的连续曲面区域（不包含边界面）。

步骤 08 单击“模板”特征信息对话框下部的 预览 按钮，可浏览所创建的成形特征，然后单击 确定 按钮。

步骤 09 保存零件模型文件。

9.8 钣金设计综合应用

9.8.1 钣金设计综合应用一

实例概述

本实例介绍了一个常见的打火机防风盖的设计，由于在设计过程中需要用到成形特征，所以首先创建一个模具特征，然后再新建钣金特征将倒圆角的实体零件模型转换为钣金零件。该零件模型及模型树如图 9.8.1 所示。

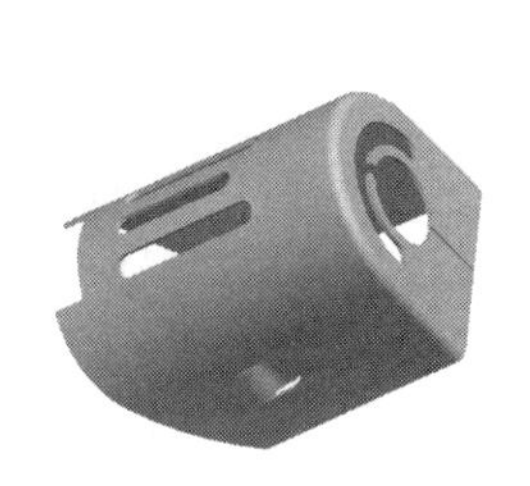

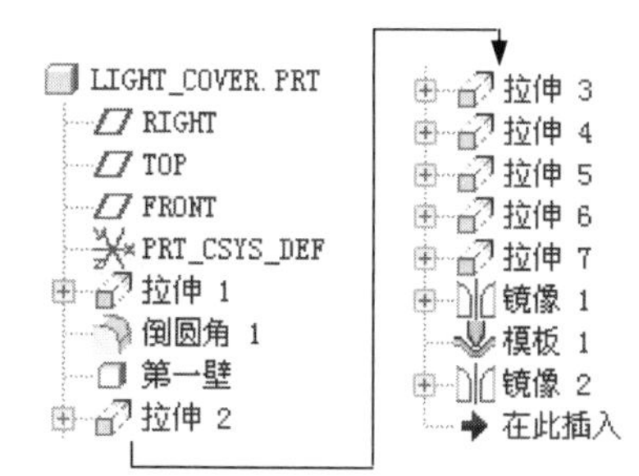

图 9.8.1 零件模型及模型树

1. 创建模具

Die 模具用于创建模具成形特征，在该模具零件中，必须有一个基础平面作为边界面。

（注：本实例的详细操作过程请参见随书光盘中 video\ch09.08.01\reference\文件下的语音视频讲解文件“Task1. 创建模具-r01.avi”）。

2. 创建主体零件模型

步骤 01 新建一个实例零件模型，命名为 LIGHT_COVER.PRT 。

步骤 02 创建图 9.8.2 所示的拉伸特征 1。选择下拉菜单 插入(I) → 拉伸(E)... 命令，选取 TOP 基准面作为草绘平面，RIGHT 基准面作为参照平面，方向为 右。绘制图 9.8.3 所示的截面草图；单击深度类型按钮，输入深度值为 15.0。

步骤 03 创建图 9.8.4b 所示的倒圆角特征 1。选取图 9.8.4a 所示的边线作为圆角放置参照，输入圆角半径值为 0.5。

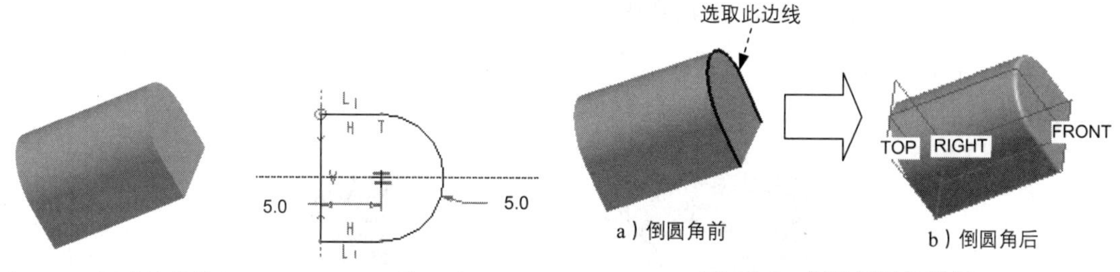

图 9.8.2 创建拉伸特征 1　图 9.8.3 截面草图　图 9.8.4 创建倒圆角特征 1

步骤 04 将实体零件转换成第一钣金壁，如图 9.8.5 所示。选择下拉菜单 应用程序(P) → 钣金件(H) 命令，在 ▼ SMT CONVERT (钣金件转换) 菜单中选择 Shell (壳) 命令；按住 Ctrl 键，依次选取图 9.8.6 所示的两个表面为壳体的删除面；钣金壁厚度值为 0.2。

步骤 05 创建图 9.8.7 所示的钣金拉伸切削特征 1。选择下拉菜单 插入(I) → 拉伸(E)... 命令，确认“实体”类型按钮被激活，然后确认操控板中的“移除材料”按钮和“移除与曲面垂直的材料”按钮被激活；选取 RIGHT 基准面作为草绘平面，选取 TOP 基准面作为参照平面，方向为 顶。绘制图 9.8.8 所示的截面草图；深度类型为，并单击其后的“反向”按钮，选择材料移除的方向类型（移除垂直于驱动曲面的材料）。单击“完成”按钮，完成特征的创建。

图 9.8.5　创建第一钣金壁

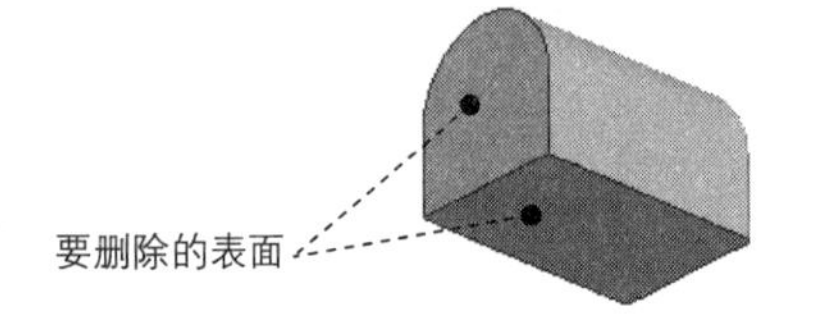

图 9.8.6　选取删除面

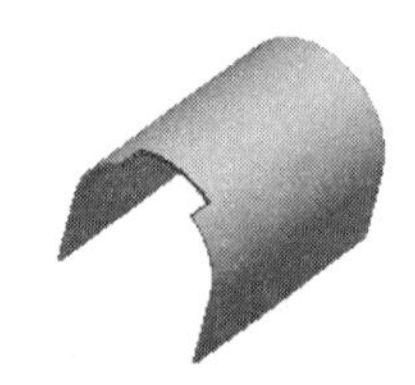

图 9.8.7　创建钣金拉伸切削特征 1

步骤 06 创建图 9.8.9 所示的钣金拉伸切削特征 2。选择下拉菜单 插入(I) → 拉伸(E)... 命令；在操控板中确认“实体”类型按钮被激活，然后确认操控板中的“移除材料”按钮和“移除与曲面垂直的材料”按钮被激活；选取图 9.8.9 所示的钣金面作为草绘平面；选取 RIGHT 基准面作为参照平面，方向为 左。选取 FRONT 基准面和图 9.8.10 所示的边线作为草绘参照；绘制的截面草图如图 9.8.10 所示，选择深度类型为。单击操控板中的“完成”按钮，完成特征的创建。

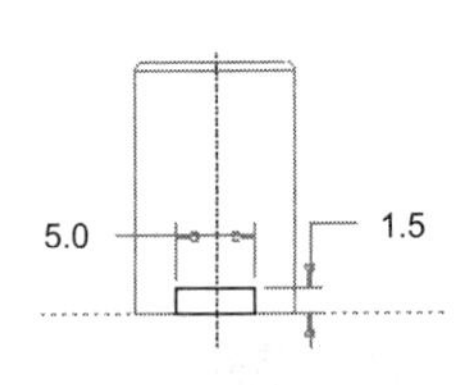

图 9.8.8　截面草图

草绘平面

图 9.8.9　创建钣金拉伸切削特征 2

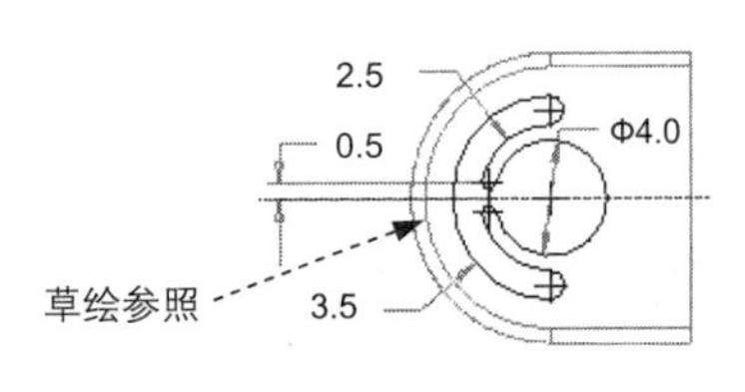

图 9.8.10　截面草图

步骤 07 创建图 9.8.11 所示的钣金拉伸切削特征 3。选择下拉菜单 插入(I) → 拉伸(E)... 命令；在操控板中首先确认“实体”类型按钮被激活，然后确认操控板中的“移除材料”按钮和“移除与曲面垂直的材料”按钮被激活；选取图 9.8.11 所示的钣金面作为草绘平面；选取 RIGHT 基准面作为参照平面，方向为 左。采用默认的草绘参照，特征的截面草图如图 9.8.12 所示，选择深度类型为，单击按钮并在其后的文本框中输入数值 0.2。单击操控板中的“完成”按钮，完成特征的创建。

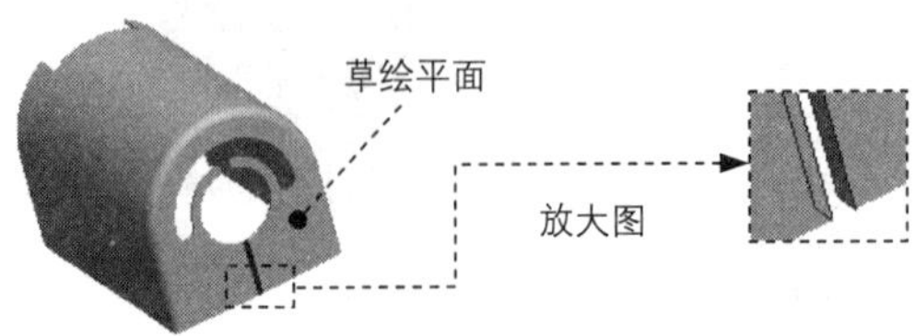

图 9.8.11　创建钣金拉伸切削特征 3

步骤 08 创建图 9.8.13 所示的钣金切削特征 4。选择下拉菜单 插入(I) → 拉伸(E)... 命令；在操控板中先确认“实体”类型按钮被激活，然后确认操控板中的“移除材料”按钮和“移除与曲面垂直的材料”按钮被激活；选取 FRONT 基准面作为草绘平面，选取 RIGHT 基准面作为参照平面，方向为 顶；采用默认的草绘参照，特征的截面草图如图 9.8.14 所示，选择深度类型为，深度值为 12.0；单击操控板中的“完成”按钮，完成特征的创建。

Note

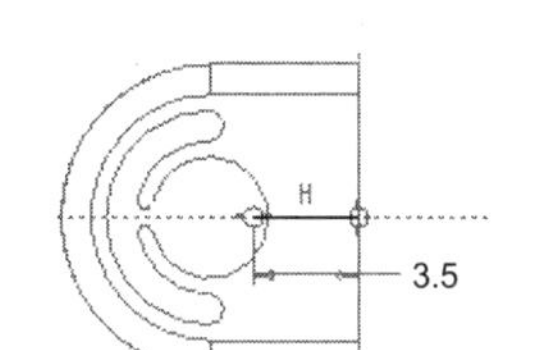

图 9.8.12　截面草图

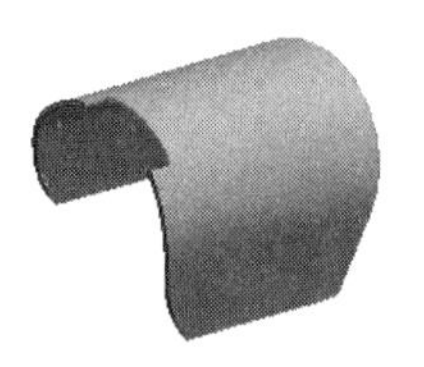

图 9.8.13　创建钣金拉伸切削特征 4

步骤 09 创建图 9.8.15 所示的钣金拉伸切削特征 5。选取 RIGHT 基准面作为草绘平面，TOP 基准面作为参照平面，方向为 顶；采用默认的草绘参照，特征的截面草图如图 9.8.16 所示，选择深度类型为，并单击其后的按钮。其余操作过程参见步骤 08。

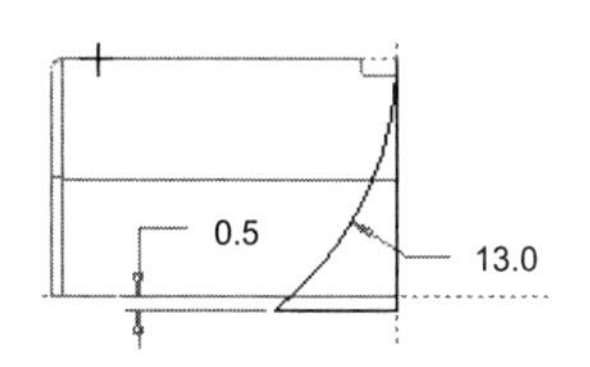

图 9.8.14　截面草图

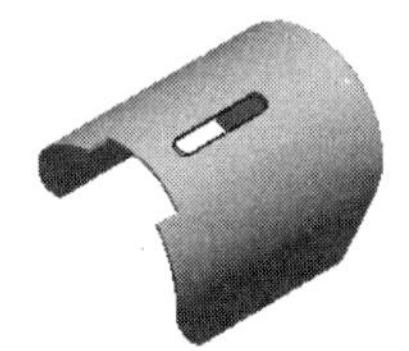

图 9.8.15　创建钣金拉伸切削特征 5

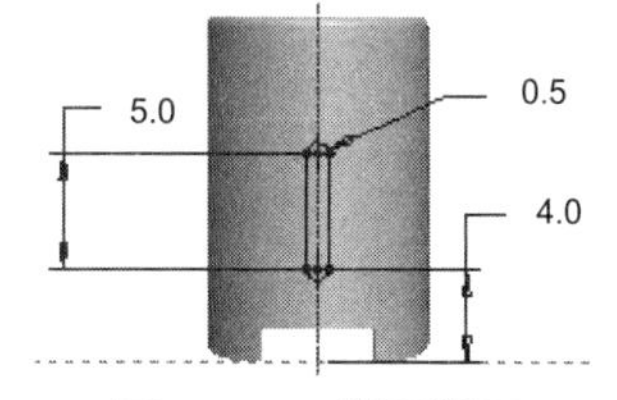

图 9.8.16　截面草图

步骤 10 创建图 9.8.17 所示的钣金拉伸切削特征 6。选择下拉菜单 插入(I) → 拉伸(E)... 命令；在操控板中首先确认“实体”类型按钮被激活，然后确认操控板中的“移除材料”按钮和“移除与曲面垂直的材料”按钮被激活；选取 RIGHT 基准面作为草绘平面，选取 TOP 基准面作为参照平面，方向为 顶。采用默认的草绘参照，特征的截面草图如图 9.8.18 所示，选择深度类型为，并单击其后的按钮；单击操控板中的“完成”按钮，完成特征的创建。

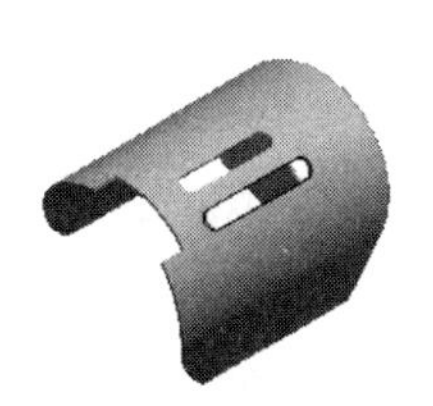

图 9.8.17　创建钣金拉伸切削特征 6

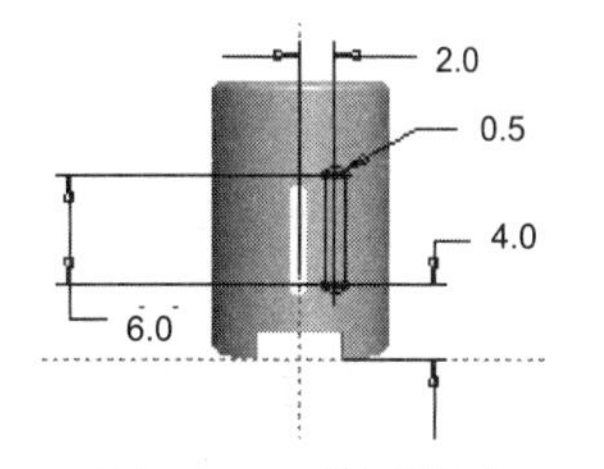

图 9.8.18　截面草图

步骤 11 创建图 9.8.19 所示的镜像特征 1。选取步骤 10 所创建的钣金切削特征作为镜像源特征，选择下拉菜单 编辑(E) → 镜像(I)... 命令，选取 FRONT 基准面作为镜像平面。

步骤12 创建图 9.8.20 所示的凸模成形特征 1（注：本步骤的详细操作过程请参见随书光盘中video\ch09\reference\文件下的语音视频讲解文件 LIGHT_COVER-r01.avi）。

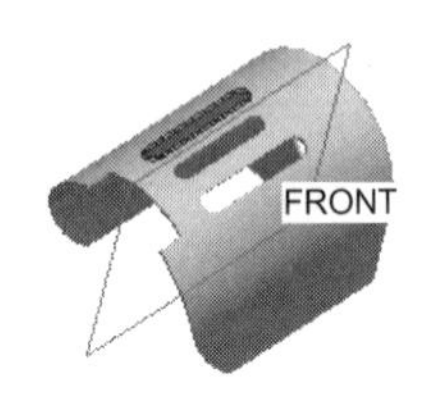

图 9.8.19 创建镜像特征 1

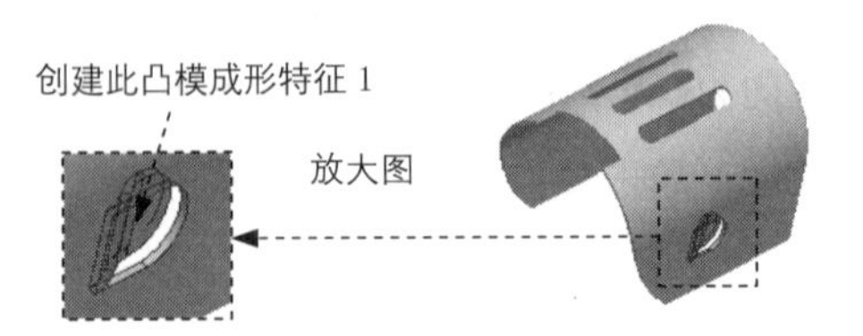

图 9.8.20 创建凸模成形特征 1

Note

步骤13 创建图 9.8.21 所示的镜像特征 2。选取步骤12所创建的凸模成形特征 1 作为镜像源特征，选择下拉菜单 编辑(E) ➡ 镜像(I)... 命令，选取 FRONT 基准面作为镜像平面。

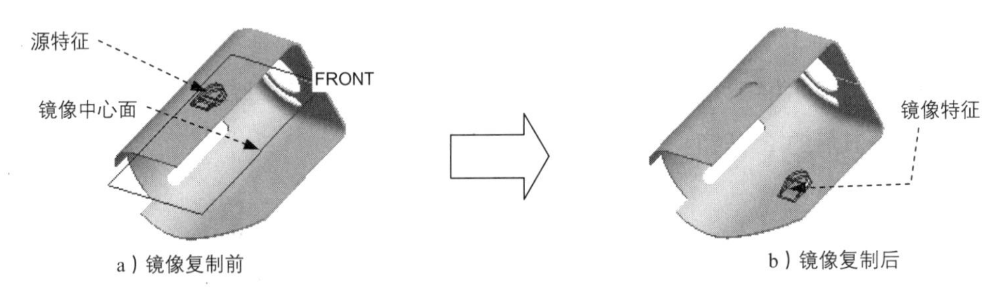

图 9.8.21 创建镜像特征 2

步骤14 保存零件模型文件。

9.8.2 钣金设计综合应用二

实例概述:

本实例介绍的是一个水杯盖的创建过程。首先创建一个模具特征，用于稍后的成形特征的创建，然后创建“旋转”类型的钣金壁特征、法兰附加钣金壁特征、钣金壁切削特征及成形特征。这些钣金设计命令有一定代表性，尤其是成形特征的创建思想更值得借鉴。零件模型如图 9.8.22 所示。

本实例的详细操作过程请参见随书光盘中 video\ch09.08.02\文件下的语音视频讲解文件。模型文件为 D:\proesc5 \work\ch09.08.02\INSTANCE_CUP_COVER。

9.8.3 钣金设计综合应用三

实例概述

本实例介绍了指甲钳手柄的设计过程。首先创建一个模具特征，为后期的冲压成形特征做准备，然后通过拉伸及钣金切削创建基础部分，其次接合模具特征创建冲压成形特征，最后通过折弯、钣金切削及圆

角命令完善模型。这些钣金设计命令有一定代表性，尤其是冲压成形特征的创建。该零件模型如图 9.8.23 所示。

图 9.8.22　零件模型二

图 9.8.23　零件模型三

本实例的详细操作过程请参见随书光盘中 video\ch09.08.03\文件下的语音视频讲解文件。模型文件为 D:\proesc5 \work\ch09.08.03\DIE01.PRT。

9.8.4　钣金设计综合应用四

实例概述

本实例介绍的是创建的一个暖气罩的过程，主要运用的设计钣金的方法包括将倒圆角后的实体零件转换成第一钣金壁；创建封合的钣金侧壁；将钣金侧壁延伸后，再创建附加平整钣金壁、展开钣金壁、在展开的钣金壁上创建切削特征、折弯回去、创建成形特征等。其中，将钣金展平、创建切削特征后再折弯回去的做法，以及 Die 模具的创建和模具成形特征的创建都有较高的技巧性。零件模型如图 9.8.24 所示。

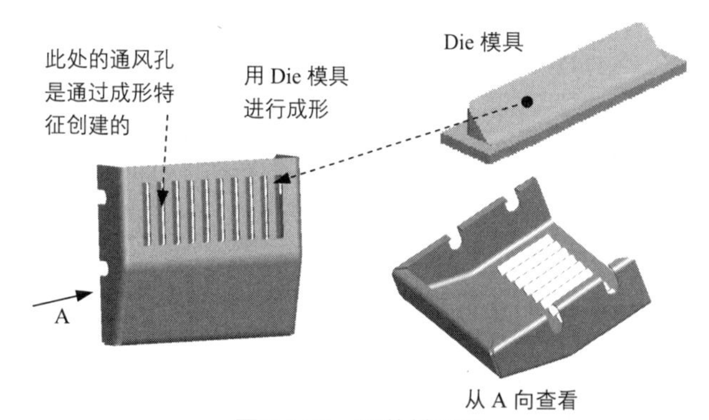

图 9.8.24　零件模型四

本实例的详细操作过程请参见随书光盘中 video\ch09.08.04\文件下的语音视频讲解文件。模型文件为 D:\proesc5\work\ch09.08.04\SM_DIE.PRT。

第 10 章 机构运动仿真与分析

10.1 机构运动仿真基础

在 Pro/ENGINEER 的机构模块中，可以对一个机构装置进行运动仿真及分析，除了查看机构的运行状态、检查机构运行时有无碰撞外，还能进行进一步的位置分析、运动分析、动态分析、静态分析和力平衡分析，为检验和进一步改进机构的设计提供参考数据。

10.1.1 机构运动仿真术语介绍

在 Pro/ENGINEER 的机构模块中，常用的术语解释如下。

- 机构（机械装置）：由一定数量的连接元件和固定元件所组成，能够完成特定动作的装配体。
- 连接元件：以"连接"方式添加到一个装配体中的元件。连接元件与它附着的元件间有相对运动。
- 固定元件：以一般的装配约束（重合、角度等）添加到一个装配体中的元件。固定元件与它附着的元件间没有相对运动。
- 连接：能够实现元件之间相对机械运动的约束集，如销钉连接、滑块连接和圆柱连接等。
- 自由度：各种连接类型提供不同的运动（平移和旋转）限制。
- 环连接：增加到运动环中的最后一个连接。
- 主体：机构中彼此间没有相对运动的一组元件（或一个元件）。
- 基础：机构中固定不动的一个主体。其他主体可相对于"基础"运动。
- 伺服电动机（驱动器）：伺服电动机为机构的平移或旋转提供驱动。可以在连接或几何图元上放置伺服电动机，并指定位置、速度或加速度与时间的函数关系。
- 执行电动机：作用于旋转或平移连接轴上而引起运动的力。

10.1.2 进入与退出 ProENGINEER 机构模块

要进入 Pro/MECHANICA 机构模块，必须首先新建或打开一个装配模型。下面以一个已完成运动仿真的机构模型为例，说明进入机构模块的操作过程。

步骤 01 将工作目录设置为 D:\proesc5\work\ch10.01，然后打开装配模型 fixture_motion.asm。

步骤 02 进入机构模块。选择下拉菜单 应用程序(P) ➡ 机构(E) 命令，进入机构模块。此时，界面如图 10.1.1 所示。

步骤 03 退出机构模块。选择下拉菜单 应用程序(P) → 标准(S) 命令。

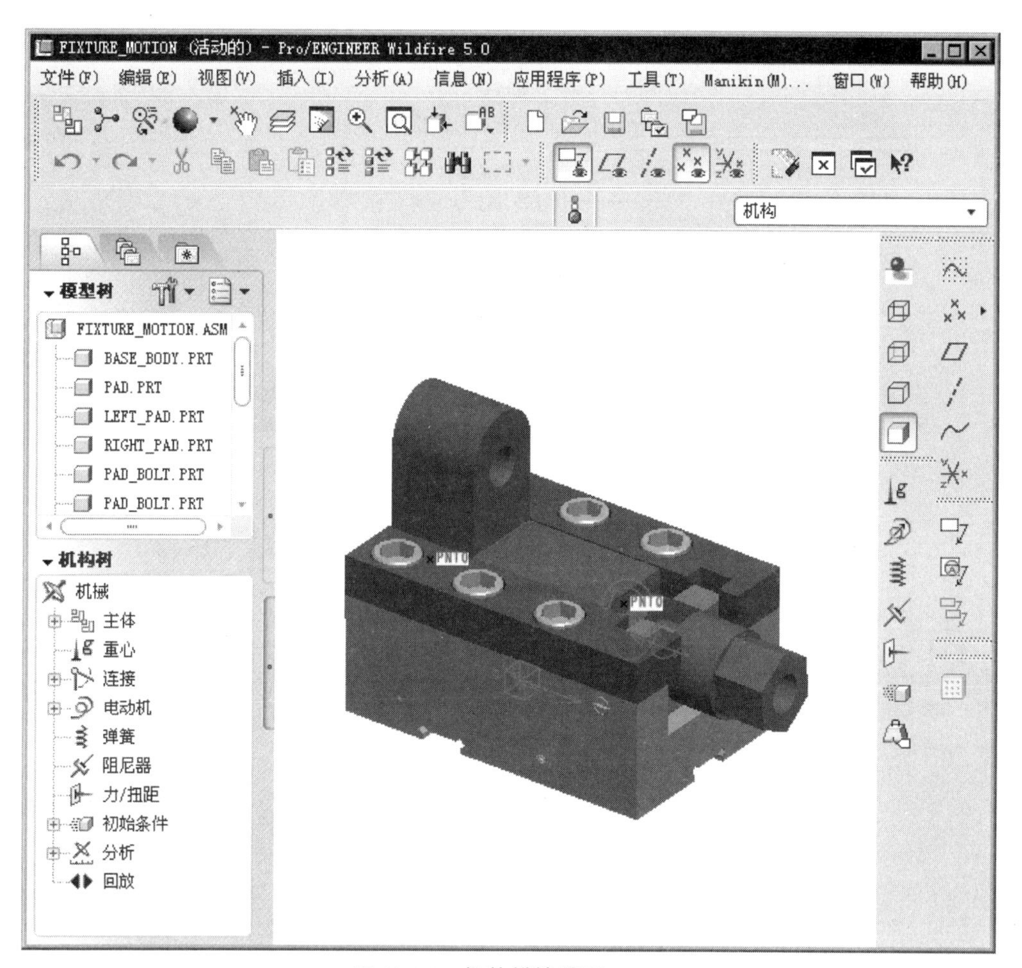

图 10.1.1　机构模块界面

10.1.3　机构模块菜单及按钮简介

在“机构”界面中，与机构相关的操作命令主要位于 编辑(E) 、插入(I) 和 分析(A) 三个下拉菜单中，如图 10.1.2、图 10.1.3 和图 10.1.4 所示。

在机构界面中，命令按钮区列出了下拉菜单中常用的“机构”操作命令（若要列出所有这些命令按钮，则可在按钮区右击鼠标，在快捷菜单中选中 机构 、模型 和 运动 命令）。

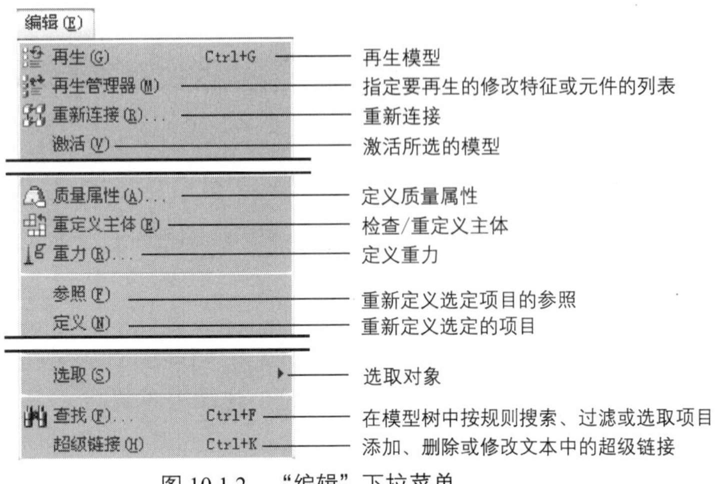

图 10.1.2 “编辑”下拉菜单

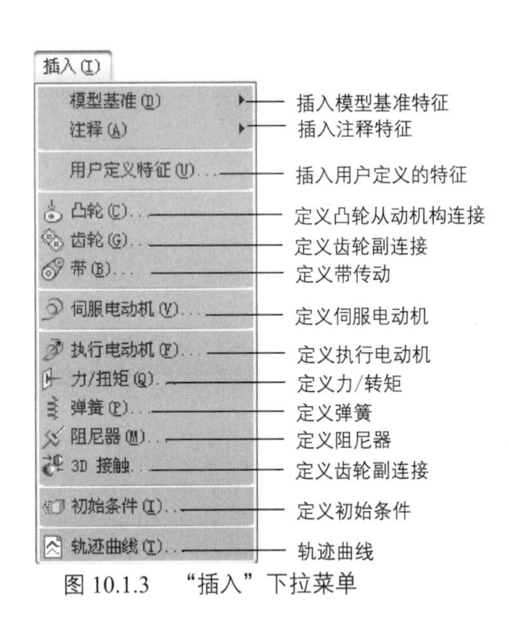

图 10.1.3 “插入”下拉菜单

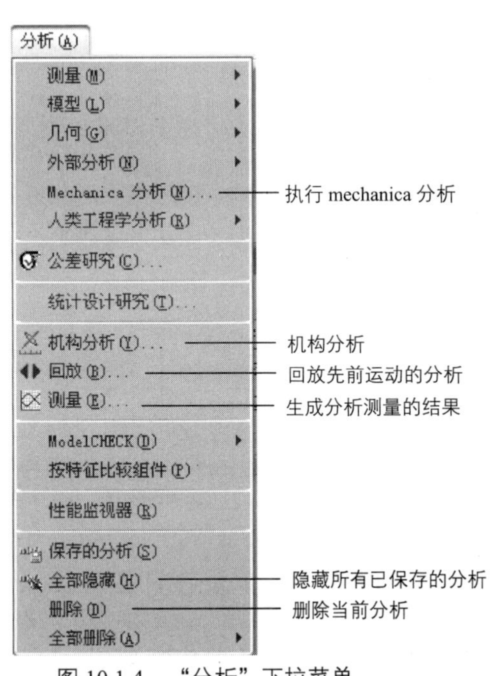

图 10.1.4 “分析”下拉菜单

10.1.4 主体

“主体”是机构装置中彼此间没有相对运动的一组元件（或一个元件）。通常，在创建一个机构装置时，根据主体的创建规则，第一个放置到装配体中的元件将成为该机构的“基础”主体，以后如果在基础主体上添加固定元件，那么该元件将成为“基础”的一部分；如果添加连接元件，系统则将其作为另一个主体。当为一个连接定义约束时，只能分别从装配体的同一个主体和连接件的同一个主体中选取约束参考。

进入机构模块后，选择下拉菜单 视图(V) → 加亮主体(H) 命令，系统将加亮机构装置中的所有主体。不同的主体显示为不同的颜色，基础主体为绿色。

如果机构装置没有以预期的方式运动，或者如果因为两个零件在同一主体中而不能创建连接，就可以使用“重新定义主体”来实现以下目的。

◆ 查明是什么约束使零件属于一个主体。

◆ 删除某些约束，使零件成为具有一定运动自由度的主体。

重新定义主体的具体操作步骤如下。

步骤 01 选择下拉菜单 编辑(E) → 重定义主体(R) 命令，系统弹出“重定义主体”对话框。

步骤 02 在模型中选取要重定义主体的零件，则对话框中显示该零件的约束信息，如图 10.1.5 所示，类型 列显示约束类型，参照 列显示各约束的参考零件。

约束 列表框不列出用来定义连接的约束，只列出固定约束。

步骤 03 从 约束 列表中选择一个约束，系统即显示其 元件参照 和 组件参照，显示格式为：“零件名称：几何类型”。同时，在模型中，元件参考以洋红色加亮，组件参考以青色加亮。

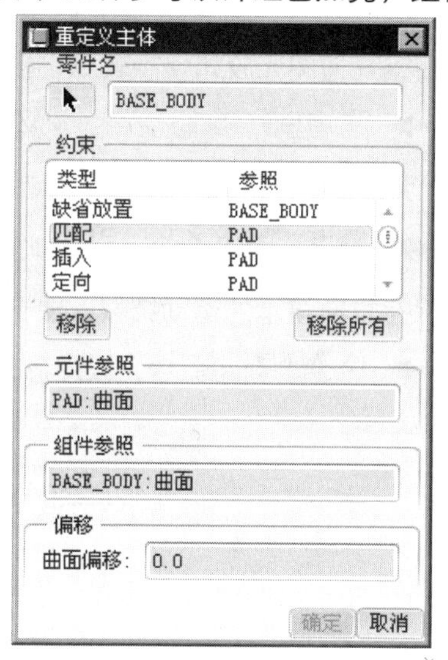

图 10.1.5　“重定义主体”对话框

步骤 04 如果要删除一个约束，则可从列表中选择该约束，然后单击 移除 按钮。根据主体的创建规则，将一个零件“连接”到机构装置中时，其结果会使零件变成一个主体。因此，在一般情况下，删除零件的某个约束可以将零件重新定义为符合运动自由度要求的主体。

步骤 05 如果要删除所有约束，则可单击 移除所有 按钮。系统将删除所有约束，同时零件被包装。

注意：不能删除子装配件的约束。

步骤06 单击 确定 按钮。

10.1.5 创建 ProENGINEER 运动仿真的一般过程

下面将简要介绍建立一个机构装置并进行运动仿真的一般操作过程。

步骤01 新建一个装配体模型，进入装配模块。

步骤02 选择下拉菜单 插入(I) → 元件(C) → 装配(A)... 命令，可向装配体中添加组成机构装置的固定元件及连接元件。

步骤03 选择下拉菜单 应用程序(P) → 机构(E) 命令，进入机构模块，然后选择下拉菜单 视图(V) → 方向(O) → 拖动元件(D)... 命令，可拖动机构装置，以研究机构装置移动方式的一般特性及可定位零件的范围；同时也可以创建快照来保存重要位置，便于以后查看。

步骤04 选择下拉菜单 插入(I) → 凸轮(C)... 命令，可向机构装置中增加凸轮从动机构连接（此步骤操作可选）。

步骤05 选择下拉菜单 插入(I) → 伺服电动机(V)... 命令，可向机构装置中增加一个伺服电动机。伺服电动机用于准确定义某些连接或几何图元应如何旋转或平移。

步骤06 选择下拉菜单 分析(A) → 机构分析(Y)... 命令，定义机构装置的运动分析，然后指定影响的时间范围并创建运动记录。

步骤07 选择下拉菜单 分析(A) → 回放(B)... 命令，可重新演示机构装置的运动、检测干涉、研究从动运动特性、检查锁定配置及保存重新演示的运动结果，便于以后查看和使用。

步骤08 选择下拉菜单 分析(A) → 测量(E)... 命令，以图形方式查看位置结果。

10.2 运动连接类型

10.2.1 概述

自由度是指一个主体（单个元件或多个元件）具有可独立运动方向数目。对于空间中不受任何约束的主体，具有 6 个自由度，沿空间参考坐标系 X 轴、Y 轴和 Z 轴平移和旋转。而当主体在平面上运动时，具有 3 个自由度，沿平面参考坐标系 X 轴、Y 轴和平面内旋转。

创建机构模型时使用“连接”来装配元件，就是通过机械约束集来减少主体的自由度，使其可以按要求进行独立的运动。Pro/ENGINEER 提供了多种“连接”类型，各种连接类型允许不同的运动自由度，每种连接类型都与一组预定义的约束集相关联。使用“连接”来装配元件时，要注意每种连接

提供的自由度，以及创建连接所需要的约束集。

在 Pro/ENGINEER 中添加连接元件的方法与添加固定元件大致相同。首先选择下拉菜单 插入(I) ➡ 元件(C) ➡ 装配(A)... 命令，并打开一个元件，系统弹出图 10.2.1 所示的“元件放置”操控板。在操控板的“约束集”列表框中，可看到系统提供了多种“连接”类型（如刚性、销钉和滑动杆等）。各种连接类型允许不同的运动自由度，每种连接类型都与一组预定义的放置约束相关联。

在向机构装置中添加一个“连接”元件前，应知道该元件与装置中其他元件间的放置约束关系、相对运动关系和该元件的自由度。

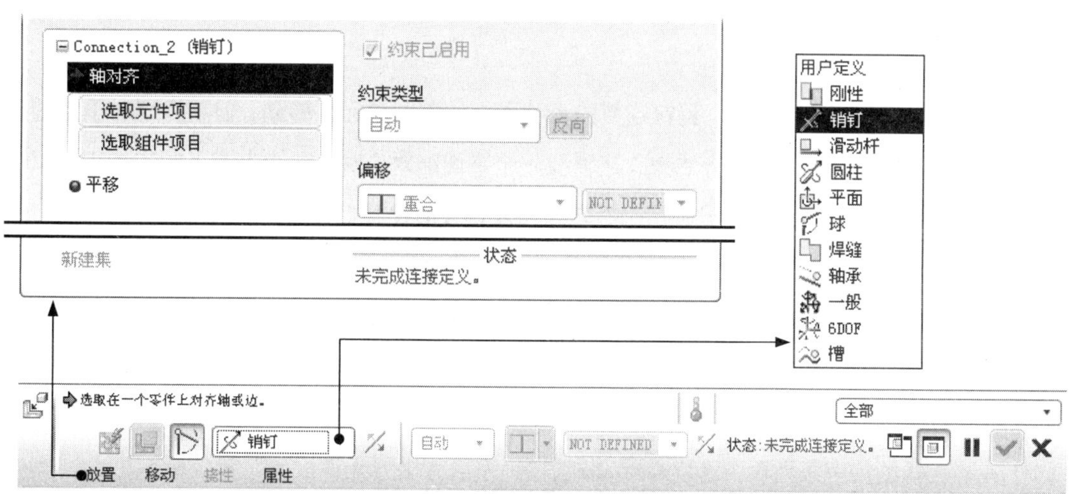

图 10.2.1　“元件放置”操控板

10.2.2　刚性

刚性连接如图 10.2.2 所示，它在改变底层主体定义时将两个元件粘接在一起。刚性连接的连接元件和附着元件间没有任何相对运动，它们构成一个单一的主体。刚性连接需要一个或多个约束，以完全约束元件。刚性连接不提供平移和旋转自由度。

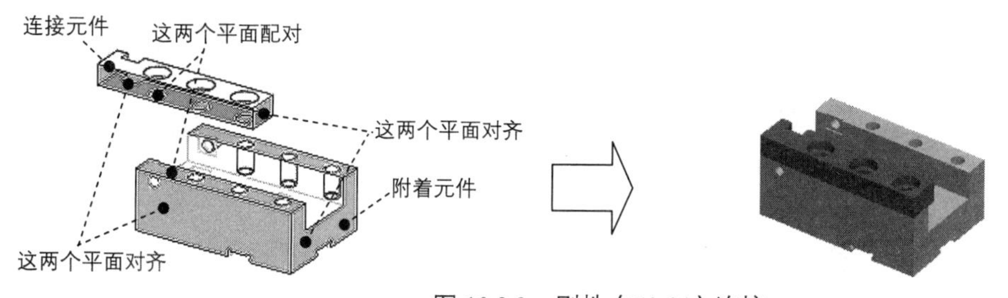

图 10.2.2　刚性（Rigid）连接

举例说明如下。

步骤 01　将工作目录设置为 D:\proesc5\work\ch10.02.02，然后打开装配模型 rigid.asm。

步骤 02 在模型树中右击模型 LEFT_PAD.PRT，从快捷菜单中选择 编辑定义 命令。

步骤 03 创建刚性连接。

（1）在操控板的约束集列表中选取 刚性 选项。

（2）单击操控板中的 放置 按钮。

（3）定义“配对”约束（一）。选取图 10.2.2 中两个要配对的表面。

（4）定义“对齐”约束（二）。选取图 10.2.2 中两个要对齐的表面。

（5）定义“对齐”约束（三）。选取图 10.2.2 中另外两个要对齐的表面。

步骤 04 单击操控板中的 ✓ 按钮，完成刚性连接的创建。

10.2.3 销钉

销钉连接是最基本的连接类型，销钉连接的元件可以绕着附着元件转动，但不能相对于附着元件移动。销钉连接不仅需要一个轴对齐约束，还需要一个平面配对（对齐）约束或点对齐约束，以限制连接元件沿轴线的平移。销钉连接提供一个旋转自由度，没有平移自由度。

举例说明如下。

步骤 01 将工作目录设置为 D:\proesc5\work\ch10.02.03，然后打开装配模型 pin.asm。

步骤 02 在模型树中右击零件 SCREW_ROD.PRT，在弹出的快捷菜单中选择 编辑定义 命令。

步骤 03 创建销钉（Pin）连接。

（1）在操控板的约束集列表中选取 销钉 选项，系统弹出“元件放置”操控板。。

（2）单击操控板中的 放置 按钮，在弹出的界面中可看到，销钉连接包含两个预定义的约束：轴对齐 和 平移。

（3）为“轴对齐”约束选取参考。选取图 10.2.3 所示的两柱面。

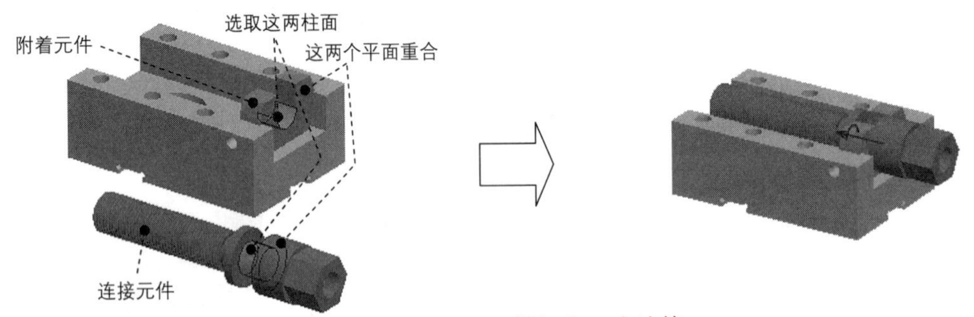

图 10.2.3 销钉（Pin）连接

（4）为“平移”约束选取参考。选取图 10.2.2 所示的两个平面配对，从而限制连接元件沿轴线平移。

步骤 04 单击操控板中的 ✓ 按钮，完成销钉（Pin）连接的创建。

10.2.4　滑动杆

滑动杆连接如图 10.2.4 所示，滑动杆连接的连接元件只能沿着轴线移动。滑动杆连接需要一个轴对齐约束，还需要一个平面配对或对齐约束以限制连接元件转动。滑动杆连接提供了一个平移自由度，没有旋转自由度。

举例说明如下。

步骤 01 将工作目录设置为 D:\proesc5\work\ch10.02.04，然后打开装配模型 slider.asm。

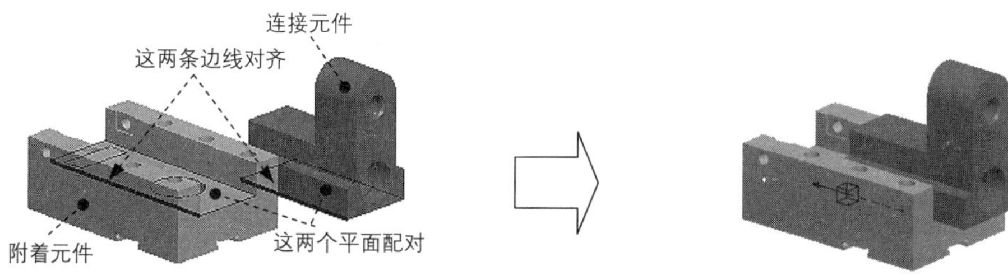

图 10.2.4　滑动杆（Slider）连接

步骤 02 在模型树中选取模型 CLAMP.PRT，然后右击，从快捷菜单中选择 编辑定义 命令。

步骤 03 创建滑动杆连接。

（1）在操控板的约束集列表中选取 滑动杆 选项。

（2）在弹出的操控板中单击 放置 按钮。

（3）选取“轴对齐”约束的参考。选取图 10.2.4 中的两条边线。

（4）选取“旋转”约束的参考。选取图 10.2.4 中的两个表面。

步骤 04 单击操控板中的 ✓ 按钮，完成滑动杆连接的创建。

同时按住 Ctrl 键和 Alt 键加鼠标左键可对不完全约束的零件进行拖动，下同。

10.2.5　圆柱

圆柱连接与销钉连接有些相似，如图 10.2.5 所示，圆柱连接的连接元件既可以绕轴线相对于附着元件转动，也可以沿轴线平移。圆柱连接只需要一个轴对齐约束，它提供一个旋转自由度和一个平移自由度。

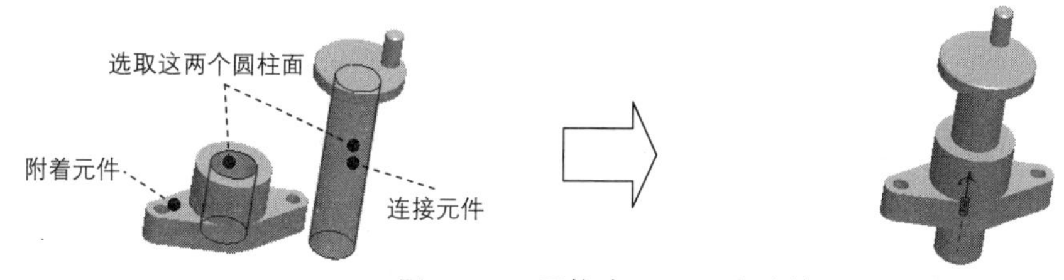

图 10.2.5　圆柱（Cylinder）连接

举例说明如下。

步骤 01 将工作目录设置为 D:\proesc5\work\ch10.02.05，然后打开装配模型 cylinder.asm。

步骤 02 在模型树中右击模型 FLY_SHAFT.PRT，从快捷菜单中选择 编辑定义 命令，此时出现“元件放置”操控板。

步骤 03 创建圆柱连接。

Note

（1）在操控板的约束集列表中选取 圆柱 选项。

（2）在弹出的操控板中单击 放置 按钮。

（3）为“轴对齐”约束选取参考。选取图 10.2.5 中的两个圆柱面。

步骤 04 单击操控板中的 ✔ 按钮，完成圆柱连接的创建。

10.2.6 平面

平面连接如图 10.2.6 所示，平面连接的连接元件既可以在一个平面内移动，也可以绕着垂直于该平面的轴线转动。平面接头只需要一个平面配对或对齐约束。平面连接提供了两个平移自由度和一个旋转自由度。

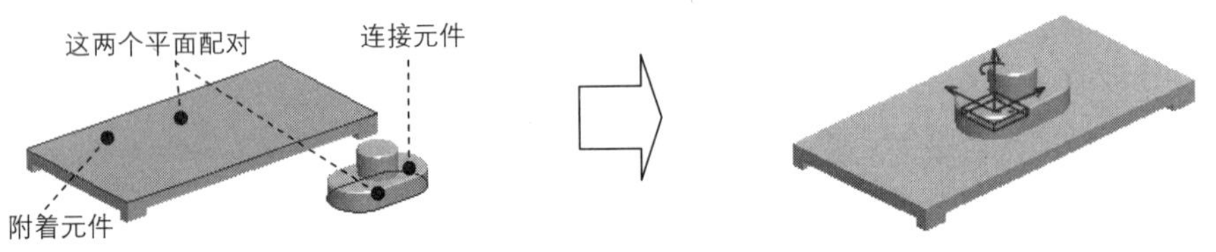

图 10.2.6 平面（Planar）连接

举例说明如下。

步骤 01 将工作目录设置为 D:\proesc5\work\ch10.02.06，然后打开装配模型 planar.asm。

步骤 02 在模型树中右击模型 SLIDER_PART.PRT，从快捷菜单中选择 编辑定义 命令。

步骤 03 创建平面连接。

（1）在操控板的约束集列表中选取 平面 选项。

（2）单击操控板菜单中的 放置 按钮。

（3）选取“平面”约束的参考。选取图 10.2.6 中的两个表面。

步骤 04 单击操控板中的 ✔ 按钮，完成平面连接的创建。

10.2.7 槽

槽连接（如图 10.2.7 所示）可以使元件上的一点始终在另一元件中的一条曲线上运动。点可以是基准点或元件中的顶点，曲线可以是基准曲线或三维曲线。创建槽连接约束需要选取一个点和一条曲线重合。由于接在运动时不会考虑零件之间的干涉，所以在创建连接时要注意点和曲线的相对位置。

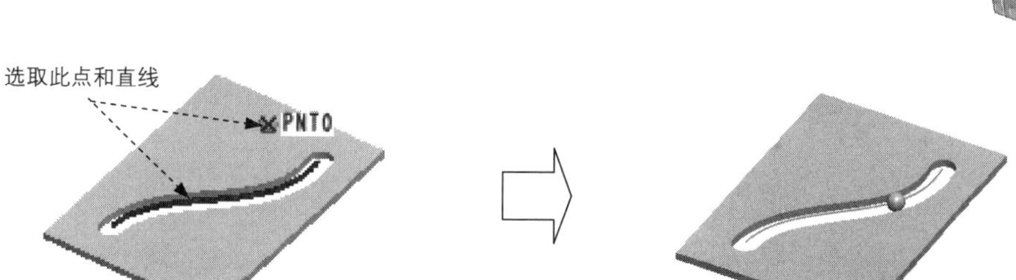

图 10.2.7　创建槽（Solt）连接

举例说明如下。

步骤 01 将工作目录设置为 D:\proesc5\work\ch10.02.07，然后打开装配模型 solt.asm。

步骤 02 在模型树中右击模型 BALL.PRT，从快捷菜单中选择 编辑定义 命令。此时，系统弹出“元件放置”操控板。

步骤 03 创建槽连接。

（1）在连接列表中选取 槽 选项，此时，系统弹出“元件放置”操控板，单击操控板菜单中的 放置 选项卡。

（2）定义“直线上的点”约束。选取图 10.2.7 所示的点和曲线作为约束参考，此时，放置 界面如图 10.2.8 所示。

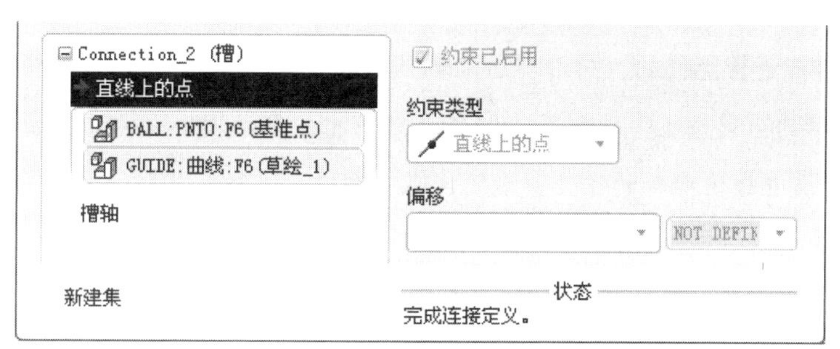

图 10.2.8　“直线上的点”约束参考

步骤 04 单击操控板中的 ✓ 按钮，完成连接的创建。

- 可以选取下列任意类型的曲线来定义槽：封闭或不封闭的平面或非平面曲线、边线、基准曲线。
- 如果选取多条曲线，这些曲线必须连续。
- 如果要在曲线上定义运动的端点，则可在曲线上选取两个基准点或顶点。如果不选取端点，则默认的运动端点就是所选取的第一条和最后一条曲线的最末端。
- 可以为槽端点选取基准点、顶点，或者曲线边、曲面，如果选取一条曲线、边或曲面，则槽端点就在所选图元和槽曲线的交点。可以用从动机构点移动主体，该从动机构将从槽的一个端点移动到另一个端点。

Note

- 如果不选取端点，则槽从动机构的默认端点就是为槽所选的第一条和最后一条曲线的最末端。
- 如果为槽，从动机构选取一条闭合曲线，或选取形成一个闭合环的多条曲线，就不必指定端点。但是，如果选择在一个闭合曲线上定义端点，则最终槽将是一个开口槽。通过单击 反向 按钮来指定原始闭合曲线的那一部分，将成为开口槽，如图 10.2.9 所示。

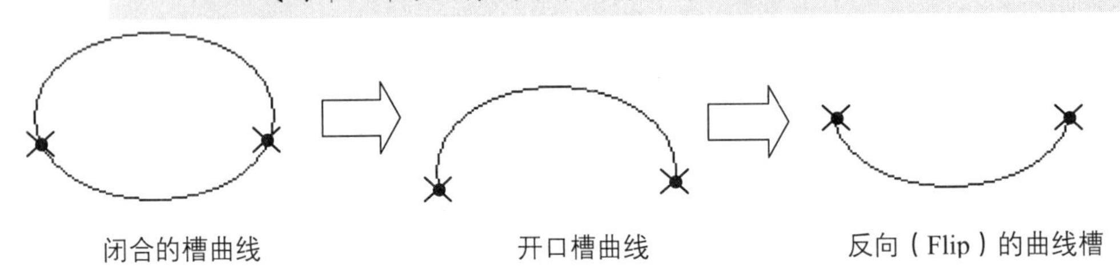

图 10.2.9 槽曲线的定义

10.3 运动仿真基本操作

10.3.1 机构运动轴设置

在机构装置中添加连接元件后，可对“运动轴”进行设置，其意义如下。

- 设置运动轴的当前位置。通过在连接件和组件中分别选取零参考，然后输入其间角度（或距离），可设置该运动轴的位置。定义伺服电动机和运行机构时，系统将以当前位置作为默认的初始位置。
- 设置极限。设置运动轴的运动范围，超出此范围，连接就不能平移或转动。
- 设置再生值。可将运动轴的当前位置定义为再生值，也就是装配件再生时运动轴的位置。如果设置了运动轴极限，则再生值就必须设置在指定的限制内。

下面以一个实例说明运动轴设置的一般过程。

步骤 01 将工作目录设置为 D:\proesc5\work\ch10.03.01，打开装配模型 axis_edit.asm。

步骤 02 选择下拉菜单 应用程序(P) ➡ 机构 命令，进入机构模块。

步骤 03 对图 10.3.1 所示的运动轴进行设置（注：本步骤的详细操作过程请参见随书光盘中 video\ch09\ch10.03.01\reference\文件下的语音讲解文件 axis_edit-r01.avi）。

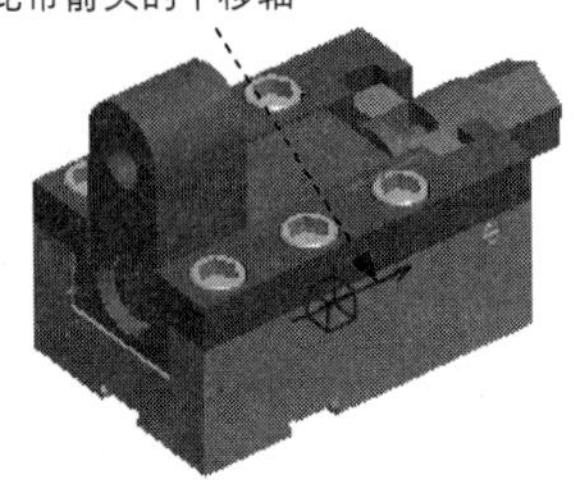

图 10.3.1 运动轴设置

步骤 04 验证运动轴设置是否正确。选择下拉菜单 视图(V) → 方向(O) ▸ → 拖动元件(D)... 命令，然后拖动滑块（CLAMP.PRT），可验证所定义的运动轴极限。

10.3.2 定义初始条件

初始条件就是机构运动仿真的开始状态，在运动仿真开始之前定义初始条件，可以使每次的仿真都从初始条件开始进行。初始条件包括初始位置和初始速度。定义初始位置可以使机构仿真从指定的位置开始进行，保证每次仿真的一致性，否则机构将从当前位置开始进行。

步骤 01 将工作目录设置为 D:\proesc5\work\ch10.03.02，打开装配模型 initial_set.asm。

步骤 02 进入机构模块。选择下拉菜单 应用程序(P) → 机构 命令，进入机构模块。

步骤 03 对运动轴进行设置。右击图 10.3.2 所示的运动轴，从快捷菜单中选择 编辑定义 命令，系统弹出“运动轴”对话框；在 当前位置 文本框中输入值 10，按回车键确认，单击 ✔ 按钮，完成对运动轴的设置。

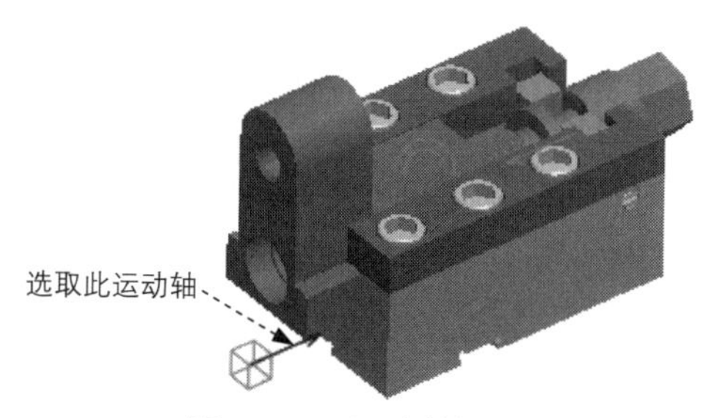

图 10.3.2　运动轴设置

步骤 04 设置初始位置。选择下拉菜单 视图(V) → 方向(O) ▸ → 拖动元件(D)... 命令，系统弹出“拖动”对话框；单击对话框 当前快照 区域中的 按钮，即可记录当前位置为快照 1（Snapshot1）；单击 关闭 按钮，关闭“拖动”对话框。

步骤 05 设置初始条件。

（1）选择命令。选择下拉菜单 插入(I) → 初始条件(I)... 命令，系统弹出图 10.3.3 所示的“初始条件定义”对话框。

（2）在 快照 下拉列表中选择 Snapshot1 作为初始位置条件，然后单击 按钮。

（3）单击 确定 按钮，完成初始条件的定义。

图 10.3.3　“初始条件定义”对话框

10.4 伺服电动机

10.4.1 概述

Note

在 Pro/ENGINEER 的仿真中，能够使机构运动的“驱动”包括伺服电动机、执行电动机和力/扭矩等。其中，伺服电动机最常用，当两个主体以单个自由度的连接进行装配时，伺服电动机可以驱动它们以特定方式运动。添加伺服电动机是为机构运行做准备。电动机是机构运动的动力来源，没有电动机，机构将无法进行仿真。

10.4.2 定义伺服电动机

下面以实例介绍定义伺服电动机的一般操作过程。

步骤 01 将工作目录设置为 D:\proesc5\work\ch10.04，打开装配模型 motor.asm。

步骤 02 进入机构模块。选择下拉菜单 应用程序(P) ➡ 机构 命令，进入机构模块。

步骤 03 选择下拉菜单 插入(I) ➡ 伺服电动机(V)... 命令，系统弹出“伺服电动机定义”对话框。

步骤 04 在对话框中进行下列操作。

（1）输入伺服电动机的名称（或采用系统的默认名）。

（2）选择从动图元。在图 10.4.1 所示的模型上，可采用“从列表中拾取”的方法选取图中所示的旋转运动轴。

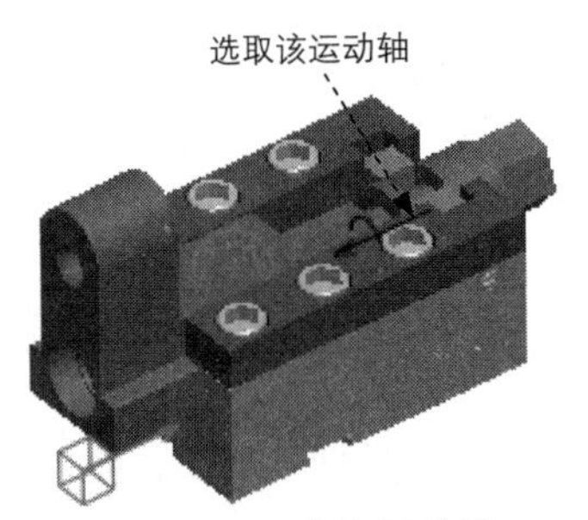

图 10.4.1　选取运动轴

注意

如果选取点或平面来放置伺服电动机，则创建的是几何伺服电动机。

（3）这时，模型中出现一个浅红色的箭头，表明从动图元将相对于参考图元移动的方向（可以单击 反向 按钮来改变方向）。

（4）定义运动函数。单击对话框中的 轮廓 选项卡，在图 10.4.2 所示的选项卡界面中进行如下操作。

① 在 规范 区域的列表框中选择 速度 选项。

规范下拉列表中的各选项的说明如下。

- ◆ 位置：定义从动图元的位置函数。
- ◆ 速度：定义从动图元的速度函数。选择此选项后，需指定运行的初始位置，默认的初始位置为“当前”。
- ◆ 加速度：定义从动图元的加速度函数。选择此项后，可以指定运行的初始位置和初始速度，默认设置分别为“当前”和 0.0。

② 定义位置函数。在模区域的下拉列表中选择函数为常量，然后在 A 文本框中输入其参数值 500。

图 10.4.2　“轮廓”选项卡

步骤 05　单击对话框中的确定按钮，完成“伺服电动机”的定义。

10.5　定义机构分析

10.5.1　概述

当机构模型创建完成并定义伺服电动机后，便可以对机构进行位置分析、运动分析、动态分析、静态分析和力平衡分析，不同的分析类型对机构的运动环境要求也不同。

使用位置分析模拟机构的运动，可以记录在机构中所有连接的约束下各元件的位置数据，分析时可以不考虑重力、质量和摩擦等因素。因此只要元件连接正确，定义伺服电动机便可以进行位置分析。

选择下拉菜单分析(A) ➡ 机构分析(Y)...命令，系统弹出图 10.5.1 所示的“分析定义”对话框。

单击对话框中的电动机选项卡，系统弹出图 10.5.2 所示的“电动机”选项卡，可选择要打开或关闭的伺服电动机并指定其时间周期，以定义机构的运动方式。

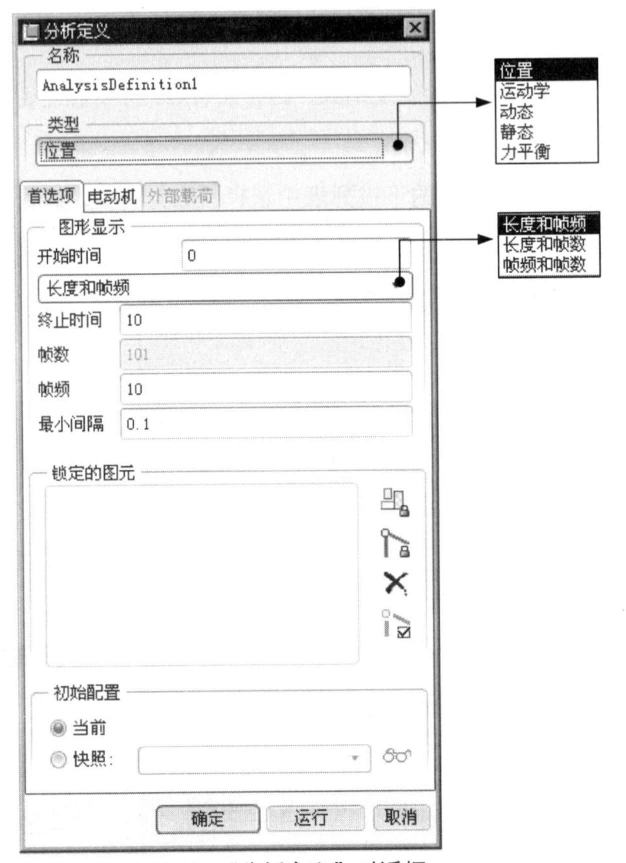

图 10.5.1 “分析定义”对话框

图 10.5.1 所示的“分析定义”对话框“类型”下拉列表中各选项的说明如下。

- 位置：使用位置分析模拟机构的运动，可以记录在机构中所有连接的约束下各元件的位置数据，分析时可以不考虑重力、质量和摩擦等因素。位置分析可以研究机构中的元件随时间而运动的位置、元件干涉和机构运动的轨迹曲线。
- 运动学：使用运动学分析模拟机构的运动，可以使用具有特定轮廓，并产生有限加速度的伺服电动机。同位置分析一样，机构中的弹簧、阻尼器、重力、力/力矩及执行电动机等均不会影响运动分析。运动分析除了可以研究机构中的元件随时间而运动的位置、元件干涉和机构运动的轨迹曲线外，还能研究机构中的速度和加速度参数。
- 动态：使用动态分析可研究作用于机构中各主体上的惯性力、重力和外力之间的关系。
- 静态：使用静态分析可研究作用在已达到平衡状态的主体上的力。
- 力平衡：力平衡分析是一种逆向的静态分析。在力平衡分析中，从具体的静态形态获得所施

加的作用力，而在静态分析中，向机构施加力来获得静态形态。

图 10.5.2 “电动机”选项卡

10.5.2 定义机构分析

下面以实例说明定义机构分析的一般操作过程。

步骤 01 将工作目录设置为 D:\proesc5\work\ch10.05，然后打开模型文件 analysis_definition.asm。

步骤 02 进入机构模块。选择下拉菜单 应用程序(P) → 机构 命令，进入机构模块。

步骤 03 选择命令。选择下拉菜单 分析(A) → 机构分析(Y)... 命令，系统弹出“分析定义”对话框。

步骤 04 定义分析类型。在对话框的 类型 下拉列表中选择 位置 选项。

步骤 05 定义图形显示。在 首选项 选项卡的 图形显示 区域下拉列表中选择 长度和帧频 选项，在 终止时间 文本框中输入数值 5，在 帧频 文本框中输入数值 50。

步骤 06 定义初始配置。在 初始配置 区域中选择 ◉ 快照: 单选项，在右侧的下拉列表中选择快照 Snapshot1 作为初始配置，然后单击 按钮。

步骤 07 定义电动机设置。单击 电动机 选项卡，在该选项卡中可以添加或移除仿真时运行的电动机，也可以设置电动机的开始和终止时间。在本实例中，采用默认的设置。

步骤 08 运行运动分析。单击“分析定义”对话框中的 运行 按钮，查看机构的运行状况。

步骤 09 完成运动定义。单击“分析定义”对话框中的 确定 按钮，即可以保存运动定义并关闭对话框。

◆ 当分析结果运行完成后，无论是否修改了分析参数，如果再次单击 运行 按钮，此系统都会弹出图 10.5.3 所示的“确认”对话框，提示是否要覆盖上一组分析结果。因此，如果需要得到多组新的分析结果，则需要再次选择下拉菜单 分析(A) → 机构分析(Y)... 命令新建多组机构分析。

◆ 当机构连接装配错误，机构无法运行时，系统会弹出图 10.5.4 所示的“错误”对话框，此时要终止仿真并检查机构的连接。

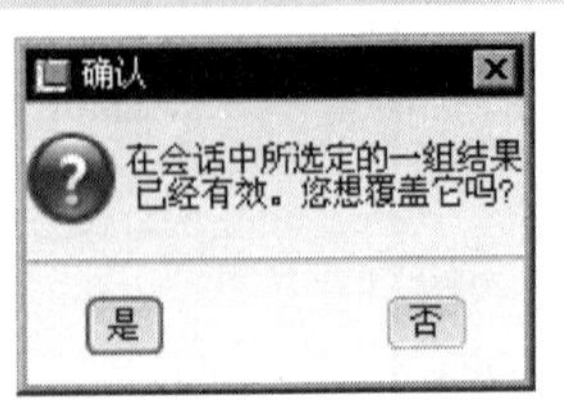

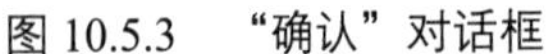
图 10.5.3 “确认”对话框

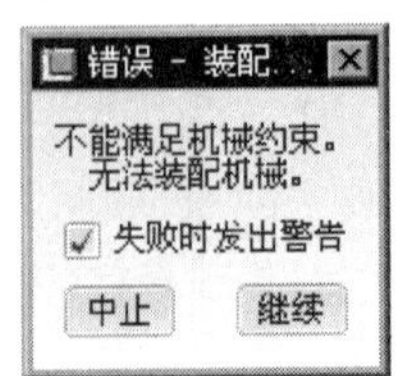

图 10.5.4 “错误”对话框

◆ 仿真运行过程中，界面的正上方会显示图 10.5.5 所示的仿真进度条，显示仿真的运行进度，单击其中的按钮可以强行终止仿真进度。

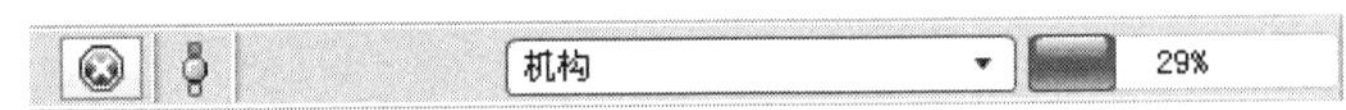

图 10.5.5 仿真进度条

◆ 完成运动分析后，在机构树中将显示一组分析结果及回放结果，如图 10.5.6 所示，右击分析节点下的分析结果 AnalysisDefinition1 (位置)，即可对当前结果进行编辑、复制和删除等操作。

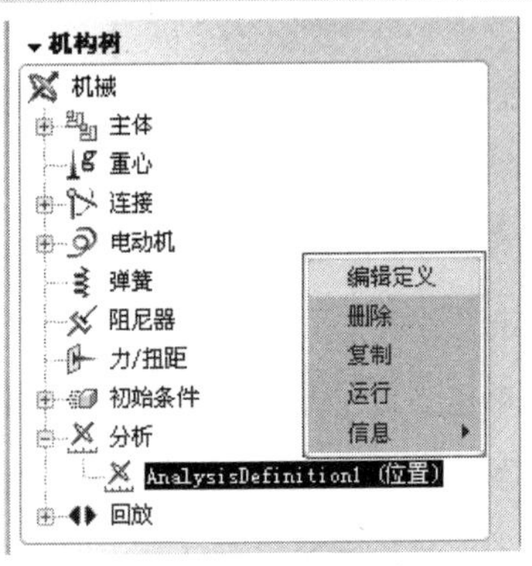

图 10.5.6 机构树

10.6 结果回放与干涉检查

10.6.1 结果回放

完成一组仿真后，系统将对每一组分析的结果单独进行保存。利用“回放”命令可以对已运行的运动分析结果进行回放，在回放中既可以进行动态干涉检查和输出视频文件，也可以根据结果对机构的运行情况、关键位置的运动轨迹、运动状态下组件干涉等进行进一步的分析，以便检验和改进机构的设计。

下面以实例说明回放操作的一般过程。

步骤 01　将工作目录设置为 D:\proesc5\work\ch10.06.01，打开文件 replay.asm。

步骤 02　进入机构模块。选择下拉菜单 应用程序(P) → 机构 命令，进入机构模块。

步骤 03　在机构树中右击 分析 节点下的 AnalysisDefinition1 (位置)，在系统弹出的快捷菜单中选择 运行 命令。

步骤 04　选择命令。选择下拉菜单 分析(A) → 回放(B)... 命令（或单击“命令”按钮），系统弹出图 10.6.1 所示的“回放”对话框。

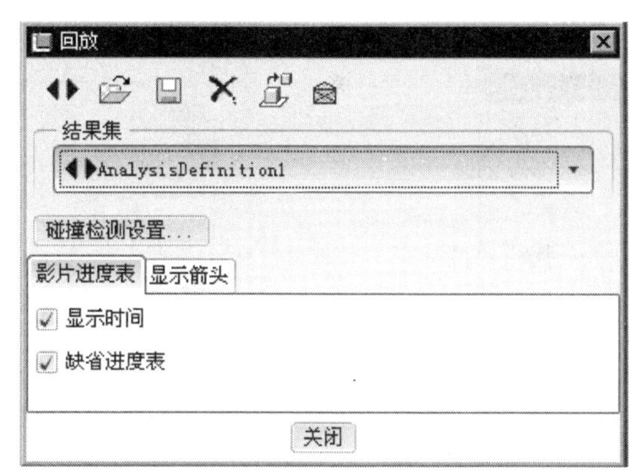

图 10.6.1　“回放”对话框

图 10.6.1 所示的“回放”对话框中的部分选项的说明如下。

- ：播放当前结果集。
- ：打开一组结果集。
- ：保存当前结果集。
- ：从会话中删除当前结果集。
- ：将当前结果集导出为 FRA 文件，FRA 格式文件是记录每帧零件位置信息的文本文件，可以用记事本打开。
- ：创建运动包络体。
- 碰撞检测设置...：单击该按钮系统弹出“碰撞检测设置”对话框，可以设置仿真时是否进行碰撞检测。
- 显示时间：若选中该复选框，则播放仿真结果时显示时间。
- 缺省进度表：取消该复选框，可以指定播放的时间段，具体操作方法是指定开始和终止时间秒数后，单击 + 按钮。

步骤 05　播放回放。在“回放”对话框中单击“播放当前结果集”按钮，系统弹出图 10.6.2 所示的“动画”对话框，拖动播放速度控制滑块至图 10.6.2 所示的位置，单击“重复播放”按钮，然后单击“播放”按钮，即可在图形区中查看机构运动。

步骤06 输出视频文件。

(1)单击“回放”对话框中的“停止播放”按钮■，然后单击“重置动画到开始”按钮◀◀，结束动画的播放。

(2)单击“回放”对话框中的“录制动画为 MPEG 文件”按钮 捕获...，系统弹出“捕获”对话框，在该对话框中采用图 10.6.3 所示的设置，然后单击 确定 按钮，机构开始运行输出视频文件。

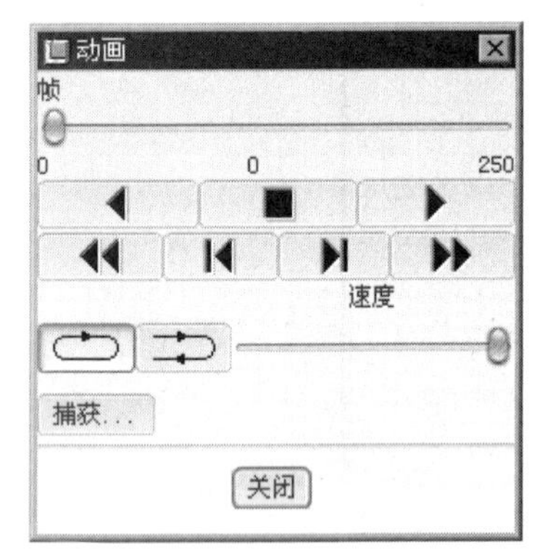

图 10.6.2 “动画”对话框

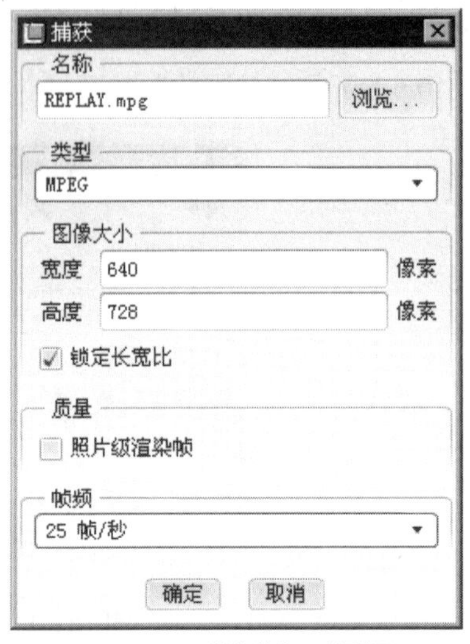

图 10.6.3 “捕获”对话框

步骤07 单击“动画”对话框中的 关闭 按钮，结束回放并返回到“回放”对话框，单击其中的 关闭 按钮关闭对话框。

10.6.2 动态干涉检查

下面用实例说明进行机构动态干涉检查操作的一般过程。

步骤01 将工作目录设置为 D:\proesc5\work\ch10.06.02，打开文件 inter_analysis.asm。

步骤02 进入机构模块。选择下拉菜单 应用程序(P) → 机构 命令，进入机构模块。

步骤03 在机构树中右击 分析 节点下的 AnalysisDefinition1 (位置)，在系统弹出的快捷菜单中选择 运行 命令。

步骤04 选择命令。选择下拉菜单 分析(A) → 回放(B)... 命令(或单击“命令”按钮)。

步骤05 系统弹出“回放”对话框，在该对话框中进行下列操作。

(1)定义回放中的动态干涉检查。单击“回放”对话框中的 碰撞检测设置... 按钮，系统弹出图 10.6.4 所示的“碰撞检测设置”对话框，在该对话框中选中 ◉ 部分碰撞检测 单选项，按住 Ctrl 键，选取图 10.6.5 所示的 2 个元件作为检查对象，并在对话框中选中 ☑ 发生碰撞时会响起消息铃声 和 ☑ 碰撞时停止动画回放 复选框。单击 确定 按钮。

(2)开始回放演示。在“回放”对话框中单击按钮，系统将弹出“动画”对话框，拖动播放

速度控制滑块至合适位置，单击“重复播放”按钮，单击“播放”按钮，即可在图形区中查看机构运动，回放中如果检测到元件干涉，系统将加亮干涉区域并停止回放。

（3）单击“动画”对话框中的 关闭 按钮。

步骤 06 完成观测后，单击“回放”对话框中的 关闭 按钮。

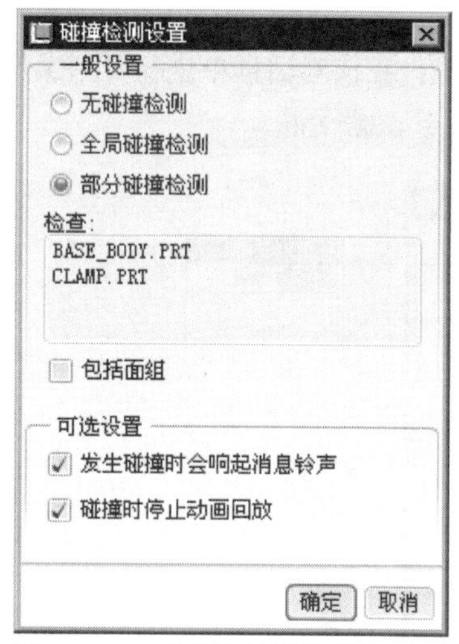

图 10.6.4　“碰撞检测设置”对话框

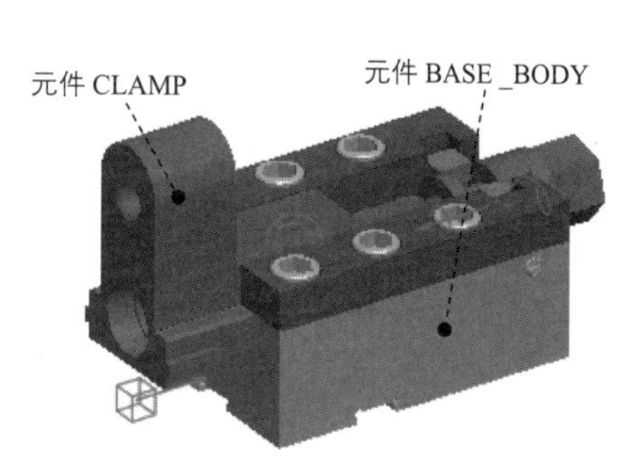

图 10.6.5　定义检查对象

10.7　机构测量与分析

10.7.1　测量

利用“测量”命令可创建一个图形，既可以对于一组运动分析结果显示多条测量曲线，也可以观察某一测量如何随不同的运行结果而改变。测量有助于理解和分析运行机构装置产生的结果，并可提供改进机构设计的信息。

测量项目是基于机构分析进行的，若要进行机构中项目的测量，必须首先对机构进行运动分析。下面以图 10.7.1 所示的实例说明测量操作的一般过程。

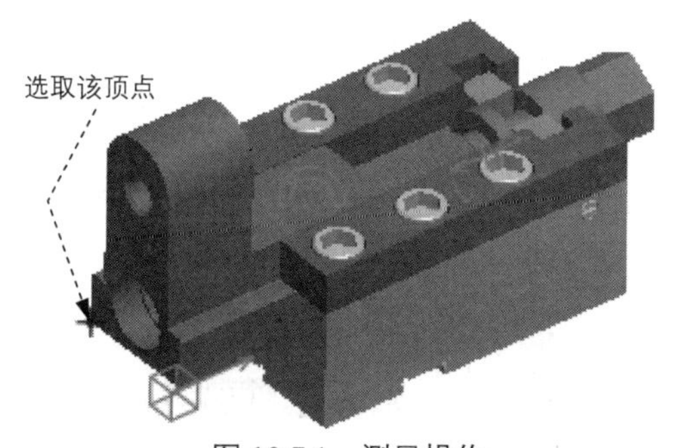

图 10.7.1　测量操作

Note

步骤 01 将工作目录设置为 D:\proesc5\work\ch10.07，打开文件 measure.asm。

步骤 02 进入机构模块。选择下拉菜单 应用程序(P) → 机构 命令，进入机构模块。

步骤 03 在机构树中右击 分析 节点下的 AnalysisDefinition1（位置），在系统弹出的快捷菜单中选择 运行 命令。

步骤 04 选择下拉菜单 分析(A) → 测量(E)... 命令。

步骤 05 系统弹出图 10.7.2 所示的"测量结果"对话框，在该对话框中进行下列操作。

（1）选取测量的图形类型。在 图形类型 下拉列表中选择 测量对时间 选项。

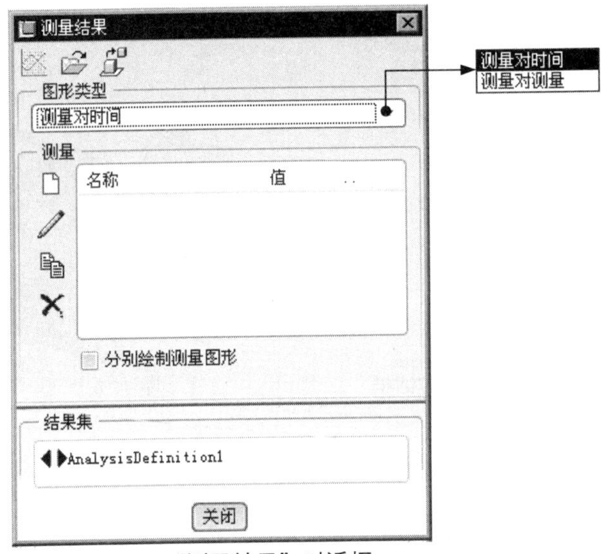

图 10.7.2 "测量结果"对话框

图形类型 下拉列表中的各选项的说明如下。

- 测量对时间：反映某个测量（位置、速度等）与时间的关系。
- 测量对测量：反映一个测量（位置、速度等）与另一个测量（位置、速度等）的关系，如果选择此项，则需选择一个测量作为 X 轴。

（2）新建一个测量。单击 按钮，系统弹出"测量定义"对话框，在该对话框中进行下列操作：

① 输入测量名称（或采用系统的默认名）。

② 选择测量类型。在 类型 下拉列表中选择 位置 选项。

③ 选取测量点（或运动轴）。在图 10.7.1 所示的模型中，选取边线上的顶点。

④ 选取测量参考坐标系。本例采用默认的坐标系 WCS（注：如果选取一个连接轴作为测量目标，就无须参考坐标系）。

⑤ 选取测量的矢量方向。在 分量 下拉列表中选择 X 分量 选项。

⑥ 选取评估方法。在 评估方法 下拉列表中选择 每个时间步长 选项。

⑦ 单击"测量定义"对话框中的 确定 按钮，系统立即将该测量（measure1）添加到"测

量结果”对话框的列表中。

（3）进行动态测量。

① 选取测量名称。在“测量结果”对话框的列表中，选取测量 measure1。

② 选取运动分析的名称。在“测量结果”对话框的列表中，选取运动分析 AnalysisDefinition1。

③ 绘制测量结果图。单击“测量结果”对话框上部的按钮，系统即绘制选定结果集的所选测量的图形（如图 10.7.3 所示，该图反映点的位置与时间的关系），此图形可打印或保存。

Note

步骤 06 关闭“图形工具”对话框，然后单击对话框中的 关闭 按钮。

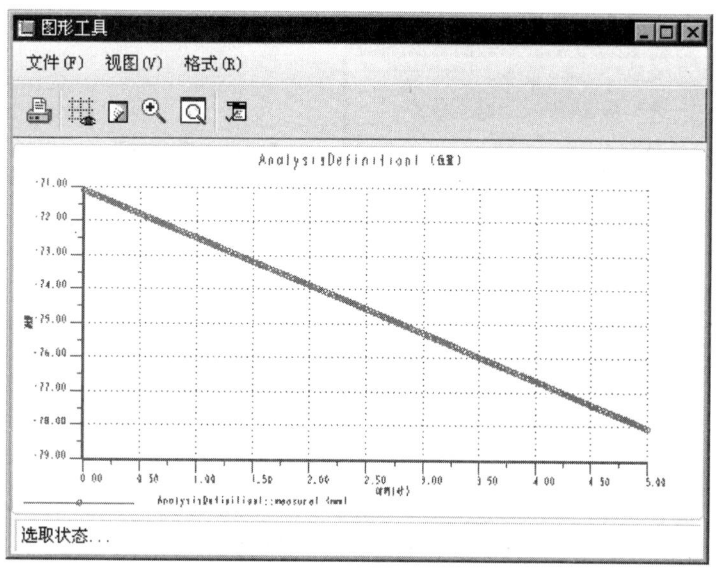

图 10.7.3　测量的结果图

10.7.2　轨迹曲线

1. 概述

使用 插入(I) ➡ 轨迹曲线(T)... 命令可以进行如下操作。

- 记录轨迹曲线。轨迹曲线用图形表示机构装置中某一点或顶点相对于零件的运动。
- 记录凸轮合成曲线。凸轮合成曲线用图形表示机构装置中曲线或边相对于零件的运动。
- 创建“机构装置”中的凸轮轮廓。
- 创建“机构装置”中的槽曲线。
- 创建 Pro/ENGINEER 的实体几何。

与前面的“测量”特征一样，创建 Pro/ENGINEER 的实体几何，必须提前为机构装置运行一个运动分析，然后才能创建轨迹曲线。

2. 关于“轨迹曲线”对话框

选择下拉菜单 插入(I) → 轨迹曲线(T)... 命令，系统弹出图 10.7.4 所示的“轨迹曲线”对话框，该对话框中的选项用于生成轨迹曲线或凸轮合成曲线。

◆ 纸零件：在装配件或子装配件上选取一个主体零件，作为描绘曲线的参考。如果想象纸上有一支笔描绘轨迹，那么可以将该主体零件看作纸张，生成的轨迹曲线将是属于纸张零件的一个特征。可从模型树访问轨迹曲线和凸轮合成曲线。如果要描绘一个主体相对于基础的运动，可在基础中选取一个零件作为纸张零件。

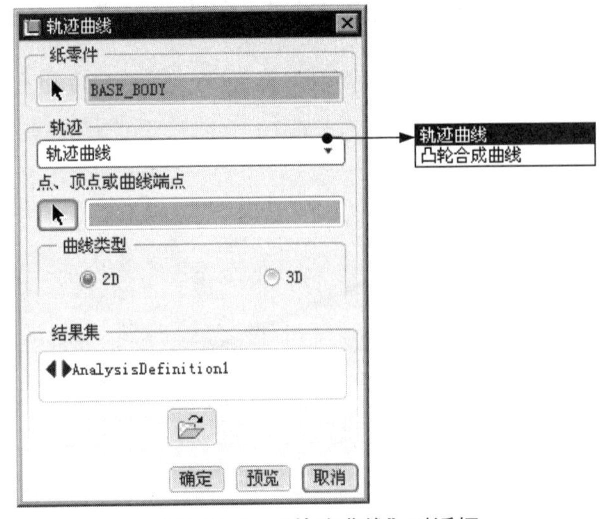

图 10.7.4 “轨迹曲线”对话框

◆ 轨迹：可选取要生成的曲线类型。
  - 轨迹曲线：在装配体上选取一个点或顶点，此点所在的主体必须与纸张零件的主体不同，系统将创建该点的轨迹曲线。可以想象纸上有一支笔描绘轨迹，此点就如同笔尖。
  - 凸轮合成曲线：在装配件上选取一条曲线或边（既可选取开放或封闭环，也可选取多条连续曲线或边，系统会自动使所选曲线变得光滑），此曲线所在的主体必须与纸张零件的主体不同。系统将以此曲线的轨迹来生成内部和外部包络曲线。如果在运动中以每个时间步长选取开放曲线，系统则在曲线上确定距旋转轴最近和最远的两个点，最后生成两条样条曲线（一条来自最近点的系列，另一条来自最远点的系列）。
  - 曲线类型区域：可指定轨迹曲线为 2D 或 3D 曲线。

◆ 结果集：从可用列表中选取一个运动分析结果。

◆ 按钮：单击此按钮可装载一个已保存的结果。

- 确定：单击此按钮，系统即在纸张零件中创建一个基准曲线特征，对选定的运动结果显示轨迹曲线或平面凸轮合成曲线。若要保存基准曲线特征，则必须保存该零件。
- 预览：单击此按钮，可预览轨迹曲线或凸轮合成曲线。

读者意见反馈卡

尊敬的读者：

感谢您购买电子工业出版社出版的图书！

我们一直致力于CAD、CAPP、PDM、CAM和CAE等相关技术的跟踪，希望能将更多优秀作者的宝贵经验与技巧介绍给您。当然，我们的工作离不开您的支持。如果您在看完本书之后，有好的意见和建议，或是有一些感兴趣的技术话题，都可以直接与我联系。

策划编辑：管晓伟

注：本书的随书光盘中含有该"读者意见反馈卡"的电子文档，您可将填写后的文件采用电子邮件的方式发给本书的责任编辑或主编。

E-mail: 柯易达 bookwellok @163.com ； 管晓伟 guanphei@163.com。

请认真填写本卡，并通过邮寄或E-mail传给我们，我们将奉送精美礼品或购书优惠卡。

书名：《Pro/ENGINEER 野火版 5.0 应用速成标准教程》

1. 读者个人资料：

姓名：__________性别：_____年龄：_____职业：_________职务：_________ 学历：__________

专业：________单位名称：_____________________电话：____________手机：________________

邮寄地址：____________________________ 邮编：_____________E-mail: __________________

2. 影响您购买本书的因素（可以选择多项）：

□内容　　□作者　　□价格

□朋友推荐　　□出版社品牌　　□书评广告

□工作单位（就读学校）指定　　□内容提要、前言或目录　　□封面封底

□购买了本书所属丛书中的其他图书　　□其他

3. 您对本书的总体感觉：

□很好　　□一般　　□不好

4. 您认为本书的语言文字水平：

□很好　　□一般　　□不好

5. 您认为本书的版式编排：

□很好　　□一般　　□不好

6. 您认为Pro/ENGINEER其他哪些方面的内容是您所迫切需要的？

____

7. 其他哪些CAD/CAM/CAE方面的图书是您所需要的？

____

8. 认为我们的图书在叙述方式、内容选择等方面还有哪些需要改进的？

如若邮寄，请填好本卡后寄至：

北京市万寿路173信箱1017室，电子工业出版社工业技术分社　管晓伟（收）

邮编：100036　　联系电话：（010）88254460　　传真：（010）88254397

读者可以加入专业QQ群273433049来进行互动学习和技术交流。